Linux C 语言程序设计

■ 张同光 主编 / 田文强 荆春棋 田乔梅 陈明 副主编 （微课视频版）

U0386824

清華大学出版社
北 京

内 容 简 介

本书以"学完 C 语言之后知道能做什么"为编写目标，共 12 章：Linux C 语言程序设计、C 语言基础Ⅰ、C 语言基础Ⅱ、编译与调试、链表、C 标准库、Linux 系统调用、Socket 编程、Linux 函数库和进程地址空间、Pthreads 编程、GTK 图形界面编程、Linux 内核编程。其中，C 语言基础Ⅰ、C 语言基础Ⅱ、C 标准库与 Linux 系统调用为本书最基础、最重要的 4 章，全面介绍了标准 C 的基本语法和 Linux 系统调用编程。其他章节告诉读者 C 语言具体能做什么。本书坚守"Talk is cheap, show me the code"信条，通过正确无误的示例代码向读者展示 C 语言的具体用法。本书内容注重实用，结构清晰，图文并茂，力求做到使读者感兴趣地学习 Linux C 语言编程。

本书可作为高等学校各专业的"C 语言程序设计"课程教材，也可作为从事计算机相关工作的科技人员、计算机爱好者及各类自学人员的参考书。

图书在版编目(CIP)数据

Linux C 语言程序设计：微课视频版/张同光主编. —北京：清华大学出版社，2023.7
（清华开发者学堂）
ISBN 978-7-302-63876-6

Ⅰ.①L… Ⅱ.①张… Ⅲ.①Linux 操作系统－程序设计－教材 ②C 语言－程序设计－教材
Ⅳ.①TP316.89 ②TP312

中国国家版本馆 CIP 数据核字(2023)第 111899 号

责任编辑：张 玥 常建丽
封面设计：常雪影
责任校对：李建庄
责任印制：沈 露

出版发行：清华大学出版社
　　　　　网　　　址：http://www.tup.com.cn，http://www.wqbook.com
　　　　　地　　　址：北京清华大学学研大厦 A 座　　　　　邮　　　编：100084
　　　　　社 总 机：010-83470000　　　　　邮　　　购：010-62786544
　　　　　投稿与读者服务：010-62776969，c-service@tup.tsinghua.edu.cn
　　　　　质量反馈：010-62772015，zhiliang@tup.tsinghua.edu.cn
　　　　　课件下载：http://www.tup.com.cn，010-83470236
印 装 者：三河市龙大印装有限公司
经　　销：全国新华书店
开　　本：185mm×260mm　　　　　印　　张：22.25　　　　　字　　数：538 千字
版　　次：2023 年 8 月第 1 版　　　　　印　　次：2023 年 8 月第 1 次印刷
定　　价：69.80 元

产品编号：098119-01

前言

　　C 语言是目前较为流行的高级程序设计语言之一，是许多计算机专业人员和计算机爱好者学习程序设计的首选语言。但是，很多学过 C 语言的读者在学习 C 语言之前以及学习过程中经常会问："学习 C 语言能做什么？"学完 C 语言之后感慨道："学完 C 语言之后仍然不知道能做什么"。其实，编者认为学习 C 语言有两个目标：第一，为学习其他编程语言打下坚实的基础。因为计算机编程语言都是相通的，学好 C 语言再学习其他高级程序设计语言会很容易。这也是很多 C 语言教材能够达到的目标。所以，那些学完 C 语言之后仍然不知道能做什么的读者已经具备计算机编程基础了。本书的第 2、3、6、7 章可以达到该目标。第二，真正使用 C 语言开发有实际意义的程序。这正是本书所追求的目标。希望使用 C 语言开发有实际意义的程序，就要清楚目前 C 语言的真正应用场景。目前市面上绝大多数操作系统都是用 C 语言编写的。很多基础软件，如编译器、数据库、虚拟机、多媒体库、图形库等，也都是用 C 语言实现的。很多流行的编程语言也是用 C 语言实现的，如 Lua、Python 脚本语言等。在嵌入式系统开发中，比如固件、BSP、内核驱动等，除少量汇编代码，大部分都是用 C 语言开发的。互联网中的很多服务器程序也是用 C 语言开发的。总之，在整个计算机软件世界中，C 语言发挥着中流砥柱的作用。读者可能对 Linux 不熟悉，但是，Linux 早已深刻影响着我们生活的方方面面，从超级计算机、巨型机，到智能手机（Android），再到各种家电和嵌入式设备，内部都运行着 Linux。另外，Linux 支撑起了整个因特网。C 语言和 Linux 操作系统有密不可分的血缘关系，因此本书的主要目标是帮助读者掌握基于 Linux 的各种软件的 C 语言开发方法，为读者以后步入广阔无垠的 Linux 世界打下坚实的基础。编者坚信 Linux 之父、天才程序员 Linus Torvalds 所说："Talk is cheap，show me the code"。考虑到有些读者之前没有接触过 Linux 操作系统，因此，读者可以根据本书的第一个视频安装 Linux 虚拟机，搭建 Linux C 语言编程环境。

　　本书提供配套课件、教学大纲和习题参考答案等多种教学资源，还提供了 94 个微课视频，读者在学习过程中，扫描教学视频二维码可以观看视频。

　　本书由北京邮电大学计算机专业博士张同光担任主编，田文强、荆春棋、田乔梅、陈明担任副主编，参加编写的人员还有洪双喜、刘春红、秦建保。洪双喜和刘春红工作于河南师范大学，陈明工作于郑州轻工业大学，其他编者工作于新乡学院。其中，洪双喜和刘春红编写第 1 章，田文强、荆春棋和陈明共同编写第 2～5 章和附录 A，张同光编写第 6～10 章，田乔梅编写第 11 章，秦建保编写第 12 章。全书由张同光(jsjoscpu@163.com)统稿和定稿。

　　本书得到河南省高等教育教学改革研究与实践重点项目（NO.2021SJGLX106）、河南省科技攻关项目（NO.202102210146）、网络与交换技术国家重点实验室开放课题（SKLNST-2020-1-01）以及高效能服务器和存储技术国家重点实验室的支持，在此表示感谢。

　　在本书的编写过程中，得到清华大学出版社的大力支持和帮助，在此表示衷心的感谢。

　　由于编者水平有限，书中欠妥之处，敬请广大读者批评指正。

编者
2023 年 6 月

目录

第 3 章　C 语言基础 II　/44

第 4 章　编译与调试　/82

第 9 章　Linux 函数库和进程地址空间　/232

第 10 章　Pthreads 编程　/261

第 1 章 Linux C 语言程序设计

本章学习目标

- 了解 C 语言的发展历史和特点。
- 理解 Linux 应用编程、系统编程和内核编程的含义。
- 掌握 Ubuntu Linux 虚拟机的安装。
- 掌握运行 C 程序的流程。

1.1 C 语言

1.1.1 C 语言简介

计算机程序设计语言的发展大致经历了四个过程：机器语言、汇编语言、面向过程的程序设计语言、面向对象的程序设计语言。编程语言分为低级语言和高级语言。机器语言和汇编语言属于低级语言，直接用机器指令编写程序。而 C、C++、Java、C♯、Objective-C、Python 等属于高级语言，用语句编写程序，语句是机器指令的抽象表示。语句分为输入、输出、基本运算、测试分支和循环等几种，和机器指令有直接的对应关系。

C 语言是一门面向过程的通用计算机编程语言。C 语言兼具高级编程语言和低级编程语言的特点，广泛用于系统软件与应用软件的开发。C 语言可以通过软件工程、模块化编程构建几千万行的超大型软件项目，如 Linux 内核。C 语言描述问题比汇编语言迅速，工作量小，可读性好，易于调试、修改和移植，而代码质量与汇编语言相当。C 语言一般只比汇编语言代码生成的目标程序效率低 10%～20%。目前市面上绝大多数操作系统都是用 C 语言编写的。很多基础软件，如编译器、数据库、虚拟机、多媒体库、图形库等，也都是用 C 语言实现的。很多流行的编程语言也是用 C 语言实现的，如 Lua、Python 脚本语言等。在嵌入式系统开发中，比如固件、BSP、内核驱动等，除少量的汇编代码，大部分都是用 C 语言开发的。

　　C语言具有高效、灵活、功能丰富、表达力强和可移植性较好等特点。目前,C语言编译器普遍存在于各种不同的操作系统中。C语言的设计影响了众多后来的编程语言,例如C++、Java、C♯、Objective-C等。

1.1.2　C语言的发展历史

　　C语言的发展历史大致分为三个阶段：Old Style C、C89和C99。

　　早期的系统软件几乎都是由汇编语言编写的。汇编语言过分依赖硬件,可移植性很差。一般高级语言又难于实现汇编语言的某些功能,不能很方便地对底层硬件进行灵活的控制和操作,所以急需一种既有高级语言特点又有低级语言功能的中间语言。

　　1960年问世的ALGOL(Algorithmic Language,算法语言)是所有结构化语言的先驱,它有丰富的过程和数据结构,语法严谨。1963年,剑桥大学将其发展成为CPL(Combined Programming Language)。1967年,剑桥大学的Martin Richards对CPL作了适当简化后推出BCPL(Basic Combined Programming Language)。

　　1970年,美国贝尔实验室的Ken Thompson以BCPL为基础,设计出很简单且很接近硬件的B语言(取BCPL的首字母),并且用B语言写了最初的UNIX操作系统。

　　1972年,美国贝尔实验室的Dennis Ritchie在B语言的基础上设计出一种新的语言,取BCPL的第二个字母作为这种语言的名字,这就是C语言(Old Style C)。

　　1973年年初,C语言的主体完成。Ken Thompson和Dennis Ritchie用它完全重写了UNIX。随着UNIX的发展,C语言自身也在不断地完善。此后,C语言开始快速流传,广泛用于各种操作系统和系统软件的开发。

　　1982年,很多专家学者和美国国家标准学会(ANSI)为避免各开发厂商用的C语言语法产生差异,使C语言健康地发展下去,决定成立C语言标准委员会,建立C语言的标准。委员会由硬件厂商、编译器及其他软件工具生产商、软件设计师、顾问、学术界人士、C语言作者和应用程序员组成。1988年,ANSI正式将C语言标准化,这标志着C语言开始稳定和规范化。1989年,ANSI发布了第一个完整的C语言标准ANSI X3.159—1989,简称C89,不过人们也习惯称其为ANSI C。C89是最早的C语言规范。C89在1990年被国际标准化组织(International Standard Organization,ISO)原样采纳,ISO给的名称为ISO/IEC 9899,所以ISO/IEC 9899:1990也常被简称为C90。所以ANSI C又称C89或C90。Ken Thompson和Dennis Ritchie最初发明的C语言有很多语法和现在最常用的写法并不一样,但为了向后兼容,这些语法仍然在C89和C99中保留了下来。之后,C语言标准化委员会不断对C语言进行改进。

1.1.3　C语言的特点

　　C语言是一种普适性最强的结构化编程语言,有清晰的层次,可按照模块的方式对程序进行编写。C语言依靠全面的运算符和多样的数据类型,可以构建各种数据结构。C语言通过指针可对内存直接寻址以及对硬件直接操作,因此C语言既能用于开发系统程序,也可用于开发应用程序。C语言的特点如下。

1. 低级语言

C 语言能够直接操作硬件、管理内存,以此可以实现汇编语言的主要功能,这使得它是一种非常接近底层的语言,非常适合写需要跟硬件交互、有极高性能要求的程序。C 语言不但具备高级语言所具有的良好特性,而且有许多低级语言的优势,故在系统软件编程领域有广泛的应用。

2. 可移植性

机器语言和汇编语言都不具有移植性,为 x86 开发的程序不可能在 Alpha、SPARC 和 ARM 等机器上运行,而 C 语言非常注重可移植性,C 程序可运行在任意架构的处理器上,只要那种架构的处理器具有对应的 C 语言编译器和库,然后将 C 源代码编译、链接成二进制文件后即可在那种架构的处理器上运行。C 语言还是嵌入式系统的首选编程语言,这也是因为 C 语言具有良好的可移植性。

3. 简单性

C 语言的语法相对简单,几乎没有语法糖。一般来说,如果两个语法可以完成几乎相同的功能,C 语言就只提供一种,这样大大降低了语言的复杂性。9 类控制语句和 32 个关键字是 C 语言所具有的基础特性,使得其在计算机应用程序编写中具有广泛的适用性。

4. 灵活性

C 语言的哲学是"信任程序员,不要妨碍他们做事"。因此,C 语言对程序员的限制很少。C 语言让程序员自己管理内存,不提供内存自动回收功能,也不提供类型检查、数组的负索引检查、指针位置的检查等保护措施。C 语言假设程序员知道自己在干什么,不会限制程序员做各种危险的操作,干什么都可以,后果也由程序员自己负责。这表面上看似乎很危险,但是对于高级程序员来说,却有了更大的编程自由。

1.2 Linux 概述

Linux 是一款诞生于网络、成长于网络并且成熟于网络的操作系统,它最早由一位名叫 Linus Torvalds 的芬兰赫尔辛基大学计算机科学系的学生开发,然后由世界各地的成千上万的程序员设计和实现。Linux 可在 GNU(GNU's Not UNIX)公共许可权限下免费获得,是一个符合 POSIX 标准的操作系统。Linux 是一个不受任何商品化软件版权制约的、全世界都能自由使用的、遵循 GNU 通用公共许可证(GPL)的操作系统。

Linux 版本有两种:内核版本和发行版本。

Linux 初学者经常分不清内核版本与发行版本。实际上,Linux 操作系统的内核版本是指在 Linus Torvalds 领导下的开发小组开发的 Linux 内核的版本。Linux 操作系统的核心就是它的内核,Linus Torvalds 和他的小组在不断地开发和推出新内核。内核的主要作用包括进程调度、内存管理、配置管理虚拟文件系统、提供网络接口,以及支持进程间通信。像所有软件一样,Linux 内核也在不断升级。

一个完整的操作系统不仅只有内核,还包括一系列为用户提供各种服务的外围程序。所以,许多个人、组织和企业开发了基于 GNU/Linux 的 Linux 发行版,他们将 Linux 系统的内核与外围应用软件和文档包装起来,并提供一些系统安装界面和系统设置与管理工具,这样就构成了一个发行版本。实际上,Linux 的发行版本就是 Linux 内核再加上外围实用程序组成的一个大软件包。相对于操作系统内核版本,发行版本的版本号随发布者的不同而不同,与 Linux 系统内核的版本号是相对独立的。

Linux 的发行版本大体分为两类:一类是商业公司维护的发行版本;一类是社区组织维护的发行版本,前者以著名的 RedHat Linux 为代表,后者以 Debian 为代表。目前 RedHat 系的 Linux 发行版主要包括 RHEL、Fedora、CentOS、CentOS Stream、Rocky Linux、OEL 和 SL。Debian 系的 Linux 发行版主要包括 Debian、Ubuntu、Kali 和 Deepin。

Ubuntu(乌班图)由开源厂商 Canonical 公司开发和维护,它基于 Debian 的 unstable 版本加强而来,拥有 Debian 的所有优点。本书所有示例都运行在 Ubuntu 22.04。

1.3 Linux C 语言程序设计简介

1.3.1 Linux 应用编程、系统编程和内核编程

在 Linux 系统中可以使用 C 语言进行内核编程与应用程序开发。内核程序运行在内核态,应用程序主要运行在用户态,当需要内核服务时会通过系统调用切换到内核态下运行,内核相关代码执行完后再返回用户态。

内核模块是具有独立功能的程序,可以被单独编译,但不能单独运行,必须被链接到 Linux 内核,作为内核的一部分在内核空间运行。模块编程也称为内核编程,通常是开发各种驱动程序。

Linux 应用编程和系统编程都是指运行在用户空间程序的开发,涉及多方面的编程。Linux 系统编程就是编写各种函数库。Linux 应用编程就是利用写好的各种函数库编写具有某种功能的应用程序,包括各种用户应用程序、各种工具软件、各种系统软件、网络程序、图形界面程序等。

1.3.2 Linux 图形界面编程

在 Linux 中除能够开发基于字符界面的应用程序,也可以开发出美观的图形界面应用程序。图形界面编程也叫 GUI(Graphical User Interface,图形用户界面)编程。目前 Linux 中已经有多种用于开发 GUI 程序的开发库,其中最常用的是 Qt 和 GTK。

Qt 是一个跨平台的 GUI 开发库,它不仅支持 Linux,还支持所有类 UNIX 以及 Windows。Linux 的桌面环境 KDE 就是使用 Qt 作为其底层库开发出来的。Qt 使用 C++语言作为其开发语言。

GTK 是用 C 语言编写的用于开发 GUI 程序的开发库。GTK 几乎可以在任何操作系统上使用。与 Qt 不同,GTK 支持使用纯 C 语言进行开发。Linux 的桌面环境 GNOME 就建立在 GTK 基础上。

1.4 Linux C 语言编程环境

扫一扫

1.4.1 Ubuntu Linux 虚拟机

读者可以通过 VirtualBox 安装 Ubuntu,进而学习 Linux C 语言程序设计。假设读者计算机的配置为:内存 4GB,CPU 为 2 核 4 线程,则可以给 Ubuntu 虚拟机分配 1GB 内存,两个逻辑 CPU。如果读者的硬件配置更高,则可以多分配一些内存给 Ubuntu 虚拟机。

读者可以从本书配套资源中下载 VDI(Virtual Disk Images,虚拟硬盘镜像)文件。在 VirtualBox 中导入 VDI 文件即可。步骤为:①单击"新建"按钮,新建一个虚拟系统。名字起一个有意义的,类型选择 Linux,版本选择 Ubuntu(64-bit)。②给 Ubuntu 虚拟机分配 1GB 内存或更多。③在虚拟硬盘页面选择"使用已有的虚拟硬盘文件",找到 VDI 文件。④保存配置,然后启动 Ubuntu 虚拟机。

启动 Ubuntu 虚拟机后,在登录窗口以普通账号 ztg 或管理员账号 root 登录,在输入密码的界面选择 Xfce 会话,如图 1.1 所示,输入密码(111111)后按回车键,即可进入 Xfce 桌面环境,如图 1.2 所示。

图 1.1 选择 Xfce 会话

Xfce 是使用率仅次于 KDE 与 GNOME 的 Linux 桌面环境。如果给虚拟机分配的内存大于 2GB,则建议使用 GNOME 桌面环境,否则使用 Xfce 桌面环境。

1.4.2 gedit、vim 和 nano

Linux 中一个常用的文本编辑器是 gedit。gedit 是一个简单的文本编辑器,用户可以用它完成大多数的文本编辑任务,如修改配置文件等。

vi 是 visual interface 的简称,它为用户提供了一个全屏幕的窗口编辑器,窗口中一次可以显示一屏的编辑内容,并可以上下屏滚动。vi 是 Linux 和 UNIX 系统中标准的文本编辑器,可以说几乎每一台 Linux 或 UNIX 机器都会提供这套软件。vi 可以工作在字符模式下。由于不需要图形界面,因此它成了效率很高的文本编辑器。尽管在 Linux 上也有很多图形界面的编辑器可用,但 vi 在系统和服务器管理中的能力是那些图形编辑器所无法比

图 1.2　Xfce 桌面环境

拟的。

　　vim 是 vi 的增强版,即 vi improved。执行 apt install vim 命令安装 vim。在后面的实例中将介绍 vim 的使用。

　　nano 是一个用于字符终端的文本编辑器,比 vi/vim 简单,比较适合 Linux 初学者使用。nano 命令可以对打开的文件进行编辑。

1.4.3　C 语言编译器及集成开发环境

　　CPU 只能识别二进制指令,无法直接执行源代码。因此,在程序真正运行之前必须将源代码转换成二进制指令。根据不同语言转换时机的不同,将高级编程语言分为编译型语言和解释型语言。

　　编译型语言在程序执行之前需要通过编译器把程序编译成可执行文件,然后再由机器运行这个可执行文件。以后再次运行该文件时不需要重新编译。解释型语言是边执行边转换,不会由源代码生成可执行文件,而是先转换成中间代码,再由解释器对中间代码进行解释运行,以后每次执行都要再次转换。Python 语言属于典型的解释型编程语言。

　　C 语言是一种编译型语言,源代码都是文本文件,本身无法执行,必须通过编译器生成二进制的可执行文件才能执行。

　　C 语言编译器:GCC、MinGW、Clang、cl.exe。

　　C 语言的集成开发环境:Code∷Blocks、CodeLite、Dev-C++、C-Free、Visual Studio。

　　目前,最常见的 C 语言编译器是自由软件基金会推出的 GCC 编译器。Linux 和 Mac 操作系统可以直接安装 GCC,Windows 操作系统可以安装 MinGW。本书的所有例子都使用 GCC 编译器在命令行进行编译。

扫一扫

1.4.4　Hello World 程序

　　本书使用 C 语言编写的第一个程序的源代码如下,功能是向显示器输出字符串“Hello World”。

```
1 #include <stdio.h>
2 /*
3  * 多行注释
4  */
5 int main(){
6   printf("Hello World\n");          // 在屏幕上输出字符串。单行注释
7   return 0;
8 }
```

C 语言源代码文件通常以.c 为后缀。将上面源代码保存在文件 hello.c 中。hello.c 就是一个普通的文本文件。

```
1 # gcc hello.c
2 # ./a.out
3 Hello World
```

执行上面的 gcc 命令将源文件 hello.c 编译成二进制代码。注意，♯ 是命令行提示符，需要输入的是 ♯ 后面的部分。运行 gcc 命令编译后，会在当前目录下生成可执行文件a.out。直接在命令行输入 a.out 的路径就可以执行它，屏幕上会显示字符串"Hello World"。

```
1 # gcc -o hello hello.c
2 # ./hello
3 Hello World
```

也可以执行上面的 gcc 命令将源文件 hello.c 编译成二进制代码。gcc 的-o 选项用于指定生成的可执行文件名 hello。

下面简要介绍一下上面的源代码。

C 语言程序的基本组成单位是函数。每个 C 语言程序都是由若干个函数组成的，其中至少应该包括一个函数，就是主函数 main(5～8 行)。函数是由若干条语句组成的，每条语句后面要加上分号。C 程序总是从 main 函数里的第一条语句开始执行，这里就是 printf 这条函数调用语句。printf 是一个函数名，功能是将括号中双引号引起的字符串原样输出到屏幕上。为了提高程序的可读性，最好添加注释，有单行注释(//)和多行注释(/ * … * /)两种方法。第 1 行使用预处理指令 include 将头文件 stdio.h 包含在 hello.c 文件中，这样就可以调用 stdio.h 头文件中声明的 printf 库函数了。

1.5 习题

1. 填空题

(1) 计算机程序设计语言的发展大致经历了四个过程：_____、汇编语言、_____、面向对象的程序设计语言。

(2) 编程语言分为_____和_____。C、C++、Java、C♯、Objective-C、Python 等属于高级语言。

(3) 机器语言和汇编语言属于_____，直接用_____编写程序。

(4) C 语言是一门_____的通用计算机编程语言。

(5) C 语言兼具高级编程语言和低级编程语言的特点，广泛用于_____和_____的开发。

(6) C 语言的发展历史大致分为三个阶段：Old Style C、_____和_____。

(7) 早期的系统软件几乎都是由_____编写的。

(8) 1960 年问世的_____编程语言是所有_____的先驱,它有丰富的过程和数据结构,语法严谨。

(9) 1972 年,美国贝尔实验室的 Dennis Ritchie 在_____的基础上设计出一种新的语言,这就是_____。

(10) 1973 年年初,C 语言的主体完成。Ken Thompson 和 Dennis Ritchie 用它完全重写了_____。

(11) 1989 年,ANSI 发布了第一个完整的 C 语言标准 ANSI X3.159—1989,简称_____,不过人们也习惯称其为_____。C89 是最早的_____。

(12) C 语言的哲学是"_____"。因此,C 语言对程序员的限制很少。

(13) Linux 版本有两种:_____和_____。

(14) 本书所有示例都运行在_____。

(15) 在 Linux 系统中可以使用 C 语言进行内核编程与应用程序开发。内核程序运行在_____,应用程序主要运行在_____。

(16) 图形界面编程也叫_____编程。

(17) Linux 中有多种用于开发 GUI 程序的开发库,其中最常用的是_____和_____。

(18) _____是用 C 语言编写的用于开发 GUI 程序的开发库。

(19) _____是使用率仅次于 KDE 与 GNOME 的 Linux 桌面环境。

(20) Linux 中一个常用的文本编辑器是_____。

(21) 根据不同语言转换时机的不同,将高级编程语言分为_____和解释型语言。

(22) 最常见的 C 语言编译器是自由软件基金会推出的_____编译器。

2. 简答题

(1) C 语言相比于汇编语言的优点有哪些?

(2) C 语言能编写哪些软件?

(3) 简述机器语言、汇编语言和 C 语言的可移植性。

(4) 简述 Linux 应用编程和系统编程。

(5) 简述编译型语言和解释型语言。

3. 上机题

(1) 在一台已装有 Windows 操作系统的机器上安装 VirtualBox,进而在 VirtualBox 中安装 Ubuntu。

(2) 在 Ubuntu 中运行 Hello World 程序。

第2章 C语言基础 I

本章学习目标

- 理解数据类型的含义和作用。
- 理解运算符的优先级和结合性。
- 理解表达式的定义。
- 理解程序设计的三种基本结构。
- 掌握输入/输出函数的使用。
- 掌握数组的定义和使用。

本章和第 3 章是本书最重要的两章,全面介绍标准 C 的基本语法,每节的内容都很重要。C 程序由若干个函数构成,每个函数实现一种功能。主函数调用其他函数,函数之间调来调去就实现了程序的功能。函数的功能是由函数体实现的,而函数体是语句的序列,语句是表达式后面加个分号。因此,理解表达式的定义最为关键。表达式由运算对象和运算符构成,运算对象就是数据,涉及数据类型的理解和选用,正确使用运算符的前提是理解运算符的优先级和结合性。因此 2.1 节和 2.2 节是本章的基础。

2.1 数据

2.1.1 数据类型

在 C 语言中,任何数据都有其类型,数据类型决定了数据占用内存的字节数、数据的取值范围以及其上可进行的操作。数据类型包括基本类型、构造类型、指针类型和空类型。基本类型包括字符型(char)、整型、实型(浮点型)、枚举(enum)。整型类型包括基本整型(int)、短整型(short)、长整型(long)、双长整型(long long)。浮点数类型包括单精度浮点型(float)、双精度浮点型(double)、长双精度浮点型(long double)。构造类型包括数组、结构体(struct)、共用体(union)。C 语言中的数据类型如图 2.1 所示。

图 2.1　C 语言中的数据类型

　　char 型占一字节的存储空间,一字节通常是 8 个 bit。如果这 8 个 bit 按无符号整数解释,取值范围是 0～255,如果按有符号整数解释,取值范围是 -128～127。C 语言规定了 signed 和 unsigned 两个关键字,unsigned char 型表示无符号数,signed char 型表示有符号数。ASCII 码(见 2.1.5 节)的取值范围是 0～127,所以不管 char 型是有符号的还是无符号的,存放一个 ASCII 码都没有问题,此时就不必明确写是 signed 还是 unsigned,如果用 char 型表示 8 位整数,为了可移植性,就必须写明是 signed 还是 unsigned。unsigned 即 unsigned int,此时可以省略 int,只写 unsigned。除了 char 型外,short、int、long、long long 等类型也都可以加上 signed 或 unsigned 关键字表示有符号数或无符号数。有一点要注意,char 以外的这些类型如果不明确写 signed 或 unsigned 关键字,则都表示 signed,这一点是 C 标准明确规定的。

　　除了 char 型在 C 标准中明确规定占一字节之外,其他整型占多少字节都是编译器决定的。通常的编译器实现遵守 ILP32 或 LP64 规范,如表 2.1 所示。ILP32 的意思是 int(I)、long(L)和指针(P)类型都占 32 位,通常 32 位计算机的 C 编译器采用这种规范。LP64 是指 long(L)和指针占 64 位,通常 64 位计算机的 C 编译器采用这种规范。指针类型的长度总是和计算机的位数一致。

表 2.1　ILP32 和 LP64

类　　型	ILP32(位数)	LP64(位数)
char	8	8
short	16	16
int	32	32
long	32	64
long long	64	64
指针	32	64

　　本书使用的平台是 x64/Linux/gcc,遵循 LP64。C 语言数据类型、字节数以及取值范围如表 2.2 所示。C 标准未具体规定各数据类型占用存储单元长度,是由各编译系统自行决定的。可利用 sizeof(数据类型)查询该类型在其编译系统的具体情况。

表 2.2　C 语言数据类型、字节数以及取值范围

类　　型	类型关键字	字　节	位	取　值　范　围
字符型	char	1	8	−128～+127
短整型	short [int]	2	16	−32768～+32767
整型	int	4	32	−2147483648～+2147483647
长整型	long [int]	8	64	−9223372036854775808～+9223372036854775807
双长整型	long long [int]	8	64	−9223372036854775808～+9223372036854775807
单精度实型	float	4	32	−3.4E38～3.4E+38
双精度实型	double	8	64	−1.7E308～1.7E+308
长双精度实型	long double	12	96	−1.19E4932～1.19E+4932
无符号字符型	unsigned char	1	8	0～255
无符号短整型	unsigned short [int]	2	16	0～65535
无符号整型	unsigned [int]	4	32	0～4294967295
无符号长整型	unsigned long [int]	8	64	0～18446744073709551615
无符号双长整型	unsigned long long [int]	8	64	0～18446744073709551615

2.1.2　常量

程序运行过程中值不能被改变的量称为常量。常量可分为字面常量和符号常量。字面常量就是直接写出来的一个数据,符号常量是指用一个标识符代表一个常量。

每个常量都归属一种数据类型,有字符型常量、整型常量、浮点型常量和枚举常量。不同类型的常量都占据不同大小的存储空间,具有不同的表示范围。

1. 字符型常量

一对单引号当中的一个字符,称为字符型常量。字符型常量的表示方法有两种：普通字符和转义字符(转义序列)。普通字符是用单引号将一个单字符括起来的一种表示方式,例如'A'、'6'、'$'、';'、'>'、'?'等。'\n'是一个转义字符,这时虽然单引号括了两个字符,但实际上只表示一个字符。

字符常量要用单引号括起来,单引号只是一对定界符,在普通字符表示中只能包括一个字符。单引号内不能括有单引号'本身及反斜杠字符\,这两个字符可以通过转义字符的形式表示。

字符型数据在内存中是以整型数据形式存储的,字符型数据本质上就是整数,只不过取值范围比 int 型小。例如,字符'A'在内存中占一字节,这个字节中所存储的是整型数据 65(字符'A'的 ASCII 码)。字符型数据和整型数据是可以通用、混合运算的。在 ASCII 码中字符 A 是 65。计算'A'+1 这个表达式,应该按 ASCII 码把'A'当作整数值 65,然后加 1,得到 66。

字符串常量是以双引号括起来的一串字符序列,例如"hello world.\n"等。其中双引号

为字符串的定界符,不属于字符串的内容。字符串常量在内存中存储在一块连续的地址空间中,并在最后一个字符的下一个位置自动额外存储一个空字符'\0',表示字符串结束。字符串数据所占内存空间(长度)为其实际字符个数加 1。字符串"abc"在内存中占用的存储空间是 4 字节,而不是 3 字节。

2. 整型常量

在 C 语言中可以用十进制、八进制和十六进制的整数常量。十进制整数是由 0~9 十个数字表示的整数,例如 521、−9、765、123 等。为了和八进制数区分,十进制整数前不能加前导 0。八进制整数以数字 0 开头,是由 0~7 八个数字表示的整数,例如 0521、−04、+0123 等。十六进制整数以 0x 或 0X 开头,是由 0~9 和 A~F(或小写 a~f)十六个字符表示的整数,例如 0x521、−0X9a、0x1A2B3C 等。

C 语言将所有没有后缀且在 int 表示范围内的整型常量都规定为 int 型,对于超过此范围的整数,根据其大小范围依次认定为 unsigned int、long、unsigned long、long long 或 unsigned long long 型。整数常量还可以在末尾加 u 或 U 表示 unsigned 型整型常量,加 l 或 L 表示 long 型整型常量,加 ll 或 LL 表示 long long 型整型常量。L、LL 和 U 的位置可以互换。例如 034L、0xaL、0LL、075LL、0xFFLL、12U、12LU、12ULL 都是合法的表示方法。

同一个整型常量值可以有不同的表示方法。例如,同样是十进制的 1234,可以有以下多种表示方法:1234、02322、0x4d2、1234L、1234LL、02322L、0x4d2L、1234U、1234UL、1234LLU 等。

有些编译器(比如 gcc)支持二进制整数常量,以 0b 或 0B 开头,比如 0b0101101,但二进制的整数常量不是 C 标准,只是某些编译器的扩展。由于二进制和八进制、十六进制的对应关系非常明显,因此用八进制或十六进制常量完全可以代替二进制常量。

字符常量和枚举常量的类型都是整型。

3. 浮点型(实型)常量

浮点型常量也可以称为实型常量。浮点型常量就是直接书写出来的浮点数,只用十进制表示。在 C 语言中,浮点型常量分为三种:单精度浮点数(float)、双精度浮点数(double)、长双精度浮点数(long double)。浮点型常量的表示方法有两种:小数形式和指数形式。

例如小数形式的常量 3.14159265、−0.618。小数点前或后的唯一 0 可以省略,但不能全省略,例如 100.、.618、−.618、.0、0.。

指数形式:±尾数部分 E±指数部分,其中 E 可小写,例如−5.9e+5 表示−5.9×10^5、1.2E−6 表示 1.2×10^{-6}等,e 或 E 前后必须都有数字,且其后必须为整数。

C 语言规定不加后缀说明的所有实型常量都被解释成 double 类型。可在常量后加上字符 f 或 F 后缀,从而将其强制说明为 float 类型。可在常量后加上字符 l 或 L 后缀,从而将其强制说明为 long double 类型。

4. 枚举常量

枚举是 C 语言中的一种基本数据类型,它可以让数据更简洁、更易读。枚举成员就是 int 型常量。枚举将在第 3.4.4 节介绍。

2.1.3 变量和标识符

程序运行过程中值可以改变的量称为变量。每个变量都有一个变量名,都归属一种数据类型,不同类型的变量占据不同大小的存储空间,具有不同的表示范围。

变量是内存中命名的存储单元,其值就存储在这些单元中。内存中的每个单元都有编号,也称为内存地址。对变量的读写操作是按其所在的内存地址进行的。

变量定义语句的一般格式如下:

数据类型标识符 变量名表;

变量名表中如果是多个变量,则变量之间用逗号隔开。变量定义语句以分号结尾。变量一经定义,其名称和类型就被固定下来,不允许改变。但变量的值可以在程序运行过程中随时被改变。在 C 语言中变量一定要先声明(定义)后使用,并且在同一个作用域内变量不可重复定义。

给变量赋初值可以通过一个单独的赋值语句完成(int a; a=8;),也可以在定义变量的时候一次完成(int a=8),还可以在定义变量时只给部分变量赋初值(int a=3,b,c;)。定义变量,必须一个一个进行。例如,"int a=6,b=6,c=6,d=6;"正确;"int a=b=c=d=6;"不正确。如果所赋的值和变量的类型不符,会导致编译器报警或报错,比如字符串不能赋给整型变量(int a="22";)。

变量声明和变量定义:如果一个变量声明要求编译器为它分配存储空间(int a),那么也可以称为变量定义,因此定义是声明的一种。有些变量声明不分配存储空间(extern a),因而不是变量定义。为了叙述方便,把分配存储空间的声明称为定义,而把不分配存储空间的声明称为声明。

变量名和后面要讲的函数名、宏定义、结构体成员名等,在 C 语言中统称为标识符。标识符是用户编程时使用的名字,用于给变量、常量、函数、语句块等命名。标识符必须由字母(区分大小写)、数字、下画线组成,不能有其他字符,标识符的第一个字符不能是数字,必须以字母或下画线开头。例如,这些是合法的变量名:Abc、_abc_、_123,但这些是不合法的变量名:3abc、ab$。标识符有三类:关键字、预定义标识符、用户自定义标识符。

虽然表示类型的 char、int、float、double 符合上述规则,但也不能用作标识符。在 C 语言中有些单词有特殊意义,不允许用作标识符,这些单词称为关键字或保留字。通常用于编程的文本编辑器都会高亮显示这些关键字,所以只要小心一点,通常不会误用作标识符。C99 规定的关键字有:auto、break、case、char、const、continue、default、do、double、else、enum、extern、float、for、goto、if、inline、int、long、register、restrict、return、short、signed、sizeof、static、struct、switch、typedef、union、unsigned、void、volatile、while、_Bool、_Complex、_Imaginary。

一般来说,应避免使用以下画线开头的标识符,以下画线开头的标识符只要不和 C 语言关键字冲突的都是合法的,但是往往被编译器用作一些功能扩展,C 标准库也定义了很多以下画线开头的标识符,所以除非你对编译器和 C 标准库特别清楚,一般应避免使用这种标识符,以免造成命名冲突。

2.1.4　数据类型转换

数据类型转换就是将数据(变量、数值、表达式的结果等)从一种类型转换为另一种类型。C语言中,整型、单精度型、双精度型和字符型数据可以进行混合运算。进行运算时,不同类型的数据要先转换成同一类型,然后再进行运算。C语言数据类型转换方式有两种:自动类型转换、强制类型转换。

1. 自动类型转换

自动类型转换是编译器隐式进行的数据类型转换,编译器根据它自己的一套规则将一种类型自动转换成另一种类型。这种转换不需要程序员干预,会自动发生。

如果赋值或初始化时赋值号两边的类型不同,则编译器会把赋值号右边的类型转换成赋值号左边的类型再做赋值,例如"int c=3.14;",编译器会把右边的 double 型转成 int 型再赋值给变量 c。将一种类型的数据赋值给另外一种类型的变量时就会发生自动类型转换,例如"float f=100;",100 是 int 型数据,需要先转换为 float 类型才能赋值给变量 f。再如"int n=f;",f 是 float 类型的数据,需要先转换为 int 类型才能赋值给变量 n。在赋值运算中,赋值号两边的数据类型不同时,需要把右边表达式的类型转换为左边变量的类型,这可能导致数据失真,或者精度降低;所以,自动类型转换并不一定是安全的。对于不安全的类型转换,编译器一般会给出警告。

在不同类型数据的混合运算中,如果运算符两侧的操作数类型不同但相容,编译器会按一定的规则自动地转换数据类型,将参与运算的所有数据先转换为同一种类型,然后再进行计算。转换规则如图 2.2 所示:①转换按数据长度增加的方向进行,以保证数值不失真,或者精度不降低。例如,int 型与 long 型数据参与运算时,先把 int 类型的数据转换成 long 类型后再进行运算;②char 型与 short 型数据参与运算时,必须先转换成 int 型;③int 型与 double 型数据参与运算时,直接将 int 型转换成 double 型;int 型与 unsigned 型数据参与运算时,直接将 int 型转换成 unsigned 型;int 型与 long 型数据参与运算时,直接将 int 型转换成 long 型。不要错误理解为先将 char 型或 short 型转换成 int 型,再转换成 unsigned 型,再转换成 long 型,最后转换成 double 型;④所有的浮点运算都是以双精度进行的,即使运算中只有 float 类型,也要先转换为 double 类型,才能进行运算。

图 2.2　自动类型转换规则

2. 强制类型转换

自动类型转换是编译器根据代码的上下文环境自行判断的结果,有时并不能满足所有的需求。如果需要,程序员可以通过类型转换运算符()将某个表达式转换成指定类型,这称为显式类型转换或强制类型转换。强制类型转换必须有程序员干预,是程序员明确提出的一种类型转换。

强制类型转换的格式为:

(类型标识符)表达式 或 (类型标识符)(表达式)

例如,(float) a 将变量 a 转换为 float 类型;(float) 100 将数值 100(默认为 int 类型)转换为 float 类型;(int)(5.2+3.3)将表达式 5.2+3.3 的值转换成 int 类型,转换后的值为 8;(double)(5+3)将表达式 5+3 的值转换成 double 类型,转换后的值为 8.0;(float)(x+y)将表达式 x+y 的值的类型转换成 float 类型;(float)x+y 将表达式 x 的值转换成 float 类型后再与 y 相加。

例如,"int sum=103;int count=7;double average;average=(double) sum/count;"运行结果为"average=14.714286"。sum 和 count 都是 int 类型,如果不进行干预,那么 sum/count 的运算结果也是 int 类型,小数部分将被丢弃。只要将 sum 或者 count 其中之一转换为 double 类型即可。上面的代码中,我们将 sum 强制转换为 double 类型,这样 sum/count 的结果也将变成 double 类型,就可以保留小数部分了,average 接收到的值也会更加精确。

🌸注意 (1)对于除法运算,如果除数和被除数都是整数,那么运算结果也是整数,小数部分将被直接丢弃;如果除数和被除数其中有一个是小数,那么运算结果也是小数。

(2)()的优先级高于/,对于表达式(double) sum/count,会先执行(double) sum 将 sum 转换为 double 类型,然后再进行除法运算,这样运算结果也是 double 类型,能够保留小数部分。不要写作(double)(sum/count),否则运算结果将是 3.000000,仍然不能保留小数部分。

(3)类型转换只是临时性的,无论是自动类型转换还是强制类型转换,都只是为了本次运算而进行的临时性转换,转换的结果也会保存到临时的内存空间,不会改变数据本来的类型或者值。

在 C 语言中,有些类型既可以自动转换,也可以强制转换,例如 int 到 double,float 到 int 等。可以自动转换的类型一定能够强制转换,但是,需要强制转换的类型不一定能够自动转换。现在我们学到的数据类型既可以自动转换,又可以强制转换,以后我们还会学到一些只能强制转换而不能自动转换的类型,例如以后将要学到的 void * 到 int *,int 到 char * 等。可以自动进行的类型转换一般风险较低,不会对程序带来严重的后果,例如,int 到 double 没有什么缺点,float 到 int 最多是数值失真。只能强制进行的类型转换一般风险较高,或者行为匪夷所思,例如,char * 到 int * 就是很奇怪的一种转换,这会导致取得的值也很奇怪,再如,int 到 char * 就是风险极高的一种转换,一般会导致程序崩溃。使用强制类型转换时,程序员自己要意识到潜在的风险。

2.1.5 转义字符(转义序列)

字符集为每个字符分配了唯一的编号(字符编码,用八进制或十六进制数表示),目前最常用的是 ASCII 码(American Standard Code for Information Interchange,美国信息交换标准码),详见附录 A(ASCII 码表)。当从键盘上输入一个字符时,显示器上就可以显示这个字符,这类字符称为可显示(打印)字符,如 a、b、@、* 和空格符等都是可显示字符。但是有一类字符却没有这种特性,它们或者在键盘上找不到对应的键,或者在按键以后不能显示键面上的字符,这类字符是为控制作用而设计的,故称为控制字符。

在 C 语言中,控制字符必须用转义字符表示。转义字符以反斜线'\'开头,后面跟一个字符或一个八进制数或十六进制数。转义字符具有特定的含义,不同于字符原有的意义,故称转义字符。通常使用转义字符表示 ASCII 码字符集中不可打印的控制字符和特定功能的字符。常用的转义字符及其含义如表 2.3 所示。

表 2.3 常用的转义字符及其含义

转义字符	含　义	转义字符	含　义
'\''	单引号(')	'\n'	换行
'\"'	双引号(")	'\r'	回车
'\?'	问号(?)	'\t'	水平制表符或 Tab
'\\'	反斜线(\)	'\v'	垂直制表符
'\a'	响铃	'\0'	空字符(ASCII 码为 0),通常作为字符串结束标志
'\b'	退格	'\ddd'	1~3 位八进制数所代表的字符
'\f'	分页符	'\xhh'	1~2 位十六进制数所代表的字符

字符也可以用 ASCII 码转义序列表示,这种转义序列由\加上 1~3 个八进制数字组成,或者由\x 或大写\X 加上 1~2 个十六进制数字组成,可以用在字符常量或字符串字面值中。由于字符'A'的 ASCII 码为十进制数 65,用八进制表示是 0101,用十六进制表示是 0x41,所以字符'\101'和'\X41'都表示字符'A'。用这种方法可以表示任何字符,例如'\0'、'\000' 和'\x00'都代表的是 ASCII 码为 0 的控制字符,即空字符(NUL 字符)。'\11'或'\x9'表示 Tab 字符,"\11"或"\x9"表示由 Tab 字符组成的字符串。Windows 上的文本文件用\r\n 做行分隔符,许多应用层网络协议(如 HTTP)也用\r\n 做行分隔符,而 Linux 和各种 UNIX 上的文本文件只用\n 做行分隔符。注意,'0'的 ASCII 码是 48,而'\0'的 ASCII 码是 0,它们两者是不同的。

2.2　运算符

2.2.1　运算符和表达式

C 语言运算符是指表达某几个操作数之间的一种运算规则(特定操作)的符号,它是构造 C 语言表达式的工具。运算符主要包括算术运算符、关系运算符、逻辑运算符、位运算符、赋值运算符、条件运算符、逗号运算符、指针运算符、求字节数运算符、强制类型转换运算符、分量运算符、下标运算符等。根据操作数(操作对象)个数的不同,将运算符分为单目运算符、双目运算符和三目运算符。只需要一个操作对象的运算符称为单目运算符,需要两个操作对象的运算符称为双目运算符,需要三个操作对象的运算符称为三目运算符。

C 语言表达式是指用运算符将操作对象连接起来的式子,运算对象包括常量、变量、函数等,例如 a+b、a * b+c、3.1415926 * r * r、(a+b) * c−10/d、a>=b、m+3<n−2、x>

y&&y＞z、a＊b＋6/c－1.2＋'a'、15、3.1415926、x、(n)等。表达式可以是单个常量或变量,
也可以是多个运算符和操作对象组合而成的更复杂的表达式。求解表达式值的时候,需要
根据运算符的优先级和结合性(如表 2.4 所示)进行分析。任何表达式都有类型和值两个基
本属性。

表 2.4　运算符的优先级和结合性

优先级	运　算　符	名　　称	运算对象个数	结 合 方 向
1	( ) [ ] －＞ .	圆括号 下标运算符 指向结构体成员运算符 结构体成员运算符		自左至右
2	! ~ ++ －－ － (类型说明符) * & sizeof( )	逻辑非运算符 按位取反运算符 自增 1 运算符 自减 1 运算符 负号 类型转换运算符 指针运算符 取地址运算符 取长度(内存字节数)运算符	1(单目运算符)	自右至左
3	* / %	乘法运算符 除法运算符 取余运算符	2(双目运算符)	自左至右
4	＋ －	加法运算符 减法运算符	2(双目运算符)	自左至右
5	＜＜ ＞＞	左移运算符 右移运算符	2(双目运算符)	自左至右
6	＜,＜＝,＞,＞＝	关系运算符	2(双目运算符)	自左至右
7	＝＝ !＝	等于运算符 不等于运算符	2(双目运算符)	自左至右
8	&	按位与运算符	2(双目运算符)	自左至右
9	^	按位异或运算	2(双目运算符)	自左至右
10	|	按位或运算符	2(双目运算符)	自左至右
11	&&	逻辑与运算符(并且)	2(双目运算符)	自左至右
12	||	逻辑或运算符(或者)	2(双目运算符)	自左至右
13	? :	条件运算符	3(三目运算符)	自右至左
14	＝,＋＝,－＝,＊＝,/＝,%＝ ＞＞＝、＜＜＝、&＝、^＝、|＝	赋值运算符及各种复合赋值 运算符	2(双目运算符)	自右至左
15	,	逗号运算符		自左至右

优先级:运算符的运算优先级共分为 15 级。1 级最高,15 级最低。在表达式中,优先
级较高的先于优先级较低的进行运算。而在一个操作对象两侧的运算符优先级相同时,则
按运算符的结合性所规定的结合方向处理。

结合性:各运算符的结合性分为两种,即左结合性(自左至右)和右结合性(自右至左)。

在求解表达式值的时候,如果某个操作对象的左右都出现运算符,则首先按运算符优先级别高低的次序执行运算;如果某个操作对象的左右都出现运算符且优先级别相同时,则按运算符的结合性决定运算次序。

例如,在表达式 a+b*c 中,操作对象 b 的左侧为加号运算符,右侧为乘号运算符,而乘号运算符的优先级高于加号,所以 b 优先和其右侧的乘号结合先运算 b*c,表达式相当于a+(b*c)。

例如,在表达式 a+b−c 中,操作对象 b 的左侧为加号运算符,右侧为减号运算符,而减号运算符与加号运算符优先级别相同,这时要看运算符加号和减号的结合性,由于它们的结合性是自左至右,所以运算对象 b 优先和其左侧的加号结合先运算 a+b,表达式相当于(a+b)−c。

在表达式 x=y+=z 中,操作对象 y 的左侧为赋值运算符=,右侧为复合赋值运算符+=,它们的优先级别相同。因为各种赋值运算符的结合性都是自右至左,所以运算对象 y先和其右侧的运算符+=结合先运算 y+=z,表达式相当于 x=(y+=z)。

2.2.2　算术运算

算术运算符有+(加法、或正值)、−(减法、或负值)、*(乘法)、/(除法)、%(求余运算符或取模运算符)、++(自增运算符)、−−(自减运算符)。由算术运算符将操作数(参与运算的常量和变量)连接起来的式子称为算术表达式。算术表达式的值是一个数值。

两个整型数相除的结果仍然是整型数。运算符%用于求解两个操作数相除后的余数。

++和−−都是单目运算符,其操作数只能是一个变量,不可以是其他任何形式的表达式。它们的运算规则是使其目的操作数(变量)的值自动加 1 或自动减 1。它们既可以作为前缀运算符放在变量的左侧,也可以作为后缀运算符放在变量的右侧。

例如,a++、++a、b−−、−−b、a++ +6、a+b++、a+b−−、(int)(x++)都是正确用法,而 4++、++5、(x+y)++、++(6+a)、++(int)(x)、(x)++都是错误用法。

它们在作为前缀运算符和作为后缀运算符时的运算规则是不同的。设 n 为一整型变量,作为后缀运算符:n++表示先使用 n 的值,当使用完成后再让 n 的值自加 1,n−−表示先使用 n 的值,当使用完成后再让 n 的值自减 1;作为前缀运算符:++n 表示先让 n 的值自加 1,然后再使用 n 的值,−−n 表示先让 n 的值自减 1,然后再使用 n 的值。

例如,"j=i++;"相当于"j=i; i=i+1;","j=++i;"相当于"i=i+1;j=i;"。

2.2.3　赋值运算

赋值运算符的功能是将赋值运算符右侧表达式的值赋给其左侧的变量。赋值运算符的左侧只能是一个变量,也称左值。

格式:

变量名称=表达式

例如,"a=3、b=a+9/3.0"是合法的,"2=5+6、a+b=y−5"是非法的。

当赋值运算符两侧的数据类型不一致但相容时(如均为数值),系统会通过类型自动转换规则将表达式值的类型转换成左侧变量的类型后完成赋值。

如果是低精度向高精度赋值,其精度将自动扩展;如果是高精度向低精度赋值,那么可能发生溢出或损失精度(通常是小数)。

由赋值运算符连接组成的式子称为赋值表达式,赋值表达式是有值的,它的值就是最终赋给变量的值。赋值表达式的值还可以参加运算。

例如,表达式 a=3 中,a 的值是 3,整个赋值表达式的值为 3;b=5+(a=3)中,a 的值为 3,b 的值为 8,整个赋值表达式的值为 8;a=b=c=5 中,相当于 a=(b=(c=5)),a、b、c 的值为 5,整个表达式的值为 5;a=(b=9)/(c=3)中,b 的值是 9,c 的值是 3,a 的值 3,整个表达式的值是 3;b=(a=5)+(c=++a)中,求解后,a 与 c 的值是 6,b 的值是 11,整个表达式的值是 11。

复合赋值运算符有:+=、-=、*=、/=、%=、<<=、>>=、&=、^=、|=等。

例如,表达式"x*=3"等价于"x=x*3";"x*=y+5"等价于"x=x*(y+5)",不是等价于"x=x*y+5";"x%=7"等价于"x=x%7"。

2.2.4 关系运算

C 语言提供的关系运算符有 6 种:>(大于)、>=(大于或等于)、<(小于)、<=(小于或等于)、==(等于)、!=(不等于)。

关系运算符的优先级高于赋值运算符,低于算术运算符。其中,(>、>=、<、<=)的优先级高于(==、!=)。

例如,表达式 x<y+z 相当于 x<(y+z);x+5==y<z 相当于(x+5)==(y<z);x=y>z 相当于 x=(y>z);X==Y>=Z 相当于 X==(Y>=Z)。

用关系运算符将两个表达式连接起来,就称为关系表达式。关系运算符两侧的表达式可以是算术表达式、关系表达式、逻辑表达式、赋值表达式等。

例如,6>5、a+b<=c+d、a>b!=c、4<100-a、a>=b>=c、'A'>'B'都是合法的关系表达式。

关系表达式的值是一个逻辑值,若表达式成立,则逻辑值为真(用 1 表示);若表达式不成立,则逻辑值为假(用 0 表示)。

例如,如果 a=b=c=3,d=20,则表达式 a=c>3 的值为 0,b=3+5<d 的值为 1。

注意 浮点数由于精度有限,因此不适合用==运算符做精确比较。

2.2.5 逻辑运算符

逻辑运算符有 3 个:&&(逻辑与)、||(逻辑或)、!(逻辑非)。

用逻辑运算符将两个关系表达式或逻辑量连接起来的式子就是逻辑表达式。

逻辑表达式的值是一个逻辑值,若表达式成立,则逻辑值为真(用 1 表示);若表达式不成立,则逻辑值为假(用 0 表示)。

逻辑运算的真值表如表 2.5 所示。

例如,如果 a=1,b=2,c=3,d=4,则 a>b&&c<d 的值为 0;!a&&b>4 的值为 0;a>5||b<6&&c>1 的值为 1;b&&c+6 的值为 1;(5>3)&&(3<2)的值为 0;(5<=6)+3

的值为 4。

表 2.5 逻辑运算的真值表

a	b	!a	!b	a&&b	a‖b
真(非 0)	真(非 0)	假(0)	假(0)	真(1)	真(1)
真(非 0)	假(0)	假(0)	真(1)	假(0)	真(1)
假(0)	真(非 0)	真(1)	假(0)	假(0)	真(1)
假(0)	假(0)	真(1)	真(1)	假(0)	假(0)

注意 在表示真假值时,用 1 表示真,用 0 表示假;在判断真假时,C 语言规定非 0 为真,0 为假。例如,表达式!5 中,5 是非 0 值,为真(1);所以!5 的值为假(0);!(5>6)中,5>6 不成立,值为 0,0 为假;!0 为真,表达式的值为 1;5>6>7 中,5>6 不成立,值为 0;0>7 不成立,所以表达式的值为 0。

形式为()&&()&&()&&()的表达式是全与运算表达式,若某个子表达式的值为 0,则不再求解其右侧的子表达式,整个表达式的值为 0。

形式为()‖()‖()‖()的表达式是全或运算表达式,若某个子表达式的值为 1,则不再求解其右侧的子表达式,整个表达式的值为 1。

2.2.6 条件运算符

条件运算符是?:,需要三个操作数,是唯一一个三目运算符。

条件表达式为:

表达式 1? 表达式 2：表达式 3

条件表达式的求解规则:首先求解表达式 1,若表达式 1 的值为真,则求解表达式 2,并将表达式 2 的值作为整个表达式的值;若表达式 1 的值为假,则求解表达式 3,并将表达式 3 的值作为整个表达式的值。

例如,表达式 b=6>7?1:0 中,6>7 不成立,所以 b 被赋值为 0;max=x>y?x:y 中,max 的值被赋为 x 与 y 中的较大者;x>=0?x:-x 中,整个表达式的值为 x 的绝对值;(x>y?x:y)>z?(x>y?x:y):z 中,整个表达式的值为 x、y、z 三个变量的最大值。

2.2.7 逗号运算符

逗号运算符是一种双目运算符,它的形式是:表达式 1,表达式 2。两个表达式不要求类型一致,左边的表达式 1 先求值,求完了直接把值丢掉,再求右边表达式 2 的值作为整个表达式的值。

用逗号运算符将两个或多个表达式连接起来,就构成一个逗号表达式。逗号运算符在所有运算符中优先级别最低。逗号表达式的运算规则为从左至右依次求解每一个表达式的值,最后一个表达式的值成为整个表达式的值。

例如,逗号表达式 1+1,2+2 的值是 4;a=6,b=7,c=8 的值是 8;a=5+6,a++的值是 11;(a=5),a+=6,a+9 的值是 20。

函数调用时各实参之间也是用逗号隔开,这种逗号是分隔符,而不是逗号运算符。但可以这样使用逗号运算符:f(a,(t=3,t+2),c),传给函数 f 的参数有三个,其中第二个参数的值是表达式 t+2 的值。

2.2.8　sizeof 运算符与 typedef 类型声明

sizeof 是一个很特殊的运算符,它有两种形式:"sizeof 表达式"和"sizeof(表达式)"。sizeof 运算符并不对表达式求值,而是根据类型转换规则求得表达式的类型,然后把这种类型所占的字节数作为整个表达式的值。

例如,"int a[10]; int b=sizeof a/sizeof a[0];",由于 sizeof 表达式中的表达式不需求值,不必到运行时才计算,而是在编译时就知道 sizeof a 的值是 40,sizeof a[0]的值是 4,所以在编译时就把 sizeof a/sizeof a[0]替换成常量 10 了,因此,这是一个常量表达式。

sizeof 运算符的结果是 size_t 类型的,这个类型定义在 stddef.h 头文件中,如果代码中不出现 size_t 这个类型名,就不用包含这个头文件。C 标准规定 size_t 是一种无符号整型,编译器可以用 typedef 做一个类型声明,typedef 这个关键字用于给某种类型起一个别名,类型名也遵循标识符的命名规则,并且通常加个_t 后缀表示 Type。

```
typedef unsigned long size_t;
```

那么,size_t 就代表 unsigned long 型。不同平台的编译器可能会根据自己平台的具体情况定义 size_t 所代表的类型,比如有的平台定义为 unsigned long 型,有的平台定义为 unsigned long long 型,C 标准规定 size_t 这个名字就是为了隐藏这些细节,使代码具有可移植性。所以,不要把 size_t 类型和它所代表的真实类型混用。

例如, unsigned long x; size_t y; x=y;

如果在一种平台上定义 size_t 代表 unsigned long long 型,这段代码把 y 赋值给 x 时就把高位截掉了,结果可能是错的。

2.2.9　位运算

整数在计算机中用二进制位表示,C 语言提供一些运算符可以直接操作整数中的位,称为位运算符,这些运算符的操作数都必须是整型。有些信息利用整数中的某几个位存储,要访问这些位,仅有对整数的操作是不够的,必须借助位运算。

C 语言提供了 6 个位运算符:按位与运算符 &、按位或运算符 |、按位取反运算符 ~、按位异或运算符 ^、左移位运算符 <<、右移位运算符 >>。

示例:定义两个变量 a 和 b,对这两个变量进行如下的位运算。

```
1 unsigned char a = 95;    // 95 = 01011111
2 unsigned char b = 25;    // 25 = 00011001
3   a & b            a | b            a ^ b              ~a
4   01011111         01011111         01011111
5 & 00011001       | 00011001       ^ 00011001       ~ 00011001
6   ————————         ————————         ————————         ————————
7   00011001         01011111         01000110         11100110
8
9   b << 2 = 100     b >> 2 = 6
10  00011001         00011001
11 <<      2        >>       2
12  ————————         ————————
13  01100100         00000110
```

移位运算符包括左移<<和右移>>。左移将一个整数的各二进制位全部左移若干位。例如 b<<2，最高两位的 00 被移出去了，最低两位又补了两个 0，其他位依次左移两位。但要注意，移动的位数必须小于左操作数的总位数，比如上面的例子，左边是 unsigned char 型，如果左移的位数大于或等于 8 位，则结果是 undefined。在一定的取值范围内，将一个整数左移 1 位相当于乘以 2。这条规律对有符号数和无符号数都成立，对负数也成立。当然，如果左移改变了最高位（符号位），那么结果肯定不是乘以 2 了。由于计算机做移位比做乘法快得多，编译器可以利用这一点做优化，比如 b * 16，可以编译成移位操作 b<<4。

当操作数是无符号数时，右移运算的规则和左移类似。例如 b>>2，最低两位的 01 被移出去了，最高两位又补了两个 0，其他位依次右移两位。和左移类似，移动的位数也必须小于左操作数的总位数，否则结果是 undefined。在一定的取值范围内，将一个整数右移 1 位相当于除以 2，小数部分截掉。当操作数是有符号数时，右移运算的规则比较复杂。如果是正数，那么高位移入 0；如果是负数，那么高位移入 1 还是 0 不一定，这和编译器的具体实现相关。对于 x86 平台的 gcc 编译器，最高位移入 1，也就是仍保持负数的符号位，这种处理方式对负数仍然保持了"右移 1 位相当于除以 2"的性质。由于类型转换和移位等问题，用有符号数做位运算是很不方便的，所以建议只对无符号数做位运算，以减少出错的可能。

如果要对一个整数中的某些位进行操作，可以用掩码（mask）表示这些位在整数中的位置。比如掩码 0x0000ff00 表示对一个 32 位整数的 8～15 位进行操作，示例如下。

```
1 //取出8~15位
2 unsigned int a, b;
3 unsigned int mask=0x0000ff00;
4 a = 0x12345678;
5 b=(a & mask)>>8;//0x00000056
6 //下面这行也可以达到同样的效果
7 b = (a >> 8) & ~(~0U << 8);
```

```
1 //将8~15位置1
2 unsigned int a, b;
3 unsigned int mask=0x0000ff00;
4 a = 0x12345678;
5 b = a | mask; //0x1234ff78
```

```
1 //将8~15位清0
2 unsigned int a, b;
3 unsigned int mask=0x0000ff00;
4 a = 0x12345678;
5 b = a & ~mask; //0x12340078
```

2.2.10　复合赋值运算符

复合赋值运算符有 10 个：+=、-=、*=、/=、%=、&=、|=、^=、<<=、>>=，具体描述和示例如表 2.6 所示。例如 b+=a 相当于 b=b+a。但是两者还是有差别的，前者对表达式 b 只求值一次，而后者对表达式 b 求值两次，如果 b 是一个复杂的表达式，求值一次和求值两次的效率是不同的，例如 b[i+j]+=a 和 b[i+j]=b[i+j]+a。再如++i 相当于 i=i+1，等价于 i+=1；--i 等价于 i-=1。

表 2.6　复合赋值运算符

运　算　符	描　　　述	示　　　例
+=	加且赋值运算符，把右边操作数加上左边操作数的结果赋值给左边操作数	b+=a 相当于 b=b+a
-=	减且赋值运算符，把左边操作数减去右边操作数的结果赋值给左边操作数	b-=a 相当于 b=b-a
*=	乘且赋值运算符，把右边操作数乘以左边操作数的结果赋值给左边操作数	b*=a 相当于 b=b*a
/=	除且赋值运算符，把左边操作数除以右边操作数的结果赋值给左边操作数	b/=a 相当于 b=b/a
%=	求模且赋值运算符，求两个操作数的模赋值给左边操作数	b%=a 相当于 b=b%a

续表

运　算　符	描　　　述	示　　　例
&=	按位与且赋值运算符	b&=2 相当于 b=b&2
^=	按位异或且赋值运算符	b^=2 相当于 b=b^2
|=	按位或且赋值运算符	b|=2 相当于 b=b|2
<<=	左移且赋值运算符	b<<=2 相当于 b=b<<2
>>=	右移且赋值运算符	b>>=2 相当于 b=b>>2

2.3　结构化程序设计

从程序流程的角度看,程序设计的三种基本结构是顺序结构、分支(选择)结构、循环结构。由这三种基本结构组成的程序,就是结构化程序。这三种基本结构可以组成所有的各种复杂程序。C 语言提供了多种语句来实现这些程序结构。

2.3.1　顺序结构

顺序结构的程序段其实就是一段语句的序列。C 语言语句被分为五类：表达式语句、函数调用语句、空语句、复合语句、流程控制语句。

表达式语句是指在表达式后面加一个分号所构成的语句。语句形式为：

```
表达式;
```

函数调用语句一般由函数名和实参组成,以分号结尾,例如

```
printf("%d",i);
```

空语句仅用一个分号表示,在语法上是一条语句。空语句什么也不做,但是也要像其他普通语句一样被执行,实际使用中,空语句常放在循环体里实现延时。空语句也可用于在调试器中设置断点。空语句和函数调用语句也属于表达式语句。

复合语句又称为语句块,是指用一对花括号{}将一条或若干条语句包含起来形成的单条语句。复合语句形式如下：

```
{
    声明1;          //例如: int x=5, y;
    声明2;          //例如: char c1, c2;
    表达式1;
    表达式2;
    表达式3;
}
```

复合语句跟普通语句的区别是不用分号结尾,但是复合语句内的各条语句都必须以分号结尾。复合语句在语法上是一条语句,不能看作多条语句,一般应用在分支语句和循环语句中。在语句块内声明的变量具有语句块作用域,即变量只能在该语句块内使用,生命周期从语句块开始,直到语句块结尾结束。同时,在语句块内生成的变量的存储周期也将被限制,若没有 static、extern 修饰,那么该变量在语句块执行完毕后将被释放。

流程控制语句用于控制程序的流程走向,控制语句分为:分支语句(if、switch)、循环语句(for、while、do while)、转向语句(continue、break、goto、return)。

2.3.2　分支结构

当出现选择时就会产生分支,若满足一种条件,则运行一个分支;若满足另一种条件,则运行另一种分支,不同分支往往运行的结果不同。单分支、双分支和多分支 if 选择结构示意图如图 2.3 所示。

图 2.3　三种分支 if 选择结构示意图

三种分支 if 选择结构及其功能见表 2.7。

表 2.7　三种分支 if 选择结构及其功能

单分支 if 选择结构	双分支 if 选择结构	多分支 if 选择结构
if(表达式) 分支语句;	**if(表达式) 分支语句1;** **else 分支语句2;**	**if(表达式1) 分支语句1;** **else if(表达式2) 分支语句2** ...... **else if(表达式n) 分支语句n** **else 分支语句n+1;**
功能说明: 表达式也称为控制表达式,若为真(非0),则执行分支语句,否则不执行;分支语句必须是一条语句(复合语句)	功能说明: 括号中的表达式可以是任意类型;表达式非0值为真、0值为假;若表达式为真(非0),则执行分支语句 1,若表达式为假(0),则执行分支语句2;整体上 if 语句是一个语句;各分支语句只能为一条语句(复合语句)	功能说明: 若表达式为真,则执行相应的分支语句;各分支语句只能为一条语句(复合语句);可以不加最后的 else 分支

if 语句的嵌套是指 if 语句的某一分支语句是另一个 if 语句。if 语句的嵌套形式如表 2.8 所示。嵌套 A 中的嵌套关系明确,程序逻辑明晰。嵌套 B 中的嵌套关系不太明确,程序逻辑不太明晰。C 程序的缩进只是为了便于人们阅读,对编译器不起任何作用,不管哪种缩进格式,在编译器看起来都是一样的。C 语言规定,从最内层开始,else 总是与它上面最近的未曾和其他 else 配对过的 if 配对。嵌套 B 修改为嵌套 C 的形式更便于人们阅读。虽然嵌套 C 的形式与程序逻辑结构一致,但仍难于阅读和理解,容易产生歧义,加入复合语句元素,将嵌套 C 修改为嵌套 D 的形式,此时程序逻辑清晰,易于阅读和理解,无歧义。表 2.8 的最后一列,条件表达式等价于双分支 if 语句。

表 2.8　if 语句的嵌套形式

嵌套 A	嵌套 B	嵌套 C	嵌套 D	条件表达式
```if() if() 语句1; else 语句2; else if() 语句3; else 语句4;```	```if() if() 语句1; else if() 语句2; else 语句3;```	```if() if() 语句1; else if() 语句2; else 语句3;```	```if(){ if() 语句1; }else{ if() 语句2; else 语句3; }```	```表达式1?表达式2:表达式3 ⇓ if (表达式1) return 表达式2; else return 表达式3;```

switch 语句可以产生具有多个分支的控制流程。switch 语句格式及示例如表 2.9 所示。switch 语句中的表达式是一个常量表达式,必须是字符型、整型或枚举型。一个 switch 语句中可以有任意数量的 case 语句,每个 case 语句后跟一个要比较的值和一个冒号。case 的常量表达式必须与 switch 中的表达式具有相同的数据类型,且必须是一个常量或字面量。

表 2.9　switch 语句格式及示例

switch 语句格式	switch 语句示例
```1 switch(表达式){ 2 case 常量表达式1: 3 语句序列1; 4 case 常量表达式2: 5 语句序列2; 6 . . . . 7 case 常量表达式n: 8 语句序列n; 9 default: 10 语句序列n+1; 11 }```	```1 char grade = 'B'; 2 switch(grade) { 3 case 'A' : 4 printf("GOOD\n"); break; 5 case 'B' : 6 case 'C' : 7 case 'D' : 8 printf("OK\n"); break; 9 case 'F' : 10 printf("BAD\n"); break; 11 default: 12 printf("NULL\n"); 13 }```

switch 语句执行时,首先求解表达式,然后按从上到下的顺序依次与每个 case 后的常量比较,如果相等,就执行该 case 后跟的分支语句序列及其以后的分支语句序列,直到遇到 break 语句为止。当遇到 break 语句时,跳出当前 switch 语句,执行 switch 语句的下一条语句。如果都不等,则执行 default 分支。

不是每一个 case 都需要包含 break。如果 case 语句不包含 break,控制流将会继续后续的 case,直到遇到 break 为止。在 switch 语句的结尾可以有一个可选的 default,default 可用于在上面所有 case 都不为真时执行一个任务。default 中的 break 语句不是必需的。

switch 语句可以用 if…else if…else if…else…代替,但是用 switch 语句会使代码更清晰,并且有时编译器会对 switch 语句进行整体优化,生成效率更高的指令。

扫一扫

2.3.3 循环结构

使用循环可以多次重复执行多条语句,使用语句块将多条语句组合在一起构成的复合语句称为循环体。在 C 语言中,可以使用 while、do…while 和 for 三种循环语句。while、do…while 和 for 循环结构如图 2.4 所示。在这三种循环语句中,循环体被重复执行的次数由循环条件控制,循环条件也称为控制表达式,如果控制表达式的值不等于 0,循环条件为 true,反之,循环条件为 false。

图 2.4　while、do…while 和 for 循环结构

注意　本章几乎所有源代码都在本书配套资源的"src/第 2-3 章/code.c"文件中。

while、do…while 和 for 语法及示例如表 2.10 所示。编程求 1～10 的和。执行程序,输出 S＝55。

表 2.10　while、do…while 和 for 语法及示例

	while 循环(当型循环)	do…while 循环(直到型循环)	for 循环
语法	while(表达式) 　循环体语句;	do 　循环体语句; while(表达式);	for(表达式1;表达式2;表达式3) 　循环体语句;
| 示例 | ```
1 #include<stdio.h>
2 int main(){
3   int i=1,s=0;
4   while(i<=10){
5     s=s+i;
6     i=i+1;
7   }
8   printf("S=%d",s);
9 }
``` | ```
1 #include<stdio.h>
2 int main(){
3   int i=1,s=0;
4   do{
5     s=s+i;
6     i=i+1;
7   }while(i<=10);
8   printf("\nS=%d",s);
9 }
``` | ```
1 #include<stdio.h>
2 int main(){
3   int i,s=0;
4   for(i=1; i<=10; i++)
5     s=s+i;
6   printf("\nS=%d",s);
7 }
``` |

while 循环(当型循环):首先求解表达式的值,若为真,则执行循环体,否则结束循环。循环体执行完后,自动转到循环开始处再次求解表达式的值,开始下一次循环。循环体只能是一条语句(复合语句)。也就是说,若循环体多于一条语句,则应使用复合语句。

do…while 循环(直到型循环):do 标志循环的开始。首先无条件执行一次循环体,然
```

后求解表达式的值。若表达式的值为真,则再次执行循环体,开始下一次循环,否则结束循环。do…while 结构整体上是一条语句,所以 while 的括号后要加上分号。

for 循环:①求解表达式 1(表达式 1 只求解一次,作用是给循环变量赋初值);②求解表达式 2(进入循环的条件),若为真,则执行循环体,否则结束 for 语句;③循环体执行完后,求解表达式 3(修改循环变量的值),并转向步骤②。如果不写表达式 2,则循环条件为真,for(; ;)语句相当于 while(1)语句。

while 语句先测试条件表达式的值再执行循环体,而 do…while 语句先执行循环体再测试条件表达式的值。如果条件表达式的值一开始就是假,while 语句的循环体一次都不执行,而 do…while 语句的循环体执行一次后再跳出循环。

循环控制语句有 break 和 continue 语句。

break 语句的作用是结束循环语句、跳出 switch 语句块。不管是哪种循环,一旦在循环体中遇到 break,就会立即跳出循环体,结束循环语句,执行循环语句之后的语句。当 break 出现在循环体中的 switch 语句体内时,其作用只是跳出该 switch 语句体,并非终止循环语句。

continue 语句的作用是跳过本次循环体中尚未执行的语句,判断下一次循环条件。continue 语句只是中止本次循环,准备下一次循环。continue 只能在循环语句中使用。

break 和 continue 示例如表 2.11 所示。编程求 1～10 的和。执行程序,输出 S=55。

表 2.11　break 和 continue 示例

扫一扫

使用 while 和 break 语句,求 1～10 的和	使用 for 和 break 语句,求 1～10 的和	使用 while、break 和 continue 语句,求 1～10 的偶数和
| ```c
1 #include <stdio.h>
2 int main(){
3   int i=1, s=0;
4   while(1){
5     s=s+i;
6     i++;
7     if(i>10) break;
8   }
9   printf("sum=%d\n",s);
10  return 0;
11 }
``` | ```c
1 #include <stdio.h>
2 int main(){
3   int i=1, s=0;
4   for(;;){
5     s=s+i;
6     i++;
7     if(i>10) break;
8   }
9   printf("sum=%d\n",s);
10  return 0;
11 }
``` | ```c
1 #include <stdio.h>
2 int main(){
3   int n=1, sum=0;
4   while(1){
5     if(n%2) {n++; continue;}
6     if(n>10) break;
7     sum=sum+n++;
8   }
9   printf("sum=%d\n",sum);
10  return 0;
11 }
``` |

C 语言允许在一个循环内使用另一个循环,这称为循环嵌套,共有 9 种嵌套形式,表 2.12 给出了 6 种。

表 2.12　循环嵌套

| ```c
1 while(){
2   ...
3   while(){
4     ...
5   }
6   ...
7 }
``` | ```c
1 while(){
2   ...
3   do{
4     ...
5   }while();
6 }
``` | ```c
1 while(){
2   ...
3   for(;;){
4     ...
5   }
6   ...
7 }
``` | ```c
1 do{
2   ...
3   for(;;){
4     ...
5   }
6   ...
7 }while();
``` | ```c
1 for(;;){
2   ...
3   while(){
4     ...
5   }
6   ...
7 }
``` | ```c
1 for(;;){
2   ...
3   for(;;){
4     ...
5   }
6   ...
7 }
``` |

使用双重 for 循环(嵌套 for 循环)输出 5 种形式的九九乘法表,如表 2.13 所示。
```

表 2.13　双重 for 循环输出九九乘法表

扫一扫

源 代 码	输 出 结 果

```
1 #include <stdio.h>
2 int main(void) {
3   int i, j;
4   for (i=1; i<=9; i++) {
5     for (j=1; j<=9; j++)
6       printf("%d×%d=%2d ",i,j,i*j);
7     printf("\n");
8   }
9   return 0;
10 }
```

```
1×1= 1 1×2= 2 1×3= 3 1×4= 4 1×5= 5 1×6= 6 1×7= 7 1×8= 8 1×9= 9
2×1= 2 2×2= 4 2×3= 6 2×4= 8 2×5=10 2×6=12 2×7=14 2×8=16 2×9=18
3×1= 3 3×2= 6 3×3= 9 3×4=12 3×5=15 3×6=18 3×7=21 3×8=24 3×9=27
4×1= 4 4×2= 8 4×3=12 4×4=16 4×5=20 4×6=24 4×7=28 4×8=32 4×9=36
5×1= 5 5×2=10 5×3=15 5×4=20 5×5=25 5×6=30 5×7=35 5×8=40 5×9=45
6×1= 6 6×2=12 6×3=18 6×4=24 6×5=30 6×6=36 6×7=42 6×8=48 6×9=54
7×1= 7 7×2=14 7×3=21 7×4=28 7×5=35 7×6=42 7×7=49 7×8=56 7×9=63
8×1= 8 8×2=16 8×3=24 8×4=32 8×5=40 8×6=48 8×7=56 8×8=64 8×9=72
9×1= 9 9×2=18 9×3=27 9×4=36 9×5=45 9×6=54 9×7=63 9×8=72 9×9=81
```

```
1 #include <stdio.h>
2 int main() {
3   int i, j;
4   for (i=1; i<=9; i++) {
5     for (j=1; j<=i; j++)
6       printf("%d×%d=%2d ",i,j,i*j);
7     printf("\n");
8   }
9   return 0;
10 }
```

```
1×1= 1
2×1= 2 2×2= 4
3×1= 3 3×2= 6 3×3= 9
4×1= 4 4×2= 8 4×3=12 4×4=16
5×1= 5 5×2=10 5×3=15 5×4=20 5×5=25
6×1= 6 6×2=12 6×3=18 6×4=24 6×5=30 6×6=36
7×1= 7 7×2=14 7×3=21 7×4=28 7×5=35 7×6=42 7×7=49
8×1= 8 8×2=16 8×3=24 8×4=32 8×5=40 8×6=48 8×7=56 8×8=64
9×1= 9 9×2=18 9×3=27 9×4=36 9×5=45 9×6=54 9×7=63 9×8=72 9×9=81
```

```
1 #include <stdio.h>
2 int main() {
3   int i, j;
4   for (i=1; i<=9; i++) {
5     for (j=1; j<=9; j++)
6       if(i<=j)
7         printf("%d*%d=%2d ",i,j,i*j);
8     putchar('\n');
9   }
10   return 0;
11 }
```

```
1*1= 1 1*2= 2 1*3= 3 1*4= 4 1*5= 5 1*6= 6 1*7= 7 1*8= 8 1*9= 9
2*2= 4 2*3= 6 2*4= 8 2*5=10 2*6=12 2*7=14 2*8=16 2*9=18
3*3= 9 3*4=12 3*5=15 3*6=18 3*7=21 3*8=24 3*9=27
4*4=16 4*5=20 4*6=24 4*7=28 4*8=32 4*9=36
5*5=25 5*6=30 5*7=35 5*8=40 5*9=45
6*6=36 6*7=42 6*8=48 6*9=54
7*7=49 7*8=56 7*9=63
8*8=64 8*9=72
9*9=81
```

```
1 #include <stdio.h>
2 int main() {
3   int i, j;
4   for(i=1; i<=9; i++) {
5     for(j=1; j<=9-i; j++) printf("\t");
6     for(j=1; j<=i; j++)
7       printf("%d*%d=%2d  ",i,j,i*j);
8     printf("\n");
9   }
10   return 0;
11 }
```

```
                                                    1*1= 1
                                            2*1= 2  2*2= 4
                                    3*1= 3  3*2= 6  3*3= 9
                            4*1= 4  4*2= 8  4*3=12  4*4=16
                    5*1= 5  5*2=10  5*3=15  5*4=20  5*5=25
            6*1= 6  6*2=12  6*3=18  6*4=24  6*5=30  6*6=36
    7*1= 7  7*2=14  7*3=21  7*4=28  7*5=35  7*6=42  7*7=49
8*1= 8  8*2=16  8*3=24  8*4=32  8*5=40  8*6=48  8*7=56  8*8=64
9*1= 9  9*2=18  9*3=27  9*4=36  9*5=45  9*6=54  9*7=63  9*8=72  9*9=81
```

```
1 #include <stdio.h>
2 int main() {
3   int i, j;
4   for(i=1; i<=9; i++) {
5     for(j=1; j<=9; j++)
6       if(j<i) printf("\t");
7       else
8         printf("%d*%d=%2d  ",i,j,i*j);
9     putchar('\n');
10   }
11   return 0;
12 }
```

```
1*1= 1  1*2= 2  1*3= 3  1*4= 4  1*5= 5  1*6= 6  1*7= 7  1*8= 8  1*9= 9
        2*2= 4  2*3= 6  2*4= 8  2*5=10  2*6=12  2*7=14  2*8=16  2*9=18
                3*3= 9  3*4=12  3*5=15  3*6=18  3*7=21  3*8=24  3*9=27
                        4*4=16  4*5=20  4*6=24  4*7=28  4*8=32  4*9=36
                                5*5=25  5*6=30  5*7=35  5*8=40  5*9=45
                                        6*6=36  6*7=42  6*8=48  6*9=54
                                                7*7=49  7*8=56  7*9=63
                                                        8*8=64  8*9=72
                                                                9*9=81
```

　　goto 语句和标号：break 只能跳出最内层循环，如果在嵌套循环中遇到某个错误需要立即跳出最外层循环时，可以使用 goto 语句实现无条件跳转。goto 语句的形式为"goto 标号;"，功能是将程序流程跳转到标号处继续运行。标号的命名要遵循标识符的命名规则。

语句标号是一个标识符,一般形式是"语句标号标识符:",语句标号只是一个标志,只能和 goto 语句配合使用,表示程序转向到该标号处开始向下执行。虽然 goto 语句经常被声称已经过时,但是 goto 语句的等价物(汇编指令)还是经常被编译器所使用,具体形式是无条件跳转指令。Linux 内核中有不少地方还在使用 goto 语句。goto 语句和标号示例如表 2.14 所示。

扫一扫

表 2.14　goto 语句和标号示例

使用 goto 语句和标号,求 1~10 的和	函数中的错误处理	说　　明
<pre>1#include <stdio.h>
2int main() {
3 int i=1,s=0;
4 loop:
5   s=s+i;
6   i++;
7 if(i<=10) goto loop;
8 printf("sum=%d\n",s);
9 return 0;
10}</pre>	<pre>1 int func(void) {
2   ...
3   if(错误条件)
4   goto error;
5   for(...)
6   for(...) {
7   ...
8   if(错误条件)
9   goto error;
10   ...
11   }
12 error:
13   错误处理;
14   return 0;
15 }</pre>	loop 和 error 是标号(Label)。 goto 语句过于强大了,从程序中的任何地方都可以无条件跳转到任何其他地方,只要在那个地方定义一个标号就行,唯一的限制是 goto 只能跳转到同一函数中的某个标号处,而不能跳到别的函数中。 滥用 goto 语句会使程序的控制流程非常复杂,可读性变差。goto 语句更多地用于这种场合:一个函数中任何地方出现错误,可以立即跳转到函数末尾进行错误处理,然后函数返回

2.4　输入/输出

输入/输出是用户和程序交互的过程。在控制台(命令行窗口)程序中,输入一般指获取用户在键盘上输入的数据,输出一般指将数据显示在显示器上。C 语言中用来在显示器上输出数据的函数有:putchar,只能输出单个字符;puts,只能输出字符串,并且输出结束后会自动换行;printf,可以输出各种类型的数据。C 语言中从键盘获取用户输入数据的函数是:getchar,用于输入单个字符;gets,获取一行数据,并作为字符串处理;scanf,可以输入多种类型的数据。这些输入/输出函数的原型(可以使用 man 3 printf 命令查看联机文档)如下,示例如表 2.15 所示。

```
int printf(const char *format, ...);
int scanf(const char *format, ...);
int getchar(void);
int putchar(int c);
char *gets(char *s);
int puts(const char *s);
```

printf 和 scanf 函数是最灵活、最复杂、最常用的输出函数和输入函数。

扫一扫

表 2.15　输入/输出函数示例

<pre>1#include <stdio.h>
2int main() {
3 int a,b;
4 scanf("%d%d",&a,&b);
5 printf("a=%d,b=%d\n",a,b);
6 return 0;
7}</pre>	<pre>1#include <stdio.h>
2int main() {
3 int ch;
4 while((ch=getchar())!='\n')
5   printf ("%c, ", ch);
6 printf ("\n");
7}</pre>	<pre>1#include <stdio.h>
2int main() {
3 char ch='a';
4 putchar(ch);
5 putchar('b');
6 return 0;
7}</pre>	<pre>1#include <stdio.h>
2int main() {
3 char str[9]={0};
4 gets(str);
5 printf("%s,",str);
6 puts(str);
7 return 0;
8}</pre>

| 运行程序,键盘输入:1 2
输出:a=1,b=2 | 运行程序,键盘输入:ab12
输出:a, b, 1, 2, | 输出:ab | 键盘输入:abcd
输出:abcd,abcd |

注意　Man Page 是 Linux C 语言程序开发过程中最常用的参考手册,具体用法可以执行 man man 命令查看。

2.4.1　标准输出函数 printf

标准输出函数 printf 的语法为"printf(格式化字符串,输出值参数列表);",printf 是 print format 的缩写,表示格式化输出。其中格式化字符串包括普通字符和格式转换说明符。格式转换说明符是%号后面加上 c、d 或 f 等字母,只在格式化字符串中占位置,并不出现在最终的输出结果中,因此格式转换说明符通常叫作占位符。格式化字符串中规定了输出值参数列表中的值以何种格式插入这个字符串中,其中的普通字符按原样输出,一个占位符代表一个输出的数据,输出值参数列表是一系列用逗号分开的表达式,占位符与这些表达式一一对应,例如 printf("a=%d,b=%d",a,b);,其中"a=%d,b=%d"是格式化字符串,"%d"是占位符,"a,b"是输出值参数列表。如果格式化字符串中没有占位符,则没有输出值参数列表。输出格式占位符及其功能说明如表 2.16 所示。注意,转换说明和转义序列不同,转义序列是在编译时处理,而转换说明是在运行时调用 printf 函数处理。

表 2.16　输出格式占位符及其功能说明

输出格式占位符	功 能 说 明
%c	int 型(char 型),输出一个字符
%hd、%d、%ld	以十进制、有符号的形式输出 short、int、long 类型的整数,正数符号省略
%md	m 为指定的输出字段宽度。若数据位数小于 m,则左端补以空格(右对齐输出),若数据位数大于 m,则按实际位数输出
%-md	m 为指定的输出字段宽度。如果数据位数小于 m,则右端补以空格(左对齐输出),若数据位数大于 m,则按实际位数输出
%hu、%u、%lu	以十进制、无符号的形式输出 short、int、long 类型的整数
%mu、%-mu	功能同%md、%-md
%ho、%o、%lo	以八进制、不带前缀 0、无符号的形式输出 short、int、long 类型的整数
%#ho、%#o、%#lo	以八进制、带前缀 0、无符号的形式输出 short、int、long 类型的整数
%mo、%-mo	功能同%md、%-md
%hx、%x、%lx %hX、%X、%lX	以十六进制、不带前缀 0x(0X)、无符号的形式输出 short、int、long 类型的整数。如果是小写 x,那么输出的十六进制数字也小写;如果是大写 X,那么输出的十六进制数字也大写
%#hx、%#x、%#lx %#hX、%#X、%#lX	以十六进制、带前缀 0x(0X)、无符号的形式输出 short、int、long 类型的整数。如果是小写 x,那么输出的十六进制数字和前缀都小写;如果是大写 X,那么输出的十六进制数字和前缀都大写。输出十六进制数时最好加一个#,否则如果输出的十六进制数中没有字母,容易被误认为是一个十进制数

续表

输出格式占位符	功 能 说 明
%mx、%-mx	功能同%md、%-md
%f、%lf	以十进制、小数的形式输出 float、double 类型的实数,如果不指定字段宽度,则由系统自动指定,整数部分全部输出,小数部分默认输出 6 位,超过 6 位的四舍五入
%.mf	输出实数时小数点后保留 m 位,注意 m 前面有个点
%m.nf	输出共占 m 列,其中有 n 位小数,如果数值宽度小于 m,则左端补空格
%-m.nf	输出共占 m 列,其中有 n 位小数,如果数值宽度小于 m,则右端补空格
%e、%le %E、%lE	以指数的形式输出 float、double 类型的小数。如果是小写 e,那么输出结果中的 e 也小写;如果是大写 E,那么输出结果中的 E 也大写
%m.ne、%-m.ne	功能同%m.nf、%-m.nf
%g、%lg %G、%lG	以十进制和指数中较短的形式输出 float、double 类型的小数,并且小数部分的最后不会添加多余的 0,即自动在%f 和%e 之间选择输出宽度小的表示形式。如果是小写 g,那么当以指数形式输出时 e 也小写;如果是大写 G,那么当以指数形式输出时 E 也大写
%s	顺序输出字符串的每个字符,不输出'\0'
%.ms	m 表示最大输出宽度,当串长大于 m 时,会截掉多余的字符;当串长小于 m 时,.m 就不再起作用
%ms	输出的字符串占 m 列,如果串长大于 m,则将字符串全部输出;如果串长小于 m,则左端补空格
%-ms	输出的字符串占 m 列,如果串长大于 m,则将字符串全部输出;如果串长小于 m,则右端补空格
%m.ns	输出占 m 列,但只取字符串左端 n 个字符,这 n 个字符输出在 m 列范围的右侧,左端补空格。如果 n>m,则 n 个字符正常输出
%-m.ns	输出占 m 列,但只取字符串左端 n 个字符,这 n 个字符输出在 m 列范围的左侧,右端补空格。如果 n>m,则 n 个字符正常输出
%p	输出指针的值

表 2.16 中输出格式占位符的完整形式为:

```
%[flag][width][.precision]type
```

[ ]表示此处的内容可以省略。

type 表示输出类型,比如%c、%d、%f 中的 c、d、f,type 这一项必须有。

width 表示最小输出宽度,也就是至少占几个字符的位置。当输出结果的宽度小于 width 时,以空格补齐(如果没有指定对齐方式,默认在左边补齐空格);当输出结果的宽度大于 width 时,width 不再起作用,按照数据本身的宽度输出。

precision 表示输出精度,也就是小数的位数。当小数部分的位数大于 precision 时,会按照四舍五入的原则丢掉多余的数字;当小数部分的位数小于 precision 时,会在后面补 0。precision 也可用于整数和字符串,但是功能是相反的。precision 用于整数时,表示最小输出宽度,与 width 不同的是,整数的宽度不足时会在左边补 0,而不是补空格。precision 用于字符串时,表示最大输出宽度,或者说截取字符串,当字符串的长度大于 precision 时,会截掉多余的字符;当串长小于 precision 时,.precision 就不再起作用。

flag 是标志字符,共有四个:－、＋、空格、♯。例如％♯x 中的 flag 是♯,%－5d 中的 flag 是－。①－表示左对齐,如果没有,就按默认对齐方式(一般为右对齐);②＋用于整数或者小数,表示输出符号(正负号),如果没有,则只有负数才会输出符号;③空格用于整数或小数,输出值为正时冠以空格,为负时冠以负号;④对于八进制(％o)和十六进制(％x、％X)整数,♯表示在输出时添加前缀,八进制的前缀是 0,十六进制的前缀是％x 或％X;对于小数(%f、%e、%g),♯表示强迫输出小数点,如果没有小数部分,默认不输出小数点,加上♯以后,即使没有小数部分,也会带上小数点。

输出格式占位符示例如表 2.17 所示。请读者结合表 2.16 分析运行结果。

扫一扫

表 2.17　输出格式占位符示例

源　代　码	运 行 结 果

``c
1 #include<stdio.h>
2 #include<unistd.h>
3 int main() {
4   int a1=123, a2=4567, b1=-1, b2=22;
5   char *str = "abcdefghi";
6   double f = 111.234567;
7   printf("%-9d %-9d\n", a1, a2);
8   printf("%-9d %-9d\n", b1, b2);
9   printf("str:%5s-%.5s-%.12s\n",str,str,str);
10 printf("f:%.3lf-%.5lf-%.12lf\n", f, f, f);
11 printf("a1=%10d, a1=%-10d\n", a1, a1);
12 printf("a1=%+d, b1=%+d\n", a1, b1);
13 printf("a1=% d, b1=% d\n", a1, b1);
14 printf("f=%.1f, f=%.0f, f=%#.0f\n",f,f,f);
15 printf("hello world. ");
16 sleep(3);
17 printf("hello world again!\n");
18 return 0;
19 }```
	``
	123 4567
	-1 22
	str:abcdefghi-abcde-abcdefghi
	f:111.235-111.23457-111.234567000000
	a1= 123, a1=123
	a1=+123, b1=-1
	a1= 123, b1=-1
	f=111.2, f=111, f=111.
	hello world. hello world again!
	``
	
	sleep(3)函数的作用是让程序暂停 3 秒,然后再继续执行。程序运行后立刻输出方框中的内容,3 秒后,输出画横线的两个字符串。为什么倒数第二个 printf 没有立即输出,而是等 3 秒以后和最后一个 printf 一起输出呢?原因在于 printf 执行后字符串没有直接输出到显示器上,而是放在输出缓冲区中,直到遇见换行符'\n'才会将缓冲区中的内容输出到显示器上。将倒数第二个 printf 修改为 printf("hello world.\n");即可

2.4.2　标准输入函数 scanf

标准输入函数 scanf 的语法为"scanf(格式控制字符串,变量地址列表);",scanf 是 scan format 的缩写,表示格式化扫描。①格式控制字符串包含格式控制符、空白字符、普通字符。格式控制符代表一个输入的数据。空白字符表示读取数据时略去一个或多个空白字符(包括空格、回车和制表符)。普通字符要原样输入。②变量地址列表的多个输入项由逗号分隔,并且与格式控制符一一对应。变量地址列表中的输入项如果是普通变量,则必须以

取地址运算符 & 开头,输入项如果是字符数组名,则不要加 &,因为数组名代表该数组的起始地址。③输入多个数值数据时,若格式控制串中没有非格式字符作输入数据之间的间隔,则可用空格、Tab 或回车作间隔。④输入多个字符数据时,若格式控制串中无非格式字符,则认为所有输入的字符均为有效字符。⑤输入单个数据(非字符型数据)时,遇到第一个非空白字符便开始读取,遇到三种情况(空白字符、达到指定宽度、非法输入)之一时认为该数据读取结束。输入格式控制符及其功能说明如表 2.18 所示。

表 2.18　输入格式控制符及其功能说明

格式控制符	功 能 说 明
%c	读取一个单一的字符
%hd、%d、%ld	读取一个十进制整数,并分别赋值给 short、int、long 类型
%ho、%o、%lo	读取一个八进制整数(可带前缀,也可不带),并分别赋值给 short、int、long 类型
%hx、%x、%lx	读取一个十六进制整数(可带前缀,也可不带),并分别赋值给 short、int、long 类型
%hu、%u、%lu	读取一个无符号整数,并分别赋值给 unsigned short、unsigned int、unsigned long 类型
%f、%lf	读取一个十进制形式的小数,并分别赋值给 float、double 类型
%e、%le	读取一个指数形式的小数,并分别赋值给 float、double 类型
%g、%lg	既可以读取一个十进制形式的小数,也可以读取一个指数形式的小数,并分别赋值给 float、double 类型
%s	读取一个字符串(以空白符为结束)
%*m	%后的附加说明符 *,用来表示跳过它相应的 m 个字符。例如 scanf("%2d%*2d%3d", &a, &b);,如果输入 123456789,则将 12 赋给 a,567 赋给 b。第二个数据 34 被忽略
%md	指定输入数据所占宽度(列数)为 m,系统自动按 m 截取所需的数据。例如 scanf("%2d%3d", &a, &b);,输入 12345,则将 12 赋给 a,345 赋给 b
%[字符集合] %[^字符集合]	例如 scanf("%[123]", buf);,把 1 或 2 或 3 的字符读到 buf 中,直到遇到一个非 1 非 2 非 3 的字符,假如输入 1232156ab12,则 buf 是 12321。 例如 scanf("%[a-zA-Z]%[0-9]", b1, b2);,如果输入 abDf129,则 b1 是 abDf,b2 是 129。 如果只取字母,则可以写成%[A-Za-z];如果要取字母之外的所有字符,则可以写成 %[^A-Za-z]。 若要读取一行字符,%s 是不行的,因为%s 遇到空白字符就结束了,所以可以写成 "%[^\n]%*c",%[^\n]的作用是读\n 之外的所有字符,也就是说,读到\n 停止读取,后续%*c 的作用就是把\n 去掉,否则再读时会一直读取\n。例如%*[^\n]%*c 就表示跳过一行,%-10[^\n]表示读取\n 前 10 个字符

输入格式控制符示例如表 2.19 所示。请读者结合表 2.18 分析运行结果。

扫一扫

表 2.19　输入格式控制符示例

源　代　码	运 行 结 果
| ```c
1  #include<stdio.h>
2  int main() {
3    int a,b,c; char d,e,f;
4    char str[]="hello world";
5    char str1[3],str2[4],str3[5];
6    float ff; double dd;
7    scanf("%d%d%d",&a,&b,&c);  //格式串中没有非格式字符
8    printf("a=%d,b=%d,c=%d\n",a,b,c);
9    scanf("%d,%d,%d",&a,&b,&c);  //格式串中有非格式字符
10   printf("a=%d,b=%d,c=%d\n",a,b,c);
11   scanf("%2d%3d%4d",&a,&b,&c); //用十进制整数指定输入字符数
12   printf("a=%d,b=%d,c=%d\n",a,b,c);
13   scanf("%c%c%c",&d,&e,&f);  //输入的字符数据中无非格式字符
14   printf("d=%c,e=%c,f=%c\n",d,e,f);
15   scanf ("%c,%c,%c",&d,&e,&f); //输入的字符数据中有非格式字符
16   printf("d=%c,e=%c,f=%c\n",d,e,f);
17   printf("%c,%c,%c\n",d-32,e-32,f-32);
18   scanf("%g%lg",&ff,&dd);
19   printf("ff=%f,dd=%lf\n",ff, dd);
20   printf("%s\n",str);
21   scanf("%s%s%s",str1,str2,str3);
22   printf("%s,%s,%s\n",str1,str2,str3);
23   return 0;
24 }//输入: 1 22 33 44,55,66 888888888999x,y,z 11.2 33.6 aa bbb cccc
``` | ```
a=1,b=22,c=33
a=44,b=55,c=66
a=88,b=888,c=8888
d=9,e=9,f=9
d=x,e=y,f=z
X,Y,Z
ff=11.200000,dd=33.600000
hello world
aa,bbb,cccc
```<br><br>当所有需要读取的数据都已经正确输入并按下回车键时，所有变量都接收到用户输入的数据。<br>从前向后依次读取，如果有剩余数据，则被忽略。<br>从前向后依次读取，如果读到了非法的数据，则函数结束 |

2.5　数组

构造数据类型是由基本数据类型按照一定规则组合而成的新的数据类型。C 语言数组是一些具有相同类型数据构成的集合，这些数据在内存中连续存放。C 语言数组属于构造数据类型，一个数组可以分解为多个数组元素，这些数组元素可以是基本数据类型或构造数据类型，因此按数组元素类型不同，数组又可分为数值数组、字符数组、指针数组、结构体数组等。

2.5.1　一维数组

在 C99 标准之前，一维数组的定义形式为"类型说明符 数组名[整型常量表达式];"。类型说明符定义了所有数组元素的共同类型；数组名和变量名的命名规则相同，都是标识符；方括号内的整型常量表达式表明数组长度(元素个数)。关于数组定义的示例如下。

```c
1 char c[10];          //数组名为c，类型为字符型，有10个元素
2 int a[5];            //数组名为a，类型为整型，有5个元素
3 float f[10];         //数组名为f，类型为单精度实型，有10个元素
```

C99 标准增加了可变长数组(Variable Length Array，VLA)的概念，可变长指的是编译时可变，在函数内(VLA 只是局部变量，不能是全局变量)定义数组时其长度可为整型常量表达式或整型变量表达式，例如"int n＝5，a[n];"。定义数组时长度可以省略，系统会自动指定长度为初始化序列中的元素个数。在定义数组的同时可以对数组全部元素进行初始化赋值，例如"int a[5]＝{1,2,3,4,5};"。也可以对数组部分元素进行初始化，例如"int a[5]＝{1,2,3};"，这 3 个值依次赋给 a[0]至 a[2]，其余数组元素的值自动赋值为 0。如果数组在函数内定义时没有进行初始化操作，则所有数组元素的初始值是随机值。C99 标准中可以只对指定下标的部分元素赋初值，其他未赋值元素的值为 0。数组不能相互赋值或初始化，例如"int b[5]＝a;"是错的，"b＝a;"也是错的，因为数组名表示数组的起始地址，并且是常量，不能做左值(放在赋值号左侧的量)。

数组必须先定义后引用。引用数组元素的一般形式为"数组名[下标]"。下标从 0 开始，数组名就是数组的首地址，即下标为 0 的元素的地址。比如上述数组共有 5 个元素：a[0]、a[1]、a[2]、a[3]、a[4]。使用数组下标不能超出数组长度范围，否则程序运行时会出现数组访问越界的错误，发生访问越界时程序可能继续执行，也可能突然崩溃。C 编译器不检查访问越界错误，编译时能顺利通过，这种错误属于运行时错误。例如 a[5]＝6 就是数组访问越界。编码时要尽量避免数组访问越界。一维数组示例如表 2.20 所示。对数组的赋值和遍历可以通过循环结构实现。通过循环结构把数组中的每个元素依次访问一遍称为遍历。

扫一扫

表 2.20　一维数组示例

源 代 码	输 出 结 果

<pre>1 #include<stdio.h>
2 int main() {
3   int n=5, a[n],i,x;
4   int b[]={1,2,3,4,5,6,7,8,9,10};
5   int c[10]={[0]=1,[4]=5,[8]=9};
6   for(i=0;i<5;i++) a[i]=i+1;
7   printf("Array address:%p\n",a);
8   for(i=0;i<5;i++)
9   printf("a[%d]=%d,Memory address:%p\n",i,a[i],&a[i]);
10 x=a[1]+a[3]*a[4]; printf("x=%d\n",x);
11 printf("length of array b: %ld\n",sizeof(b)/sizeof(int));
12 for(i=0;i<10;i++) printf("%d ",c[i]); printf("\n");
13 }</pre>
	<pre>Array address:0x7fff5ee0ce70
	a[0]=1,Memory address:0x7fff5ee0ce70
	a[1]=2,Memory address:0x7fff5ee0ce74
	a[2]=3,Memory address:0x7fff5ee0ce78
	a[3]=4,Memory address:0x7fff5ee0ce7c
	a[4]=5,Memory address:0x7fff5ee0ce80
	x=22
	length of array b: 10
	1 0 0 0 5 0 0 0 9 0</pre>

C 编译器为什么不检查访问越界错误呢？后面会介绍指针，可以通过指针访问数组元素，只有运行时才知道指针指向数组中的哪个元素，编译时无法检查是否访问越界，然而运行时每次访问数组元素都检查是否访问越界将会严重影响运行效率。另外，C 语言的设计精髓是不要阻止 C 程序员干他们想干的事。因此 C 编译器不检查访问越界错误。

2.5.2　二维数组

一维数组可以看作一行连续的数据，只有一个下标，其数组元素也称为单下标变量。在实际问题中有很多数据呈现二维或多维特征，比如教室中的某个座位。C 语言允许构造多维数组，其元素通过多个下标确定它在数组中的位置，所以多维数组元素也称为多下标变量。由于多维数组可由二维数组类推得到，因此本节只介绍二维数组。

二维数组的定义形式为"类型说明符 数组名[常量表达式 1][常量表达式 2];"，常量表达式 1 指明数组行数，常量表达式 2 指明数组列数。例如"int a[3][4];"定义一个 3 行 4 列的整型二维数组。数组名和变量名的命名规则相同，都是标识符。常量表达式的规定和一维数组相同，每一维的下标都从 0 开始计数。

二维数组元素的引用形式为"数组名[行下标][列下标];"，数组 a 的各个元素如下：

```
a[0][0]  a[0][1]  a[0][2]  a[0][3]
a[1][0]  a[1][1]  a[1][2]  a[1][3]
a[2][0]  a[2][1]  a[2][2]  a[2][3]
```

二维数组的所有元素在内存中连续存放,它们的地址是连续的。在 C 语言中,二维数组按行序排列,即先存放 a[0]行,再存放 a[1]行,以此类推。数组名为数组首地址。

二维数组示例如表 2.21 所示。

表 2.21　二维数组示例

扫一扫

源 代 码	输 出 结 果
	0x7ffe46450d60 0x7ffe46450d64 0x7ffe46450d68 0x7ffe46450d6c 0x7ffe46450d70 0x7ffe46450d74 0x7ffe46450d78 0x7ffe46450d7c 0x7ffe46450d80 1 2 0 4 0 0 7 0 0
| ```
1 #include<stdio.h>
2 int main() {
3   int a[3][3]={{1,2,3},{4,5,6},{7,8,9}};
4 //int a[3][3]={1,2,3,4,5,6,7,8,9};
5 //int a[][3]={1,2,3,4,5,6,7,8,9};
6   int b[3][3]={{1,2},{4,},{7}};
7 //int b[3][3]={1,2,0,4,0,0,7};
8 //int b[3][3]={[0][0]=1,[0][1]=2,[1][0]=4,[2][0]=7};
9   int i,j;
10  for(i=0;i<3;i++) {
11    for(j=0;j<3;j++) printf("%p ",&a[i][j]);
12    printf("\n");
13  }
14  for(i=0;i<3;i++) {
15    for(j=0;j<3;j++) printf("%d ",b[i][j]);
16    printf("\n");
17  }
18 }
``` | 二维数组元素初始化时,可分行赋初值,每个内层花括号负责一行;也可不按行从左到右依次赋值,比如"int a[3][3]={1,2,3,4,5,6,7,8,9};";也可只对部分元素赋值,比如"int b[3][3]={{1,2},{4,},{7}};"每行只是部分赋初值,"int b[3][3]={1,2,0,4,0,0,7};"不按行依次从左至右赋初值,未初始化的数组元素的初值为 0;若对数组中的全部元素赋初值,第一维大小可省略,比如"int a[][3]={1,2,3,4,5,6,7,8,9};",系统会根据第二维大小及初值个数自动计算第一维大小;也可对指定下标的部分元素赋初值,例如"b[3][3]={[0][0]=1,[0][1]=2,[1][0]=4,[2][0]=7};" |

2.5.3　一维字符数组

字符串常量是用双引号括起来的一串字符。字符串(字符串常量的简称)可以看作一个数组,其中每个元素都是字符型,例如"helloworld"。字符串以'\0'作为串结束标志,该标志占用 1 字节的存储空间,"helloworld"在内存中占 11 字节。C 语言没有专门的字符串变量,字符串数据是用字符数组存放的。一维字符数组示例如表 2.22 所示。

源代码中 s1[16]实际初始化了 11 个元素,剩余 5 个元素自动初始化为 0。如果该数组定义为"char s1[10]="HELLOWORLD"",则串结束标志被丢弃,C 编译器不会给出警告;如果该数组定义为"char s1[9]="HELLOWORLD"",则 C 编译器会给出警告。C 编译器之所以这样设计,目的是为了便于 C 程序员编写程序。

2.5.4　一维字符数组的输入/输出

一维字符数组的输入/输出方法如表 2.23 所示。
```

表 2.22　一维字符数组示例

源　代　码	说　明

``
1 #include<stdio.h>
2 int main() {
3   char s[26], st[5], str[10]={'H','E','L','L','O'};
4   char s1[16]="HELLOWORLD", s2[]="helloworld";
5   int i,j; char c="helloworld"[1];
6   for(i=0;i<26;i++) s[i]='A'+i;
7   for(i=0;i<26;i++) {
8   printf("%c%c",s[i],s[i]+32);
9   if(i==12||i==25) printf("\n");
10   }
11   st[0]='h';st[1]='e';st[2]='l';st[3]='l';st[4]='o';
12   for(i=0;i<5;i++) printf("%c",st[i]);
13   printf("\n%s   c=%c\n", str, c);
14   for(i=0;i<10;i++) printf("%d ",str[i]);
15   printf("\n%ld %ld %ld",sizeof(s),sizeof(st),sizeof(str));
16   printf("\n%s:%ld %s:%ld\n",s1,sizeof(s1),s2,sizeof(s2));
17 }
``
 	
``
1 //输出结果如下
2 AaBbCcDdEeFfGgHhIiJjKkLlMm
3 NnOoPpQqRrSsTtUuVvWwXxYyZz
4 hello
5 HELLO   c=e
6 72 69 76 76 79 0 0 0 0 0
7 26 5 10
8 HELLOWORLD:16 helloworld:11
``
	str[10]实际初始化了 5 个元素，剩余 5 个元素自动初始化为 0，即 Null 字符。字符数组也可以用一个字符串字面值初始化，比如 s1[16]。
	
	如果要用一个字符串字面值初始化一个字符数组，更好的办法是不指定数组长度，由编译器计算长度，比如 s2[]。可通过数组名加下标的方式访问数组元素，字符串字面值（是只读的）可被看成数组名，例如""helloworld"[1]"

扫一扫

表 2.23　一维字符数组的输入/输出方法

输入（下面前三行）/输出（最后三行）	示　例
使用 getchar 或 scanf 逐个字符输入	for(k=0;k<5;k++) s[k]=getchar(); for(k=0;k<5;k++) scanf("%c",&s[k]);
scanf 中利用%s 占位符将整个字符串一次输入，空白字符作为输入结束标志	scanf("%s",s);
使用字符串输入函数 gets(字符数组名)，该函数从标准输入设备（键盘）上接收一串字符（空格可以作为字符串内容），回车作为输入结束标志，并在串尾自动加一个'\0'	gets(s);
使用 putchar 或 printf 逐个字符输出	for(k=0;k<5;k++) putchar(s[k]); for(k=0;k<5;k++) printf("%c",s[k]);
printf 中利用%s 占位符将整个字符串一次输出	printf("%s",s);
使用字符串输出函数 puts(字符串常量或字符数组名)，把字符串或字符数组中的字符输出到标准输出设备（显示器）中，并用\n取代字符串结束标志'\0'，所以用 puts 函数输出字符串时会自动换行	puts(s); puts("helloworld");

2.5.5　字符串处理函数

字符串处理函数有：puts、gets、strlen、strcpy、strncpy、strcat、strncat、strcmp、strncmp、strchr、strstr、strtok。这些函数的函数原型如下。

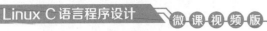

```
1 int puts(const char *s);
2 char *gets(char *s);
3 size_t strlen(const char *s);
4 char *strcpy(char *d, const char *s);
5 char *strncpy(char *d, const char *s, size_t n);
6 char *strcat(char *d, const char *s);
7 char *strncat(char *d, const char *s, size_t n);
8 int strcmp(const char *s1, const char *s2);
9 int strncmp(const char *s1, const char *s2, size_t n);
10 char *strchr(const char *s, int c);
11 char *strstr(const char *haystack, const char *needle);
12 char *strtok(char *str, const char *delim);
13 char *strtok_r(char *str, const char *delim, char **saveptr);
```

puts 函数功能：把字符串 s 输出到标准输出设备(显示器)中，一次只能输出一个字符串，遇到串结束标志'\0'结束输出，并用'\n'取代'\0'，所以用 puts 函数输出字符串时会自动换行，用 printf 函数输出字符串时不会自动换行。puts 执行成功时返回非负值，失败时返回 EOF(−1)。

gets 函数功能：从标准输入设备(键盘)读取字符并把它们写到字符串 s 里，gets 函数能识别空格，遇到空格会将空格写入 s 中，直到遇到'\n'(回车或换行)，而 scanf 函数遇到空格则停止输入。使用 gets 函数时需要注意输入的内容不要超过 s 的大小。若 gets 函数成功输入，则返回 s 的首地址；若出错，则返回 NULL。

strlen 函数功能：求字符串 s 的长度，不包括串结束标志'\0'，返回值是字符串 s 的个数。

strcpy 函数功能：strcpy 是字符串复制函数，将字符串 s(包括'\0')复制到 d 指向的内存空间，若执行成功，则返回 d 的首地址；若出错，则返回 NULL，注意要保证 d 的空间够大。

strncpy 函数功能：将字符串 s 中的前 n 个字符复制到 d 指向的内存空间。注意，如果 s 中前 n 个字符没有'\0'，则 d 没有串结束标志'\0'。

strcat 函数功能：strcat 是字符串连接函数，将字符串 s(包括'\0')从字符串 d 的串结束标志'\0'位置开始(覆盖 d 的'\0')连接到 d 的后面。函数返回值为 d 的首地址，注意要保证 d 的空间够大。

strncat 函数功能：将字符串 s 的前 n 个字符连接到字符串 d 的后面。

strcmp 函数功能：strcmp 是字符串比较函数，将字符串 s1 和 s2 对应位置的字符 (ASCII 码)进行比较，遇到不同字符或串结束标志'\0'时结束比较。如果 s1 和 s2 完全一样，则返回值为 0；如果 s1 大于 s2，则返回值为大于 0 的整数；如果 s1 小于 s2，则返回值为小于 0 的整数。

strncmp 函数功能：比较字符串 s1 和 s2 的前 n 个字符，返回值与 strcmp 一致。

strchr 函数功能：从左向右定位字符 c 在字符串 s 中第一次出现的位置。同系列函数有 strrchr、strchrnul。strrchr 从右向左定位字符 c 在字符串 s 中第一次出现的位置，即字符串 s 最后出现字符 c 的位置。strchrnul 类似于 strchr，除了当没有找到字符 c 时，返回串结束标志'\0'所在的位置，而 strchr 没有找到 c 时返回 NULL。

strstr 函数功能：定位子字符串 needle 在字符串 haystack 中首次出现的位置，成功时返回子字符串 needle 在被匹配字符串 haystack 中首次出现的位置(指针)，失败则返回 NULL。同系列函数是 strcasestr。区别在于，strstr 区别子字符串、字符串的大小写，而

strcasestr 忽略大小写。

strtok 函数的另一个版本是 strtok_r。strtok 函数使用分隔符 delim 对待切分字符串 str(必须是可修改的字符串,不能是字符串常量)进行一次切分后,能得到分隔符 delim 左边的字符串。strtok_r 除了具有 strtok 功能,还能在一次切分后,通过 saveptr 保存 strtok_r 切分后剩余部分(分隔符右边)字符串首地址。例如,按分隔符":"对字符串"aaa:bbb"切分后,返回字符串"aaa",剩余"bbb"待下次调用 strtok 时处理;strtok_r 能同时得到"aaa"(返回值)和 saveptr 指向的"bbb"。调用 strtok 会改变传入的 str 指向的内容,因此 str 不能是字符串常量,str 指向字符串内容中的字符如果是分隔符 delim,则被替换为'\0'。如果成功找到分隔符,则返回切分后的第一个子字符串;如果待切分字符串中没有找到分隔符,则返回空指针 NULL。字符串处理函数(strrchr、strcmp、strtok、strtok_r)示例如表 2.24 所示。

扫一扫

表 2.24 字符串处理函数(strrchr、strcmp、strtok、strtok_r)示例

源 代 码	输 出 结 果

``c
1 #include<stdio.h>
2 #include<string.h>
3 #include<ctype.h>
4 int is_type(const char *path, const char *type) {
5   char *pos=strrchr(path,'.');
6   if(pos==NULL) {printf("Not %s file: %s\n",type,path); return 0;}
7   char *p=pos+1;
8   if(!strcmp(p,type)) return 1;
9   else {printf("Not %s file: %s\n",type,path); return 0;}
10 }
11 int main() {
12   char *path="/a/B/c.txt", *fpos=strrchr(path,'/');
13   printf("file name is %s\n",fpos+1);
14   if(is_type(path,"txt")) printf("%s is text file\n",path);
15   else printf("%s is not text file\n",path);
16   for(int i=0;i<sizeof("abCd%12");i++)
17   printf("%c",toupper("abCd%12"[i])); printf("\n"); return 0;
18 }
``
	file name is c.txt
	/a/B/c.txt is text file
	ABCD%12
	
	本程序主要实现三个功能:第一,在指定文件路径/a/b/c.txt 中提取出文件名 c.txt;第二,通过比较文件名后缀判断一个文件是否为文本文件;第三,将字符串中的小写英文字母转换为大写字母

``c
1 #include<stdio.h>
2 #include<string.h>
3 int main() {
4   char buf[]="abc def ghi jk";   printf("buf=%s\n",buf);
5   char *s1=strtok(buf," "), *s2;   printf("s1=%s, buf=%s (",s1,buf);
6   while((s2=strtok(NULL," "))!= NULL) printf("%s ", s2);
7   printf("\x8)\n");
8   char buf2[]="123 456 789 10";   printf("buf2=%s\n",buf2);
9   char *sr1, *sr2;   sr1=strtok_r(buf2," ",&sr2);
10   printf("sr1=%s, sr2=%s, ",sr1,sr2);   printf("buf2=%s\n",buf2);
11 }
``
	buf=abc def ghi jk
	s1=abc, buf=abc (def ghi jk)
	buf2=123 456 789 10
	sr1=123, sr2=456 789 10, buf2=123
	
	第一次调用 strtok(strtok_r)时要指明待切分字符串,后续调用 strtok(strtok_r)时无须指定,用 NULL 即可。本程序使用 strtok 切分字符串 buf,使用 strtok_r 切分字符串 buf2

2.5.6 二维字符数组

二维字符数组是字符型的二维数组,示例如表 2.25 所示。

表 2.25 二维字符数组示例

源 代 码	输 出 结 果

``c
1 #include<stdio.h>
2 #include<string.h>
3 int main() {
4   char s1[][9]={"Wednesday","Thursday","Friday"};
5   for(int i=0;i<3;i++) printf("%s\n",s1[i]);
6   char s2[][10]={"Monday","Tuesday","Wednesday","Thursday"};
7   for(int i=0;i<3;i++)
8   for(int j=i+1;j<4;j++)
9   if(strcmp(s2[i],s2[j])>0){
10   char t[10];
11   strcpy(t,s2[i]);
12   strcpy(s2[i],s2[j]);
13   strcpy(s2[j],t);
14   }
15   for(int i=0;i<4;i++) {printf("\t"); puts(s2[i]);}
16   return 0;
17 }
``
	WednesdayThursday
	Thursday
	Friday
	 Monday
	 Thursday
	 Tuesday
	 Wednesday
	
	本程序主要实现两个功能：第一，对 s1 初始化后，将其中的三个字符串输出，注意"Wednesday"后没有串结束标志；第二，对 s2 初始化后，对其中的四个字符串进行排序，然后输出

扫一扫

2.6 习题

1. 填空题

（1）在 C 语言中，任何数据都有其类型，数据类型决定了数据占用内存的_____、数据的取值范围以及其上可进行的_____。

（2）数据类型包括基本类型、_____、_____和空类型。

（3）基本类型包括_____、_____、实型（浮点型）、枚举。

（4）整型类型包括基本整型、_____、_____、双长整型。

（5）浮点数类型包括_____、_____、_____。

（6）构造类型包括_____、_____、共用体。

（7）char 型占_____字节的存储空间，一字节通常是_____ bit。

（8）signed 和 unsigned 两个关键字表示_____和_____。

（9）char 以外的类型如果不明确写 signed 或 unsigned 关键字，都表示_____。

（10）除了 char 型在 C 标准中明确规定占一字节外，其他整型占多少字节都是_____定的。

（11）程序运行过程中值不能被改变的量称为_____，可分为_____和_____。

（12）_____就是直接写出来的一个数据，符号常量是指用一个_____代表一个常量。

（13）每个常量都归属一种数据类型，有_____、_____、浮点型常量和枚举常量。

（14）一对单引号中的一个字符，称为_____。

（15）字符型常量的表示方法有两种：_____和_____。

（16）_____是以双引号括起来的一串字符序列。

（17）字符串"abc"在内存中占用的存储空间是_____字节。

(18) 在 C 语言中可以用十进制、_____和_____的整数常量。

(19) 为了和八进制数区分,十进制整数前不能加_____。八进制整数以数字_____开头。

(20) 十六进制整数以_____开头。

(21) 整数常量还可以在末尾加_____表示 unsigned 型整型常量,加_____表示 long 型整型常量,加_____表示 long long 型整型常量。

(22) 有些编译器(比如 gcc)支持二进制整数常量,以_____开头。

(23) 由于二进制和八进制、十六进制的对应关系非常明显,用_____或_____制常量完全可以代替二进制常量。

(24) 字符常量和枚举常量的类型都是_____。

(25) 浮点型常量也可以称为_____。

(26) 浮点型常量的表示方法有两种:_____和_____。

(27) C 语言规定不加后缀说明的所有实型常量都被解释成_____类型。

(28) 程序运行过程中值可以改变的量称为_____。

(29) 每个变量都有一个_____,都归属一种_____,不同类型的变量都占据不同大小的_____,具有不同的表示范围。

(30) 变量是内存中命名的_____,其值就存储在这些单元中。

(31) 内存中的每个单元都有_____,也称为内存地址。

(32) 变量定义语句以_____结尾,其一般格式为_____。

(33) _____是用户编程时使用的名字,必须由字母(区分大小写)、数字、下画线组成,不能有其他字符,第一个字符不能是数字,必须以_____或_____开头。

(34) 标识符有三类:_____、_____、用户自定义标识符。

(35) _____就是将数据从一种类型转换为另一种类型。

(36) C 语言数据类型转换方式有两种:_____、_____。

(37) _____为每个字符分配了唯一的编号。

(38) 当从键盘上输入一个字符时,显示器上就可以显示这个字符,这类字符称为_____。

(39) 为控制作用而设计的字符称为_____。

(40) 在 C 语言中,控制字符必须用转义字符表示。转义字符以_____开头。

(41) Windows 上的文本文件用_____作行分隔符,许多应用层网络协议(如 HTTP)也用_____作行分隔符,而 Linux 和各种 UNIX 上的文本文件只用_____作行分隔符。

(42) '0'的 ASCII 码是_____,而'\0'的 ASCII 码是_____,它们两者是不同的。

(43) C 语言_____是指表达某几个操作数之间的一种运算规则的符号。

(44) 根据操作数个数的不同,将运算符分为_____、_____和三目运算符。

(45) _____是指用运算符将操作对象连接起来的式子。

(46) 表达式可以是单个的常量或变量,也可以是多个_____、_____组合而成的更复杂的表达式。

(47) 求解表达式值的时候,需要根据运算符的_____和_____进行分析。

(48) 由算术运算符将操作数连接起来的式子称为_____。

(49) ++和--都是单目运算符,其操作数只能是一个_____。

(50) _____的功能是将赋值运算符右侧表达式的值赋给其左侧的变量。

(51) 赋值运算符的左侧只能是一个变量,也称_____。

(52) 用关系运算符将两个表达式连接起来,就称为_____。

(53) 用逻辑运算符将两个关系表达式或逻辑量连接起来的式子就是_____。

(54) 逻辑表达式的值是一个逻辑量,成立为_____;不成立为_____。

(55) 条件运算符是?:,需要三个_____,是唯一一个三目运算符。

(56) 用逗号运算符将两个或多个_____连接起来,就构成一个逗号表达式。

(57) C语言提供了一些运算符,这些运算符可以直接操作整数中的位,称为_____。

(58) 在一定的取值范围内,将一个整数左移1位相当于_____。

(59) 如果要对一个整数中的某些位进行操作,可用_____表示这些位在整数中的位置。

(60) _____是指在表达式后面加一个分号所构成的语句。

(61) _____仅用一个分号表示,在语法上是一条语句。

(62) _____又称为语句块,是指用一对花括号{}将一条或若干条语句包含起来形成的_____。

(63) 在C语言中,可以使用三种循环语句,分别是while、do…while和for。在这三种循环语句中,循环体被重复执行的次数由_____控制,称为_____。

(64) 输入/输出是_____和_____交互的过程。在控制台程序中,输入一般指获取用户在_____上输入的数据,输出一般指将数据显示在_____上。

(65) _____是由基本数据类型按照一定规则组合而成的新的数据类型。

(66) C语言数组是一些具有_____数据构成的集合,这些数据在内存中_____。

(67) 在C99标准之前,一维数组的定义形式为_____。

(68) C99标准增加了可变长数组的概念,可变长指的是_____可变。在函数内(VLA只是局部变量,而不能是全局变量)定义数组时其长度可为_____或_____。

(69) 数组必须先定义后引用。引用数组元素的一般形式为_____。下标从_____开始,数组名就是数组的_____。

(70) 通过_____把数组中的每个元素依次访问一遍称为遍历。

(71) 二维数组的定义形式为_____。

(72) 二维数组元素的引用形式为_____。

(73) 字符串以\0作为_____,该标志占用一字节的存储空间,"helloworld"在内存中占_____字节。

2. 简答题

(1) 简述ILP32和LP64规范。

(2) 简述变量声明和变量定义。

(3) 简述自动类型转换。

(4) 简述强制类型转换。

(5) 简述优先级和结合性。

（6）简述全与运算表达式和全或运算表达式。

（7）简述 sizeof 运算符。

（8）b＋＝a 与 b＝b＋a 有何差别？

（9）简述程序设计的三种基本结构。

（10）switch 语句的功能是什么？

（11）简述 while 循环和 do…while 循环的功能及其差别。

（12）简述 for 循环的执行流程。

（13）简述 break 和 continue 语句的作用。

（14）简述标准输出函数 printf 的语法。

（15）简述输出格式占位符的完整形式。

（16）简述标准输入函数 scanf 的语法。

3. 上机题

限于篇幅，本章程序题都放在本书配套资源的 xiti-src/xiti0203 文件夹中。

第 3 章 C语言基础 II

本章学习目标

- 掌握函数、指针的定义和使用。
- 理解编译预处理的作用和用法。
- 掌握结构体、共用体和枚举的定义和使用。
- 掌握零长数组、变长数组和动态数组的定义和使用。
- 掌握 indent 命令的使用。

3.1 函数

  C语言通过函数实现模块化程序设计,用函数实现功能模块的定义。一个 C 程序可以由一个主函数和若干个自定义函数构成,主函数调用其他函数,其他函数也可以互相调用,通过函数之间的调用实现程序功能。

3.1.1 C 语言库函数

  C语言提供了功能丰富的库函数,一般库函数的定义放在头(库)文件中。头文件是扩展名为.h 的文件。使用库函数时在程序开头用" # include < * .h>"或" # include " * .h""将头文件包含进来。C语言常用头文件及主要函数如表3.1所示。

3.1.2 函数定义和声明

  C程序的基本单位是函数,函数是一段封装好的、可以重复使用的代码,有助于程序的模块化设计。函数有库函数和用户自定义函数,一个实用的 C 程序都应该包含自定义函数,通常一个函数执行一个特定的任务。一个 C 程序至少包含一个主函数(main 函数),并且主函数只能有一个,主函数的特殊之处在于函数名(main)是固定的,操作系统就认这个

表 3.1 C语言常用头文件及主要函数

头 文 件	主 要 函 数
stdio.h	包含输入/输出函数的声明,共 6 大类别。①文件操作类:删除文件 remove、修改文件名称 rename、生成临时文件名称 tmpfile、得到临时文件路径 tmpnam、关闭文件 fclose、刷新缓冲区 fflush、打开文件 fopen、将已存在的流指针和新文件连接 freopen、设置磁盘缓冲区 setbuf、设置磁盘缓冲区 setvbuf;②格式化输入与输出类:格式输出 fprintf、格式输入 fscanf、格式输出(控制台)printf、格式输入(控制台)scanf、格式输出到缓冲区 sprintf、从缓冲区中按格式输入 sscanf、格式化输出 vfprintf、格式化输出 vprintf、格式化输出 vsprintf;③字符输入/输出类:输入一个字符 fgetc、字符串输入 fgets、字符输出 fputc、字符串输出 fputs、字符输入(控制台)getc、字符输入(控制台)getchar、字符串输入(控制台)gets、字符输出(控制台)putc、字符输出(控制台)putchar、字符串输出(控制台)puts、字符输出到流的头部 ungetc;④直接输入/输出类:直接流读操作 fread、直接流写操作 fwrite;⑤文件定位类:得到文件位置 fgetpos、文件位置移动 fseek、文件位置设置 fsetpos、得到文件位置 ftell、文件位置复零位 remind;⑥错误处理类:错误清除 clearerr、文件结尾判断 feof、文件错误检测 ferror、得到错误提示字符串 perror
stdlib.h	包含编程所必须要的实用工具函数的声明,共 4 大类别。①字符串转换类:字符串转换为整数 atoi、字符串转换为浮点数 atof、字符串转换为长整数 atol、字符串转换为浮点数 strtod、字符串转换为长整数 strtol、字符串转换为无符号长整型 strtoul、浮点数转换成字符串 ecvt;②产生伪随机序列类:产生随机数 rand、设置随机函数的起动数值 srand;③存储管理类:分配存储空间 malloc、释放存储空间 free、分配存储空间 calloc、重新分配存储空间 realloc;④环境通信类:中止程序 abort、退出程序执行并清除环境变量 atexit、退出程序执行 exit、读取环境参数 getenv、挂起当前进程去临时执行一个其他程序 system、二分查找已排序的数据 bsearch、快速排序 qsort、整数运算求绝对值 abs、得到除法运算底商和余数 div、求长整型的绝对值 labs、求长整型除法的商和余数 ldiv、得到多字节字符的字节数 mblen、得到多字节字符的字节数 mbtowc、多字节字符转换 wctomb、将多字节串转换为整数数组 mbstowcs
ctype.h	包含对单个字符进行处理的函数声明,包括字符类别测试和字母大小写转换:是否为字母和数字 isalnum、是否为字母 isalpha、isascii 判断字符 ASCII 码是否属于[0,127]、是否为控制字符 iscntrl、是否为数字 isdigit、是否为可显示字符(空格除外)isgraph、是否为可显示字符(包括空格)isprint、是否既不是空格又不是字母和数字的可显示字符 ispunct、是否为空格 isspace、是否为大写字母 isupper、是否为十六进制数字(0-9、a-f、A-F)字符 isxdigit、转换为大写字母 toupper、转换为小写字母 tolower
string.h	包含字符串处理函数的声明,包括对字符串进行合并、比较等操作:块复制(目的和源存储区不可重叠)memcpy、块复制(目的和源存储区可重叠)memmove、串复制 strcpy、按长度的串复制 strncpy、串连接 strcat、按长度的串连接 strncat、块比较 memcmp、字符串比较 strcmp、字符串比较(用于非英文字符)strcoll、按长度对字符串比较 strncmp、求字符串长度 strlen、字符串转换 strxfrm、块中字符查找 memchr、串中字符查找 strchr、字符串查找 strstr、字符串分解 strtok、字符串设置 memset、错误字符串映射 strerror
math.h	包含数学函数的声明:反余弦 acos、反正弦 asin、反正切 atan、反正切 2atan2、余弦 cos、正弦 sin、正切 tan、双曲余弦 cosh、双曲正弦 sinh、双曲正切 tanh、指数函数 exp、指数分解函数 frexp、自然对数 log、以 10 为底的对数 lg、浮点数分解函数 modf、幂函数 pow、平方根函数 sqrt

名字,程序执行时 main 函数自动被操作系统调用,除此之外,main 函数和其他自定义

函数没有区别,因此可以将主函数看成一个特殊的自定义函数。各个函数在定义时彼此独立,在执行时可以互相调用,其他函数不能调用主函数。下面主要介绍自定义函数。编程时不仅可以调用 C 标准库提供的库函数,也可以调用自定义函数。

用户自定义函数的一般形式是:"函数类型 函数名(形参列表){函数体}"。一个函数包括函数头和函数体,"函数类型 函数名(形参列表)"为函数头。①函数类型是指函数返回值的数据类型,可以通过函数体中的 return 语句返回函数值,如果函数没有返回值,则函数类型应写为空类型 void,如果省略函数类型,则默认为 int 型;②函数名是用户自定义的一个标识符,要符合标识符的命名规则;③定义有参函数时,函数名后一对圆括号内的形参列表至少一个形式参数(形参),多个参数之间用逗号隔开,每个形参都应指定其类型;④定义无参函数时,函数名后圆括号内应该为空或 void;⑤函数体是函数的主体部分,是由一对花括号{}括起来的一个语句块,即一个复合语句,可以由若干条语句和声明组成,C89要求所有声明写在所有语句之前,而 C99 允许语句和声明可以按任意顺序排列,只要每个标识符都遵循先声明后使用的原则即可。

函数(整型或 void 型函数除外)应该先定义后调用,或者先声明(也称说明)后调用。如果函数定义放在了调用它的函数之后,则一定要在调用它的函数之前对该函数进行声明。函数声明的一般形式是:"函数类型 函数名(形参列表);"。函数声明和语句类似,都是以分号结尾,但是语句只能出现在函数体中,而函数声明既可以出现在函数体中,也可以出现在所有函数体之外。

3.1.3　函数调用及参数传递

函数调用就是使用已定义好的函数。函数调用的一般形式为:"函数名(实参列表)"。通过调用函数完成已定义的任务。调用无参函数时实参列表为空,但是括号不能省略。当一个函数(主调函数)调用另一个函数(被调函数)时,程序控制权会从主调函数转移到被调函数,被调函数执行完已定义的任务后(当执行返回语句或到达函数体右花括号时),会把程序控制权再次转移到主调函数。

C 语言中有多种函数调用方式,示例如下。

```
1 a = b + max(x, y);          //函数表达式,max函数调用作为表达式中的一项
2 printf("%d", a);            //函数调用语句,printf函数调用作为一条单独的语句
3 printf("%d", max(x, y));    //函数参数,max函数调用作为printf函数调用的实参
```

Linux 操作系统通过虚拟内存的方式为所有应用程序(进程)提供了统一的虚拟内存地址,如图 3.1 所示的用户地址空间部分(内核地址空间部分由所有应用程序共享),从上到下分别是环境变量、命令行参数、栈、共享库和 mmap 内存映射区、堆、数据段、代码段和未用地址空间。①代码段存放着程序的机器码和只读数据,可执行指令就是从这里取得的。这个段在内存中一般标记为只读,任何对该区的写操作都会导致段错误。②数据段包括已初始化数据段和未初始化数据段,已初始化数据段用来存放全局的和静态的已初始化变量,未初始化数据段用来存放全局的和静态的未初始化变量。③堆用来存放程序运行时分配的变量。堆的大小并不固定,可动态扩张或缩减。其分配由 malloc 等函数实现,其释放由 free 等函数实现,通常一个 malloc 函数要对应一个 free 函数。堆内存由程序员负责分配和释放,如果程序员没有释放,那么在程序结束后由操作系统自动回收。④栈用来存放函数调用

时的临时信息,如函数调用所传递的参数、函数的返回地址、函数的局部变量等。栈通常称为先进后出队列。栈的基本操作是 PUSH 和 POP,PUSH 操作称为压栈,将数据放置在栈顶;POP 操作相反,将栈顶元素移出,称为出栈。⑤命令行参数是指从命令行执行程序时传递给程序的参数。C 语言总是从 main 函数开始执行,它的原型声明为"int main(int argc,char * argv[]);",参数 argc 保存程序执行时命令行输入的参数个数。参数 argv 保存命令行参数。ISO C 和 POSIX 都要求 argv[argc]是一个空指针。历史上,大多数 UNIX 系统都是支持 3 个参数的 main 函数,原型声明为"int main(int argc,char * argv[],char * envp[]);",其中第 3 个参数 envp 是环境变量列表。现在 POSIX 建议不使用第三个参数,而是使用 getenv 和 putenv 函数访问环境变量,getenv 函数用来获取一个环境变量的内容,putenv 函数用来改变或增加环境变量的内容。另外,也可以使用全局变量 environ 查看整个环境变量。命令行参数和环境变量示例如表 3.2 所示。

图 3.1　进程地址空间

> **注意**　本章几乎所有源代码都在本书配套资源的"src/第 2-3 章/code.c"文件中。

扫一扫

表 3.2　命令行参数和环境变量示例

示 例 代 码	运 行 结 果
| ```
1 #include<stdio.h>
2 int main(int argc, char *argv[]) {
3   int i; printf("程序名: %s\n", argv[0]);
4   printf("argc=%d\n参数: ", argc);
5   for(i=1; i<argc; i++)
6     printf("%s ", argv[i]);  printf("\n");
7   for(i=0; NULL!=argv[i]; i++)
8     printf("%s ", argv[i]);
9   printf("\nargc=%d\n",i);
10 }
``` | ```
[root@ztg ~]# ./a.out a b c
程序名: ./a.out
argc=4
参数: a b c
./a.out a b c
argc=4
``` |
| ```
1 #include<stdio.h>
2 #include<stdlib.h>
3 extern char **environ;
4 int main(int argc,char *argv[],char *envp[]){
5   char *var=NULL;
6   if((var=getenv("aaa"))) printf("aaa=%s\n",var);
7   putenv("aaa=vv89");
8   if((var=getenv("aaa"))) printf("aaa=%s\n",var);
9   for(int i=0; NULL!=environ[i]; i++)
10    printf("%s\n", environ[i]);  printf("\n");
11  for(int i=0; NULL!=envp[i]; i++)
12    printf("%s\n", envp[i]);  printf("\n");
13 }
``` | ```
[root@ztg ~]# export aaa=123
[root@ztg ~]# ./a.out
aaa=123
aaa=vv89
SHELL=/bin/bash
SESSION_MANAGER=local/ztg:@/tmp
QT_ACCESSIBILITY=1
COLORTERM=truecolor

省略大部分输出信息
``` |

参数是主调函数和被调函数进行信息通信的接口,函数在被调用之前,其形参在内存中是不存在的。函数只有被调用时,其形参才被定义且分配栈中的内存单元。调用函数时,实际参数(实参)与形参之间要进行数据传递,会将实参的值计算出来分别赋值给对应的形参,这一过程称为参数传递。C 语言中函数参数有两种传递方式:值传递、地址传递。①值传递是将实参的值复制到形参相应的存储单元中,即形参和实参分别占用不同的存储单元。

值传递的特点是参数值的单向传递,即主调函数调用被调函数时把实参的值传递给形参,之后实参与形参之间不再有任何关系,形参值的任何变化都不会影响到实参的值,调用结束后,形参的存储单元被释放;②地址传递是将实参的地址复制到形参相应的存储单元中,即形参是指针类型的变量,指向实参的存储单元,可以通过形参(指针)读写实参占用的存储单元。地址传递的特点是双向传递,即对形参指向变量的改变也是对实参的改变。值传递和地址传递示例如表3.3所示。

扫一扫

表 3.3　值传递和地址传递示例

值传递示例代码	运行结果	地址传递示例代码	运行结果

<pre>1 #include<stdio.h>
2 void swap(int a, int b) {
3   int c=a; a=b; b=c;
4   printf("swap:\na=%d, b=%d\n",a,b);
5 }
6 int main() {
7   int a=1, b=2;
8   printf("main:\na=%d, b=%d\n",a,b);
9   swap(a,b); //值传递
10 printf("main:\na=%d, b=%d\n",a,b);
11 }</pre>
	<pre>main:
	a=1, b=2
	swap:
	a=2, b=1
	main:
	a=1, b=2</pre>
		<pre>1 #include<stdio.h>
		2 void swap(int *a, int *b) {
		3 int c=*a; *a=*b; *b=c;
		4 printf("swap:\na=%d, b=%d\n",*a,*b);
		5 }
		6 int main() {
		7 int a=1, b=2;
		8 printf("main:\na=%d, b=%d\n",a,b);
		9 swap(&a,&b); //地址传递
		10 printf("main:\na=%d, b=%d\n",a,b);
		11 }</pre>
			<pre>main:
			a=1, b=2
			swap:
			a=2, b=1
			main:
			a=2, b=1</pre>

函数调用是通过栈实现的,栈由高地址向低地址方向生长,栈有栈顶和栈底,入栈或出栈的位置叫栈顶。函数在被调用执行时都会在栈空间中开辟一段连续的空间供该函数使用,这一空间称为该函数的栈帧。栈帧就是一个函数执行的环境。每个函数的每次调用都有它自己独立的一个栈帧。当进行函数调用时,我们经常说先将函数压栈(局部变量从后向前、形参从右向左依次压入栈中),其实是为被调函数分配栈帧,当函数调用结束后,再将函数出栈,其实是释放该函数的栈帧。这一过程是系统帮我们自动完成的,在 x86 系统的 CPU 中,涉及三个寄存器:EIP、ESP、EBP。指令指针寄存器 EIP 中存储的是 CPU 下次要执行的指令的地址。基址指针寄存器 EBP 永远指向当前栈帧(栈中最上面的栈帧)的底部(高地址),栈指针寄存器 ESP 存储着栈顶地址,永远指向当前栈帧的顶部(低地址),因此函数栈帧主要由 EBP 和 ESP 这两个寄存器确定。当程序运行时,ESP 可以移动,元素的进栈或出栈操作通过 ESP 实现,EBP 是不移动的,访问栈帧里的元素可以通过 EBP 加减偏移量实现。表 3.3 中的示例代码的函数栈帧结构如图 3.2 所示。main 函数调用 swap 时,首先在自己的栈帧中压入返回地址(断点),然后分配 swap 的栈帧。在 swap 返回时,swap 的栈帧被弹出,main 函数栈帧作为当前栈帧,此时处于栈顶的返回地址被写入 EIP 中,处理器跳到 main 函数代码区的断点处继续执行。在程序实际运行过程中,main 函数并不是第一个被调用的函数,图 3.2 只是函数调用过程中栈变化的示意图。图 3.2(a)中,即使形参名称与实参名称一样,它们在内存的地址也不一样。图 3.2(b)中,即使形参名称与实参名称一样,它们的类型也不一样,是将整型变量的地址赋值给指针变量。

当实参列表有多个实参时,对实参的求值顺序是不确定的,有的系统按自左向右的顺序求值,有的系统按自右向左的顺序求值。不同编译系统以及同一编译系统的不同版本规定的求值顺序是不同的。有的编译器会进行优化,优化策略不同,求值顺序可能不同。实参求值顺序示例如表 3.4 所示。

图 3.2　函数栈帧

表 3.4　实参求值顺序示例

示 例 代 码	运 行 结 果
	[root@ztg ~]# ./a.out 3,2,1 15,12,15
	从输出结果可知,该系统按自右向左的顺序进行求值。编程时不要使函数实参之间存在关联,尽量避免在函数参数表达式中对变量进行赋值操作

3.1.4　函数的嵌套与递归

　　C语言中的函数定义都是互相平行、独立的,在定义一个函数时,不允许在其函数体内再定义另一个函数。C语言不能嵌套定义函数,但是C语言可以嵌套调用函数,即在调用一个函数的过程中,在该函数的函数体内又调用另一个函数。例如,主函数调用函数 A,函数 A 又调用函数 B。

　　一个函数在它的函数体内直接或间接地调用该函数本身,这种函数称为递归函数,这种调用关系称为函数的递归调用。在函数内部又调用它本身称为直接递归,在函数 A 内部调用函数 B,在函数 B 中又调用函数 A 称为间接递归。函数的递归调用属于函数嵌套调用的一种。递归调用的实质就是将原来的问题分解为新的问题,而解决新问题时又用到了原有问题的算法。

　　递归函数执行时将反复调用其自身,每调用一次就进入新的一层(即在栈顶分配一个栈帧),当最内层的函数(满足递归结束条件)执行完毕后,再一层一层地由里向外退出,每 return 一次就释放栈顶的栈帧。注意,如果无递归结束条件,则会无穷递归,直到程序栈空间耗尽导致程序崩溃(段错误)。下面通过求阶乘的例子理解递归函数的运行情况。n 的阶乘(Factorial)的定义为:n 的阶乘等于 n 乘以 n−1 的阶乘,0 的阶乘等于 1。具体地,0! =

$1,1!=1*(1-1)!=1*0!=1*1=1,n!=n*(n-1)!$。阶乘示例如表 3.5 所示。

扫一扫

表 3.5　阶乘示例

示 例 代 码	运 行 结 果

<pre>1 #include<stdio.h>
2 int l;
3 long fac(int n) {   //递归函数
4   l++;
5   if (n<=1) {   //递归结束条件
6   printf("层数=%d n=%d return 1\n",l,n);
7   return 1;
8   } else {
9   printf("层数=%d n=%d return fac(%d)*%d\n",l,n,n-1,n);
10   return fac(n-1)*n;   //递归调用
11 }
12 }
13 int main() {
14   int a; printf("输入一个整数: ");
15   scanf("%d", &a);
16   printf("fac(%d) = %ld\n", a, fac(a));
17   return 0;
18 }</pre>
	<pre>1 [root@ztg ~]# ./a.out
	2 输入一个整数: 5
	3 层数=1 n=5 return fac(4)*5
	4 层数=2 n=4 return fac(3)*4
	5 层数=3 n=3 return fac(2)*3
	6 层数=4 n=2 return fac(1)*2
	7 层数=5 n=1 return 1
	8 fac(5) = 120</pre>

	输入 5,求 5!。调用 fac(5),函数体中执行 fac(4) * 5,调用 fac(4),函数体中执行 fac(3) * 4,调用 fac(3),函数体中执行 fac(2) * 3,调用 fac(2),函数体中执行 fac(1) * 2,调用 fac(1),函数体中直接返回常量 1。n=1 时递归进到最内层,递归结束,开始逐层退出,也就是逐层执行 return 语句

3.1.5　回调函数

C 语言中,回调函数(Callback Function)就是一个通过函数指针调用的函数。回调函数允许用户把需要调用的函数的指针作为参数传递给一个函数,以便该函数在处理相似事件的时候可以灵活使用不同的方法。因为可以把调用者与被调用者分开,所以调用者不关心谁是被调用者,只需知道存在一个具有特定原型和限制条件的被调用函数。回调函数示例如表 3.6 所示。

表 3.6　回调函数示例

示 例 代 码	运 行 结 果

<pre>1 #include<stdio.h>
2 int add(int a, int b){ //回调函数
3   printf("this is add\n"); return a+b;
4 }
5 int sub(int a, int b){ //回调函数
6   printf("this is sub\n"); return a-b;
7 }
8 int handle(int x,int y,int (*callback)(int,int)){
9   printf("callback(%d,%d)=%d\n",x,y,callback(x,y));
10 }
11 int main(){
12   int a=5,b=6; handle(a, b, add); handle(2, 10, sub);
13   return 2;
14 }</pre>
	<pre>1 [root@ztg ~]# ./a.out
	2 this is add
	3 callback(5,6)=11
	4 this is sub
	5 callback(2,10)=-8
	6 [root@ztg ~]# echo $?
	7 2</pre>

	main 函数中调用 handle 函数时传递了不同的函数指针,进而通过 handle 函数调用了不同的函数,如 add、sub。输出结果中第 6 行,$? 的值就是上一条命令的返回值,也就是主函数的返回值

扫一扫

3.1.6　return 语句

函数有主调函数和被调函数,被调函数完成一定功能后可以通过 return 语句向主调函数返回一个确定的值,该值就是函数的返回值。return 语句表示把程序流程从被调函数转向主调函数。return 语句有两种：带表达式的 return 语句"return 表达式;"、省略表达式的 return 语句"return;"。①带表达式的 return 语句结束函数的执行并把表达式的值返回给主调函数,定义函数时必须指定函数类型,函数类型和返回值类型要一致,如果不一致,系统规定返回值以函数类型为准进行自动转换,转换后的值为最终的函数值。②省略表达式的 return 语句结束函数的执行并返回到主调函数中该函数的调用处,定义函数时必须指定函数类型为空类型 void。③函数体中可以有多个 return 语句,执行到任何一条 return 语句都会结束函数的执行,返回到主调函数中该函数的调用处。④函数体中如果没有 return 语句,则执行完函数体的最后一条语句后返回主调函数。main 函数是整型函数,如果 main 函数体中没有 return 语句,则默认的返回值是 0。通过执行 echo $? 命令查看 main 函数的返回值,如表 3.6 所示。

3.1.7　全局变量、局部变量和作用域

作用域描述程序中可以访问标识符的区域,一旦离开其作用域,程序便不能再访问该标识符。C 语言中的变量的作用域可以是块作用域、函数作用域、函数原型作用域、文件作用域。块是用一对花括号括起来的代码区域,整个函数体是一个块,函数中的复合语句也是一个块,定义在块中的变量具有块作用域。变量在块作用域的可见范围从变量定义处到包含该定义的块的末尾。函数形参声明虽然在函数左花括号前,但是它们属于函数体这个块,具有函数作用域。函数原型作用域的范围从形参定义处到函数原型声明结束,这意味着编译器在处理函数原型中的形参时只关心它的类型,而形参名通常无关紧要,即使有形参名,也不必与函数定义中的形参名相同。定义在所有函数外的变量具有文件作用域,文件作用域变量(全局变量)从它定义处到该定义所在文件的末尾均可见。

全局变量也称为外部变量,是在函数外定义的变量,它不属于任何一个函数,其作用域从变量的定义处开始,到本程序文件的结尾。全局变量只能用常量表达式初始化。在作用域内全局变量可以被各个函数使用。全局变量也遵循先定义后使用的原则。如果在函数中使用该函数后面定义的全局变量,应在此函数内使用 extern 关键字声明该全局变量,语法为"extern 类型说明符 变量名;",全局变量的声明表明在函数内要使用某全局变量,因此声明时不能进行赋初值等操作。在程序开始运行时为全局变量分配存储空间,在程序结束时释放全局变量占用的存储空间。当需要函数返回多个值时,除函数体中的 return 语句返回其中一个外,其他的返回值可以通过定义全局变量来处理。因为根据全局变量的特点,在被调用函数中改变了多个全局变量的值,相当于其主调函数全局变量的值也发生了变化,也就相当于返回了多个值。

局部变量也称为内部变量,是在函数内定义的变量,其作用域仅限于函数内(从该变量被定义开始到函数结束),一个函数中定义的局部变量不能被其他函数使用。函数内定义的变量、函数的形参变量都属于局部变量。注意,在复合语句(由花括弧括起来)内定义的局部变量,其作用域仅限于该复合语句块内。局部变量仅在其作用域内可见,在作用域外不能被访问。局部变量的存储空间在每次函数调用时分配(存于该函数的栈帧),在函数返回时释放。

如果函数内定义的局部变量与全局变量重名,则函数在使用该变量时会用到同名的局部变量,而不会用到全局变量,也就是会用局部变量覆盖全局变量,只有局部变量起效果。

3.1.8　变量的存储类别及生存期

变量的数据类型说明它占用多大的内存空间、可以对其进行什么样的操作。除了数据类型,变量还有一个属性,称为存储类别。存储类别决定变量的作用域和生存期。存储类别是指变量占用内存空间的方式,也称为存储方式。存储类别分为两种:静态存储、动态存储。①静态存储变量通常在变量定义时就分定存储单元并一直保持不变,直至整个程序结束。全局变量属于此类存储方式。②动态存储变量是在程序执行过程中定义它时才分配存储单元,使用完毕立即释放。比如函数的形参,在函数定义时并不给形参分配存储单元,只在函数被调用时才予以分配,调用函数完毕立即释放。如果一个函数被多次调用,则反复地分配、释放形参的存储单元。

生存期表示变量存在的时间,是程序运行过程中变量从创建到销毁的一段时间。生存期的长短取决于变量的存储类别,也就是它所在的内存区域。因此,知道变量的存储类别,就可以知道变量的生存期。静态存储变量是一直存在的,而动态存储变量则因程序执行需要而时而存在时而消失。生存期和作用域是从时间和空间这两个不同的角度描述变量的特性,这两者既有联系,又有区别。

如图 3.1 所示,在进程地址空间中,常量区(代码段)、数据区和栈区可用来存放变量的值。①常量区和数据区的内存在程序启动时就已经由操作系统分配好了,占用的空间固定,程序运行期间不再改变,程序运行结束后才由操作系统释放;它可以存放全局变量、静态变量、一般常量和字符串常量。②栈区的存储单元在程序运行期间由系统根据需要分配,占用的空间实时改变,使用完毕后立即释放,不必等到程序运行结束;它可以存放局部变量、函数参数等。

C 语言有 4 个关键字用来控制变量在内存中的存放区域:auto(自动变量)、static(静态变量)、register(寄存器变量)、extern(外部变量)。自动变量和寄存器变量属于动态存储方式,外部变量和静态变量属于静态存储方式。

auto:自动变量的作用域仅限于定义该变量的函数或复合语句内。自动变量属于动态存储方式,只有在定义该变量的函数被调用时才给它分配存储单元,开始它的生存期。函数调用结束,释放存储单元,结束生存期。因此,函数调用结束后,自动变量的值不能保留。在复合语句中定义的自动变量,在退出复合语句后也不再使用,否则将引起错误。由于自动变量的作用域和生存期都局限于定义它的函数或复合语句内,因此不同的作用域中使用同名的变量而不会混淆,在函数内定义的自动变量可与在该函数内复合语句中定义的自动变量同名。定义自动变量时如果没有赋初值,则其值是一个随机数。因为所有的局部变量默认是 auto,所以 auto 很少用到。也就是说,定义变量时加不加 auto 都一样,所以一般把它省略,不必多此一举。例如"int n＝1;"与"auto int n＝1;"的效果完全一样。

static:static 声明的变量称为静态变量。静态变量属于静态存储方式,不管它是全局的还是局部的,都存储在静态数据区(全局变量本来就存储在静态数据区,即使不加 static)。自动变量属于动态存储方式,但是可以用 static 定义它为静态自动变量(静态局部变量),从而属于静态存储方式。①静态局部变量在函数或复合语句内定义,在作用域结束时并不消失,它的生存期为整个源程序,其作用域仍与自动变量相同,即只能在定义该变量的函数或复合语句内使用该变量。退出该函数或复合语句后,尽管该变量还继续存在,但不能使用它。②在全局变量(外部变量)的说明之前冠以 static 就构成了静态全局变量(静态外部变量),全局变量和非静态全局变量在存储方式上相同,都属于静态存储方式,区别在于作用域不同,一个源程序由多个源文件构成时,全局变量的作用域是整个源程序,而静态全局变量的作用域只在定义该变量的源文件内有效,在其他源文件中不能使用它。由于静态全局变量的作用域局限于一个源文件内,因此可以避免和其他源文件中的同名变量冲突。静态数据区的数据在程序启动时就会初始化,直到程序运行结束;对于函数或复合语句内的静态局部变量,即使代码块执行结束,也不会销毁。注意:静态数据区的变量只能初始化(定义)一次,以后它不能再被初始化,只能改变它的值,示例如表 3.7 所示。add 函数中定义了一个静态局部变量 sum,它存储在静态数据区(静态数据区的变量若不赋初值,则默认初值为 0),add 函数即使执行结束,也不会销毁,下次调用它继续有效。静态数据区的变量只能初始化一次,第一次调用 add 函数时已经对 sum 进行了初始化,所以再次调用时就不会初始化了,也就是说,再次调用 add 函数时"static int sum=0;"语句无效。静态局部变量虽然存储在静态数据区,但是它的作用域仅限于定义它的代码块,add 函数中的 sum 在函数外无效,与main 函数中的 sum 不冲突,除了变量名一样,没有任何关系。

表 3.7　静态变量和 extern 示例

静态变量示例代码	运行结果	extern 示例:1.c	extern 示例:2.c
| ```
1 #include<stdio.h>
2 void add(int n){
3   static int sum=10;//静态自动变量
4   sum+=n;
5   printf("add.sum=%d\n",sum);
6 }
7 int main(){
8   int sum=0, i;   //自动变量
9   for(i=1;i<=3;i++) add(i);
10  printf("main.sum=%d\n",sum);
11  return 0;
12 }
``` | add.sum=11<br>add.sum=13<br>add.sum=16<br>main.sum=0 | ```
1 #include<stdio.h>
2 extern void fun();
3 extern int x;
4 extern int s;
5 int y;
6 int main(){
7   printf("s=%d\n",s);
8   printf("x=%d in 2.c\n",x);
9   fun();
10 }
11 int s=3;
``` | ```
1 #include<stdio.h>
2 int x=5;  extern int s,y;
3 void fun(){
4   printf("s=%d in 1.c\n",s);
5   printf("y=%d in 1.c\n",y);
6 }
```<br><br>运行结果如下:<br>```
1 [root@ztg ~]# gcc 1.c 2.c
2 [root@ztg ~]# ./a.out
3 s=3
4 x=5 in 2.c
5 s=3 in 1.c
6 y=0 in 1.c
``` |

扫一扫

register:是寄存器变量的说明符,寄存器变量存放在 CPU 的寄存器中,使用时,不需要访问内存,直接从寄存器中读写,这样,可提高效率。一般情况下,变量的值是存储在内存中的,CPU 每次使用数据都要从内存中读取。如果有一些变量使用非常频繁,从内存中读取就会消耗很多时间,例如 for 循环语句"for(int i=0; i<1000; i++){}",CPU 为了获得i,会读取 1000 次内存。为了解决这个问题,可以将使用频繁的变量放在 CPU 的通用寄存器中,这样,使用该变量时就不必访问内存了,直接从寄存器中读取,可大大提高程序的运行效率。不过,寄存器的数量是有限的,通常把使用最频繁的变量定义为 register。寄存器的长度一般和机器的字长一致,只有较短的类型(如 int、char、short 等)才适合定义为寄存器变量,如 double 等较大的类型,不推荐将其定义为寄存器类型。注意,为寄存器变量分配寄存器是动态完成的,属于动态存储方式,只有局部自动变量和形参才能定义为寄存器变量,局部静态变量不能定义为寄存器变量。另外,CPU 的寄存器数目有限,即使定义了寄存器变量,编译器也可能并不真正为其分配寄存器,而是将其当作普通的 auto 变量对待,为其分配栈内存。当然,有些优秀的编译器,能自动识别使用频繁的变量,如循环控制变量等,在有可用的寄存器时,即使没有使用 register 关键字,也自动为其分配寄存器,无须由程序员

指定。

extern：外部变量的类型说明符是 extern。当一个源程序由若干个源文件构成时，在一个源文件中定义的全局变量(外部变量)可以在所有源文件中访问，不过需要使用 extern 关键字对该变量进行声明，示例如表 3.7 所示。

变量说明的完整形式为："存储类别说明符 数据类型说明符 变量名，变量名，…;"，例如"static int a，b，c[5];""auto double d1，d2;""extern float x，y;""char c1，c2;"。C 语言规定，函数内未加存储类别说明的变量均视为自动变量，也就是说，自动变量可省去存储类别说明符 auto。

3.1.9　内部函数和外部函数

函数一旦定义后，就可被其他函数调用。C 语言把函数分为内部函数和外部函数。

内部函数：当一个源程序由多个源文件构成时，如果在一个源文件 A 中定义的函数只能被源文件 A 中的函数调用，而不能被同一源程序其他文件中的函数调用，则这种函数称为内部函数。定义内部函数的一般形式是"static 类型说明符 函数名(形参列表){}"。内部函数也称为静态函数，此处 static 的含义不是指存储方式，而是指对函数的调用范围只局限于本文件。因此，在不同的源文件中定义同名的静态函数不会引起冲突。

外部函数：外部函数在整个源程序中都有效，其定义的一般形式是"extern 类型说明符 函数名(形参列表){}"。在函数定义中如果没有说明 extern 或 static，则隐含为 extern。在一个源文件的函数中调用其他源文件中定义的外部函数时，应该使用 extern 对被调函数进行声明，声明的一般形式是"extern 类型说明符 函数名(形参列表);"，示例如表 3.7 所示。

3.2　预处理

3.2.1　预处理的步骤

编译预处理是指对 C 源程序正式编译之前所做的文本替换之类的工作，它由 C 预处理器负责完成。C 语言对一个源文件进行编译时，系统将自动调用预处理器对源程序中的预处理指令进行处理，预处理结束后自动调用编译器对源程序进行编译(词法扫描和语法解析)。

预处理的具体步骤如下。

1. 把三联符替换成相应的单字符

三联符(Trigraph)是以??开头的三个字符，预处理器会将这些三联符替换成相应的单字符，替换规则为：??＝替换为♯，??/替换为\，??'替换为^，??(替换为[，??)替换为]，??!替换为|，??＜替换为{，??＞替换为}，??-替换为～。

2. 将多个物理行替换成一个逻辑行

把用\字符续行的多行代码接成一行，这种续行的写法要求\后面紧跟换行符(回车)，中间不能有其他空白字符。

3. 将注释替换为空格

不管是单行注释还是多行注释,都替换成一个空格。三联符、换行符和注释的示例如表 3.8 所示。

表 3.8　三联符、换行符和注释的示例

示例代码.源代码文件 1.c	运 行 结 果
1 ??=include<stdio.h> 2 int main()??< 3　printf("??= ??/??/ ??' ??(??) ??! ??< ??> ??-\n"); 4　printf("hello w\\ 5　　orld!\n"); 6　printf("hello w\\ 7 orld!\n"); 8　int/*单行注释*/x=5;　printf("x=%d\n",x); 9　printf("%s %d %s\n", __FILE__, __LINE__, __func__); 10 ??>	1 [root@ztg ~]# gcc 1.c -trigraphs 2 [root@ztg ~]# ./a.out 3 # \ ^ [ ] | { } ~ 4 hello w　orld! 5 hello world! 6 x=5 7 1.c 9 main

4. 将逻辑行划分成预处理标记（Token）和空白字符

经过上面两步处理之后,去掉了一些换行,剩下的代码行称为逻辑代码行。预处理器把逻辑代码行划分成预处理 Token 和空白字符,这时的 Token 包括标识符、整数常量、浮点数常量、字符常量、字符串、运算符和其他符号。

5. include 预处理和宏展开

在 Token 中识别预处理标记,如果遇到♯include 标记,则把相应的源文件包含进来,并对源文件做以上 1～4 步的预处理。如果遇到宏定义,则做宏展开。

6. 将转义序列替换

找出字符常量或字符串中的转义序列,用相应字节替换它,比如把\n 替换为字节 0x0a。

7. 连接字符串

把相邻的字符串连接起来。

8. 丢弃空白字符

经过以上处理之后,把空白字符(包括空格、换行、水平 Tab、垂直 Tab、分页符)丢弃,把Token 交给 C 编译器做语法解析,这时就不再是预处理 Token,而是 C Token。

3.2.2　宏定义和内联函数

用一个标识符表示一个字符串称为宏定义,标识符称为宏名。宏名遵循标识符的命名规则,习惯上全大写(也允许用小写字母),便于与变量区别。在编译预处理时,用宏定义中的字符串替换程序中出现的所有宏名,这个过程称为宏替换或宏展开。宏定义时要用宏定义指令 define,无参宏定义的语法为"♯ define 宏名 宏体字符串",例如"♯ define PI 3.1415926",PI 为宏名,3.1415926 为宏体字符串。宏名也叫符号常量,可以像变量一样在代码中使用。♯开头表示这是一条预处理指令,预处理器指令从♯开始运行,到后面的第一个换行符为止,也就是说,指令的长度仅限于一行(逻辑行)。宏体字符串是宏名所要替换的一串字符,字符串不需要用双引号括起来,如果用双引号括起来,那么双引号也是宏体的一部分,将被一起替换。宏体字符串可以是任意形式的单行连续字符序列,中间可以有空格和制表符 Tab。宏定义必须写在函数之外,其作用域,为从宏定义指令开始到源文件结束。如果要终止其作用域,可使用 undef 指令,语法为"♯undef 宏名",例如"♯undef PI"。

C 标准规定了几个特殊的宏,它们在不同地方使用可以自动展开成不同的值,常用的有 __FILE__ 和 __LINE__。__FILE__ 展开为当前源文件的文件名,是一个字符串,__LINE__ 展开为当前代码行的行号,是一个整数。这两个宏不是用 define 指令定义的,它们是编译器内建的特殊宏。在打印调试信息时,除文件名和行号之外,还可以打印当前函数名,C99 引入一个特殊的标识符 __func__ 支持这一功能。标识符 __func__ 不属于预处理的范畴,但是它的作用和 __FILE__、__LINE__ 类似,示例如表 3.8 所示。

宏定义包含无参宏定义和带参宏定义,无参宏定义也称为宏变量定义或变量式宏定义,带参宏定义也称为宏函数定义或函数式宏定义。带参宏定义的语法为"♯define 宏名(形参列表) 宏体字符串",宏名和形参列表之间不能有空格,例如"♯define MAX(x,y) x>y?x:y"。带参宏调用的语法为"宏名(实参列表)",例如"max=MAX(a,b);",在宏调用时,用实参 a 和 b 分别替换形参 x 和 y,经预处理后宏展开为"max=a>b?a:b;"。

函数式宏定义和真正的函数调用的不同之处有:①宏函数定义中的形参是标识符,没有类型,宏函数调用中的实参可以是表达式,在宏函数调用时只是进行符号替换,不存在值传递的问题,不为形参分配内存单元,不做参数类型检查,所以宏函数调用传参时要格外小心。真正函数的形参和实参是两个不同的量,各有各的作用域,调用时要把实参值赋给形参,并且进行参数类型检查。②调用真正函数的代码和调用函数式宏定义的代码编译生成的指令不同。真正函数的函数体要编译生成机器指令,而函数式宏定义本身不必编译生成机器指令,宏函数调用替换为宏函数体。③定义宏函数时最好将宏函数体中的每个形参都用括号括起来,比如♯define MAX(a, b) ((a)>(b)? (a):(b))。如果省去内层括号,则为♯define MAX(a, b) (a>b? a:b),对 MAX(x||y, i&&j)宏展开为(x||y>i&&j? x||y:i&&j),可见运算的优先级发生了错乱。

尽管函数式宏定义和真正的函数相比有很多缺点,但只要小心使用,还是会显著提高代码的执行效率,毕竟省去了分配和释放栈帧、传参等一系列工作,因此那些简短并且被频繁调用的函数经常用函数式宏定义来代替实现。为了避免函数调用带来的开销,C99 还提供了另外一种方法,即内联函数(inline function)。

C99 引入了一个新关键字 inline,用于定义内联函数。内联函数会在它被调用的位置上展开,也就是说,内联函数的函数体代码会替换内联函数调用表达式,因此系统在调用内联函数时,无须再为被调函数分配和释放栈帧,少了普通函数的调用开销,程序执行效率会得到一定提升,所以内联函数的调用不同于普通函数的调用。C 语言标准规定内联函数的定义与调用该函数的代码必须在同一文件中。因此,通常同时使用函数说明符 inline 和存储类别说明符 static 定义内联函数,例如 static inline int max(int a, int b){return a>b?a:b;},这种用法在 Linux 内核源代码中很常见。虽然内联函数可以避免函数调用带来的开销,但是要付出一定的代价。普通函数只需要编译出一份二进制代码就可以被其他函数调用,而内联函数只是将自身代码展开到被调用处,会使整个程序代码变长,占用更多的内存空间。采用内联函数实质是以空间换时间。因此,建议把那些对时间要求比较高、代码长度比较短的函数定义为内联函数。

3.2.3　条件编译

按不同的条件编译程序的不同部分,从而产生不同的目标代码文件,这称为条件编译。条件编译有三种形式,如表 3.9 所示。♯if 后面跟的是整型常量表达式,而♯ifdef 和♯ifndef 后面跟的只能是一个宏名。

表 3.9　条件编译的三种形式

第一种形式	第二种形式	第三种形式
1 #ifdef 标识符1 2　程序段1 3 #elif 标识符2 4　程序段2 5 #else 6　程序段3 7 #endif	1 #ifndef 标识符 2　程序段1 3 #else 4　程序段2 5 #endif	1 #if 条件表达式1 2　程序段1 3 #elif 条件表达式2 4　程序段2 5 #else 6　程序段3 7 #endif
功能:若标识符 1 被 define 指令定义过,则对程序段 1 进行编译,若标识符 2 被 define 指令定义过,则对程序段 2 进行编译,否则对程序段 3 进行编译	功能:若标识符未被 define 指令定义过,则对程序段 1 进行编译,否则对程序段 2 进行编译	功能:若条件表达式 1 的值为真(非 0),则对程序段 1 进行编译,若条件表达式 2 的值为真,则对程序段 2 进行编译,否则对程序段 3 进行编译

条件编译主要应用于程序的移植和调试。条件预处理指令用于源代码配置管理的示例代码,如表 3.10 所示。假设这段程序是为多平台编写的,在 x86 平台上需要定义 x 为 short 型,在 x64 平台上需要定义 x 为 long 型,在 51 单片机(x51)上需要定义 x 为 char 型,对其他平台暂不提供支持,就可以用条件预处理指示写。在预处理这段代码时,若满足不同的编译条件,则包含不同的代码段。

表 3.10　条件编译的两种形式

第 1 种形式	运 行 结 果	第 2 种形式	运 行 结 果
1 #include<stdio.h> 2 #ifdef x86 3　short x; 4 #elif x64 5　long x; 6 #elif x51 7　char x; 8 #else 9　#error ERROR 10 #endif 11 int main(){ 12　int s=sizeof(x); 13　printf("%d\n",s); 14 }	1 [root@ztg ~]# gcc -Dx86 1.c 2 [root@ztg ~]# ./a.out 3 2 4 [root@ztg ~]# gcc -Dx64 1.c 5 [root@ztg ~]# ./a.out 6 8 7 [root@ztg ~]# gcc -Dx51 1.c 8 [root@ztg ~]# ./a.out 9 1 10 [root@ztg ~]#	1 #include<stdio.h> 2 #if ARCH==8086 3　short x; 4 #elif ARCH==8664 5　long x; 6 #elif ARCH==8051 7　char x; 8 #else 9　#error ERROR 10 #endif 11 int main(){ 12　int s=sizeof(x); 13　printf("%d\n",s); 14 }	1 [root@ztg ~]# gcc -DARCH=8086 1.c 2 [root@ztg ~]# ./a.out 3 2 4 [root@ztg ~]# gcc -DARCH=8664 1.c 5 [root@ztg ~]# ./a.out 6 8 7 [root@ztg ~]# gcc -DARCH=8051 1.c 8 [root@ztg ~]# ./a.out 9 1

3.2.4　文件包含

头文件是扩展名为.h 的文件,建议把所有的常量、宏定义、全局变量和函数原型声明写在头文件中,使它们可被多个源文件(.c 文件)引用。在源文件中使用头文件,需要用 C 预处理指令 include 引用它。一条 include 指令只能包含一个头文件,若要包含多个头文件,则需用多条 include 指令。引用头文件相当于复制头文件的内容，也就是用头文件的内容替换 include 指令行，从而把头文件和当前源文件连接成一个源文件。由于头文件有两种（程序员编写的头文件、编译器自带的头文件），因此文件包含指令有两种形式："♯include ＜头文件名＞"、"♯include "头文件名""。使用尖括号和双引号的区别在于头文件的搜索路径不同，一般情况下，使用尖括号主要包含的是编译器自带的头文件，在文件包含目录中查找，而不在源文件目录查找；使用双引号主要包含的是程序员编写的头文件，首先在当前的源文件目录中查找，如果没有找到，再到文件包含目录中查找。文件包含目录是由程序员在设置编译器环境时设置的。也就是说，使用双引号比使用尖括号多了一个查找路径，它的功能更为强大。前面示例中一直使用尖括号引用标准头文件，其实也可以使用双引号，例如 ♯include "stdio.h"。stdio.h 是标准头文件，存放于系统路径（文件包含目录）下，所以使用尖括号和双引号都能成功引用。自己编写的头文件一般存放于当前项目路径中，因此不能使用尖括号，只能使用双引号。不过，如果把当前项目所在路径添加到系统路径（可以使用 gcc 的-I 选项添加），这样也可以使用尖括号，但是不建议这么做。建议读者使用尖括号引用标准头文件，使用双引号引用自定义头文件，这样可以提高代码的可读性，很容易看是哪类头文件。

　　如果一个头文件被引用多次，编译器会对该头文件处理多次，这将产生错误。为了防止这种情况，标准的做法是把文件的整个内容放在条件编译语句中，使用语法及示例如表 3.11 所示。ifndef 指令后面的宏名的命名方法是将头文件名中的字母都改为大写，"."修改为"_"，这种命名方法可以尽可能避免一个项目中的宏名冲突问题。

表 3.11　防止头文件被引用多次

条件编译语句	示例、头文件 *headerfile.h*
1 #ifndef HEADER_FILE 2 #define HEADER_FILE 3 the entire header file 4 #endif	1 #ifndef HEADERFILE_H 2 #define HEADERFILE_H 3 int fun(void); 4 #endif

 指针

　　指针是 C 语言中最重要的组成部分，使用指针编程便于表示各种数据结构，可提高程序的编写质量、编译效率和执行速度。通过指针可使主调函数和被调函数之间共享变量或数据结构，并且可以实现动态内存分配。

3.3.1　指针的基本运算

1. 指针和指针变量

　　在计算机中，所有要被 CPU 处理的数据都需要存放在内部存储器（内存）中。一般把内存中的一个字节称为一个内存单元，为了正确访问这些内存单元，必须为每个内存单元进行编号。内存单元的编号也叫地址。根据内存单元的编号或地址就可以准确找到所需的内存单元。通常把这个地址称为指针。通俗地讲,指针就是地址,地址就是指针。对于一个内存单元来说,单元的地址,即为指针,其中存放的数据才是该单元的内容。

存放指针的变量称为指针变量。一个指针变量的值就是某个内存单元的地址,或称为某个内存单元的指针。严格地说,一个地址值是一个常量。一个指针变量却可以被赋予不同的地址值,是变量。指针的值是一个地址。

2. 指针变量的定义

在 C 语言中,指针是有类型的,在定义指针变量时指定指针类型。例如"int ＊ pa,＊ pb;",在同一语句中定义多个指针变量,每个变量都要有 ＊ 号,定义指针的 ＊ 号前后的空格都可以省略,写成"int ＊ p,＊ q;"也算对,但 ＊ 号通常和类型 int 之间留空格,而和变量名写在一起。

一种数据类型往往都占有一组连续的内存单元,例如一个 double 型的指针,它的值是一个内存单元的地址,这个地址值其实是一个 double 型数据的首地址,这个数据实际占据 8 字节的内存单元。也就是说,根据指针的值可以找到它所指向数据的首地址,根据指针类型,可以知道它所指向数据占用多少个内存单元。指针变量的定义:"类型说明符 ＊ 变量名;"。例如,"int ＊ p;"表示 p 是一个指针变量,它的值是某个整型变量的地址。或者说 p 指向一个整型变量。至于 p 究竟指向哪一个整型变量,应由向 p 赋予的地址决定。"float ＊ f;"表示 f 是指向单精度浮点变量的指针变量。"char ＊ c;"表示 c 是指向字符变量的指针变量。一个指针应尽量始终指向同一类型的变量。

在栈上分配的变量的初始值是不确定的,也就是说,指针 p 所指向的内存地址是不确定的,后面用 ＊p 访问不确定的地址就会导致不确定的后果,如果导致段错误还比较容易改正,如果意外改写了数据而导致在随后的运行中出错,就很难找到错误原因了。像这种指向不确定地址的指针称为野指针,为避免出现野指针,在定义指针变量时应该给它赋予明确的初值,或者把它初始化为 NULL,例如"int ＊ p ＝ NULL;",此时如果"＊ p ＝ 0;",程序运行时会段错误。NULL 在 C 标准库的头文件 stddef.h 中定义"＃define NULL ((void ＊) 0)",就是把地址 0 转换成指针类型,称为空指针,它的特殊之处在于,操作系统不会把任何数据保存在地址 0 及其附近,也不会把地址 0～0xfff 的页面映射到物理内存,所以任何对地址 0 的访问都会立刻导致段错误。"＊ p ＝ 0;"会导致段错误,相比之下,野指针的错误很难发现和排除。

3. 指针变量的赋值

C 语言提供了两个指针运算符:取地址运算符 & 和取内容运算符 ＊ 。取地址运算符 & 用来求变量的地址,取内容运算符 ＊ 用来取出指针变量所指向的变量(存储单元)的值。

指针变量的赋值包括:①把变量地址赋予指针变量,例如"int a,＊ pi,＊ p＝&a; pi＝&a;",定义指针变量 p 时赋初值,使用赋值语句为指针变量 pi 单独赋值;②同类型指针变量相互赋值,例如"int a,＊ pi,＊ p＝&a; pi＝p;";③把数组、字符串的首地址赋予指针变量,例如"int a[5],＊ pa＝a; char ＊ pc＝"abc";";④把函数入口地址赋予指针变量。

把一个数值赋予指针变量是危险的,如"int ＊ p; p＝1000;"。

取内容运算符 ＊ 之后跟的变量必须是指针类型,例如"int a,b＝5,＊ p＝&b; a＝＊ p;"。

正确的指针变量赋值示例："char c，* pc = &c；int i，* pi = &i；"，内存布局如图 3.3 左侧所示。这里的 & 是取地址运算符，&i 表示取变量 i 的地址，int * pi = &i；表示定义一个指向 int 型的指针变量 pi，并用 i 的地址初始化 pi。还定义了一个字符型变量 c 和一个指向 c 的字符型指针 pc，注意 pi 和 pc 虽然是不同类型的指针变量，但它们的内存单元都占 8 字节，因为是在 64 位平台，所以要保存 64 位的虚拟地址。

图 3.3　变量的内存布局以及它们之间的关系

指针之间可以相互赋值，也可以用一个指针初始化另一个指针，例如"int * pti = pi；"或"int * pti；pti = pi；"表示 pi 和 pti 指向同一个变量。用一个指针给另一个指针赋值时要注意，两个指针必须是同一类型的。pi 是 int * 型的指针，pc 是 char * 型的指针，pi = pc；这样赋值就是错误的。但是可以先强制类型转换，然后赋值：pi =（int *）pc；，把 char * 指针的值赋给 int * 指针。

错误的指针变量赋值示例："char c，* pc = &c；int i，* pi =（int *）&c；"，内存布局如图 3.3 右侧所示，此时 pi 指向的地址和 pc 一样，都是 0x7fff0e9ff51f。通过 * pc 只能访问一字节，而通过 * pi 可以访问 4 个字节，后 3 字节已经不属于变量 c 了。pi 指向的从 0x7fff0e9ff51f 开始的 4 字节的数如果不是一个有意义的数，则肯定是一个错误的数。pi 指向的是从 0x7fff0e9ff51f 开始的 4 字节的整数，肯定是一个错误的数。

因此，使用指针要特别小心，很容易将指针指向错误的地址，访问这样的地址可能导致段错误，可能读到无意义的值，也可能意外改写了某些数据，使得程序在随后的运行中出错。

注意　为了描述方便，图 3.3 没有考虑字节对齐的情况。

如果要改变 pi 所指向的整型变量的值，比如把变量 i 的值增加 5，可以写成"* pi = * pi + 5；"，这里的 * 号是指针间接寻址运算符，* pi 表示取指针 pi 所指向变量的值，指针有时称为变量的引用。

& 运算符的操作数必须是左值，因为只有左值才表示一个内存单元，才会有地址，运算结果是指针类型。* 运算符的操作数必须是指针类型，运算结果可以做左值。所以，如果表达式 E 可以做左值，则 * &E 和 E 等价，如果表达式 E 是指针类型，则 & * E 和 E 等价。

4. 指针变量的加减运算

对指向数组、字符串的指针变量可以进行加减运算。指向同一数组的两个指针变量可以相减。对指向其他类型的指针变量作加减运算是无意义的。

若 pa 是指针变量，n 是整数，则指针变量与整数的加减运算 pa＋n、pa－n、pa＋＋、

＋＋pa、pa－－、－－pa 等都是合法的。指针变量加或减一个整数 n 的意义是把指针指向的当前位置(通常指向某数组元素)向前或向后移动 n 个位置(以指针指向的数据类型大小为一个单位)。注意,数组指针变量向前或向后移动一个位置和地址值加 1 或减 1 在概念上是不同的,因为数组可以有不同的类型,各种类型的数组元素所占的字节长度是不同的,示例如下。

```
1 int a[5], *pa;
2 pa=a;          // pa为数组a的首地址, 也就是指向a[0]
3 pa=pa+2;       // pa指向a[2], 即pa的值为&a[2]
4 pa--;          // pa指向a[1], 即pa=&a[1]
```

两个指针相减所得之差是两个指针所指向的数组元素下标的差,也就是两个元素相差的元素个数,只有指向同一数组中元素的指针之间相减才有意义。两个指针变量的加法运算没有意义。

5. 指针变量的关系运算

指针之间的比较运算比的是地址值,两个指针变量只有指向同一数组的元素时才能进行比较或相减运算,否则运算无意义。指向同一数组的两个指针变量可以进行关系运算(＞、＞＝、＜、＜＝、＝＝、！＝)。假设 pa1 和 pa2 两个指针变量指向同一数组中的元素,pa1＝＝pa2 表示 pa1 和 pa2 指向同一数组元素;pa1＞pa2 表示 pa1 变量的值(地址值)大于 pa2 变量的值,也就是 pa1 指向数组元素的下标值大于 pa2 指向数组元素的下标值;pa1＜pa2 的含义和 pa1＞pa2 相反。

指针可与 0 比较,p＝＝0 表示 p 为空指针,不指向任何变量。

6. 通用指针

void ＊ 类型指针称为通用指针或万能指针。可以将通用指针转换为任意其他类型的指针,任意其他类型的指针也可以转换为通用指针,void ＊ 指针与其他类型的指针之间可以隐式转换,而不必用强制类型转换运算符。注意,只能定义 void ＊ 指针,不能定义 void 型变量,因为 void ＊ 指针和别的指针一样都占 8 字节(64 位平台是 8 字节,32 位平台是 4 字节),如果定义 void 型变量(也就是类型暂时不确定的变量),编译器不知道该分配几字节给变量。void ＊ 指针常用于函数接口。

7. 指针类型的参数

再看表 3.3 中采用地址传递的 swap 函数。调用函数的传参过程相当于定义并用实参初始化形参,swap(＆a,＆b)这个调用相当于" int ＊ pa ＝ ＆a; int ＊ pb ＝ ＆b;",所以 pa 和 pb 分别指向 main 函数的局部变量 a 和 b,在 swap 函数中读写 ＊ pa 和 ＊ pb 就是读写 main 函数的 a 和 b。虽然在 swap 函数的作用域中访问不到 a 和 b 这两个变量名,但是可以通过地址访问它们,最终 swap 函数交换了 a 和 b 的值。

3.3.2　指针与数组

数组是内存中的一组连续地址空间,其首地址是数组名。数组名作为数组的首地址,它是一个常量指针。指向数组的指针变量称为数组指针变量。指向一维数组的指针变量称为一维数组指针变量。指向二维数组的指针变量称为二维数组指针变量。

1. 一维数组

一维数组指针变量加 1 表示让指针指向后一个数组元素,对该指针变量不断加 1 就能访问到该数组的所有元素。例如"int a[6]={0,1,2,3,4,5}, * p=a;",此时指针 p 指向 a[0]。一维数组名和一维数组指针的用法如图 3.4 所示。图 3.4 中说明了地址之间的关系 (a[1]位于 a[0]之后 4 字节处)以及指针与变量之间的关系(指针保存的是变量的地址)。可以让指针 p 直接指向某个数组元素,例如"p=&a[3];",或可以写成"p=a+3;"。由于数组名 a 是常量指针,因此改变其值(如 a++、++a)是错误的。在取数组元素时用数组名和用指针的语法一样,但如果把数组名做左值使用,和指针就有区别了。例如 pa++是合法的,但 a++就不合法,pa=a+1 是合法的,但 a=pa+1 就不合法。一维数组元素及其地址

图 3.4　一维数组名和一维数组指针的用法

的表示方法可以有多种方式,如表 3.12 所示。

表 3.12　一维数组元素及其地址的表示方法

值	各种等价的表示方法					
a[0]的地址	a	a+0	p	p+0	&a[0]	&p[0]
a[0]的值	* a	* (a+0)	* p	* (p+0)	a[0]	p[0]
a[i]的地址		a+i		p+i	&a[i]	&p[i]
a[i]的值		* (a+i)		* (p+i)	a[i]	p[i]

例如"int a[6], * p=&a[0]; p++;",首先指针 p 指向 a[0]的地址,由于后缀运算符 [ ] 的优先级高于取地址运算符 &,所以是取 a[0] 的地址,而不是取 a 的地址。然后 p++ 让 p 指向下一个元素(也就是 a[1]),由于 p 是 int * 指针,一个 int 型元素占 4 字节,所以 p++ 使 p 所指向的地址加 4,不是加 1。既然指针可以用 ++ 运算符,当然也可以用 +、- 运算符,p+2 这个表达式也是有意义的,如图 3.4 所示,p 指向 a[0],则 p+2 指向 a[2]。* (p+2) 也可写成 p[2],p 就像数组名一样,a[2] 之所以能取数组的第 2 个元素,是因为它等价于 * (a+2),a[2] 和 p[2] 本质上是一样的,都是通过指针间接寻址访问数组元素。由于 a 做右值使用时和 &a[0] 是一个意思,所以"int * p=&a[0];"通常写成更简洁的形式 "int * p=a;"。

在函数原型中,如果参数是数组,则等价于参数是指针的形式,例如 void func(int a[10]){}等价于 void func(int * a){}。第一种形式方括号中的数字可以不写,如 void func (int a[]){}。参数写成指针形式还是数组形式对编译器来说没区别,都表示这个参数是指针,之所以规定两种形式,是为了给读代码的人提供有用的信息,如果这个参数指向一个元素,通常写成指针的形式,如果这个参数指向一串元素中的首元素,则写成数组的形式。

2. 二维数组

二维数组可以看成由若干个一维数组组成的数组,例如"int a[3][3]={{0,1,2},{3,4,5},{6,7,8}}; int (*pp)[3]=a;"。该数组由三个一维数组构成,它们是 a[0]、a[1]和 a[2]。把 a[0]看成一个整体,它是一个一维数组的名字,也就是这个一维数组的首地址,这个一维数组有 3 个元素,它们是 a[0][0]、a[0][1]、a[0][2]。可以把二维数组看成一个一维数组,其中每个元素又是一个一维数组。既然数组 a 可以看成一个一维数组,那么 a[0]就是其第 0 个元素(也就是第 0 行的首地址)、a[1]就是其第 1 个元素(也就是第 1 行的首地址)、a[2]就是其第 2 个元素(也就是第 2 行的首地址)。

可以定义指向"一个变量"的指针,例如"int *p=*a;"。也可以定义一个指向"一行变量(一维数组)"的指针变量,其语法为"类型说明符 (*指针变量名)[一行元素的长度];",类型说明符为所指数组的基本数据类型。*表示其后的变量是指针类型。例如"int (*pp)[3]=a;",定义了一个指针变量 pp,其指向固定有 3 个元素的一维数组。"int (*pp)[3]=&a[0];"等价于"int (*pp)[3]=a;"。此时执行 pp++操作后,pp 指向二维数组 a 的下一行的首地址,即 pp 的实际地址值增加 12 字节。

二维数组名和二维数组指针的用法如图 3.5 所示。图 3.5 中说明了地址之间的关系以及指针与变量之间的关系。

图 3.5 二维数组名和二维数组指针的用法

把二维数组 a 看成一维数组后,其元素 a[0]的大小就是原二维数组一行所包含元素的个数。所以,第 0 行的首地址是 &a[0],也可以写成 a+0(也就是 a[0][0]的地址)。同理,第一行的首地址是 &a[1],也可以写成 a+1(也就是 a[1][0]的地址)。既然数组 a[0]是一个一维数组,那么 a[0][0]就是其第 0 个元素(也就是二维数组的第 0 行第 0 列)、a[0][1]就是其第 1 个元素(也就是二维数组的第 0 行第 1 列)、a[0][2]就是其第 2 个元素(也就是二维数组的第 0 行第 2 列)。

a[0]是一个一维数组,那么 a[0]本身就是这个数组的首地址。根据一维数组元素地址

的表示方法，a[0]+0 就是 a[0][0] 的地址、a[0]+1 就是 a[0][1] 的地址、a[0]+2 就是
a[0][2] 的地址。*(a[0]+0) 等价于 a[0][0]、*(a[0]+1) 等价于 a[0][1]，以此类推，
*(a[i]+j) 就是 a[i][j]。而 a[i] 和 *(a+i) 是等价的。*(a+i)+j 就是 a[i][j] 的地址，
((a+i)+j) 就是 a[i][j]。二维数组元素及其地址的表示方法可以有多种方式，如表 3.13
所示。

表 3.13　二维数组元素及其地址的表示方法

值	各种等价的表示方法		
数组的首地址 第 0 行 a[0] 的首地址 a[0][0] 的地址	a	a+0	*(a+0)+0
第 i 行 a[i] 的首地址		a+i	*(a+i)+0
&a[i][j]			*(a+i)+j
a[i][j]			*(*(a+i)+j)

3.3.3　指针与 const 限定符

const 限定符和指针结合常见的情况有以下几种，如表 3.14 所示。

表 3.14　const 限定符和指针结合使用示例

const int * p;等价于 int const * p;	int * const p;	int const * const p;
这两种写法是一样的，p 是一个指向 const int 型的指针，p 所指向的内存单元不可改写，所以 (*p)++ 是不允许的，但 p 可以改写，所以 p++ 是允许的	p 是一个指向 int 型的 const 指针，*p 是可以改写的，但 p 不允许改写	p 是一个指向 int const 型的 const 指针，因此 *p 和 p 都不允许改写

　　指向非 const 变量的指针或非 const 变量的地址可以传给指向 const 变量的指针，编译器可以做隐式类型转换，例如"char c='a'; const char * pc=&c;"。但是指向 const 变量的指针或 const 变量的地址不可以传给指向非 const 变量的指针，以免通过后者意外改写前者所指向的内存单元，例如"const char c='a'; char * pc=&c;"，编译时编译器会发出警告。

　　即使不用 const 限定符也能写出功能正确的程序，但是应该尽可能多地使用 const。比如一个函数的参数是 const char *，在调用该函数时就可以放心地传给它 char * 或 const char * 指针，不必担心指针所指的内存单元是否被改写。使用 const 限定符把不变的量声明成只读，这样可以依靠编译器检查程序中的 Bug，防止意外改写数据。"const int * p;"等价于"int const * p;"，const 的使用示例如表 3.15 所示。字符串字面值通常存放在代码段中的只读数据区。源文件 1.c 中的第 5 行，在程序运行时会出现段错误。字符串字面值类似于数组名，做右值使用时自动转换成指向首元素的指针，这种指针应该是 const char * 型。printf 函数原型的第一个参数是 const char * 型，可以把 char * 或 const char * 指针传给它。

表 3.15 const 的使用示例

const 的使用示例	源文件 1.c	运 行 结 果
| ```
1 const char *p = "abcd";
2 const char str1[5]="abcd";
3 char str2[5] = "abcd";
4 printf(p);
5 printf(str1);
6 printf(str2);
7 printf("abcd");
``` | ```
1 #include <stdio.h>
2 int main(void) {
3     char *pc = "abc";
4 //const char *pc = "abc";
5     *pc='A';
6     return 0;
7 }
``` | ```
1 [root@ztg ~]# gcc 1.c    //使用第3行,注释第4行
2 [root@ztg ~]# ./a.out
3 段错误
4 [root@ztg ~]# gcc 1.c    //注释第3行,使用第4行
5 1.c: In function 'main':
6 1.c:5:6: error: assignment of read-only location '*pc'
7    5 |    *pc='A';
8      |        ^
``` |

3.3.4 指针与字符串

声明字符串的方式有三种:字符串常量(字符串字面量)、字符数组和字符指针。字符串常量是用双引号引起来的字符序列,常用来进行初始化。字符串常量可以看成一个无名字符数组,字符串常量本身就是一个地址。字符串常量实质就是一段内存,用首地址标识数组的起始地址。给字符指针变量赋予字符串常量的首地址,使用字符指针可以简化字符串的处理。既然字符串常量是一个无名数组,那么也可以把指向字符串常量的指针当作字符数组操作。指向字符串的指针实际上也是指向一维字符数组的指针。指向字符串的指针与指向字符的指针都是字符型指针。示例如下:

```
1 char c,*pc=&c;           // pc是一个指向字符变量c的字符指针
2 char *ps="hello world";  // ps为指向字符串的字符指针,字符串常量的首地址赋给ps
3 char arr[15],*pa=arr;    // pa为指向字符数组的指针,数组的首地址赋给pa
```

3.3.5 指针函数与函数指针

返回值是指针的函数称为指针型函数,简称指针函数,定义形式为"类型说明符 ＊ 函数名(形参列表){}"。例如"int ＊ fun(int x,int y){}",fun 是一个返回值为整型指针的指针函数。

一个函数的代码在代码段中占用一段连续的内存空间,函数名是该函数所占内存区域的首地址。将函数的首地址(入口地址)赋予一个指针变量,使该指针变量指向该函数。然后通过指针变量就可以找到并调用这个函数。指向函数的指针变量称为函数指针变量,简称函数指针,定义形式为"类型说明符 (＊ 指针变量名)(形参列表);",类型说明符表示被指向函数的返回值的类型。例如"int (＊ pf)(int x);",pf 是一个指向函数的指针变量,被指向函数的函数原型为"int fun(int x);"。通过函数指针调用函数的一般形式为"(＊ 指针变量名)(实参列表)"或"指针变量名(实参列表)",例如"(＊ pf)(5)"或"pf(5)"。函数指针示例如表 3.16 所示。

一定要注意指针函数与函数指针是两个不同的概念。例如"int (＊ p)(int);"和"int ＊ p(int);"完全不同。"int (＊ p)(int);"是变量声明,p 是一个函数指针。"int ＊ p(int);"是函数声明,p 是一个指针函数。

下面分析语句"int ＊ (＊ (＊ a)())[5];",读者初次看到此类语句可能很费解,如何分析呢? 先找出标识符,为 a,由于 a 和 ＊ 被圆括号括在一起,因此 a 是一个指针变量。那么 a 指向谁呢? 把"int ＊ (＊ (＊ a)())[5];"简化为"int ＊ (＊ b())[5];",b 的左边是 ＊ ,b 的右边是(),标识符 b 右边圆括号的优先级高于标识符 b 左边的 ＊ 号,因此 b 先和圆括号结合为
```

表 3.16 函数指针示例

扫一扫

示 例 代 码	运 行 结 果	说 明
| ```
1#include <stdio.h>
2void fun(const char *s){
3  printf("Hello %s\n", s);
4}
5int main(void){
6  void (*pf)(const char *);
7  pf=fun; //pf=&fun;
8  fun("world !");
9  pf("world");
10  (*pf)("world again");
11}
``` | ```
1[root@ztg ~]# gcc 1.c
2[root@ztg ~]# ./a.out
3Hello world !
4Hello world
5Hello world again
``` | 变量 pf 首先跟 * 号结合,因此是一个指针。( * pf)外面是一个函数原型的格式,参数是 const char * ,返回值是 void,所以 pf 是指向这种函数的指针,fun 正好是这种函数,因此 pf 可以指向 fun。fun 是一种函数类型,做右值时自动转换成函数指针类型,所以可以赋值给 pf。也可写成 pf = &fun;,先取函数 fun 的地址再赋值给 pf,此时就不需要自动类型转换了。可以直接通过函数名调用函数,如 fun("…"),也可以通过函数指针调用函数,如 pf("…"),还可以用( * pf)("…")进行函数调用,( * pf)相当于函数名 |

b(),说明 b 是一个函数,b 左边的 * 说明 b 是一个指针函数,函数 b 的返回值是指针类型,那么该指针指向什么类型的变量呢? 把"int * (* b())[5];"简化为"int * c[5];",c 的左边是 * ,c 的右边是[],c 右边方括号的优先级高于 c 左边的 * 号,因此 c 先和方括号结合为 c[5],说明 c 是一个包含 5 个元素的数组,每个数组元素的类型都是整型指针(int *)。综上所述,a 是一个指向指针函数的函数指针,指针函数返回的指针值指向一个包含 5 个元素的整型指针数组,数组元素指向整型变量。

扫一扫

3.3.6 再讲回调函数

之前例子中的参数类型都由实现者(函数设计者)规定的。本例中回调函数的参数类型都由调用者规定,对于实现者来说就是一个 void * 指针,实现者只负责将这个指针转交给回调函数,而不关心它到底指向哪种类型的数据。由于调用者知道自己传的参数是哪种类型,因此在自己提供的回调函数中就将参数进行相应的类型转换。回调函数的一个典型应用就是实现泛型算法,示例代码如下,运行结果如图 3.6 所示。

```
1#include <stdio.h>
2#include <string.h>
3typedef int (*cmp_t)(void *, void *);
4typedef struct{
5  const char *name; int sc;
6} stu_t;
7void *max(void *data[], int num, cmp_t cmp){
8  int i;  void *temp=data[0];
9  for(i=1; i<num; i ++)
10    if(cmp(temp, data[i])<0) temp=data[i];
11  return temp;
12}
13int cmp_score(void *a, void *b){
14  if(((stu_t *)a)->sc > ((stu_t*)b)->sc)
15    return 1;
16  else if(((stu_t*)a)->sc==((stu_t*)b)->sc)
17    return 0;
18  else return -1;
19}
20int cmp_name(void *a, void *b){
21  return strcmp(((stu_t *)a)->name,
22               ((stu_t *)b)->name);
23}
24int cmp_int(void *a, void *b){
25  if(*(int *)a > *(int *)b) return 1;
26  else if(*(int *)a == *(int *)b) return 0;
27  else return -1;
28}
29int cmp_char(void *a, void *b){
30    return *(char*)a - *(char*)b;
31}
32int main(void){
33  int d[5]={2,8,12,22,5};
34  char c[3]={'e','x','X'};
35  int *pd[5]={&d[0],&d[1],&d[2],&d[3],&d[4]};
36  char *pc[3]={&c[0],&c[1],&c[2]};
37  int *pdmax=max((void **)pd, 5, cmp_int);
38  char *pcmax=max((void **)pc, 3, cmp_char);
39  printf("dmax %d, cmax %c\n",*pdmax,*pcmax);
40  stu_t s[3]={{"zh",70},{"li",90},{"wa",80}};
41  stu_t *ps[3]={&s[0], &s[1], &s[2]};
42  stu_t *pmaxS=max((void **)ps, 3,cmp_score);
43  printf("%s %d\n", pmaxS->name, pmaxS->sc);
44  stu_t *pmaxN=max((void **)ps, 3, cmp_name);
45  printf("%s %d\n", pmaxN->name, pmaxN->sc);
46}
```

```
[root@ztg ~]# ./a.out
dmax 22, cmax x
li 90
zh 70
```

图 3.6 运行结果

max 函数可以在任意一组数据中找出最大值,这组数据可以是一组 int、一组 char 或一组结构体,但实现者并不知道怎样比较两个对象的大小,调用者需要提供一个做比较操作的回调函数(cmp_score、cmp_name、cmp_int、cmp_char)。max 函数实现该功能的关键在于传给 max 的是指向数据的指针所构成的数组,而不是数据本身所构成的数组,这样 max 不必关心数据到底是什么类型,只需传给比较函数 cmp,cmp 是函数指针,指向调用者提供的回调函数,调用者知道数据是什么类型以及如何进行比较,因此在回调函数中进行相应的类型转换和比较操作。

以上举例的回调函数是被同步调用的,调用者调用 max 函数,max 函数则调用 cmp 函数,相当于调用者间接调用了自己提供的回调函数。在实际系统中,异步调用也是回调函数的一种典型用法,调用者首先将回调函数传给实现者,实现者记住这个函数,这称为注册一个回调函数,然后当某个事件发生时实现者再调用先前注册的函数。

3.3.7　可变参数

前面的示例中多次调用 printf 函数,读者会发现传的实参个数可以不同,这是因为 C 语言规定了一种特殊的参数列表格式,用命令 man 3 printf 查看 printf 函数原型为"int printf(const char * format, …);",第一个参数是 const char * 类型,后面的"…"代表 0 个或任意多个参数,这些参数的类型也是不确定的,这称为可变参数。具有可变参数的函数称为可变参数函数,这种函数需要固定数量的强制参数,后面是数量可变的可变参数。可变参数函数必须至少有一个强制参数,可变参数的数量和类型由强制参数的值决定,或由用来定义可变参数列表的特殊值决定,可变参数的类型可以变化。printf 和 scanf 函数都有一个强制参数,即格式化字符串,其中的转换修饰符(占位符)决定了可变参数的数量和类型。形参列表的格式是强制性参数在前,后面跟着一个逗号和省略号,这个省略号代表可变参数。

可变参数函数要获取可变参数时,必须通过一个类型为 va_list 的形参,它包含了参数信息。这种类型的形参也称为参数指针,它包含了栈中至少一个参数的位置。可以使用这个参数指针从一个可变参数移动到下一个可变参数,由此,函数就可以获取所有的可变参数。当编写可变参数函数时,必须用 va_list 类型定义参数,以获取可变参数。可以用 4 个宏(va_start、va_arg、va_end、va_copy)处理 va_list 类型的参数,va_list 类型和这些宏都定义在头文件 stdarg.h 中。用命令 man stdarg 查看宏函数原型:①void va_start(va_list ap, last);,该宏使用第一个可变参数的位置初始化 ap 参数指针,之后 ap 会被 va_arg 和 va_end 使用。第二个参数必须是主调函数最后一个有名称参数的名称,必须先调用该宏,才可以开始使用可变参数;②type va_arg(va_list ap, type);,该宏用于获取可变参数"…"的每一个参数,第一次调用 va_arg 后获得可变参数"…"的第一个参数,第二次调用 va_arg 后获得可变参数"…"的第二个参数,以此类推。第二个参数 type 是所获得参数的类型;③void va_end(va_list ap);,当不再需要使用参数指针 ap 时,必须调用宏 va_end 清理 ap 的值,该宏与 va_start 配对使用;④void va_copy(va_list dest, va_list src);,该宏使用参数指针 src 值初始化参数指针 dest,然后就可以使用 dest 获取可变参数列表。示例代码 1 和示例代码 2 如下所示。

```
1 //示例代码1
2 #include <stdio.h>
3 #include <stdarg.h>
4 void fun(char *fmt, ...){
5   va_list ap;
6   int d; char c, *s;
7   va_start(ap, fmt);
8   while(*fmt)
9     switch(*fmt++){
10    case 's':
11      s = va_arg(ap, char *);
12      printf("string %s\n", s);
13      break;
14    case 'd':
15      d = va_arg(ap, int);
16      printf("int %d\n", d);
17      break;
18    case 'c':
19      c = (char) va_arg(ap, int);
20      printf("char %c\n", c);
21      break;
22    }
23  va_end(ap);
24 }
25 int main(void){
26  fun("%s %s %c %d %c",
27      "hello","world",'a',5,'b');
28 }
```

```
1 //示例代码2
2 #include <stdio.h>
3 #include <stdarg.h>
4 int sum(int num,...){
5   va_list ap; va_start(ap,num); int sum=0;
6   for(int i=0; i<num; i++ ){
7     int arg=va_arg(ap,int);
8     printf("%d arg: %d\n",i,arg);
9     sum += arg;
10  }
11  printf("sum: %d\n",sum);
12  va_end(ap);  return sum;
13 }
14 void printstr(int begin, ...){
15  va_list ap; va_start(ap, begin);
16  char *p=va_arg(ap, char *);
17  while(p != NULL)
18    {printf("%s\n",p);p=va_arg(ap, char*);}
19  va_end(ap);
20 }
21 int main(){
22  printf("calling sum(3,1,2,3)\n");
23  sum(3,1,2,3);
24  printf("calling sum(4,1,2,3,4,5)\n");
25  sum(4,1,2,3,4,5);
26  printf("calling printstr()\n");
27  printstr(0,"hello","c","world",NULL);
28 }
```

示例代码 1 用可变参数实现了一个类似 printf 函数功能的简单自定义函数 fun。

示例代码 2 中,函数 sum 用于计算可变参数之和,第一个强制参数指定了可变参数的数量,可变参数为 int 类型,函数 sum 中的 for 循环次数由第一个参数控制,for 循环体中通过 va_arg 读取每个可变参数值,并且累加到 sum 中。

示例代码 2 中,函数 printstr 输出若干个字符串,第一个强制参数只用于定位,具体的值是 0 或是 2 都可以,因为 va_start 宏要从参数列表中最后一个有名字参数的地址开始找可变参数的位置,可变参数为 char * 类型,函数 printstr 中的 while 循环次数由 printstr 函数被调用时给的最后一个实参(NULL)控制,因此参数列表必须以 NULL 结尾,while 循环体中通过 va_arg 读取并且输出每个字符串。

示例代码 1 的运行结果如图 3.7 所示。示例代码 2 的运行结果如图 3.8 所示。

```
1 [root@ztg ~]# ./a.out
2 string hello
3 string world
4 char a
5 int 5
6 char b
```

图 3.7　示例代码 1 的运行结果

```
1 [root@ztg ~]# ./a.out          9 1 arg: 2
2 calling sum(3,1,2,3)           10 2 arg: 3
3 0 arg: 1                       11 3 arg: 4
4 1 arg: 2                       12 sum: 10
5 2 arg: 3                       13 calling printstr()
6 sum: 6                         14 hello
7 calling sum(4,1,2,3,4,5)       15 c
8 0 arg: 1                       16 world
```

图 3.8　示例代码 2 的运行结果

3.3.8　二级指针与多级指针

一级指针变量存放的是普通变量的地址,二级指针变量或多级指针变量存放的是指针变量的地址。二级指针变量简称二级指针,其定义的一般形式为"类型说明符 ** 指针变量名;",多级指针的定义形式和二级指针类似,只是星号的个数不同,三级指针变量的定义需要 3 个星号,以此类推。二级指针变量存放的是一级指针变量的地址值,三级指针变量存放的是二级指针变量的地址值,以此类推。多级指针示例代码及运行结果如表 3.17 所示。表达式 * pi、** ppi 和 *** pppi 都取 i 的值。i、pi、ppi、pppi 这 4 个变量之间的关系以及它们在内存中的示意图如图 3.9 所示。

表 3.17　多级指针示例代码及运行结果

扫一扫

示 例 代 码	运 行 结 果
| ```
1 #include <stdio.h>
2 int main(void){
3   int i=5, *pi=&i, **ppi=&pi, ***pppi=&ppi;
4   printf("i=%d *pi=%d **ppi=%d ***pppi=%d\n",
5           i, *pi, **ppi, ***pppi);
6   printf("&i=%p\tpi=%p\n", &i, pi);
7   printf("&pi=%p\tppi=%p\n", &pi, ppi);
8   printf("&ppi=%p\tpppi=%p\n", &ppi, pppi);
9   printf("*ppi=%p\t*pppi=%p\n", *ppi, *pppi);
10 }
``` | ```
1 [root@ztg ~]# ./a.out
2 i=5 *pi=5 **ppi=5 ***pppi=5
3 &i=0x7ffe52a454fc      pi=0x7ffe52a454fc
4 &pi=0x7ffe52a45500     ppi=0x7ffe52a45500
5 &ppi=0x7ffe52a45508    pppi=0x7ffe52a45508
6 *ppi=0x7ffe52a454fc    *pppi=0x7ffe52a45500
``` |

图 3.9　i、pi、ppi、pppi 这 4 个变量之间的关系以及它们在内存中的示意图

3.3.9　指针数组和数组指针

如果一个数组的所有元素都为指针变量,那么这个数组就是指针数组。指针数组定义的一般形式为"类型说明符 * 数组名[数组长度];",类型说明符表明数组元素(指针)所指向变量的类型,指针数组的所有元素都必须是指向相同数据类型的指针。例如"int * pa[5];",pa 是一个指针数组,有 5 个数组元素,每个元素都是一个指向整型变量的指针。[]的优先级高于 * ,pa 先和[]结合表示 pa 是一个数组,数组元素都是 int * 型。

指向二维数组中某一行的指针变量称为数组指针,数组指针变量是单个变量,其定义的一般形式为"类型说明符 (* 数组名)[数组长度];",其中圆括号不可少。例如"int (* p)[5];",p 是一个指向二维数组中某一行的指针变量,该二维数组的列数为 5。p 先和 * 结合表示 p 是一个指针,p 指向形为 int a[5]的一维数组。

例如"int a[5]; int (* pa)[5] = &a;",a 是一维数组,将数组 a 的首地址(&a)赋给指针 pa。注意,&a[0]和 &a 得到的地址值虽然相同,但它们的类型不同,前者类型是 int * ,后者类型是 int (*)[5],&a[0]表示数组 a 的首元素的地址,&a 表示数组 a 的首地址。 * pa 表示 pa 所指向的数组 a,所以(* pa)[0]表示取数组的 a[0]元素。 * pa 可写成 pa[0],(* pa)[0]也可写成 pa[0][0],所以 pa 可以看成一个二维数组名。例如"int a[3][5]; int (* pa)[5] = &a[0];"也可写为"int a[3][5]; int (* pa)[5] = a;",pa[0]和 a[0]都表示二维数组的第 0 行。可以把 pa 当成二维数组名使用,pa[2][3]和 a[2][3]表示同一个数组元素,由于数组名不支持赋值、自增、自减等运算,而指针变量支持,因此 pa 比 a 用起来更灵活,pa++使 pa 指向二维数组的第 1 行,以此类推。注意,pa++后 pa 的值增加 20(二维数组每行 5 个元素,每个元素都是 int 型)。

指针数组可用来指向一个二维数组,指针数组中的每个元素被赋予二维数组每一行的首地址,例如"int a[3][4], (* p)[4] = a;",p 指向二维数组 a 的第 0 行,p++后 p 指向二

维数组 a 的第 1 行,以此类推。指针数组也常用来表示一组字符串,这时指针数组的每个元素被赋予一个字符串的首地址,例如"char ＊ str[]＝{"one","two","three"};",str[0]指向字符串"one",str[2]指向字符串"three"。

指针数组做函数参数时,本质上是一个二级指针。main 函数原型"int main(int argc,char ＊ argv[]);"中,argv 表面上是一个字符指针数组,本质上是一个字符型二级指针,等价于 char ＊＊ argv。之所以写成 char ＊ argv[],而不是 char ＊＊ argv,主要起到提示作用,argv 指向一个指针数组,数组中每个元素都是指向字符串的 char ＊ 指针。

3.3.10 动态内存管理

全局变量和静态局部变量被分配在内存中的静态存储区(数据段),非静态局部变量被分配在动态存储区(栈区)。C 语言允许程序运行过程中临时申请一块内存区域,使用后可随时释放。这些可随时申请、释放的存储区域称为堆区。C 语言为动态内存管理提供了 5 个函数:malloc、free、calloc、realloc、reallocarray。这些函数的函数原型如下。

```
1 void *malloc(size_t size);
2 void free(void *ptr);
3 void *calloc(size_t nmemb, size_t size);
4 void *realloc(void *ptr, size_t size);
5 void *reallocarray(void *ptr, size_t nmemb, size_t size);
```

1. malloc 函数

malloc 函数在堆区分配一块长度为 size 字节的连续内存空间,这块内存空间在函数执行完成后不会被初始化,它们的值是未知的。如果分配成功,则返回被分配内存块的起始地址;如果分配失败(可能系统内存耗尽),则返回空指针 NULL。由于 malloc 函数不知道用户用这块内存存放什么类型的数据,所以返回通用指针 void ＊(空类型的指针),在赋值时对其进行自动或强制类型转换。内存不再使用时,应使用 free 函数将内存块释放。

2. free 函数

free 函数释放 ptr 所指向的动态分配的内存空间,不返回任何值。

3. calloc 函数

calloc 函数在堆区分配一块长度为 nmemb ＊ size 字节的连续内存空间,并将每字节都初始化为 0。如果分配成功,则返回被分配内存块的首地址指针,否则返回空指针 NULL。该函数返回的是一个空类型的指针,在赋值时应该先进行类型转换。内存不再使用时,应使用 free 函数将内存块释放。

4. realloc 函数

realloc 函数用于对指针变量 ptr 所指向的动态空间重新分配长度为 size 字节的连续内存空间,从起始地址到分配前后空间大小的最小值之间的内容将保持不变。如果就地扩展分配,则返回的指针可能与 ptr 相同;如果分配已移动到新地址,则返回的指针与 ptr 不同。如果分配成功,则返回被分配内存块的首地址指针,否则返回空指针,并且原始块保持不变。

5. reallocarray 函数

reallocarray 函数会对 ptr 指向的内存块进行扩容(扩容期间可能涉及内存块的移动),以确保有足够大的空间容纳 nmemb 个元素(每个元素大小为 size)的数组,相当于 realloc (ptr，nmemb * size)。reallocarray 与 realloc 的区别在于，当出现乘法溢出时，前者返回 NULL 而不会触发异常，将 errno 设置为 ENOMEM，并保留原始内存块不变，而后者则可能导致程序非正常退出。注意：void * 类型表示未确定类型的指针，可以通过类型转换强制转换为任何其他类型的指针。

二级指针和动态内存分配示例代码及运行结果如表 3.18 所示。

表 3.18　二级指针和动态内存分配示例代码及运行结果

扫一扫

示 例 代 码	运行结果及代码说明
| ```c
 1 #include <stdio.h>
 2 #include <stdlib.h>
 3 #include <string.h>
 4 void alloc_str(char **pp,int n,char *s){
 5   char *p=malloc(n);  if (p==NULL) exit(1);
 6   strcpy(p,s);  *pp=p;
 7 }
 8 void free_str(char *p){free(p);}
 9 int main(void){
10   char *p=NULL;
11   alloc_str(&p, sizeof("hello world"), "hello world");
12   printf("string: %s\n", p);  free_str(p);  p=NULL;
13 }
``` | [root@ztg ~]# ./a.out<br>string: hello world<br><br>通过二级指针参数实现一个动态内存分配的函数 alloc_str，另外再实现一个释放内存的函数 free_str。free(p)之后，虽然 p 所指内存空间归还给了系统，但 p 值没变并且成了野指针，为避免野指针，在 free(p)之后执行 p=NULL。<br>alloc_str 函数的形参 pp 如果是一级字符指针(char * pp)m，可以实现分配内存的操作吗？ |

> **注意**　malloc 和 free 一定要配对使用。对于长年累月运行的服务程序，在循环或递归中调用 malloc，必须有 free 与之配对，否则循环或递归中分配内存而不释放，将会慢慢耗尽系统内存，这称为内存泄漏。

3.4　结构体、共用体和枚举

3.4.1　结构体

前面介绍的数组是一组具有相同类型的数据的集合。但在实际编程中，还需要一组类型不同的数据，例如学生信息登记表中，学号为整数，姓名为字符串，年龄为整数，成绩为小数，因为数据类型不同，显然不能用数组存放。在 C 语言中，可以使用结构体存放一组不同类型的数据。结构体也是一种数据类型，它由程序员自己定义，可以包含多个其他类型的数据。结构体称为复杂数据类型或构造数据类型。结构体的定义形式为

```
struct 结构体名{
    成员列表
};
```

成员列表由若干成员组成，每个成员都是该结构的一个组成部分，结构体成员的定义方式与变量和数组的定义方式相同，只是不能初始化。右花括号后面的分号不能少，这是一条完整的语句。结构体也是一种自定义类型，可以通过它定义变量。可以先定义结构体再定义变量，也可以在定义结构体的同时定义变量，如果不再定义新的变量，也可以将结构体名字省略，这样做书写简单，但是因为没有结构体名，后面就没法用该结构体定义新的变量。
```

结构体及其变量定义的示例如表 3.19 所示。

表 3.19　结构体及其变量定义的示例

先定义结构体再创建变量	定义结构体,创建变量	省略结构体名字	说　　明
| ```
1 struct stu{
2   int num;
3   char *name;
4   int age;
5   float score;
6 };
7 struct stu stu1, stu2;
``` | ```
1 struct stu{
2   int num;
3   char *name;
4   int age;
5   float score;
6 } stu1, stu2;
``` | ```
1 struct {
2   int num;
3   char *name;
4   int age;
5   float score;
6 } stu1, stu2;
``` | stu 为结构体名,定义了两个变量 stu1 和 stu2,它们都是 stu 类型,都由 4 个成员组成。注意,关键字 struct 不能少 |

结构体和数组类似,也是一组数据的集合。数组使用下标[ ]访问单个元素,结构体使用点号.访问单个成员的一般形式为"结构体变量名.成员名"。指向结构体变量的指针变量称为结构体指针变量。结构体指针变量中的值是所指向的结构体变量的首地址。通过结构体指针即可访问该结构体变量的各个成员。结构体指针变量定义的一般形式为"struct 结构名 ＊结构体指针变量名;",通过结构体指针访问结构体变量中成员的一般形式为"(＊结构体指针变量).成员名"或"结构体指针变量->成员名",示例如表 3.20 所示。

表 3.20　结构体示例

示　例　代　码	运行结果及说明
| ```
1 #include <stdio.h>
2 int main(){
3   struct birthday{int year,month,day;};
4   struct stu{
5     int num; char *name; float score;
6     struct birthday b;
7   } s1={1,"ztg",99,{2000,2,20}};
8   printf("学号:%d 姓名:%s 生日:%d-%d-%d 成绩:%.1f\n",
9          s1.num, s1.name, s1.b.year, s1.b.month,
10         s1.b.day, s1.score);
11  struct stu *ps=&s1, s[3]={
12         {8,"tong",100,{2001,2,16}},
13         {9,"guang",98,{2002,12,11}}};
14  ps->num=2, ps->name="zhang", ps->score=100;
15  printf("学号:%d 姓名:%s 生日:%d-%d-%d 成绩:%.1f\n",
16         ps->num, ps->name, ps->b.year, ps->b.month,
17         (*ps).b.day, (*ps).score);
18  printf("学号:%d 姓名:%s 生日:%d-%d-%d 成绩:%.1f\n",
19         s[1].num, s[1].name, s[1].b.year, s[1].b.month,
20         s[1].b.day, s[1].score);
21  s[2]=s1;
22  printf("学号:%d 姓名:%s 生日:%d-%d-%d 成绩:%.1f\n",
23         s[2].num, s[2].name, s[2].b.year, s[2].b.month,
24         s[2].b.day, s[2].score);
25 }
``` | ```
1 [root@ztg ~]# ./a.out
2 学号:1 姓名:ztg 生日:2000-2-20 成绩:99.0
3 学号:2 姓名:zhang 生日:2000-2-20 成绩:100.0
4 学号:9 姓名:guang 生日:2002-12-11 成绩:98.0
5 学号:2 姓名:zhang 生日:2000-2-20 成绩:100.0
```

结构体变量可以在定义时初始化,如 s1。结构体也是一种递归定义,结构体的成员具有某种数据类型,而结构体本身也是一种数据类型。结构体可以嵌套定义,一个结构体(struct stu)的成员又可以是一个结构体(struct birthday),即嵌套结构体,可以逐级访问内层结构体变量中的成员(s1.b.year)。通过结构体指针 ps 访问结构体成员的方法为(＊ps).num,使用->运算符更方便,即 ps->num。定义结构体数组 s[3],每个数组元素是 struct stu 类型,也可以对结构体数组作初始化赋值。既可以在定义时整体赋值,也可以对成员逐一赋值。用一个结构体变量初始化另一个结构体变量是允许的,结构体变量之间可以相互赋值和初始化,结构体可以当作函数的参数和返回值类型 |

扫一扫

## 3.4.2　位域

有些数据在存储时并不需要占用一个完整的字节,只占用一个或几个二进制位即可。例如,存放一个开关量时,用 1 位二进位即可表示 0 和 1 两种状态。为了节省存储空间,并
```

使处理简便,C 语言提供了一种叫作位域或位段的数据结构。在结构体定义时,可以指定某个位域变量所占用的二进制位数,这就是位域。位域定义包含在结构体定义中,其形式为

```
struct 位域结构体名{
    成员列表
    位域列表
};
```

其中位域列表的形式为:"类型〔位域名称〕:位宽;",C 语言最初标准规定,只有 3 种类型(int、signed int、unsigned int)可用于位域,C99 中 _Bool 也被支持了。另外,编译器在具体实现时都进行了扩展,额外支持了 char、signed char、unsigned char 以及 enum 类型,类型决定了如何解释位域的值;位域名称就是位域变量的名称;位宽是指位域中位的数量,位宽必须小于或等于指定类型的位宽度。位域结构体及其变量定义的示例如表 3.21 所示。

表 3.21 位域结构体及其变量定义的示例

定义位域结构体类型及变量	说 明
1 `typedef unsigned int uint;` 2 `typedef unsigned char uchar;` 3 `struct bs{` 4 `    uint m, n;` 5 `    uchar bit0:1, bit1:1, bit2:1,` 6 `        bit3:1, bit4:1, bit5:1,` 7 `        bit6:1, bit7:1;` 8 `    uchar : 2;` 9 `    uchar ch: 6;` 10 `} b1, b2;` 11 `struct bs b3, b4;`	bs 为位域结构体名,m、n 为普通成员变量。其他变量为位域成员,冒号后面的数字用来限定位域成员变量占用的位数。当相邻成员的类型相同时,若它们的位宽之和小于类型的位宽,则后面的成员紧邻前一个成员存储,直到不能容纳为止;若它们的位宽之和大于类型的位宽,则后面的成员将从新的存储单元开始存储,其偏移量为类型大小的整数倍。sizeof(struct bs)的值为 12。当相邻成员的类型不同时,不同的编译器有不同的实现方案。位域成员可以没有名称,如"uchar : 2;",只给出数据类型和位宽,无名位域一般用来作填充或调整成员位置,因没有名称,无名位域不能使用

3.4.3 共用体

结构体是一种构造类型或复杂类型,它可以包含多个类型不同的成员。在 C 语言中,还有另外一种和结构体非常类似的语法,叫作共用体。共用体是一种特殊的数据类型,允许在相同的内存位置存储不同类型的数据。定义共用体类型(及变量)的一般形式如下:

```
union [共用体名]{
    成员列表;
}[变量列表];
```

定义共用体的关键字是 union。共用体有时也称为联合或联合体,这也是 union 这个单词的本意。共用体也是一种自定义类型,可以通过它创建变量。可以先定义共用体再创建变量,也可以在定义共用体的同时创建变量,如果不再定义新的变量,也可以将共用体名字省略,示例如表 3.22 所示。

表 3.22 定义共用体类型及变量示例

先定义共用体再创建变量	定义共用体、创建变量	省略共用体名字	说 明
1 `union data{` 2 `    int i;` 3 `    char c;` 4 `};` 5 `union data u1,u2={.c='a'};`	1 `union data{` 2 `    int i;` 3 `    char c;` 4 `}u1={.c='a', .i=1},u2;`	1 `union{` 2 `    int i;` 3 `    char c;` 4 `}u1,u2={.i=1};`	共用体中,成员 i 占 4 字节,成员 c 占 1 字节,所以 data 类型的变量(u1、u2)占 4 字节的内存

结构体和共用体的区别在于,结构体的各个成员会占用不同的内存,互相之间没有影响,结构体占用的内存大于或等于所有成员占用的内存的总和(成员之间可能存在缝隙);共用体的所有成员占用同一段内存,共用体占用的内存等于最长的成员占用的内存,修改一个成员会影响其余所有成员,共用体使用了内存覆盖技术,同一时刻只能保存一个成员的值,如果对新的成员赋值,就会把原来成员的值覆盖掉。共用体示例如表 3.23 所示。

表 3.23　共用体示例

示 例 代 码	运行结果及说明
| 扫一扫<br><br>```c
1 #include <stdio.h>
2 union data{
3   int i;
4   char c;
5 } u;
6 struct test{
7   int i;
8   char c[2];
9 };
10 int main(void){
11   printf("union:%ld  struct:%ld\n",
12     sizeof(union data),sizeof(struct test));
13   u.i=1;
14   if(u.c) printf("u.c=%d, 小端模式\n",u.c);
15 }
``` | ```
1 [root@ztg ~]# ./a.out
2 union:4  struct:8
3 u.c=1, 小端模式
``` |
| | 共用体占 4 字节的内存好理解,结构体占 8 字节而非 6 字节的内存,这是因为各种类型的数据按照 4 字节对齐规则在存储空间上排列,而非顺序地一个接一个排列。
使用共用体可以判断 CPU 的大小端模式。本例的输出结果表示本机是小端模式。
大端模式:字数据的高字节存储在低地址中,而字数据的低字节则存放在高地址中。
小端模式:字数据的高字节存储在高地址中,而字数据的低字节则存放在低地址中。
51 单片机是大端模式,一般处理器都是小端模式 |

3.4.4　枚举

　　在实际编程中,有些数据的取值往往是有限的,只能是非常少量的整数,并且最好为每个值都取一个名字,以方便在后续代码中使用,比如每周有七天、一年有十二个月等。以每周七天为例,可以使用 define 指令给每天指定一个名字,例如"♯define mon 1"等。使用 define 指令导致宏名过多,代码松散。C 语言提供了枚举类型,该类型能够列出所有可能的取值,并给它们取一个名字。枚举类型的定义形式为:"enum 枚举名{枚举成员 1,枚举成员 2,…};",定义枚举类型的关键字是 enum。枚举型是一个集合,集合中的成员是一些标识符,其值为整型常量,定义时成员之间用逗号隔开,类型定义以分号结束。每周七天的枚举类型的定义语句如下:

```c
enum week{mon, tues, wed, thurs, fri, sat, sun};
```

　　上面定义中,week 是一个用户定义标识符,枚举列表中仅给出枚举成员名字,没有给出名字对应的值,第一个枚举成员的默认值为整型 0,后续枚举成员的值在前一个成员的值上加 1,week 中的 mon,tues,…,sun 对应的值分别为 $0,1,…,6$。可以人为设定枚举成员的值,从而自定义某个范围内的整数。

　　可以给每个名字都指定一个值:

```c
enum week{mon=1, tues=2, wed=3, thurs= 4, fri=5, sat=6, sun=7};
```

　　更简单的方法是只给第一个名字指定值,这样枚举值就从 1 开始递增:

```
enum week{mon=1, tues, wed, thurs, fri, sat, sun};
```

枚举是一种类型,可以用来定义枚举变量,也可以在定义枚举类型的同时定义变量:

```
enum week a, b, c;
enum week{mon=1, tues, wed, thurs, fri, sat, sun} a, b, c;
```

有了枚举变量,就可以把列表中的值赋给它:

```
enum week a=mon, b= wed, c=sat;
enum week{mon=1, tues, wed, thurs, fri, sat, sun} a=mon, b=wed, c=sat;
```

示例代码 1 和示例代码 2 如下所示。

```
1 //示例代码1
2 #include <stdio.h>
3 #include <stdlib.h>
4 int main(){
5   enum color{red=1, green, blue};
6   enum color c;
7   printf("1:red, 2:green, 3:blue\n");
8   printf("please input: ");
9   scanf("%u", &c);
10  switch (c){
11  case red: printf("red\n"); break;
12  case green: printf("green\n"); break;
13  case blue: printf("blue\n"); break;
14  default: printf("input wrong\n");
15  }
16 }
```

```
1 //示例代码2
2 #include <stdio.h>
3 #include <stdlib.h>
4 int main(){
5   enum color{red=1, green, blue};
6   enum color c;
7   printf("1:red, 2:green, 3:blue\n");
8   printf("please input: ");
9   scanf("%u", &c);
10  switch (c){
11  case 1: printf("red\n"); break;
12  case 2: printf("green\n"); break;
13  case 3: printf("blue\n"); break;
14  default: printf("input wrong\n");
15  }
16 }
```

示例代码 1 的运行结果如图 3.10 所示。示例代码 2 的运行结果如图 3.11 所示。

```
1 [root@ztg ~]# ./a.out
2 1:red, 2:green, 3:blue
3 please input: 2
4 green
```

```
1 [root@ztg ~]# ./a.out
2 1:red, 2:green, 3:blue
3 please input: 5
4 input wrong
```

图 3.10　示例代码 1 的运行结果　　　图 3.11　示例代码 2 的运行结果

示例代码中,由于是在 main 函数中定义枚举类型,因此枚举列表中的 red、green、blue 这些标识符的作用范围是 main 函数内部,不能再定义与它们名字相同的变量。red、green、blue 等都是常量,不能对它们赋值,只能将它们的值赋给其他变量。枚举和宏类似,在编译阶段将名字替换成对应的值。示例代码 1 在编译的某个时刻会变成示例代码 2 的样子,red、green、blue 这些名字都被替换成对应的数字。这意味着 red、green、blue 等都不是变量,它们不占用数据区(常量区、全局数据区、栈区和堆区)的内存,而是直接被编译到指令中,放到代码区,所以不能用 & 取得它们的地址。

3.5　零长数组、变长数组和动态数组

使用标准 C(ANSI C)定义数组时,数组长度必须是一个常数(正整数),即数组的长度在编译时是确定的,这种数组称为静态数组。Linux 上的 C 编译器是 GNU C 编译器,GNU C 对标准 C 进行了一系列扩展,以增强标准 C 的功能,其中之一就是对零长数组和变长数组的支持。

零长数组就是长度为 0 的数组。数组长度在编译的时候是不确定的,需要程序运行的时候才能够确定数组的大小。零长数组很少单独使用,通常作为结构体的最后一个成员,构成一个变长结构体。零长数组(数组名)不占用内存空间,数组名只是一个偏移量,代表一个地址常量。当使用变长结构体时,零长数组指向的内存区域与其所在结构体占用的内存区域是连续的。

变长数组(Variable Length Array,VLA)是指用整型变量或表达式定义的数组。变长数组的长度在编译时未知,在程序运行时确定。数组长度确定后就不会再变化,在其生存期内是固定的。变长数组本质上也是静态数组。

动态数组的长度不是预先定义好的,在程序运行过程中也不是固定的,它可以在程序运行时根据需要重新指定数组长度。动态数组的内存空间是从堆区动态分配的,使用完动态数组后要释放其占用的内存。创建动态数组时从外往里逐层创建,释放时从里往外逐层释放。

扫一扫

使用零长数组、变长数组和动态数组(源代码文件 z_v_d_arr.c)的示例代码如下。

```
1 #include <stdio.h>                          28   printf("请输入二维数组的值: \n");
2 #include <string.h>                         29   for(i=0; i<m; i++)
3 #include <stdlib.h>                         30     for(j=0; j<n; j++)
4 typedef struct {                            31       scanf("%d", &varr[i][j]);
5   int len;                                  32   printf("输入的二维数组如下: \n");
6   char buf[0]; //也可写成 char buf[];        33   for(i=0; i<m; i++){
7 } zero_arr, *p_zero_arr;                    34     for(j=0; j<n; j++)
8 typedef struct{char len;}buf1;              35       printf("%02d ", varr[i][j]);
9 typedef struct{int len;}buf2;               36     printf("\n");
10 typedef struct{char *a;}buf3;              37   }
11 typedef struct{                            38   int **darr=NULL;printf("请输入一二维长度:");
12   char len, *a;                            39   scanf("%d %d", &m, &n);
13 }buf4;                                     40 //darr=(int **)calloc(m,sizeof(int *))
14 int main(int argc, const char *argv[]){    41   if((darr=malloc(m*sizeof(int *)))==NULL)
15   printf("%ld\n", sizeof(buf1));//输出1     42     {printf("分配内存失败"); return 0;}
16   printf("%ld\n", sizeof(buf2));//输出4     43   for(i=0; i<m; i++)    /*创建第二维 */
17   printf("%ld\n", sizeof(buf3));//输出8     44     if((darr[i]=malloc(n*sizeof(int)))==NULL)
18   printf("%ld\n", sizeof(buf4));//输出16    45       {printf("分配内存失败"); return 0;}
19   printf("%ld\n",sizeof(zero_arr));//4      46   for(i=0; i<m; i++)
20   p_zero_arr zarr;                         47     for(j=0; j<n; j++){
21   zarr=malloc(sizeof(zero_arr)+20);        48       darr[i][j]=i*n+j+1;
22   memset(zarr, 0, sizeof(zero_arr)+20);    49       printf("%d\t", darr[i][j]);
23   zarr->len=12;                            50     } printf("\n");
24   strncpy(zarr->buf, "hello world",12);    51   }
25   puts(zarr->buf); free(zarr);             52   for(i=0;i<m;i++)free(darr[i]);free(darr);
26   int m,n,i,j; printf("输入一二维长度:");    53 }
27   scanf("%d %d",&m,&n); int varr[m][n];
```

上面源代码中,第 4~7 行定义了一变长结构体,第 8~13 行定义了 4 个定长结构体。第 15~17 行在程序执行时的输出值好理解,第 18 行的输出值为 16,而不是 9,主要是因为字节对齐问题所致,第 12 行的指针变量 a 需要 8 字节对齐,虽然字符变量 len 本身只占 1 字节,但是其后的 7 字节留空不用。第 21 行采用 malloc 申请了一段长度为结构体长度加可变长度的内存空间给结构体类型的指针 zarr,由于是一次申请的,所以这段内存空间和前面的结构体长度的内存空间是连续的。零长数组指向的内存可以采用数组的方式访问。不再使用变长结构体时,可以使用 free 函数一次性对整个结构体进行释放,如第 25 行,所以可以根据需要分配变长结构体表示的一片内存缓冲区,这种灵活的动态内存分配方式在一些场合非常有用。比如接收网络数据包,由于数据包的大小不一,如果使用固定大小的结构体,将会有存储空间的浪费,此时使用变长结构体非常合适。第 26~37 行是对变长数组的操作。第 38~52 行是对二维动态数组的操作。

如图 3.12 所示,第 1 行编译源代码文件 z_v_d_arr.c,第 2 行运行 z_v_d_arr 可执行程序。

```
1# gcc -o z_v_d_arr z_v_d_arr.c
2# ./z_v_d_arr
3 1
4 4
5 8
6 16
7 4
8 hello world
9 输入一二维长度:2 3
10 请输入二维数组的值:
11 1 2 3 4 5 6
12 输入的二维数组如下:
13 01 02 03
14 04 05 06
15 请输入一二维长度:2 3
16 1      2      3
17 4      5      6
```

图 3.12　编译、执行 z_v_d_arr

3.6 编码风格与缩进工具 indent

自己编写的代码除自己以后还会再看,最主要的是和别人交流,给别人看自己写的代码。如果编码风格不好,会给自己和别人带来代码阅读方面的困难。下面以 Linux 内核的编码风格为基础,简述好的编码风格所做的规定,Linux 内核编码风格追求简单,目的是提高代码的可读性和可维护性。下面介绍部分 Linux 内核编码风格。

1. 缩进

制表符是 8 个字符,所以缩进也是 8 个字符。8 字符缩进可以让代码更容易阅读。

2. 把长的行和字符串打散

每行的长度限制是 80 列,建议遵守这个惯例。长于 80 列的语句要打散成有意义的片段。子片段要明显短于母片段,并明显靠右。这同样适用于有很长参数列表的函数头。不要打散对用户可见的字符串,因为这样很难使用 grep 命令查询源代码。

3. 花括号的放置

把起始花括号放在行尾,而把结束花括号放在行首,这适用于所有的非函数语句块(if、switch、for、while、do)。函数的起始花括号放置于下一行的开头。结束花括号独自占据一行,除非它后面跟着同一语句的剩余部分,也就是 do 语句中的 while 或者 if 语句中的 else。这种花括号的放置方式也能使空行的数量最小化,同时不失可读性。

4. 空格的放置

Linux 内核的空格使用方式主要取决于它是用于函数还是用于关键字。大多数关键字(比如 if、switch、for、while、do)后要加一个空格。而有些关键字(比如 sizeof、typeof)看起来更像函数,它们常伴随小括号使用,例如"sizeof(struct student)",不要在小括号里的表达式两侧加空格。当声明指针类型或者返回指针类型的函数时,＊的首选使用方式是使之靠近变量名或函数名,而不是靠近类型名,例如"char ＊ pc;int ＊ fun(char ＊＊ s);"。在大多数

二元和三元操作符(如＝、＋、－、＜、＞、＊、/、％、|、&、^、＜＝、＞＝、＝＝、!＝、?、:)两侧使用一个空格,但是一元操作符(比如 &、＊、＋、－、~、!)后不要加空格。后缀自加和自减一元操作符(＋＋、－－)前不加空格,前缀自加和自减一元操作符(＋＋、－－)后不加空格,结构体成员操作符(.、－＞)前后不加空格。不要在行尾留空白。有些可以自动缩进的编辑器会在新行的行首加入适量的空白,然后就可以直接在那一行输入代码,如果没有在那一行输入代码,有些编辑器就不会移除已经加入的空白。当 git 发现补丁包含了行尾空白的时候会警告你。

5. 函数

每个函数都应该设计得尽可能简单,简单的函数才容易维护。函数应该简短而漂亮,并且只完成一件事情,不要把函数设计成用途广泛、面面俱到的函数,这样的函数肯定会超长,而且往往不可重用,维护困难。函数内部的缩进层次不宜过多,一般以少于 4 层为宜。如果缩进层次太多,就说明设计得太复杂了,应考虑分割成更小的函数来调用。函数不要写得太长,建议在 24 行的标准终端(ISO/ANSI 屏幕大小是 80×24)上不超过两屏,太长会造成阅读困难,如果一个函数超过两屏,就应该考虑分割函数了。比较重要的函数定义上侧必须加注释,说明此函数的功能、参数、返回值、错误码等。另一种度量函数复杂度的办法是看有多少个局部变量,5~10 个局部变量已经很多了,再多就很难维护了,应该考虑分割成多个函数。一个函数的最大长度是和该函数的复杂度和缩进级数成反比的。

读者写出的代码可能不符合 Linux 内核编码风格,可以使用如下的 indent 命令(下面两条命令等价)对代码进行处理。

```
indent -npro -kr -i8 -ts8 -sob -l80 -ss -ncs 1.c
indent -linux -ce 1.c
```

例如,使用 indent 命令对 3.4.4 节中的示例代码 1 的处理结果如图 3.13 所示。

```
 1 #include <stdio.h>
 2 #include <stdlib.h>
 3 int main()
 4 {
 5   enum color { red = 1, green, blue };
 6   enum color c;
 7   printf("1:red, 2:green, 3:blue\n");
 8   printf("please input: ");
 9   scanf("%u", &c);
10   switch (c) {
11   case red:
12     printf("red\n");
13     break;
14   case green:
15     printf("green\n");
16     break;
17   case blue:
18     printf("blue\n");
19     break;
20   default:
21     printf("input wrong\n");
22   }
23 }
```

图 3.13 使用 indent 命令对 1.c 文件的处理结果

indent 默认的编码风格是 GNU 风格,在 indent -linux -ce 1.c 命令中,-linux 选项表示按照 Linux 风格格式化代码,-ce 选项表示 else 分支不单独占一行,如果使用-nce 选项,else 分支则会单独占一行。可以通过 man indent 命令查看更多选项的详细使用说明。

※注意 为了排版需要,本书中所有代码没有严格符合 Linux 内核编码风格,读者可以使用 indent 命令对其进行处理。

3.7 习题

1. 填空题

(1) C 语言通过函数实现_____设计,用函数实现功能模块的定义。

(2) 一个 C 程序可以由一个主函数和若干_____构成。

(3) C 语言提供了功能丰富的库函数,一般库函数的定义都放在_____中。

(4) 头文件是扩展名为_____的文件。

(5) 函数有_____和用户自定义函数。

(6) 用户自定义函数的一般形式是:_____。

(7) 函数(整型或 void 型函数除外)应该_____,或者_____。

(8) 函数调用就是使用_____。函数调用的一般形式为:_____
_____。

(9) Linux 操作系统通过虚拟内存的方式为所有应用程序提供了_____。

(10) C 语言总是从 main 函数执行,它的原型声明为_____,参数 argc 保存程序执行时命令行输入的_____,参数 argv 保存_____。

(11) 参数是主调函数和_____进行信息通信的接口。

(12) C 语言中函数参数有两种传递方式:_____、_____。

(13) 函数调用是通过_____实现的,栈由_____向低地址方向生长,栈有_____和栈底,入栈或出栈的位置叫_____。

(14) 函数在被调用时都会在栈空间中开辟一段连续的空间供该函数使用,这一空间称为该函数的_____,它是一个函数执行的环境。每个函数的每次调用都有它自己独立的一个_____。

(15) 一个函数在它的函数体内直接或间接地调用该函数本身,这种函数称为_____,这种调用关系称为函数的_____。

(16) _____就是一个通过函数指针调用的函数。

(17) 函数有主调函数和被调函数,_____完成一定功能后可以通过 return 语句向_____返回一个确定的值,该值就是函数的_____。

(18) _____描述程序中可以访问标识符的区域,一旦离开其作用域,程序便不能再访问该_____。

(19) 全局变量也称为_____,是在函数外定义的变量,它不属于任何一个函数,其作用域从变量的定义处开始,到_____。

(20) 全局变量只能用_____初始化。

(21) 局部变量也称为_____,是在函数内定义的变量,其作用域仅限于函数内(从该变量被定义开始到函数结束),一个函数中定义的_____不能被其他函数使用。

(22) 如果函数内定义的局部变量与全局变量_____,则函数在使用该变量时会用到同名的_____,而不会用到_____,也就是会用局部变量_____全局变量,只有局部变量起效果。

(23)变量的存储类别决定变量的_____和_____。

(24)用来控制变量在内存中的存放区域的 4 个关键字为:_____、_____、_____、_____。

(25)_____是指对 C 源程序正式编译之前所做的文本替换之类的工作,由_____负责完成。

(26)用一个标识符表示一个字符串称为_____,标识符称为_____。

(27)宏定义包含无参宏定义和带参宏定义,_____也称为宏变量定义或变量式宏定义,_____也称为宏函数定义或函数式宏定义。

(28)C99 引入一个新关键字 inline,用于定义_____。

(29)按不同条件编译程序的不同部分,产生不同的目标代码文件,这称为_____。

(30)一条 include 指令只能包含_____,若要包含多个头文件,则需用多条该指令。

(31)根据内存单元编号或地址就可找到所需的内存单元。通常把这个地址称为_____。

(32)存放指针的变量称为_____。

(33)在 C 语言中,指针是有类型的,在定义指针变量时指定_____。

(34)指向不确定地址的指针称为_____,为避免出现野指针,在定义指针变量时就应该给它赋予明确的_____,或者把它初始化为_____。

(35)C 语言提供了两个指针运算符:取地址运算符_____和取内容运算符_____。

(36)取地址运算符 & 用来求_____的地址。

(37)取内容运算符 * 用来取出_____所指向的变量(存储单元)的值。

(38)指针变量加或减一个整数 n,是把指针指向的当前位置_____移动 n 个位置。

(39)指针之间的比较运算比的是_____。

(40)void * 类型指针称为_____或_____。

(41)数组名作为数组的首地址,它是一个_____。

(42)指向数组的指针变量称为_____。

(43)指向_____的指针变量称为一维数组指针变量。

(44)指向二维数组的_____称为二维数组指针变量。

(45)二维数组可以看成由若干个_____组成的数组。

(46)声明字符串的方式有三种:_____、_____和字符指针。

(47)返回值是指针的函数称为指针型函数,简称_____。

(48)指向函数的指针变量称为函数指针变量,简称_____。

(49)具有可变参数的函数称为_____。

(50)可变参数函数必须至少有一个_____。

(51)printf 和 scanf 函数都有一个强制参数,即_____。

(52)一级指针变量存放的是_____的地址,

(53)二级指针变量或多级指针变量存放的是_____的地址。

（54）如果一个数组的所有元素都为指针变量，那么这个数组就是_____。

（55）指向二维数组中某一行的指针变量称为_____。

（56）全局变量和_____被分配在内存中的静态存储区（数据段）。

（57）malloc 和 free 一定要_____使用。

（58）在 C 语言中，可以使用_____存放一组不同类型的数据。

（59）在结构体定义时，可以指定某个位域变量所占用的二进制_____，这就是位域。

（60）共用体是一种特殊的数据类型，允许在_____的内存位置存储_____类型的数据。

（61）定义枚举类型的关键字是_____。

（62）枚举型是一个集合，集合中的成员是一些标识符，其值为_____。

（63）对不符合 Linux 内核编码风格的代码，可以使用_____命令对代码进行处理。

2. 简答题

（1）简述主函数的特殊之处。

（2）用户地址空间是如何划分的？

（3）简述值传递和地址传递的区别。

（4）简述栈和栈帧。

（5）简述直接递归和间接递归。

（6）递归函数什么情况下会导致栈空间耗尽？

（7）简述回调函数的作用。

（8）C 语言中变量的作用域有哪几种？它们各自的作用范围是什么？

（9）简述变量的数据类型和存储类别的作用。

（10）简述变量的生存期。

（11）简述静态局部变量和静态全局变量。

（12）简述外部变量的用法。

（13）简述内部函数和外部函数。

（14）简述函数式宏定义和真正的函数调用的区别。

（15）分析语句"int * (* (* a)())[5];"。

（16）可变参数函数如何获取可变参数？

（17）访问结构体成员的方法有哪些？

（18）结构体和共用体的区别是什么？

（19）简述零长数组。

3. 上机题

限于篇幅，本章程序题都放在本书配套资源的 xiti-src/xiti0203 文件夹中。

第4章 编译与调试

本章学习目标

- 掌握 gcc、make、Makefile 的使用。
- 理解 cmake 和 CMakeLists.txt 的优点。
- 了解完整的编译过程。
- 掌握 gdb 命令的使用。

4.1 gcc、make、Makefile、cmake 和 CMakeLists.txt

4.1.1 gcc

1. gcc 简介

Linux 上常用的编程工具套件是 GCC(GNU Compiler Collection)。GCC 原名为 GNU C Compiler,后来逐渐支持更多的编程语言,如 C++、FORTRAN、Pascal、Objective-C、Java、Ada、Go 以及各类处理器架构上的汇编语言等,所以改名为 GNU Compiler Collection (GNU 编译器套件)。在 Debian/Ubuntu 操作系统命令行执行 apt install build-essential 命令安装 GCC。

GCC 套件中的 C 语言编译器是 gcc,对应的命令也是 gcc。使用 gcc 编译器时需要给出必要的选项和文件名。gcc 命令的语法如下。

```
gcc [options] [filenames]
```

其中 filenames 是文件名,多个文件名由空格隔开。options 是编译器所需的选项,常用选项如下。

　　-c：只编译汇编生成目标文件,不链接生成可执行文件。gcc 编译器只是将.c 源代码文件编译汇编生成.o 为后缀的目标文件。该选项通常用于编译不包含主程序的子程序文件。

　　-E：只进行预处理而不编译。结合使用-o 选项,gcc 编译器可将.c 源代码文件预处理成.i 为后缀的源文件,比如 gcc -E main.c -o main.i。cpp 命令也可以达到同样的效果。

　　-S：只编译生成汇编代码。gcc 编译器只是将.c 源代码文件编译生成.s 为后缀的汇编语言源程序文件。

　　-o outfile：指定输出文件名为 outfile,这个文件名不能和源文件同名。不带-c、-E、-S 选项时,gcc 编译器能将.c 源代码文件编译成可执行文件,如果没有使用选项-o 给出可执行文件名,gcc 将生成一个名为 a.out 的文件。在 Linux 系统中,可执行文件没有特定的后缀名,Linux 系统根据文件的属性区分可执行文件和不可执行文件。不过,gcc 命令通常根据后缀来识别文件的类别。

　　-O?：各种编译优化选项。-O0 为默认优化选项。-O/-O1 这两个都会尝试减少代码段大小和优化程序的执行时间。-O2 相比于-O1,打开了更多的编译优化开关。-O3 在-O2 的基础上进行更高级别的优化。-Os 优化生成的目标文件的大小。-Ofast 为了提高程序的执行速度而进行优化。-Og 关闭了很多优化开关,为了能够生成更好的调试信息。如果同时使用多个不同级别的-O 优化选项,编译器会根据最后一个-O 选项的级别决定采用哪种优化级别。

　　-g：在生成的目标文件中添加调试信息,在 gdb 调试和 objdump 反汇编时要用到这些信息。-g0 不生成调试信息,相当于没有使用选项-g。-g1 生成最小的调试信息,最小调试信息包括函数描述、外部变量、行数表,但不包括局部变量信息。-g2 是默认的调试级别,即-g。-g3 相对-g 生成额外的信息,例如所有的宏定义。如果多个级别的-g 选项同时存在,最后的-g 选项会生效。如果没有使用其他优化选项,可以将-Og 与-g 选项一起使用。

　　-Dmacroname[＝definition]：定义一个宏,macroname 为宏名,definition 为宏值。

　　-Umacroname：取消已经定义的宏 macroname。

　　-Idir：dir 是头文件所在的目录路径。

　　-Ldir：dir 是库文件所在的目录路径。

　　-print-search-dirs：打印库文件的默认搜索路径。

　　-v：打印详细的编译链接过程。

　　-Wall：打印所有的警告信息。

2. gcc 的简单使用

　　编写一个简单的程序,包含 3 个.c 文件和 1 个.h 文件,文件名及其内容如表 4.1 所示。可以采用单步编译或多步编译的方法编译该程序,如表 4.2 所示。相关源代码文件在本书配套资源的"src/第 4 章/hello"目录中。

表 4.1　包含 3 个.c 文件和 1 个.h 文件的源程序

main.c	hello1.c	hello2.c	hello.h
1 #include "hello.h" 2 int main(void){ 3 　hello1("world", i); 4 　hello1("world",++i+j); 5 　hello2(++j); 6 }	1 #include <stdio.h> 2 int i=5; 3 void hello1(char *s, int i){ 4 　int j=6; 5 　printf("hello %s, i+j=%d\n", 　　s,i+j); 7 }	1 #include <stdio.h> 2 int j=10; 3 void hello2(int j){ 4 　printf("j: %d\n",j); 5 }	1 extern int i, j; 2 void hello1(char*,int); 3 void hello2(int);

表 4.2　单步编译及运行结果、多步编译

单步编译及运行结果	多步编译
1# gcc main.c hello1.c hello2.c -o main 2# ./main 3 hello world, i+j=11 4 hello world, i+j=22 5 j: 11	1# gcc -c main.c 2# gcc -c hello1.c 3# gcc -c hello2.c 4# gcc main.o hello1.o hello2.o -o main

扫一扫

4.1.2　make 和 Makefile

第 2 章介绍的所有例子都只有一个源文件，可以直接使用 gcc 命令进行编译。但是真正实用的软件项目中都会包含多个源文件，并且将它们分类放在不同文件夹中，如果用 gcc 命令逐个文件编译，工作量大且易出错。此时可以使用 make(GNU Make)命令，它是一个自动化编译工具，使用一条 make 命令即可对多文件软件项目完全编译和链接。但是 make 命令本身并没有编译和链接功能。make 命令需要一个规则文件 Makefile，该文件描述了整个软件项目的编译规则和各个文件之间的依赖关系。make 命令通过调用 Makefile 文件中的命令进行编译和链接，从而实现自动化编译，极大地提高软件开发效率。

使用 make 命令可以最小化重新编译次数。如果不使用 make 命令，而是使用 gcc 命令编译程序，若对一个源文件做了修改，则所有源文件都要重新编译一遍，如表 4.2 左侧所示的单步编译。这肯定不是一个好办法，如果编译之后又对 hello1.c 做了修改，又要把所有源文件编译一遍，即使其他文件都没有修改，也要跟着重新编译。一个大型软件项目通常包含成千上万个源文件，全部编译一遍耗时很长，上述编译过程是不合理的。可以采用如表 4.2 右侧所示的多步编译，如果编译之后又对 hello1.c 做了修改，要重新编译，只执行第 2 行和第 4 行的命令即可。但是，当文件很多时，这种手动编译方法也很容易出错。因此，更好的办法就是写一个 Makefile 文件(如表 4.3 左侧所示)和源代码放在同一个目录下，make 命令(如表 4.3 右侧所示)会自动读取当前目录下的 Makefile 文件，完成相应的编译步骤。即使个别文件做了修改，执行 make 命令时也只对修改的文件进行编译。

表 4.3　Makefile 文件及其使用

Makefile 文件	使用 make 命令编译程序
1 main: main.o hello1.o hello2.o 2 　　　gcc main.o hello1.o hello2.o -o main 3 main.o: main.c hello.h 4 　　　gcc -c main.c 5 hello1.o: hello1.c 6 　　　gcc -c hello1.c 7 hello2.o: hello2.c 8 　　　gcc -c hello2.c 9 clean: 10 　　　-rm main *.o 11 　　　@echo "clean completed" 12 .PHONY: clean	1# make 2 gcc -c main.c 3 gcc -c hello1.c 4 gcc -c hello2.c 5 gcc main.o hello1.o hello2.o -o main 6# make 7 make: "main"已是最新。 8# touch hello1.c 9# make 10 gcc -c hello1.c 11 gcc main.o hello1.o hello2.o -o main 12# make clean 13 rm main *.o 14 clean completed

1. Makefile 规则

Makefile 文件由一组规则(Rule)组成，每条规则的格式如下。

```
target ... : prerequisites ...
        command1
        command2
        ...
```

表 4.3 左侧的 Makefile 文件中，第 1、2 行是一条规则，main 是这条规则的目标（Target），main.o、hello1.o、hello2.o 是这条规则的条件（Prerequisite）。目标和条件之间的关系是：如果要更新目标，则必须先更新它的所有条件；若所有条件中只要有一个条件被更新，则目标也必须随之被更新。更新的含义就是执行一遍规则中的命令列表，命令列表中的每条命令必须以一个 Tab 开头，注意不能是空格。对于 Makefile 文件中的每个以 Tab 开头的命令，make 都会创建一个 Shell 进程去执行它。

表 4.3 右侧为 make 命令的执行过程：尝试更新 Makefile 中第一条规则的目标 main，第一条规则的目标称为缺省目标，只要缺省目标更新了，就算完成任务了。由于是第一次编译，main 文件还没有生成，因此需要更新，但是更新 main 前必须先更新 main.o、hello1.o、hello2.o。make 会进一步查找以这三个条件为目标的规则，由于这些目标文件也没有生成，因此也需要更新，所以执行相应的命令（gcc -c main.c、gcc -c hello1.c 和 gcc -c hello2.c）更新它们。最后执行 gcc main.o hello1.o hello2.o -o main 更新 main。如果没有修改任一个源文件，再次运行 make 命令，会提示缺省目标 main 已是最新，不需要执行任何命令更新它。此时如果修改了 hello1.c（通过 touch 命令修改了 hello1.c 文件的时间戳），再次运行 make 命令，会自动选择那些被修改的源文件重新编译，未修改的源文件则不用重新编译。具体过程是：make 仍然尝试更新缺省目标 main，首先要检查三个条件 main.o、hello1.o、hello2.o 是否需要更新。make 会进一步查找以这三个条件为目标的规则，发现 hello1.o 需要更新，因为它有一个条件是 hello1.c，而这个文件的修改时间比 hello1.o 晚，所以执行相应的命令更新 hello1.o。既然目标 main 的三个条件中有 1 个被更新了，那么目标 main 也需要更新，所以执行命令 gcc main.o hello1.o hello2.o -o main 更新目标 main。Makefile 文件通常会有一个 clean 规则，执行这条规则（make clean）可以清除编译过程中产生的二进制文件，保留源文件。

Makefile 文件中，一条规则的目标需要更新的三种情况为：目标没有生成、某个条件需要更新、某个条件的修改时间比目标晚。

在一条规则被执行之前，规则的条件可能处于后面三种状态之一：①需要更新。能够找到以该条件为目标的规则，且该规则中的目标需要更新。②不需要更新。能够找到以该条件为目标的规则，但是该规则中的目标不需要更新；或不能找到以该条件为目标的规则，且该条件已经生成。③错误。不能找到以该条件为目标的规则，且该条件没有生成。

若在 make 命令行中指定一个目标，则更新这个目标；若不指定目标，则更新 Makefile 文件中第一条规则的目标（缺省目标）。clean 目标不依赖于任何条件，并且执行它的命令列表时不会生成文件名为 clean 的文件，只要执行了命令列表，就算更新了该目标。命令前面可以加@或-字符。如果命令列表中的命令前面加了@字符，则不显示命令本身，而只显示它的结果。如果命令列表中的命令在执行时出错，就立刻终止，不再执行后续命令，但是，如果在命令前面加-字符，即使这条命令出错，make 也会继续执行其后续命令。通常，rm 命令和 mkdir 命令前面要加-字符，因为 rm 命令要删除的文件可能不存在，mkdir 命令要创建的目录可能已经存在，这两个命令都有可能出错，但是这类错误是可以忽略的。

如果当前目录下存在一个文件名为 clean 的文件,clean 目标又不依赖于任何条件,make 命令就认为 clean 目标不需要更新了。

```
1 # touch clean
2 # make clean
3 make: "clean"已是最新。
```

因此,应该把 clean 当作一个特殊的名字使用,不管 clean 存在与否都要更新,可以添加如下一条特殊的规则,把 clean 声明为一个伪目标,这条规则没有命令列表。

```
.PHÓNY: clean
```

在 C 语言中要求变量和函数先声明后使用,而 Makefile 文件没有这种要求,这条 .PHONY 规则写在 clean 规则前面或后面都可以,都能起到声明 clean 是伪目标的作用。

2. 约定俗成的目标名

clean 目标是一个约定俗成的名字,其他约定俗成的目标名字还有 all、distclean、install、uninstall、installdirs 等。

all:编译整个软件包,一般此目标作为默认的终极目标。

clean:清除当前目录下在 make 过程中产生的二进制文件。

distclean:类似 clean,但是不仅删除编译生成的二进制文件,也删除生成的其他文件,如配置文件等,只保留源文件。

install:执行编译后的安装工作,把可执行文件、配置文件、库文件、文档等分别复制到不同的安装目录。

uninstall:删除所有由 install 安装的文件。

installdirs:创建安装目录及其子目录。

只要符合上述语法的文件统称为 Makefile,而它的具体文件名则不一定是 Makefile。执行 make 命令时是按照 GNUmakefile、makefile、Makefile 的顺序在当前目录中查找第一个存在的文件并执行它,建议使用 Makefile 做文件名。

3. 隐含规则

为了讲清楚 Makefile 的基本概念,前面的 Makefile 文件写得中规中矩,比较烦琐,其实 Makefile 有很多灵活的写法,可以写得更简洁,同时减少出错的可能。比如表 4.3 中的 Makefile 文件内容修改为:

```
1 main: main.o hello1.o hello2.o
2 clean:
3         -rm main *.o
4         @echo "clean completed"
5 .PHONY: clean
```

可以看到简化后的 Makefile 文件中,main.o、hello1.o 和 hello2.o 这三个目标没有对应的编译命令。再次执行 make 命令看编译过程,可知能够正确编译程序,得到可执行文件 main。

```
1 # make clean
2 rm main *.o
3 clean completed
4 # make
5 cc   -c -o main.o main.c
6 cc   -c -o hello1.o hello1.c
7 cc   -c -o hello2.o hello2.c
8 cc   main.o hello1.o hello2.o   -o main
```

如果一个目标在 Makefile 文件中的所有规则都没有命令列表,make 会尝试在内建的隐含规则数据库中查找适用的规则。make 的隐含规则数据库可以用 make -p 命令打印,打印出的格式也是 Makefile 的格式,包括很多变量和规则,其中和上面例子有关的隐含规则如下。

```
1 # 默认
2 OUTPUT_OPTION = -o $@
3 CC = cc
4 COMPILE.c = $(CC) $(CFLAGS) $(CPPFLAGS) $(TARGET_ARCH) -c
5 %.o: %.c
6         $(COMPILE.c) $(OUTPUT_OPTION) $<
```

♯号在 Makefile 中表示单行注释。CC 是一个 Makefile 变量,用 CC = cc 定义和赋值,用 $(CC) 取变量 CC 的值,取出的值为 cc。Makefile 变量像 C 语言的宏定义,代表一个字符串,在取值的地方展开。cc 是一个指向 gcc 的符号链接。CFLAGS 变量没有定义,因此 $(CFLAGS) 展开是空。CPPFLAGS 和 TARGET_ARCH 变量也没有定义,展开也是空。$@ 和 $< 是两个特殊的变量,$@ 的取值为规则中的目标,$< 的取值为规则中的第一个条件。

%.o:%.c 是一种特殊的规则,称为模式规则。在简化的 Makefile 文件中,没有以 main.o、hello1.o 和 hello2.o 为目标的规则,所以 make 会查找隐含规则,发现隐含规则中有 %.o:%.c 这条模式规则适用,比如 main.o 符合 %.o 的模式,现在 % 就代表 main,再替换到 %.c 中就是 main.c,所以这条模式规则相当于:

```
main.o: main.c
        cc      -c -o main.o main.c
```

hello1.o 和 hello2.o 也进行同样的处理。

中规中矩的 Makefile 文件和简化的 Makefile 文件的区别是:前者以目标为中心,一个目标依赖于若干条件;后者则以条件为中心。写规则的目的是让 make 建立依赖关系图,不管怎么写,只要把所有的依赖关系都描述清楚即可。

对于多目标规则,make 会将其拆成几条单目标规则来处理。

```
target1 target2: prerequisite1 prerequisite2
        command $< -o $@
```

上面这条规则相当于下面两条规则,这两条规则的命令列表基本一样,仅 $@ 的取值不同。

```
target1: prerequisite1 prerequisite2
        command prerequisite1 -o target1
target2: prerequisite1 prerequisite2
        command prerequisite1 -o target2
```

4. 特殊变量

特殊变量 $@ 和 $< 的特点是不需要给它们赋值,在不同的上下文中它们自动取不同的值。还有两个常用的特殊变量:$? 和 $^。$? 表示规则中所有比目标新的条件组成的以空格分隔的一个列表。$^ 表示规则中的所有条件组成的以空格分隔的一个列表。

```
main: main.o hello1.o hello2.o
        gcc main.o hello1.o hello2.o -o main
```

上面这条规则可以改写成下面这条规则。这样,即使以后又往条件里添加了新的目标文件,编译命令也不需要修改,减少了出错的可能。

```
main: main.o hello1.o hello2.o
     gcc $^ -o $@
```

有时希望只对更新过的条件进行操作,此时可以使用 $?变量。例如,有一个静态库文件 libexample.a,它依赖的所有目标文件中有部分目标文件更新过,可以使用如下规则将更新过的目标文件重新打包到 libexample.a 静态库文件中,没有更新过的目标文件已经在静态库文件中了,无须重新打包。

```
libexample.a: aa.o bb.o cc.o dd.o ee.o
     ar r libexample.a $?
     ranlib libexample.a
```

5. 赋值运算符

Makefile 中常用的赋值运算符有＝、:＝、?＝、+＝。

使用＝给变量赋值,变量的值是整个 Makefile 中最后被指定的值。make 会将整个 Makefile 展开后再决定变量的值。

:＝ 表示直接赋值,赋予当前位置的值。变量的值取决于它在 Makefile 中的位置,而不是整个 Makefile 展开后的最终值。

?＝表示如果该变量没有被赋值,则赋予等号后面的值,否则不进行赋值操作。

+＝表示将等号后面的值追加到变量上。

＝、:＝ 、?＝运算符的三个示例如下。

```
x = aaa                          x := aaa
y = $(x) ccc       x := aaa      y := $(x) ccc
x = bbb            x ?= bbb      x := bbb
#y的值是bbb ccc    #x的值是aaa    #y的值是aaa ccc
```

+＝运算符的两个示例如下:

```
objects = main.o                 objects := main.o
objects += $(hello)              objects += $(hello)
hello = hello1.o hello2.o        hello = hello1.o hello2.o
```

上面左侧示例中,objects 是用＝定义的,+＝仍然保持＝的特性,objects 的值是 main.o $(hello),注意 $(hello)前面自动添一个空格,此时不会立即展开,等到后面需要展开 $(objects)时才会展开成 main.o hello1.o hello2.o。

上面右侧示例中,objects 是用:＝定义的,+＝保持:＝的特性,objects 的值是 main.o $(hello),并且立即展开成 main.o ,注意这时 hello 还没定义,main.o 后面的空格仍保留。

在 make 命令行也可以用＝、:＝ 、?＝或＋＝定义变量,比如可以在命令行定义 CFLAGS 变量,如果在 Makefile 中也定义了 CFLAGS 变量,则命令行的值会覆盖 Makefile 中的值。

```
1 # make CFLAGS=-g
2 cc -g   -c -o main.o main.c
3 cc -g   -c -o hello1.o hello1.c
4 cc -g   -c -o hello2.o hello2.c
5 cc   main.o hello1.o hello2.o   -o main
```

6. 常用的变量

执行 make -p 命令可以看到,make 的隐含规则数据库中用到很多变量,有些变量没有定义,有些变量定义了默认值。写 Makefile 时可以重新定义这些变量的值,也可以在默认值的基础上追加值。下面列举一些常用的变量。

AR:静态库打包命令的名字,默认值是 ar。

ARFLAGS:静态库打包命令的选项,默认值是 rv。

AS:汇编器的名字,默认值是 as。

ASFLAGS:汇编器的选项,没有定义。

CC:C 编译器的名字,默认值是 cc。

CFLAGS:C 编译器的选项,没有定义。

CXX:C++编译器的名字,默认值是 g++。

CXXFLAGS:C++编译器的选项,没有定义。

CPP:C 预处理器的名字,默认值是 $(CC) -E。

CPPFLAGS:C 预处理器的选项,没有定义。

LD:链接器的名字,默认值是 ld。

LDFLAGS:链接器的选项,没有定义。

TARGET_ARCH:和目标平台相关的命令行选项,没有定义。

OUTPUT_OPTION:输出的命令行选项,默认值是-o $@。

RM:删除命令的名字,默认值是 rm -f。

LINK.o:把.o 文件链接在一起的命令行,默认值是 $(CC) $(LDFLAGS) $(TARGET_ARCH)。

LINK.c:把.c 文件链接在一起的命令行,默认值是 $(CC) $(CFLAGS) $(CPP-FLAGS) $(LDFLAGS) $(TARGET_ARCH)。

LINK.cc:把.cc 文件(C++源文件)链接在一起的命令行,默认值是 $(CXX) $(CXX-FLAGS) $(CPPFLAGS) $(LDFLAGS) $(TARGET_ARCH)。

COMPILE.c:编译.c 文件的命令行,默认值是 $(CC) $(CFLAGS) $(CPPFLAGS) $(TARGET_ARCH) -c。

COMPILE.cc:编译.cc 文件的命令行,默认值是 $(CXX) $(CXXFLAGS) $(CPP-FLAGS) $(TARGET_ARCH) -c。

7. 查看头文件的依赖关系

可以用 gcc 的-M 选项自动生成目标文件和源文件的依赖关系,例如 gcc -M *.c。

-M 选项把 stdio.h 以及它所包含的系统头文件也找了出来,若不需要输出系统头文件的依赖关系,则可使用-MM 选项,例如 gcc -MM *.c。

8. 常用的 make 命令行选项

-n 选项只打印要执行的命令,而不会真的执行命令。该选项有助于检查 Makefile 文件写得是否正确。

-C 选项可以切换到另一个目录执行那个目录下的 Makefile 文件。

一些规模较大的项目首先会把不同的模块或子系统的源代码放在不同的子目录中,然后在每个子目录下都写一个 Makefile 文件,最后在一个总的 Makefile 文件中用 make -C 命令执行每个子目录下的 Makefile。例如,Linux 内核源代码就是这样的编译方法。

4.1.3 cmake 和 CMakeLists.txt

使用 make 命令构建软件项目时需要编写 Makefile 文件,然而,对于大型软件项目来说,手动编写 Makefile 文件是比较烦琐的,并且容易出错。此时可以使用 cmake 命令自动生成 Makefile 文件。gcc、make 和 cmake 三个命令的关系如图 4.1 所示。

图 4.1　gcc、make 和 cmake 三个命令的关系

cmake 命令根据 CMakeLists.txt 文件自动生成 Makefile 文件。然后 make 命令使用 Makefile 文件生成目标文件(bin)。目标文件可以是可执行文件或库文件。

由于 cmake 命令在执行的时候会产生很多中间文件,因此 cmake 采用源码外编译方式。仍然以表 4.1 中的源文件(3 个.c 文件和 1 个.h 文件)为例,介绍构建软件项目的过程。首先在源文件所在的文件夹 cmake 中创建一个名为 build 的文件夹,用来存储中间文件。然后在文件夹 cmake 中创建 CMakeLists.txt 文件。进入 build 文件夹,执行 cmake . .命令,cmake 命令根据../CMakeLists.txt 生成 Makefile 文件。接着执行 make 命令,根据 Makefile 文件编译程序生成可执行文件 hello。cmake 目录结构、CMakeLists.txt 文件内容、构建软件过程如表 4.4 所示。相关源代码文件在本书配套资源的“src/第 4 章/cmake”目录中。

扫一扫

表 4.4　cmake 目录结构、CMakeLists.txt 文件内容、构建软件过程

目录结构如下	测试过程如下
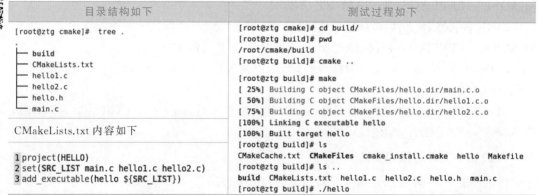	

CMakeLists.txt 文件中,第 1 行的 project 指令定义工程名称为 HELLO。第 2 行的 set 命令用来定义变量 SRC_LIST。第 3 行的 add_executable 命令定义该工程生成的可执行文件名为 hello,相关的源文件是 SRC_LIST 中定义的源文件列表。注意,在 CMakeList.txt 文件中,命令名不区分大小写,而参数和变量是大小写敏感的。

4.2　完整的编译过程

一个源程序转化为可执行文件,所经历的完整编译过程包括:编辑、编译预处理、编译、

汇编、链接。①用文本编辑器编写源代码,得到.c 源代码文件(源文件);②用编译预处理器对.c 文件进行编译预处理,得到.i 源代码文件;③用编译器对.i 文件进行编译,得到.s 汇编代码文件;④用汇编器对.s 文件进行汇编,得到.o 目标文件;⑤用链接器对.o 文件进行链接,得到.out 可执行文件。

用 C 语言编写的程序必须经过编译转成机器指令才能被计算机执行。下面通过一个简单的例子讲解编译过程的每个步骤。

1. 编辑

使用文本编辑器,比如 gedit,编写源代码文件 exam.c,文件内容如表 4.5 第 1 列所示。相关源代码文件在本书配套资源的"src/第 4 章/exam"目录中。

表 4.5　C 源代码文件和汇编代码文件

exam.c 文件	exam.i 文件	exam.s 文件.精简

1 `#include<stdio.h>`
2 `#define N 5`
3 `#define P printf`
4 `int main() {`
5 `  int i=N*N; //data`
6 `  P("hello %d\n",i);`
7 `}`
8 `//gcc -E exam.c -o exam.i`
9 `//gcc -S exam.i -o exam.s`
10 `//gcc -c exam.s -o exam.o`
11 `//gcc exam.o -o exam`
	1 `//省略若干行`
	2 `# 4 "exam.c"`
	3 `int main() {`
	4 `  int i=5*5;`
	5 `  printf("hello %d\n",i);`
	6 `}`
		1 `#省略若干行`
		2 `.LC0:`
		3 `  .string "hello %d\n"`
		4 `main:`
		5 `  pushq %rbp`
		6 `  movq %rsp, %rbp`
		7 `  leaq .LC0(%rip), %rax`
		8 `  call printf@PLT`
		9 `#省略若干行`

2. 编译预处理

执行 gcc -E exam.c -o exam.i 命令对源文件 exam.c 预处理,得到源代码文件 exam.i,文件内容如表 4.5 第 2 列所示。编译预处理时,删除注释、添加行号和文件标识、删除所有 #define 并进行替换、展开 include(递归展开)、处理所有预编译命令等。

3. 编译

执行 gcc -S exam.i -o exam.s 命令将源代码文件 exam.i 编译为汇编代码文件 exam.s,文件内容如表 4.5 第 3 列所示。C 语言的语句和低级语言(汇编语言)的指令之间不是简单的一对一关系,一条 C 语句要翻译成若干条汇编或机器指令,这个过程包括词法分析、语法分析、语义分析、代码优化、生成汇编语言指令。

4. 汇编

执行 gcc -c exam.s -o exam.o 命令将汇编代码文件 exam.s 汇编为目标文件 exam.o。汇编的过程就是将汇编语言指令翻译成 CPU 能识别的机器语言代码。

5. 链接

执行 gcc exam.o -o exam 命令将目标文件 exam.o 与其他目标文件或函数库进行链接,生成可执行文件 exam。

6. 运行

可执行文件 exam 如下所示。

```
1 [root@ztg exam]# ./exam
2 hello 25
3 [root@ztg exam]#
```

4.3　调试程序

4.3.1　调试(Debug)和 GDB

编程时难免出错。主要有两类错误：编译时错误、运行时错误。

1. 编译时错误

编译时错误一般是因为程序有语法错误，在编译程序时就产生报错，不能生成可执行文件，例如缺少分号、变量未定义先使用、成对符号不匹配、关键字书写错误、没有包含头文件等。语法错误是最简单、最低级的错误，根据编译器的错误提示很容易解决语法错误。

2. 运行时错误

运行时错误一般是因为程序逻辑上有问题，程序可以通过编译生成可执行文件，但是在程序运行时出错而导致程序崩溃或不能得到预期结果，例如数组越界访问、访问空指针、除数为零等。

程序中的语法错误可以借助编译器解决，但是逻辑错误只能靠编程人员自己解决。实际编程中借助调试工具对程序进行调试来解决逻辑错误。早期的计算机体积很大，曾经有一台计算机不能正常工作，工程师们查找各种原因，最后发现是一只飞蛾夹在计算机的某个触点中间造成的，拿走干瘪的飞蛾后计算机又可以正常运行了。从此以后，将程序中的错误称为虫子(Bug)，而将找到这些 Bug 并加以纠正的过程称为调试(Debug)。

调试就是让 C 程序逐行语句地执行(或汇编代码逐条指令地执行)，进而跟踪程序的运行过程。通过调试可执行程序，可以监控或查看程序执行的每个细节，比如变量的值、函数的调用过程、内存中的数据、线程的调度等，从而发现隐藏的错误或低效的代码段。

3. GDB

GDB(GNU symbolic debugger)是一个 Linux 中基于命令行的、功能强大的程序调试工具。目前的 GDB 支持调试多种编程语言编写的程序，包括 C、C++、Go、Objective-C、Ada等。不过，GDB 常用来调试 C/C++程序。GDB 支持断点、单步执行、打印变量、观察变量、查看寄存器、查看堆栈、动态改变程序状态等调试手段。借助 GDB 能够快速发现和定位程序的逻辑问题。

GDB 的主要功能是监控程序的执行流程，因此，源程序文件编译为可执行文件时必须包含必要的调试信息，比如代码所在行号、变量名列表(又称符号表)等。

使用 gcc 命令编译程序时加上-g 选项，就会在目标文件中添加调试信息。strip 命令可以删除目标文件中的调试信息。使用 objdump/readelf 命令可以看到目标文件中有很多包含 debug 字符的小节，其中保存了程序的调试信息。

对于没有调试信息的可执行程序，可以使用 strace 命令跟踪程序的执行过程。

4.3.2　测试用例

本节通过对下面代码的调试介绍 gdb 的使用方法。源代码文件 app.c 在本书配套资源的"src/第 4 章/debug"目录中。

扫一扫

下面代码的功能是：使用 fork 系统调用创建子进程，在子进程运行过程中再创建若干个线程。关于子进程和多线程的编程技术在后面章节介绍，因此读者重点关注 gdb 的使用。

执行命令 gcc -Og -g -o app app.c 编译上面源代码，然后执行 ./app 2 3 命令，命令行参数 2 传给变量 n_thr，表示创建两个线程，命令行参数 3 传给变量 para，运行结果如图 4.2 所示。

```
1 #include <stdio.h>                    19 int main(int argc, char **argv){
2 #include <stdlib.h>                   20   int n_thr=1, para=1, i, pid;
3 #include <pthread.h>                  21   if(argc==2)  n_thr = atoi(argv[1]);
4 #include <unistd.h>                   22   if(argc==3){ n_thr = atoi(argv[1]);
5 #include <sys/syscall.h>              23     para = atoi(argv[2]);
6 typedef long int lint;                24   }
7 void *thread(void *p){                25   pthread_t threads[n_thr];
8   int a, b=0, i=5;                     26   while((pid=fork())==-1);
9   int it = *(int *)p;                  27   if(pid == 0){ //child process
10  lint utid=pthread_self();            28     printf("create %d threads\n", n_thr);
11  lint ktid=(lint)syscall(__NR_gettid);29     for(i = 0; i < n_thr; i++)
12  while(i--){                          30       pthread_create(&threads[i],NULL,
13    a = it + b;                        31                       thread,&para);
14    printf("utid=%ld,ktid=%ld,a=%d,b=%d\n",32    for(i = 0; i < n_thr; i++)
15          utid, ktid, a, b++);         33       pthread_join(threads[i], NULL);
16    sleep(1);                          34   }else //parent process
17  }                                    35     for(i=0;i<para;i++)printf("i=%d\n",i);
18 }                                     36 }
```

```
1 # gcc -Og -g -o app app.c
2 # ./app 2 3
3 i=0
4 i=1
5 i=2
6 create 2 threads
7 utid=140573297342016,ktid=215237,a=3,b=0
8 utid=140573288949312,ktid=215238,a=3,b=0
9 # utid=140573297342016,ktid=215237,a=4,b=1
10 utid=140573288949312,ktid=215238,a=4,b=1
11 utid=140573297342016,ktid=215237,a=5,b=2
12 utid=140573288949312,ktid=215238,a=5,b=2
13 utid=140573297342016,ktid=215237,a=6,b=3
14 utid=140573288949312,ktid=215238,a=6,b=3
15 utid=140573288949312,ktid=215238,a=7,b=4
16 utid=140573297342016,ktid=215237,a=7,b=4
```

图 4.2　编译、运行 app

4.3.3　GDB 启动程序

GDB 的命令为 gdb。通过 gdb 命令启动 app 程序的两种方法如图 4.3 所示。左侧方法是在命令行直接给出可执行程序 app，通过选项 --args 可以向程序 app 提供参数；右侧方法是在命令行执行 gdb 命令后，然后通过 gdb 的子命令 file 加载可执行程序 app。gdb 启动时会默认打印免责条款，通过使用 -q 选项将这部分信息屏蔽掉。进入 gdb 命令行后，执行 set args 命令设置命令行参数，执行 show args 命令输出命令行参数，执行 run(r) 命令执行程序 app，执行 help 命令来获取帮助信息。

gdb 调试器提供了多种方式来启动可执行程序，其中最常用的是 run 和 start 命令。run 命令可以缩写为 r。start 命令可以缩写为 st。默认情况下，run 命令会一直执行程序，直到程序执行结束。若程序中设置有断点，则 run 命令会执行程序，到第一个断点处暂停。

```
1# gdb --args app 2 3
2(gdb) show args
3Argument list is started is "2 3".
4(gdb) r
5(gdb) quit
6#
```

```
1# gdb -q
2(gdb) set args 2 3
3(gdb) file app
4(gdb) r
5(gdb) exit
6#
```

图 4.3　通过 gdb 命令启动 app 程序的两种方法

start 命令会执行程序,到 main 函数的第一条语句处暂停。file 命令用于装入需要调试的程序。kill 命令用于终止正在调试的程序。quit 和 exit 命令用于退出 gdb。

调试程序时,通常要让程序在某些感兴趣的点上停下来。断点就有这样一个功能。在指定位置设置断点后,程序运行到该位置将会暂停,这时就可以对程序进行更多的操作。设置断点的命令分为 3 类:断点(breakpoint)、观察点(watchpoint)、捕捉点(catchpoint)。

注意　本章后面介绍的所有 gdb 命令都是在 gdb 命令行提示符(gdb)后面输入。

4.3.4　断点

可以根据行号、函数、条件生成断点,下面是相关命令的说明。

1. 设置断点

break <function>:在指定函数处设置断点。break 命令可以缩写为 b。

break <line_number>:在当前文件的指定行号处设置断点。

break <file_name>:<line_number>:在指定文件的指定行号处设置断点。

break <file_name>:<function>:在指定个文件的指定函数处设置断点。

break +<offset>:在往后数 offset 行处设置断点。

break -<offset>:在往前数 offset 行处设置断点。

break *<address>:在指定的虚拟地址上设置断点。

break <break_args> if <condition>:设置条件断点,break_args 可以是上面 break 后面的参数,condition 是具有布尔值的条件表达式。程序每次执行到该断点处,都会计算 condition 的值,如果为 True,则程序在该断点处暂停;否则,程序继续执行。例如 break 10 if i==2,当 i 等于 2 时,在第 10 行触发断点。

tbreak <break_args>:设置临时断点,功能同 break,区别在于,使用 tbreak 命令设置的断点仅作用 1 次,程序暂停之后,该断点就会自动被删除。

rbreak regex:和 break 和 tbreak 命令不同,rbreak 命令的作用对象是 C/C++程序中的函数。regex 是一个正则表达式,程序中函数的函数名只要满足 regex 条件,就会在匹配的函数开头位置设置断点。tbreak 和 rbreak 命令设置的断点和 break 命令设置的断点效果是一样的,断点会一直存在,不会自动消失。

2. 查看断点

info breakpoints:显示所有断点。info 命令可以缩写为 i。

info breakpoints break_num_list:显示断点序号属于 break_num_list 的断点。

ignore n count:对编号为 n 的断点忽略 count 次。例如,ignore 2 5 的含义为 2 号断点命中 5 次时暂停程序。

3. 删除断点

delete［break_num_list］［range］：用［］括起来的参数为可选项。break_num_list 是一个断点序号的列表，用空格分开，range 是一个断点序号范围，例如 1～10，若不提供任何参数，则删除所有断点。delete 命令可以缩写为 d。

clear ＜break_args＞：和 break 命令的操作相反，根据位置清除断点。

clear ＜function＞：删除所有位于 function 内的断点。

观察点和捕捉点都可以使用 clear 或 delete 命令进行删除。

4. 禁用断点

想临时让断点不起作用，又不想删除断点，此时可以暂时禁用断点。

disable［break_num_list］［range］：参数和 delete 的参数意义相同。

5. 启用断点

对于禁用的断点，可以使用 enable 命令激活。

enable［break_num_list］［range］：参数意义同 disable。

6. 条件维护

condition ＜break_num＞ ＜expression＞：修改断点序号为 break_num 的条件为 expression。

condition ＜break_num＞：清除断点 break_num 的条件。

随着调试的进行，可能需要修改停止条件，此时可以使用 condition 命令。

7. 断点命令

```
commands <break_num>
command_list
end
```

通常，设置断点是为了查看某些变量的值，可以使用 commands 命令在断点处自动打印这些值，示例如下。

```
commands 5 slient printf "a=%d\n", a end
```

在触发断点 5 时打印变量 a 的值，slient 是让 gdb 安静地触发断点，不要打印无用信息。

8. 恢复执行

continue［ignore_count］：若设置了断点，执行 run 命令后，程序将停在第一次遇到的断点处，此时可用 continue 命令恢复程序运行，直到遇到下一个断点或程序结束，参数 ignore_count 是一个数字，代表忽略随后的断点个数。continue 命令可以缩写为 c。

9. 保存和导入断点

save breakpoints file：保存断点信息到指定文件 file。

source file：导入文件 file 中保存的断点信息。

4.3.5　观察点

观察点用来观察某个表达式的值是否发生了变化，如果有变化，则暂停程序。观察点和断点的一个显著区别是观察点由于是观察表达式的值,而表达式中变量是有作用域的,当离开作用域时观察点自动删除,但断点是和代码绑定,只要代码不变,断点就一直存在。观察点分为硬件实现和软件实现。硬件实现需要硬件系统的支持,软件实现就是每步执行后都检查变量的值是否改变。gdb 在新建数据断点时会优先尝试硬件实现,如果失败,则再尝试软件实现。

watch ＜expression＞:为表达式 expression 设置一个观察点,一旦表达式的值发生变化,马上暂停程序。

rwatch ＜expression＞:设置读观察点,当表达式被读时,暂停程序。仅支持硬件实现。

awatch ＜expression＞:设置读写观察点,当表达式被读或写时,暂停程序。仅支持硬件实现。

info watchpoints:列出所有观察点。info 命令可以缩写为 i。

info breakpoints:列出所有观察点和断点。

set can-use-hw-watchpoints 0:强制基于软件方式实现。

可以通过 delete 命令删除观察点。

注意:当观察的变量为局部变量时,一旦局部变量失效,则变量观察点也会失效。如果观察的是指针变量 p,则 watch ＊p 观察的是 p 所指存储单元中数据的变化情况,而 watch p 观察的是 p 指针变量本身的变化情况。

4.3.6　捕捉点

可以通过设置捕捉点(陷阱)捕捉程序运行时的一些事件,比如加载共享库或异常。

catch ＜event＞:当 event 发生时,暂停程序执行。

tcatch ＜event＞:只捕捉一次,程序暂停后,捕捉点被自动删除。

可以执行 help catch 命令查看各种 event 类型。

catch exec:捕捉 exec 调用,程序调用 exec 时中断。

catch fork:捕捉 fork 调用,程序调用 fork 时中断。

catch vfork:捕捉 vfork 调用,程序调用 vfork 时中断。

catch syscall ＜name＞:捕捉 syscall 调用。比如 catch syscall ptrace 为 ptrace 系统调用设置断点。

4.3.7　信号

gdb 可以让被调试的程序在收到指定信号时采取相应动作。

signal ＜signal＞:在 gdb 中随时可以给被调试的程序产生一个信号 signal。

handle ＜signals＞〔actions〕:收到 signals 时采取行动 actions。signals 可以是一个信号范围(使用 info signals 或 info handle 查看信号),actions 可以是如下的取值。

stop:收到该信号时,gdb 会停止程序。

nostop:收到该信号时,gdb 不会停止程序,但是会打印收到该信号的消息。

print:收到该信号时,gdb 打印一条消息。

noprint:收到该信号时,gdb 不会打印收到该信号的消息。

pass/noignore:收到该信号时,gdb 不做处理,让程序的信号处理程序处理。

nopass/ignore：收到该信号时，gdb 不会让程序看到整个信号。

4.3.8 单步调试

单步调试就是逐行执行程序，观察程序的执行流程，进而发现程序存在的 Bug 或异常。gdb 调试器共提供了 3 种单步调试程序的方法，即使用 next、step 和 until 命令。

1. next 命令

next［count］：next 是最常用来进行单步调试的命令，其最大的特点是当遇到包含调用函数的语句时，无论函数内部包含多少行代码，next 指令都会一步执行完，而不会进入函数。count 表示执行后面的 count 条指令后暂停。next 命令可以缩写为 n。

2. step 命令

step［count］：step 和 next 命令一样都用来进行单步调试程序。不同之处在于，当 step 命令所执行的代码行中包含函数时，会进入该函数内部，并在函数第一行代码处暂停。step 命令可以缩写为 s。

3. until 命令

until location：执行到代码行号为 location 处暂停。

不带参数的 until 命令，可以快速运行完当前的循环体，并运行到循环体外暂停。until 命令并非在任何情况下都会发挥这个作用，只有当执行到循环体最后一行代码时，until 命令才会发挥此作用；否则，until 和 next 命令的功能一样，只是单步执行程序。until 命令可以简写为 u 命令。

4.3.9 打印输出

1. 查看变量或表达式的值

可以使用 print 或 display 命令查看某个变量或表达式的值。

print variable：输出指定变量或表达式 variable 的值。print 命令可以缩写为 p。

当程序中包含多个作用域不同但名称相同的变量或表达式时，可以借助::运算符明确指定要查看的目标变量或表达式。::运算符的语法格式如下。

```
print file::variable
print function::variable
```

其中 file 用于指定具体的文件名，function 用于指定具体的函数名，variable 表示要查看的变量或表达式。

display 命令和 print 命令一样，也用于查看某个变量或表达式的值。常用的两种语法格式如下。

```
display variable
display/format variable
```

使用 display 命令查看 variable 的值时，每当程序暂停 gdb 调试器，都会自动打印出其值，而 print 命令则不会。也就是说，使用 1 次 print 命令只能查看 1 次 variable 的值，而使用1次 display 命令,每次程序暂停时都会自动打印出 variable 的值。display 命令可以缩写为 disp。display 命令和/format 之间不要有空格。format 用于指定输出格式,其详细说明如下。

x:以十六进制形式显示变量。d:以有符号、十进制形式显示变量。u:以无符号、十进制形式显示变量。o:以八进制形式显示变量。t:以二进制形式显示变量。f:以浮点数形式显示变量。c:以字符形式显示变量。默认为十进制打印。

使用 display 命令查看的目标变量或表达式,都会被记录在一张列表(称为自动显示列表)中。执行 info dispaly 命令可以打印出这张表,表中的 Num 列为各变量或表达式的编号;Enb 列表示当前各变量或表达式处于激活状态,还是处于禁用状态;Expression 列表示查看的变量或表达式。

对于不需要再打印的变量或表达式,可以将其删除或禁用。可以执行 undisplay num 命令将其禁用,可以执行 delete display num 命令将其删除,num 表示目标变量或表达式的编号,编号的个数可以是多个。

2. 查看变量类型

调试最终要查看程序运行的状态,通过观察当前各个变量或者表达式的值判断程序当前是否符合预期,如果不符合预期,及时分析原因,从而排查 Bug。gdb 提供了相关命令来查看和设置变量。

通常情况下,在调试过程中需要查看某个变量的值,以分析其是否符合预期,这个时候就需要打印输出变量值。

whatis varname:查看变量 varname 的类型。

ptype type_name|varname:查看变量的详细类型信息。type_name 可以是一个类型名,比如结构体或类名,此时会显示结构体或类的成员;varname 可以是某个变量。

info variables varname:查看定义变量 varname 的文件,不支持局部变量。

3. 查看寄存器

info registers [regname]:查看寄存器值,如果给出具体的寄存器名 regname,则只显示指定寄存器的值。

info all-registers:比上面命令显示更多的寄存器值,比如浮点寄存器。

4. 打印字符串

x/s str:打印字符串 str。使用 x/s 命令打印 ASCII 字符串,如果是宽字符字符串,则先执行命令 print sizeof(str)看宽字符的长度。如果长度为 2,则使用 x/hs 打印;如果长度为 4,则使用 x/ws 打印。

5. 打印表达式

print [/<format>] <expression>:expression 是要打印的表达式。在 gdb 中当前可见的变量(全局变量、全局静态变量、当前作用域的局部变量)可以随时打印。可选的/<format>表示输出格式。format 详细说明如下。

x:按十六进制格式显示变量。d:按十进制格式显示变量。u:按无符号十进制格式显示变量。o:按八进制格式显示变量。t:按二进制格式显示变量。a:按十六进制格式显示变量,常用于表示地址。c:按字符格式显示变量。f:按浮点格式显示变量。

6. 打印数组

print *array@len：array 是数组首地址，也可以是数组名，len 是要显示的数组元素个数。

print array[n]@len：打印 array 数组下标从 n 开始的 len 个元素。

set print array-indexes on：打印数组元素的同时打印数组下标。

display *array@len：在每一步调试时都显示数组。取消显示可以使用 undisplay num 命令，使用 info display 命令可以查看号码 num。

7. 打印内存

x/nfu addr：使用 x 命令以 f 格式打印从 addr 地址开始的 n 个单元长度为 u 的内存值。①n 为输出单元的个数；②u 为一个单元的长度，b 表示 1 字节，h 表示 2 字节(half word)，w 表示 4 字节，g 表示 8 字节(giant word)；③f 为输出格式，如 x 按十六进制格式显示变量(默认为 x)，d 按十进制格式显示变量，u 按十进制格式显示无符号整型，o 按八进制格式显示变量，t 按二进制格式显示变量，a 按十六进制格式显示变量，i 按指令地址格式显示变量，c 按字符格式显示变量，f 按浮点数格式显示变量，s 按字符串输出。

x/5xb array：以十六进制格式打印数组 array 的前 5 字节的值。

x/5xw array：以十六进制格式打印数组 array 的前 20 字节的值。

4.3.10　函数栈帧

每个栈帧对应一个未运行完的函数。函数的每次调用，都有它自己独立的栈帧。栈帧中保存了该函数的返回地址、形参和局部变量等。程序暂停后，可以查看程序的当前状态，通过下面命令分析栈帧信息，以及在栈帧间切换。

backtrace [-full] [n]：打印当前栈的信息。n 是一个整数值，为正整数时表示打印最里层的 n 个栈帧的信息，为负整数时表示打印最外层的 n 个栈帧的信息。-full 选项表示打印栈帧信息的同时，打印出局部变量的值。当调试多线程程序时，该命令仅用于打印当前线程中所有栈帧的信息。如果想打印所有线程的栈帧信息，需要执行 thread apply all backtrace 命令。backtrace 命令可以缩写为 bt。

frame spec：该命令可以将 spec 参数指定的栈帧选定为当前栈帧，实现栈帧间切换。参数 spec 可以是栈帧编号、栈帧地址或函数名。栈帧地址可以从 info frame 命令打印的信息中看到。递归函数会对应多个栈帧，frame 通过函数名指定的是编号最小的栈帧。frame 命令可以缩写为 f。

frame [n]：在栈帧间切换，n 为一个从 0 开始的整数，表示栈中的栈帧编号，0 代表栈顶。

up [n]：其中 n 为整数，默认值为 1。up 命令表示在当前栈帧编号(假设为 m)的基础上，选定编号为 m＋n 的栈帧作为新的当前栈帧。

down [n]：其中 n 为整数，默认值为 1。down 命令表示在当前栈帧编号(假设为 m)的基础上，选定编号为 m-n 的栈帧作为新的当前栈帧。

info frame：打印详细的栈帧信息，包含当前栈帧编号以及栈帧地址、当前栈帧对应函数的存储地址，以及该函数被调用时的代码存储的地址、当前函数的调用者对应的栈帧地址、编写此栈帧所用的编程语言、函数参数的存储地址及其值、函数中局部变量的存储地址、栈帧中存储的寄存器变量。

info args：打印当前函数参数的值。

info locals：打印当前函数局部变量的值。

4.3.11 TUI 窗口

TUI(Text-based User Interface)是指文本用户界面。启动 gdb 时指定-tui 选项(例如 gdb -tui app)可显示 TUI 窗口。运行 gdb 过程中使用命令 focus 或者按下 Ctrl＋X＋A 组合键也可显示 TUI 窗口。再次按下 Ctrl＋X＋A 组合键关闭 TUI 窗口。TUI 窗口可以方便地显示源代码、汇编代码、程序及断点运行状态。B 表示该断点已执行，b 表示该断点未执行，＋表示断点使能，－表示断点失能。

1. 五种窗口

gdb 在 TUI 模式下有五种窗口：命令窗口(cmd)、源代码窗口(src)、汇编代码窗口(asm)、寄存器窗口(regs)、源代码和汇编代码混合窗口(split)。和窗口相关的操作命令如下。

layout src：显示源代码窗口。

layout asm：显示汇编代码窗口。

layout split：显示源代码窗口和汇编代码窗口。

layout regs：显示寄存器窗口和源代码或汇编代码窗口。

使用 focus 命令(简写为 fs)切换激活的窗口。例如，focus src 命令将源代码窗口设置为激活窗口。

2. 窗口属性

窗口大小使用 winheight 命令调节。

winheight src ＋3：源代码窗口高度增加 3 行。

winheight asm －3：汇编代码窗口高度减小 3 行。

winheight cmd ＋3：命令窗口高度增加 3 行。

winheight regs －3：寄存器窗口高度减小 3 行。

3. TUI 快捷键

前置快捷键为 Ctrl＋X，即同时按下 Ctrl 和 X 键后松开两个键，然后再按如下键(大小写均可)构成组合键。

A：关闭/打开 TUI 窗口。

1：只显示一个 TUI 窗口。

2：显示两个 TUI 窗口，连续使用该快捷键可在三种窗口之间切换，但同时最多只能显示两个窗口。

O：切换激活窗口，效果类似执行 focus 命令。

S：在 TUI 模式和 SingleKey 模式之间切换。

4. 源代码窗口

当源代码窗口为激活窗口时，方向键、Page Up 键、Page Down 键都用于翻阅源代码的按键,此时查看 gdb 子命令的方法如下。

Ctrl+P：上一条 gdb 子命令。

Ctrl+N：下一条 gdb 子命令。

Ctrl+B：命令行光标前移。

Ctrl+F：命令行光标后移。

或者,执行 focus cmd 命令将命令窗口设置为激活窗口,这样就可以使用方向键(↑和↓)切换上一个命令和下一个命令。

4.3.12 函数跳转

函数跳转相关的命令有 finish、return、jump 等。

finish：逐条语句执行到函数返回处,函数正常退出。

return [expression]：直接结束当前函数,而不是逐条语句执行到函数返回处,如果当前函数还有剩余代码未执行,也不会再执行。也就是强制函数返回,expression 为返回值。

jump location：略过某些代码,直接跳到指定行继续执行程序,location 为某行代码的行号或地址。

set step-mode on：不跳过不含调试信息的函数,可以显示和调试汇编代码。

4.3.13 段错误

扫一扫

在程序运行过程中访问不存在的内存、写入只读内存时都会发生段错误,导致程序崩溃。具体的形式有：访问空指针、内存越界访问、栈溢出、地址保护。如果程序运行时出现段错误,用 gdb 很容易定位到引发段错误的行。例如,将 4.3.2 节中的源代码文件 app.c 的第 23 行 atoi(argv[2]) 修改为 atoi((char *)2),重新编译、调试,运行后产生段错误,如图 4.4 所示,执行 bt 命令可知,app.c 的第 23 行产生了段错误。

```
 1# gcc -Og -g -o app app.c
 2# gdb --args app 2 3
 3(gdb) r
 4Program received signal SIGSEGV, Segmentation fault.
 5(gdb) bt
 6#0  __GI___strtol_l_internal (nptr=nptr@entry=0x2 <error: Cannot access memory at address 0x2>,
 7     loc=0x7ffff7f89580 <_nl_global_locale>) at ../stdlib/strtol_l.c:291
 8#1  0x00007ffff7db64f6 in __strtol (nptr=nptr@entry=0x2<err:Cannot access memory at address 0x2>,
 9     endptr=endptr@entry=0x0, base=base@entry=10) at ../stdlib/strtol.c:106
10#2  0x0000555555555377 in atoi (__nptr=0x2 <error: Cannot access memory at address 0x2>)
11     at /usr/include/stdlib.h:364
12#3  main (argc=3, argv=0x7fffffffded8) at app.c:23
13(gdb)
```

图 4.4 编译、调试,产生段错误

4.3.14 coredump

程序崩溃时,操作系统会把程序此刻的内存空间、寄存器状态、运行堆栈等信息保存在一个文件里,该文件通常称为 core 文件。这个产生程序崩溃时的内存快照的过程称为 coredump。依赖 core 文件可以还原应用故障现场进而定位问题。在 Linux 终端窗口执行 ulimit -a 命令,可知 core 文件大小值为 0,因此 Linux 系统默认不对崩溃的进程生成 core 文件。

如果需要产生 core 文件,可以执行 ulimit -c unlimited 命令设置 core 文件的大小为不受限,这样会根据不同进程的具体大小产生 core 文件。

默认情况下,Linux 内核将产生的 core 文件存放在与崩溃程序相同的目录中,并且文件名固定为 core。如果一个程序多次崩溃,就会重复覆盖同一个 core 文件。设置 core 文件的存放路径以及 core 文件的文件名的命令如下。

```
sysctl -w kernel.core_pattern="/var/crash/core-%e-%p-%u-%g-%s-%h-%t"
```

%e 为可执行文件名,%p 为崩溃进程 ID,%u 为用户 ID,%g 为组 ID,%s 为导致程序崩溃的信号编号,%h 为主机名,%t 为产生内存快照(core 文件)的时间。

将 4.3.2 节中源代码文件 app.c 的第 23 行 atoi(argv[2])修改为 atoi((char *)2),重新编译、运行程序,程序崩溃产生 core 文件,过程如下。

```
1# ulimit -c unlimited
2# sysctl -w kernel.core_pattern="/var/crash/core-%e-%p-%u-%g-%s-%h-%t"
3 kernel.core_pattern = /var/crash/core-%e-%p-%u-%g-%s-%h-%t
4# ./app 2 3
5 段错误 (核心已转储)
6# ll /var/crash/
7 -rw------- 1 root whoopsie 307200 12月 10 14:47 core-app-247641-0-0-11-ztg-1670654834
```

然后使用下面第 1 行的命令调试 core 文件,gdb 会从 app 文件中读取符号表。第 11 行,执行 bt 命令查看程序崩溃时函数调用的栈帧和层级关系,可知,由 app.c 的第 23 行产生了段错误。

```
1# gdb ./app /var/crash/core-app-247641-0-0-11-ztg-1670654834 -q
2 Reading symbols from ./app...
3 [New LWP 247641]
4 [Thread debugging using libthread_db enabled]
5 Using host libthread_db library "/lib/x86_64-linux-gnu/libthread_db.so.1".
6 Core was generated by `./app 2 3'.
7 Program terminated with signal SIGSEGV, Segmentation fault.
8 #0  __GI____strtol_l_internal (nptr=nptr@entry=0x2 <error: Cannot access memory at address 0x2>,
9     loc=0x7f64534ad580 <_nl_global_locale>) at ../stdlib/strtol_l.c:291
10 291    ../stdlib/strtol_l.c: 没有那个文件或目录.
11 (gdb) bt
12 #0  __GI____strtol_l_internal (nptr=nptr@entry=0x2 <error: Cannot access memory at address 0x2>,
13     loc=0x7f64534ad580 <_nl_global_locale>) at ../stdlib/strtol_l.c:291
14 #1  0x00007f64532da4f6 in __strtol (nptr=nptr@entry=0x2<err:Cannot access memory at address 0x2>,
15     at ../stdlib/strtol.c:106
16 #2  0x000055c79535b377 in atoi (__nptr=0x2 <error: Cannot access memory at address 0x2>)
17     at /usr/include/stdlib.h:364
18 #3  main (argc=3, argv=0x7ffcc0ab8478) at app.c:23
19 (gdb)
```

扫一扫

4.3.15 调试正在运行的程序

如果需要调试正在运行的程序,首先要找到该程序的进程号(PID),然后可以执行命令 gdb -p PID 来调试正在运行的程序。

将 4.3.2 节中源代码文件 app.c 的第 8 行 i=5 修改为 i=5000,重新编译、运行,如下。

```
1# gcc -Og -g -o app app.c
2# ./app
```

执行如下的 ps 命令找到正在运行程序的 PID,然后执行 gdb 命令调试正在运行的程序。

```
 1 [root@ztg ~]# ps aux|grep ./app          //找到正在运行程序的PID
 2 root      248249  0.0  0.0  10968    92 pts/1    Sl   15:24   0:00 ./app
 3 [root@ztg ~]# gdb -p 248249 -q           //调试正在运行的程序
 4 Attaching to process 248249
 5 [New LWP 248250]
 6 [Thread debugging using libthread_db enabled]
 7 Using host libthread_db library "/lib/x86_64-linux-gnu/libthread_db.so.1".
 8 __futex_abstimed_wait_common64 at ./nptl/futex-internal.c:57
 9 57       ./nptl/futex-internal.c: 没有那个文件或目录.
10 (gdb) l
11 52       in ./nptl/futex-internal.c
12 (gdb) c                                   //继续运行PID为248249的进程./app
13 Continuing.
14 ^C                                        //Ctrl+C, 暂停进程./app
15 Thread 1 "app" received signal SIGINT, Interrupt.
16 __futex_abstimed_wait_common64 at ./nptl/futex-internal.c:57
17 57       in ./nptl/futex-internal.c
18 (gdb) n                                   //继续运行PID为248249的进程./app
19 ^C                                        //Ctrl+C, 暂停进程./app
20 Thread 1 "app" received signal SIGINT, Interrupt.
21 __futex_abstimed_wait_common64 at ./nptl/futex-internal.c:57
22 57       in ./nptl/futex-internal.c
23 (gdb) detach                              //结束对进程./app 的调试
24 Detaching from program: ./第3章/debug/app, process 248249
25 [Inferior 1 (process 248249) detached]
26 (gdb) q                                   //退出gdb
27 [root@ztg ~]#
```

当 gdb 调试器成功连接到指定进程时，程序执行会暂停。此时可以通过断点调试、逐步运行等方式监控程序的执行过程。调试完成后，执行 detach 命令使 gdb 调试器和程序分离，此时被调试程序继续运行。

4.3.16　调试多进程和多线程

1. 多进程

默认情况下，gdb 调试多进程程序（其中调用了 fork 函数）时，只调试父进程。gdb 提供了两个命令，可以通过 follow-fork-mode 指定是调试父进程还是调试子进程。

show follow-fork-mode：查看当前处于什么模式，是父进程模式还是子进程模式。

set follow-fork-mode child：设置为调试子进程模式。gdb 在可执行程序调用 fork 函数之后调试子进程，而不是父进程。

set follow-fork-mode parent：设置为调试父进程模式。追踪父进程。gdb 在可执行程序调用 fork 函数之后调试父进程，而不是子进程。父进程模式为默认模式。

如果一开始就指定调试子进程或父进程，那么通过设置 follow-fork-mode 完全可以满足需求。但是，若想在父子进程之间来回切换调试，需要设置 detach-on-fork。

set detach-on-fork on：gdb 在可执行程序调用 fork 函数之后只调试其中一个进程，可以是子进程，也可以是父进程，由 follow-fork-mode 决定。on 是默认模式。

set detach-on-fork off：gdb 在可执行程序调用 fork 函数之后会同时追踪调试父子进程。其中一个进程（由 follow-fork-mode 决定）正常调试，另一个进程会被设置为暂停状态。可以使用 inferior 命令从一个进程切换到另一个进程。

set schedule-multiple on：在调试多进程程序时，默认情况下，除了当前调试的进程，其他进程都处于挂起状态。若想在调试当前进程时，其他进程也能正常执行，则可以执行该命令。

info inferiors：查看进程列表。

attach pid：绑定进程 ID。无论是父进程还是子进程，都可使用 attach 命令对其进行调试。

inferior num：切换到指定进程上进行调试。

print $_exitcode：显示程序退出时的返回值。

2. 多线程

调试多线程相关命令如下。

info threads：查看线程列表。

thread <thread_num>：切换到编号为 thread_num 的线程。

break <break_args> thread <thread_num> [if <condition>]：线程断点和普通断点的区别就是多了指定线程号的操作。

thread apply <thread_num_list>|all <command>：thread_num_list 是线程列表，如果要对所有线程操作，则可以用 all 代替，command 可以是之前的任何调试命令。

set scheduler-locking on：只有当前线程执行，其他线程暂停执行。如果只关心当前线程，建议设置 scheduler-locking 为 on，避免其他线程同时执行，导致命中其他断点而分散注意力。

set scheduler-locking off：调试的时候所有线程都会执行。默认是 off。

set scheduler-locking step：仅用 step 调试线程时其他线程不执行，在 next 命令跨函数时其他线程可能执行。

3. 示例

将 4.3.2 节中源代码文件 app.c 的第 35 行修改为下列代码：

```
for(i=0;i<5000;i++){printf("parent: i=%d\n",i); sleep(1);}
```

执行如下命令重新编译程序，调试 app。

```
 1 [root@ztg debug]# gcc -Og -g -o app app.c
 2 [root@ztg debug]# gdb -q --args app 2 5000
 3 Reading symbols from app...
 4 (gdb) show follow-fork-mode      //输出parent，表示当前是调试父进程模式
 5 (gdb) show detach-on-fork        //输出on，表示仅追踪调试父子进程中的一个
 6 (gdb) set detach-on-fork off     //同时追踪调试父子进程
 7 (gdb) break 35
 8 (gdb) info breakpoints
 9 (gdb) r
10 (gdb) c
11 (gdb) delete                     //删除断点
12 (gdb) c
13 ^C                               //Ctrl+C，暂停线程
14 Thread 1.1 "app" received signal SIGINT, Interrupt.
15 (gdb) info inferiors             //查看进程列表
16   Num  Description         Connection         Executable
17 * 1    process 8351        1 (native)         ./第4章/debug/app
18   2    process 8354        1 (native)         ./第4章/debug/app
19 (gdb) info threads              //查看线程列表
20   Id   Target Id                               Frame
21 * 1.1  Thread 0x7ffff7fa6740 (LWP 8351) "app"  0x00007ffff7ce57fa in ...
22   2.1  Thread 0x7ffff7fa6740 (LWP 8354) "app"  Reading symbols from ...
23 (gdb) inferior 2
24 (gdb) c
25 ^C                               //Ctrl+C，暂停线程
26 (gdb) info threads              //查看线程列表
27   1.1  Thread 0x7ffff7fa6740 (LWP 8351) "app"  0x00007ffff7ce57fa in ...
28 * 2.1  Thread 0x7ffff7fa6740 (LWP 8354) "app"  ...
29   2.2  Thread 0x7ffff7bff640 (LWP 8407) "app"  0x00007ffff7ce5868 in ...
30   2.3  Thread 0x7ffff73fe640 (LWP 8408) "app"  0x00007ffff7ce5868 in ...
```

```
31 (gdb) show scheduler-locking     //输出replay
32 (gdb) set scheduler-locking on
33 (gdb) thread 2.3
34 (gdb) thread 2.1
35 (gdb) set scheduler-locking off
```

4.3.17 gdb 使用示例

读者可以对 4.3.2 节中的源代码文件 app.c 进行调试,练习掌握本节介绍的各种调试命令。

4.4 习题

1. 填空题

(1) Linux 上常用的编程工具套件是_____。

(2) GCC 套件中的 C 语言编译器是_____,对应的命令也是_____。

(3) gcc 的选项_____只编译汇编生成目标文件,不链接生成可执行文件。

(4) gcc 的选项_____只进行预处理而不编译。

(5) gcc 的选项_____只编译生成汇编代码。

(6) gcc 的选项-o outfile:指定输出文件名为 outfile,这个文件名不能和_____同名。

(7) make 命令需要一个规则文件_____,该文件中描述了整个软件项目的编译规则和各个文件之间的_____。

(8) Makefile 文件由一组_____组成。

(9) Makefile 文件中,一条规则的目标需要更新的三种情况为:_____、某个条件需要更新、_____。

(10) Makefile 文件中,如果命令前面加了_____字符,则不显示命令,而只显示它的结果。

(11) Makefile 文件中,如果在命令前面加了_____字符,即使这条命令出错,make 也会继续执行其后续命令。

(12) _____目标是一个约定俗成的名字,清除在 make 过程中产生的二进制文件。

(13) ♯号在 Makefile 中表示_____。

(14) cmake 命令根据_____文件自动生成 Makefile 文件。

(15) 编程时难免出错。主要有两类错误:_____、_____。

(16) 通常将程序中的错误称为 Bug,而将找到这些 Bug 并加以纠正的过程称为_____。

(17) 调试就是让 C 程序_____的执行,进而跟踪程序的运行过程。

(18) 使用 gcc 命令编译程序时加上-g 选项,就会在目标文件中添加_____。

(19) gdb 调试器的 run 命令会一直执行程序,直到_____。

(20) gdb 调试器的 start 命令会执行程序,直到 main 函数的_____处暂停。

（21）gdb 调试器的_____命令用于装入需要调试的程序。

（22）设置断点的命令分为 3 类：_____、_____、_____。

（23）_____命令在指定函数处设置断点，可以缩写为 b。

（24）_____命令可以显示所有断点。

（25）观察点用来观察某个表达式的值是否发生了变化，如果有变化，则_____。

（26）gdb 可以让被调试的程序在收到指定信号时采取_____。

（27）gdb 调试器共提供了 3 种单步调试程序的方法，即使用_____、_____和 until 命令。

（28）_____命令打印当前栈的信息，可以缩写为 bt。

（29）启动 gdb 时指定-tui 选项（例如 gdb -tui app）可显示_____。

（30）gdb 调试器的函数跳转相关的命令有_____、_____、jump 等。

（31）程序运行中访问不存在的内存、写入只读内存时都会发生_____，导致程序崩溃。

（32）程序崩溃时，操作系统会把程序此刻的内存空间、寄存器状态、运行堆栈等信息保存在一个文件里，该文件通常称为_____文件。这个产生程序崩溃时的内存快照的过程称为_____。

2. 简答题

（1）make 和 Makefile 的作用分别是什么？

（2）简述 Makefile 文件中规则的格式。

（3）简述完整的编译过程。

（4）简述观察点和断点的区别。

（5）简述 3 个单步调试的命令。

3. 上机题

本章用于调试的程序题放在本书配套资源的 xiti-src/xiti04 文件夹中。

第5章 链 表

本章学习目标

- 掌握单向链表的创建和增加、删除、修改、查询等功能的实现。
- 掌握双向链表的创建和增加、删除、修改、查询等功能的实现。
- 理解内核链表的技术原理。
- 掌握内核链表在用户程序中的应用。

链表是一种常见的数据结构,由一系列结点组成,结点可以在程序运行时通过动态存储分配进行创建。每个结点至少包括两个域:数据域和指针域。数据域用于存储数据,指针域用于存储指向下一个结点的地址,建立与下一个结点的联系。各个结点通过指针链接构成一个链式结构,即链表。链表有多种类型:单向链表、双向链表和循环链表等。

5.1 单向链表

5.1.1 单链表结构与链表结点类型

单向链表简称单链表,其特点是链表的链接方向是单向的。本节介绍的单链表包含头结点,因此链表中的结点分为两种:头结点和一般结点(也称数据结点)。这两种结点的类型一样,都是某种结构体类型,但是头结点的数据域一般不使用,一般结点的数据域存放具体的用户数据。对单链表的访问要从头结点开始顺序进行。一般结点的第一个结点称为首结点,最后一个结点称为尾结点。头结点由头指针指向。尾结点的指针域为 NULL。

带头结点的单链表如图 5.1 所示。

单链表结点的类型定义如下。

图 5.1　带头结点的单链表

```
1 #define ElemType int
2 typedef struct slnode{
3   ElemType data;        //数据域
4   struct slnode *next;  //指针域
5 }SLNode, *PSLNode;
```

数据域的数据类型为宏定义 ElemType,可根据实际需求定义 ElemType 的具体数据类型,比如定义为 int 型。指针域使用了结构体的自引用,也就是在结构体内部包含了指向自身类型的指针成员。使用 typedef 关键字将 struct slnode 类型定义为 SLNode,将 struct slnode * 类型定义为 PSLNode。使用 typedef 可以给已有类型起一个简短、易记、意义明确的新名字。后续可以使用 SLNode 定义结构体变量,使用 PSLNode 定义指向 SLNode 结构体变量的指针。

5.1.2　创建单链表

可以采用头插法或尾插法创建单链表。头插法创建单链表如图 5.2 所示。尾插法将一个新结点链接到已有链表的尾部。尾插法创建单链表如图 5.3 所示。

图 5.2　头插法创建单链表　　　　　图 5.3　尾插法创建单链表

注意　本章所有源代码文件在本书配套资源的"src/第 5 章"目录中。

下面的 ListBuildH 和 ListBuildR 函数,都是根据含有 n 个元素的数组 a 创建带头结点的单链表。

1. 头插法创建单链表的函数 ListBuildH

```
1 #include <stdio.h>
2 #include <stdbool.h>
3 #include <malloc.h>
4 typedef struct{ //数据域类型, 可以根据实际需求添加更多的结构体成员
5   int data;
6 }DATA;
7 typedef struct slnode{
8   DATA data;            //数据域
9   struct slnode *next;  //指针域
10 }SLNode, *PSLNode;
11 PSLNode ListBuildH(DATA a[], int n){          //头插法创建单链表
12   PSLNode L=(PSLNode)malloc(sizeof(SLNode)); L->next=NULL; //创建头结点
13   for(int i=0; i<n; i++){                      //循环创建新结点
```

```
14    PSLNode s=(PSLNode)malloc(sizeof(SLNode));   //为新结点分配存储空间
15    s->data=a[i];                 //将数组a中的元素值赋值给新结点s数据域
16    s->next=L->next;              //新结点s的指针域指向首结点
17    L->next=s;                    //头结点的指针域指向新结点s
18   }
19  return L;
20 }
```

2. 尾插法创建单链表的函数 ListBuildR

```
21 void ListBuildR(SLNode **L, DATA a[], int n){    //尾插法创建单链表
22   PSLNode r=*L=(PSLNode)malloc(sizeof(SLNode)); //创建头结点
23   for(int i=0; i<n; i++){                        //循环建立数据结点
24     PSLNode s=(PSLNode)malloc(sizeof(SLNode));   //为新结点分配存储空间
25     s->data=a[i];                 //将数组a中的元素值赋值给新结点s数据域
26     r->next=s;                    //尾结点的指针域指向新结点s
27     r=s;                          //结点s成为新的尾结点,尾指针r始终指向尾结点
28   }
29   r->next=NULL;                   //尾结点的指针域置为NULL
30 } //由于要在本函数内修改传入的头指针L的值,因此第一个参数L为二级指针
```

5.1.3　插入结点

除头插法和尾插法插入结点外,更灵活的插入结点的方法是在指定位置插入结点。插入结点的示意图如图 5.4 所示。在单链表中插入结点的函数如下。

```
31 bool ListInsert(PSLNode L, int i, DATA e){ //在单链表L第i个位置插入值为e的结点
32   int j=0;
33   while(j<i-1 && L!=NULL){           //在单链表中查找第i-1个结点,由L指向
34     L=L->next;
35     j++;
36   }
37   if(L==NULL) return false;     //未找到第i-1个结点,返回false
38   else{                         //找到第i-1个结点,插入新建结点并返回true
39     PSLNode s=(PSLNode)malloc(sizeof(SLNode));   //为新结点分配存储空间
40     s->data=e;                  //新结点数据域被赋值为e
41     s->next=L->next;            //新结点指针域指向L所指结点的下一个结点
42     L->next=s;                  //L所指结点的指针域指向新结点
43     return true;
44   }
45 }
```

5.1.4　删除结点

删除数据结点的示意图如图 5.5 所示。在单链表中删除数据结点的函数如下。

图 5.4　插入结点的示意图　　　　　　　　图 5.5　删除数据结点的示意图

```
46 bool ListDelete(PSLNode L, int i, DATA *pe){  //单链表L中若存在第i个结点，则将其删除，
47   int j=0;                                     //并且将其数据域值赋给pe所指的变量
48   while(j<i-1 && L!=NULL){      //在单链表中查找第i-1个结点，由L指向
49     L=L->next;
50     j++;
51   }
52   if(L==NULL) return false;      //未找到第i-1个结点，返回false
53   else{                          //找到第i-1个结点L
54     PSLNode s=L->next;           //s指向第i个结点
55     if(s==NULL) return false;    //若不存在第i个结点，则返回false
56     *pe=s->data;                 //将要删除的结点的数据域值复制给pe所指的变量
57     L->next=s->next;             //L所指向结点的指针域指向被删除结点s的下一个结点
58     free(s);                     //释放s结点，即成功删除第i个结点
59     return true;                 //返回true
60   }
61 }
```

5.1.5　读取结点

在单链表中读取指定位置数据结点内容的函数如下。

```
62 bool ListGetElem(PSLNode L, int i, DATA *pe){   //读取单链表L中若存在第i个结点，
63   int j=0;                                       //则将其数据域值赋给pe所指的变量
64   while(j<i && L!=NULL){
65     j++;
66     L=L->next;
67   }
68   if(L==NULL) return false;      //未找到第i个结点，返回false
69   else{                          //存在第i个结点，返回true
70     *pe=L->data;                 //将第i个结点的数据域值复制给pe所指的变量
71     return true;
72   }
73 }
```

5.1.6　查找结点

查找函数根据传入的 x 值，在单链表中进行遍历，查找 x 值所在的结点，然后返回该结点的地址。

```
74 bool ListEmpty(PSLNode L){         //判断链表是否为空表，无数据结点为空表
75   if(!L){printf("链表无头结点\n"); return true;}
76   return(L->next==NULL);           //若单链表L没有数据结点，则返回true,否则返回false
77 }
78 PSLNode ListFind(PSLNode L, DATA x){   //查找结点
79   if(ListEmpty(L)){printf("链表为空\n"); return NULL;}
80   L=L->next;                       //L指向第一个数据结点
81   while(L){                        //存在数据结点
82     if(L->data.data==x.data) return L;  //找到，返回x结点指针
83     else L=L->next;
84   }
85   return NULL;                     //没有找到，返回NULL
86 }
```

5.1.7　打印单链表

打印单链表函数从第一个数据结点开始依次将所有数据结点中的数据域值输出。

```
87 int ListLength(PSLNode L){        //返回单链表L中数据结点的个数
88   int i=0;                        //L指向头结点
89   while(L->next!=NULL){           //统计数据结点个数
90     i++;
91     L=L->next;
92   }
93   return i;                       //返回结点个数
94 }
95 void ListOutput(PSLNode L){  //逐一扫描单链表L的每个数据结点，并显示各结点的data域值
96   if(ListEmpty(L)){printf("链表为空\n"); return;}
97   printf("链表数据结点个数为: %d\n", ListLength(L));
98   int i=1;
99   L=L->next;                      //L指向第1个数据结点
100  while(L){                       //统计结点个数
101    printf("第%d个结点的值: %d\n", i++, L->data.data);
102    L=L->next;                    //L指向下一个数据结点
103  }
104 }
```

5.1.8 逆转单链表

假设单链表数据结点的数据域值依次为 A、B、C、D，那么将单链表逆转后，数据结点的数据域值依次为 D、C、B、A。逆转单链表的函数如下。

```
105 void ListReverse(PSLNode L){     //将单链表L中的所有数据结点位置逆转
106   if(ListEmpty(L)){printf("链表为空\n"); return;}
107   PSLNode p=L->next, q;
108   L->next=NULL;
109   while(p!=NULL){                //while循环中采用头插法逆转所有数据结点位置
110     q=p->next;
111     p->next=L->next;
112     L->next=p;
113     p=q;
114   }
115 }
```

5.1.9 构建单向循环链表

带头结点的单向循环链表示意图如图 5.6 所示。将单向循环链表构建为单循环链表的方法：让尾结点的指针域指向头结点。从单向循环链表中的任一结点出发均可找到链表中的其他结点。构建单向循环链表的函数如下。

```
116 void ListBuildC(PSLNode L){      //构建循环链表L
117   if(!L){printf("链表无头结点\n"); return;}
118   PSLNode s=L;
119   while(s->next) s=s->next;      //s指向最后一个结点
120   s->next=L;                     //最后一个结点的指针域指向头结点
121 }
```

图 5.6 带头结点的单向循环链表示意图

5.1.10　销毁单链表

销毁链表就是将链表中的所有结点占据的内存空间释放掉。销毁链表的函数
ListDestroy 如下。如果调用 ListDestroy 函数销毁由指针 L 指向的链表后,需要将指针 L
置为 NULL,否则指针 L 会成为野指针。

```
122 void ListDestroy(PSLNode L){      //销毁单链表L
123   while(L){                       //逐一释放每个结点占用的内存空间
124     PSLNode s=L;                  //s指向第1个结点
125     PSLNode L=L->next;            //L指向下一个结点
126     free(s);                      //释放结点s占用的内存空间
127   }
128 }
```

5.1.11　主函数及测试结果

在 main 函数中通过对上面函数的调用创建、操作单链表。main 函数的定义如下。

```
129 int ListLengthC(PSLNode L){         //返回单循环链表L中数据结点的个数
130   int i=0; PSLNode p=L->next;       //L指向头结点
131   while(p!=L){                      //统计数据结点个数
132     i++; p=p->next;
133   } return i;                       //返回结点个数
134 }
135 int main(void){
136   DATA dat1[5]={ {11}, {12}, {13}, {14}, {15} };
137   DATA dat2[5]={ {21}, {22}, {23}, {24}, {25} };
138   PSLNode   L1=ListBuildH(dat1, 5);       ListOutput(L1); //头插法建表、输出
139   PSLNode L2;   ListBuildR(&L2, dat2, 5); ListOutput(L2); //尾插法建表、输出
140   DATA d1={100}; ListInsert(L1, 3, d1);   ListOutput(L1); //插入数据结点、输出
141   DATA d2; ListDelete(L2, 2, &d2);   printf("d2=%d\n", d2.data); ListOutput(L2);
142   DATA d3; ListGetElem(L2, 2, &d3); printf("d3=%d\n", d3.data);
143   PSLNode p=ListFind(L1, d1);   printf("d1=%d\n", p->data.data);
144   ListReverse(L1);   ListOutput(L1);       //逆转链表、输出
145   ListBuildC(L2);   printf("单向循环链表数据结点个数为: %d\n", ListLengthC(L2));
146   p=L2;                         //将链表L2构建为单向循环链表,下面的for循环将
147   for(int i=1; i<11; i++){      //链表L2中的数据结点中数据域值输出两轮
148     if(p!=L2) printf("%d ", p->data.data);
149     if( !(i%(ListLengthC(L2)+1)) ) printf("\n");
150     p=p->next;
151   }
152 }
```

本小节的所有代码保存在 slink.c 文件中。如图 5.7 所示,编译、运行 slink。

```
 1 # gcc slink.c -o slink       14 第5个结点的值: 25        27 第4个结点的值: 25
 2 # ./slink                    15 链表数据结点个数为: 6     28 d3=23
 3 链表数据结点个数为: 5        16 第1个结点的值: 15        29 d1=100
 4 第1个结点的值: 15            17 第2个结点的值: 14        30 链表数据结点个数为: 6
 5 第2个结点的值: 14            18 第3个结点的值: 100       31 第1个结点的值: 11
 6 第3个结点的值: 13            19 第4个结点的值: 13        32 第2个结点的值: 12
 7 第4个结点的值: 12            20 第5个结点的值: 12        33 第3个结点的值: 13
 8 第5个结点的值: 11            21 第6个结点的值: 11        34 第4个结点的值: 100
 9 链表数据结点个数为: 5        22 d2=22                    35 第5个结点的值: 14
10 第1个结点的值: 21            23 链表数据结点个数为: 4     36 第6个结点的值: 15
11 第2个结点的值: 22            24 第1个结点的值: 21        37 单向循环链表数据结点个数为: 4
12 第3个结点的值: 23            25 第2个结点的值: 23        38 21 23 24 25
13 第4个结点的值: 24            26 第3个结点的值: 24        39 21 23 24 25
```

图 5.7　编译、运行 slink

5.2 双向链表

5.2.1 双链表结构与链表结点类型

双向链表简称双链表,其特点是链表的链接方向是双向的。本节介绍的双链表包含头结点,因此链表中的结点分为两种:头结点和一般结点(也称数据结点)。这两种结点的类型一样,都是某种结构体类型,但是头结点的数据域一般不使用,一般结点的数据域存放具体的用户数据。对双链表的访问要从头结点开始顺序进行。一般结点的第一个结点称为首结点,最后一个结点称为尾结点。头结点由头指针指向。双链表结点有两个指针域,分别称为前驱指针和后继指针。前驱指针指向当前结点前面的结点,后继指针指向当前结点后面的结点。头结点的前驱指针为 NULL,尾结点的后继指针为 NULL。从双链表中的任意一个结点开始,都可以很方便地访问它的前驱结点和后继结点。既可以从头到尾遍历,又可以从尾到头遍历。带头结点的双链表结构示意图如图 5.8 所示。

图 5.8　带头结点的双链表结构示意图

双链表结点的类型定义如下。

```
1 #define ElemType int
2 typedef struct dlnode{
3   ElemType data;        //数据域
4   struct dlnode *prior; //指针域,指向前驱结点
5   struct dlnode *next;  //指针域,指向后继结点
6 }DLNode, *PDLNode;
```

数据域的数据类型为宏定义 ElemType,可根据实际需求定义 ElemType 的具体数据类型,比如定义为 int 型。两个指针域都使用了结构体的自引用,也就是在结构体内部包含了指向自身类型的指针成员。使用 typedef 关键字将 struct dlnode 类型定义为 DLNode,将 struct dlnode * 类型定义为 PDLNode。后续可以使用 DLNode 定义结构体变量,使用 PDLNode 定义指向 DLNode 结构体变量的指针。

5.2.2 创建双链表

可以采用头插法或尾插法创建双链表。头插法创建双链表的示意图如图 5.9 所示。尾插法将一个新结点链接到已有链表的尾部。尾插法创建双链表的示意图如图 5.10 所示。

下面的 DListBuildH 和 DListBuildR 函数,都是根据含有 n 个元素的数组 a 创建带头结点的双链表。

图 5.9　头插法创建双链表的示意图

图 5.10　尾插法创建双链表的示意图

1. 头插法创建双链表的函数 DListBuildH

```
1 #include <stdio.h>
2 #include <stdbool.h>
3 #include <malloc.h>
4 typedef struct{ //数据域类型，可以根据实际需求添加更多的结构体成员
5   int data;
6 }DATA;
7 typedef struct dlnode{
8   DATA data;           //数据域
9   struct dlnode *prior; //指针域，指向前驱结点
10  struct dlnode *next;  //指针域，指向后继结点
11 }DLNode, *PDLNode;
12 PDLNode DListBuildH(DATA a[], int n){           //头插法创建双链表
13   PDLNode L=(PDLNode)malloc(sizeof(DLNode)); L->next=NULL; //创建头结点
14   for(int i=0; i<n; i++){                       //循环创建新结点
15     PDLNode s=(PDLNode)malloc(sizeof(DLNode));  //为新结点分配存储空间
16     s->data=a[i];                    //将数组a中的元素值赋值给新结点s数据域
17     s->next=L->next;                 //新结点s的后继指针域指向首结点（或NULL）
18     if(L->next!=NULL) L->next->prior=s; //若存在首结点，则让其前驱指针指向新结点
19     L->next=s;                       //头结点的后继指针指向新结点s
20     s->prior=L;                      //新结点的前驱指针指向头结点
21   }
22   return L;
23 }
```

2. 尾插法创建双链表的函数 DListBuildR

```
24 void DListBuildR(DLNode **L, DATA a[], int n){   //尾插法创建双链表
25   PDLNode s, r=*L=(PDLNode)malloc(sizeof(DLNode)); //创建头结点
26   for(int i=0; i<n; i++){                          //循环建立数据结点
27     s=(PDLNode)malloc(sizeof(DLNode));             //为新结点分配存储空间
28     s->data=a[i];                      //将数组a中的元素值赋值给新结点s数据域
29     r->next=s;                         //尾结点的后继指针指向新结点s
30     s->prior=r;                        //新结点s的前驱指针指向尾结点
31     r=s;                               //结点s成为新的尾结点,尾指针r始终指向尾结点
32   }
33   r->next=NULL;                        //尾结点的后继指针域置为NULL
34 } //由于要在本函数内修改传入的头指针L的值,因此第一个参数L为二级指针
```

5.2.3 插入结点

除头插法和尾插法插入结点外,更灵活的插入结点的方法是在指定位置插入结点。插入结点的示意图如图 5.11 所示。在双链表中插入结点的函数如下。

```
35 bool DListInsert(PDLNode L, int i, DATA e){ //在双链表L第i个位置插入值为e的结点
36   int j=0;
37   while(j<i-1 && L!=NULL){            //在双链表中查找第i-1个结点,由L指向
38     L=L->next;
39     j++;
40   }
41   if(L==NULL) return false;           //未找到第i-1个结点,返回false
42   else{                               //找到第i-1个结点,插入新建结点并返回true
43     PDLNode s=(PDLNode)malloc(sizeof(DLNode));   //为新结点分配存储空间
44     s->data=e;                        //新结点数据域被赋值为e
45     s->next=L->next;                  //新结点指针域指向L所指结点的下一个结点
46     if(L->next!=NULL) L->next->prior=s; //若存在后继结点,则让其前驱指针指向新结点
47     s->prior=L;                       //新结点s的前驱指针指向L所指向结点
48     L->next=s;                        //L所指向结点的后继指针指向新结点
49     return true;
50   }
51 }
```

5.2.4 删除结点

删除双链表中的结点时,遍历链表找到要删除结点的前一个结点,然后将其后面结点从双链表中删除即可。删除数据结点的示意图如图 5.12 所示。在双链表中删除数据结点的函数如下。

图 5.11 插入结点的示意图　　　　图 5.12 删除数据结点的示意图

```
52 bool DListDelete(PDLNode L, int i, DATA *pe){  //双链表L中若存在第i个结点，则将其删除，
53   int j=0;                                        //并且将其数据域值赋给pe所指的变量
54   while(j<i-1 && L!=NULL){       //在双链表中查找第i-1个结点，由L指向
55     L=L->next;
56     j++;
57   }
58   if(L==NULL) return false;     //未找到第i-1个结点，返回false
59   else{                         //找到第i-1个结点L
60     PDLNode s=L->next;          //s指向第i个结点
61     if(s==NULL) return false;   //若不存在第i个结点，则返回false
62     *pe=s->data;                //将要删除的结点的数据域值复制给pe所指的变量
63     L->next=s->next;            //L所指向结点的指针域指向被删除结点s的下一个结点
64     if(s->next!=NULL)           //若s结点存在后继结点，
65       s->next->prior=L;         //则让后继结点的前驱指针指向L所指向结点
66     free(s);                    //释放s结点，即成功删除第i个结点
67     return true;                //返回true
68   }
69 }
```

5.2.5 读取结点

在双链表中读取指定位置数据结点内容的函数如下。

```
70 bool DListGetElem(PDLNode L, int i, DATA *pe){  //读取双链表L中若存在第i个结点，
71   int j=0;                                        //则将其数据域值赋给pe所指的变量
72   while(j<i && L!=NULL){
73     j++;
74     L=L->next;
75   }
76   if(L==NULL) return false;     //未找到第i个结点，返回false
77   else{                         //存在第i个结点，返回true
78     *pe=L->data;                //将第i个结点的数据域值复制给pe所指的变量
79     return true;
80   }
81 }
```

5.2.6 查找结点

查找函数根据传入的 x 值，在双链表中进行遍历，查找 x 值所在的结点，然后返回该结点的地址。

```
82 bool DListEmpty(PDLNode L){    //判断双链表是否为空表，无数据结点为空表
83   if(!L){printf("双链表无头结点\n"); return true;}
84   return(L->next==L);          //若双链表L没有数据结点，则返回true，否则返回false
85 }
86 PDLNode DListFind(PDLNode L, DATA x){  //查找结点
87   if(DListEmpty(L)){printf("双链表为空\n"); return NULL;}
88   L=L->next;                   //L指向第一个数据结点
89   while(L){                    //存在数据结点
90     if(L->data.data==x.data) return L;  //找到，返回x结点指针
91     else L=L->next;
92   }
93   return NULL;                 //没有找到，返回NULL
94 }
```

5.2.7 打印双链表

打印双链表函数从第一个数据结点开始依次将所有数据结点中的数据域值输出。

```
95 int DListLength(PDLNode L){        //返回双链表L中数据结点的个数
96   if(!L){printf("双链表无头结点\n"); return 0;}
97   int i=0;                         //L指向头结点
98   while(L->next!=NULL){            //统计数据结点个数
99     i++;
100    L=L->next;
101  }
102  return i;                        //返回结点个数
103 }
104 void DListOutput(PDLNode L){ //逐一扫描双链表L的每个数据结点，并显示各结点的data域值
105  if(DListEmpty(L)){printf("双链表为空\n"); return;}
106  printf("双链表数据结点个数为: %d\n", DListLength(L));
107  int i=1;
108  L=L->next;                       //L指向第1个数据结点
109  while(L){                        //统计结点个数
110    printf("第%d个结点的值: %d\n", i++, L->data.data);
111    L=L->next;                     //L指向下一个数据结点
112  }
113 }
```

5.2.8　逆转双链表

假设双链表数据结点的数据域值依次为 A、B、C、D，那么将双链表逆转后，数据结点的数据域值依次为 D、C、B、A。逆转双链表的函数如下。

```
114 void DListReverse(PDLNode L){     //将双链表L中的所有数据结点位置逆转
115  if(DListEmpty(L)){printf("链表为空\n"); return;}
116  PDLNode p=L->next, q;
117  L->next=NULL;
118  while(p!=NULL){                  //while循环中采用头插法逆转所有数据结点位置
119    q=p->next;
120    p->next=L->next;
121    if (L->next!=NULL)             //若p结点存在后继结点
122      L->next->prior=p;           //则让后继结点的前驱指针指向p所指向结点
123    L->next=p;
124    p->prior=L;
125    p=q;
126  }
127 }
```

5.2.9　构建双向循环链表

带头结点的双向循环链表如图 5.13 所示。将单向循环链表构建为双向循环链表的方法是：让尾结点的后继指针指向头结点，让头结点的前驱指针指向尾结点。双向循环链表如果去掉所有前驱指针，就变成单向循环链表。从双向循环链表中的任一结点出发均可找到链表中的其他结点。构建双向循环链表的函数如下。

```
128 void DListBuildC(PDLNode L){      //构建双向循环链表L
129  if(!L){printf("双链表无头结点\n"); return;}
130  PDLNode s=L;
131  while(s->next) s=s->next;        //s指向最后一个结点
132  s->next=L;                       //最后一个结点的后继指针指向头结点
133  L->prior=s;                      //头结点的前驱指针指向最后一个结点
134 }
```

图 5.13　带头结点的双向循环链表

5.2.10　销毁双向循环链表

销毁链表就是将链表中的所有结点占据的内存空间释放掉。销毁双向循环链表的函数
DListDestroyC 如下。如果调用 DListDestroyC 函数销毁由指针 L 指向的链表后,需要将
指针 L 置为 NULL,否则指针 L 会成为野指针。

```
135 int DListLengthC(PDLNode L){        //返回双向循环链表L中数据结点的个数
136   if(!L){printf("双链表无头结点\n"); return 0;}
137   int i=0; PDLNode p=L->next;       //L指向头结点
138   while(p!=L){                      //统计数据结点个数
139     i++; p=p->next;
140   } return i;                       //返回结点个数
141 }
142 void DListDestroyC(PDLNode L){      //销毁双向循环链表L
143   int n=DListLengthC(L)+1;
144   for(int i=0; i<n; i++){
145     PDLNode s=L;                    //s指向第1个结点
146     L=L->next;                      //L指向下一个结点
147     free(s);                        //释放结点s占用的内存空间
148   }
149 }
```

5.2.11　主函数及测试结果

在 main 函数中通过对上面函数的调用创建、操作双链表。main 函数的定义如下。

```
150 int main(void){
151   DATA dat1[5]={ {11}, {12}, {13}, {14}, {15} };
152   DATA dat2[5]={ {21}, {22}, {23}, {24}, {25} };
153   PDLNode   L1=DListBuildH(dat1, 5);        DListOutput(L1); //头插法建表、输出
154   PDLNode L2; DListBuildR(&L2, dat2, 5); DListOutput(L2); //尾插法建表、输出
155   DATA d1={100}; DListInsert(L1, 3, d1);    DListOutput(L1); //插入数据结点、输出
156   DATA d2; DListDelete(L2, 2, &d2);  printf("d2=%d\n", d2.data); DListOutput(L2);
157   DATA d3; DListGetElem(L2, 2, &d3); printf("d3=%d\n", d3.data);
158   PDLNode p=DListFind(L1, d1);  printf("d1=%d\n", p->data.data);
159   DListReverse(L1);  DListOutput(L1);      //逆转链表、输出
160   DListBuildC(L2);   printf("双向循环链表数据结点个数为: %d\n", DListLengthC(L2));
161   p=L2;                          //将链表L2构建为双向循环链表,下面的for循环将
162   for(int i=1; i<11; i++){       //链表L2中的数据结点中数据值域输出两轮
163     if(p!=L2) printf("%d ", p->data.data);
164     if( !(i%(DListLengthC(L2)+1)) ) printf("\n");
165     p=p->next;
166   }
167 }
```

本小节的所有代码保存在 dlink.c 文件中。如图 5.14 所示,编译、运行 dlink。

```
 1 # gcc dlink.c -o dlink
 2 # ./dlink
 3 双链表数据结点个数为：5
 4 第1个结点的值：15
 5 第2个结点的值：14
 6 第3个结点的值：13
 7 第4个结点的值：12
 8 第5个结点的值：11
 9 双链表数据结点个数为：5
10 第1个结点的值：21
11 第2个结点的值：22
12 第3个结点的值：23
13 第4个结点的值：24
```

```
14 第5个结点的值：25
15 双链表数据结点个数为：6
16 第1个结点的值：15
17 第2个结点的值：14
18 第3个结点的值：100
19 第4个结点的值：13
20 第5个结点的值：12
21 第6个结点的值：11
22 d2=22
23 双链表数据结点个数为：4
24 第1个结点的值：21
25 第2个结点的值：23
26 第3个结点的值：24
```

```
27 第4个结点的值：25
28 d3=23
29 d1=100
30 双链表数据结点个数为：6
31 第1个结点的值：11
32 第2个结点的值：12
33 第3个结点的值：13
34 第4个结点的值：100
35 第5个结点的值：14
36 第6个结点的值：15
37 双向循环链表数据结点个数为：4
38 21 23 24 25
39 21 23 24 25
```

图 5.14 编译、运行 dlink

5.3 内核链表

Linux 内核中使用了大量的双向循环链表来组织各种数据。

5.3.1 list_head

前面介绍的链表结点中包含数据域和指针域，如图 5.15 左侧所示。包含头结点的普通双向循环链表如图 5.16 左侧所示，通过前驱指针 prev 和后继指针 next 就可以从两个方向遍历双链表。不过，这样的双链表不具有通用性，针对该链表的增加、删除、修改、查询操作不能直接应用于其他类型结点构成的双链表。Linux 内核提供了一种通用的双链表结构。Linux 内核定义的链表结点类型 struct list_head 没有数据域，只有两个指针域，如图 5.15 中部所示，内核链表中的链表结点不与特定类型相关，因此具有通用性。使用 struct list_head 的方法是：将其嵌套在其他结构体中，如图 5.15 右侧所示。本章后面将包含 struct list_head 成员的结构体称为宿主结构体，其结点称为宿主结点。虽然 list_head 直译为链表头，但是它既可以代表双链表的头结点，也可以代表双链表的数据结点。包含头结点的内核双向循环链表如图 5.16 右侧所示。

```
struct list{ //普通链表
  ElemType data;    //数据域
  struct list *prev; //前驱指针
  struct list *next; //后继指针
};
```

```
struct list_head{ //内核链表
  struct list_head *prev; //前驱指针
  struct list_head *next; //后继指针
};
```

```
struct exam{ //使用内核链表
  ElemType data1; //数据域
  struct list_head list;
  ElemType data2; //数据域
};
```

图 5.15 三种结构体类型

图 5.16 普通双向循环链表和内核双向循环链表

遍历普通双向循环链表时，只要能定位到结点就可以访问数据域。但是，遍历内核双向循环链表时,定位到的结点还是 struct list_head 类型的内核链表结点,不能直接访问宿主结点的数据域。此时可以使用 list_entry 宏通过内核链表结点访问宿主结点的数据域。

5.3.2 offsetof、container_of 和 list_entry

Linux 内核提供了 3 个重要的宏函数:offsetof、container_of 和 list_entry,定义如下。

```
1 #define offsetof(type,memb) ((size_t)&((type*)0)->memb)
2 #define container_of(ptr, type, memb) ((type *)((void *)(ptr) - offsetof(type, memb)))
3 #define list_entry(ptr, type, member) container_of(ptr, type, member)
```

宏函数 offsetof 的作用是获得结构体 type 的成员 memb 在此结构体中的偏移量。((type *)0)将 0 强制类型转换为 type 结构体类型指针。((type *)0)->memb 访问 type 结构体类型中的成员 memb。&((type *)0)->memb 取出成员 memb 的地址。由于 type 结构体的地址是 0,因此这里获得的地址就是成员 memb 相对 type 结构体起始地址的偏移量。(size_t)&((type *)0)->memb 将地址形式的偏移量转换为整型。对于 32 位系统,size_t 是 unsigned int 类型;对于 64 位系统,size_t 是 unsigned long 类型。

宏函数 container_of 的作用是根据一个已知的成员地址计算出宿主结构体的地址,也就是用结构体成员的地址(void *)(ptr)减去该成员相对于宿主结构体起始地址的偏移量 offsetof(type,memb)。

宏函数 list_entry 是宏函数 container_of 的别名。

宏函数 offsetof 和 container_of 的原理如图 5.17 所示。下面以图 5.15 右侧所示链表结构 struct exam 为例,介绍这两个宏是如何计算出宿主结构体的地址的。假设将宿主结构体 struct exam 变量存放在 0 地址开始的一块存储区域中,((struct exam *)0)即指向 struct exam 变量的指针,因此,&((struct exam *)0)->list 就是成员 list 相对宿主结构体起始地址的偏移量 off。现在已知成员 list 的地址 ptr,则 ptr_off 正是宿主结构体 struct exam 变量的地址(指针),根据地址 ptr_off 就可以访问宿主结构体的数据成员了。因此,在遍历内核双向循环链表时,可以使用 container_of 宏函数根据内核链表结点的指针获取宿主结点的指针,进而获取宿主结点数据。

图 5.17 宏函数 offsetof 和 container_of 的原理

5.3.3 链表初始化

内核提供了两种初始化双向循环链表的方法:宏初始化和接口初始化。

1. 编译时的宏初始化

```
1 #define LIST_HEAD_INIT(name) { &(name), &(name) }
2 #define LIST_HEAD(name) struct list_head name = LIST_HEAD_INIT(name)
```

LIST_HEAD_INIT 宏对已经存在的头结点 name 进行初始化,使得头结点的前驱指针和后继指针都指向头结点本身,使其成为双向循环链表头结点。

LIST_HEAD 宏创建一个 struct list_head 类型的链表头结点 name,并用 LIST_HEAD_INIT 宏对其进行初始化。

宏函数 LIST_HEAD_INIT 和 LIST_HEAD 在编译时处理。

2. 运行时的接口初始化

```
static inline void INIT_LIST_HEAD(struct list_head *list){
  list->next = list;
  list->prev = list;
}
```

INIT_LIST_HEAD 函数初始化一个已经存在的由 struct list_head 类型指针 list 指向的头结点,使得头结点的前驱指针和后继指针都指向头结点本身,使其成为双向循环链表头结点。

INIT_LIST_HEAD 函数在程序运行时执行。

5.3.4　插入结点

插入结点的函数定义如下。

```
static inline void __list_add(struct list_head *new,
                              struct list_head *prev, struct list_head *next){
  next->prev = new;
  new->next = next;
  new->prev = prev;
  prev->next = new;
}
static inline void list_add(struct list_head *new, struct list_head *head){
  __list_add(new, head, head->next);
}
static inline void list_add_tail(struct list_head *new, struct list_head *head){
  __list_add(new, head->prev, head);
}
```

__list_add 函数将指针 new 指向的结点插入指针 prev 和 next 分别指向的结点之间。

list_add 函数为头插法,将指针 new 指向的结点添加到指针 head 指向的结点之后,也就是在 head 后面插入一个结点。

list_add_tail 函数为尾插法,将 new 指向的结点添加到指针 head 指向的结点之前,也就是在双向循环链表尾部插入一个结点。

以__开头的函数是内部接口,最好不要直接调用该接口函数,而是调用其封装函数。

5.3.5　删除结点

删除结点的函数定义如下。

```
#define LIST_POISON1  ((void *) 0x00100100)    //#define LIST_POISON1 NULL
#define LIST_POISON2  ((void *) 0x00200200)    //#define LIST_POISON2 NULL
static inline void __list_del(struct list_head *prev, struct list_head *next){
  next->prev = prev;
  prev->next = next;
}
static inline void __list_del_entry(struct list_head *entry){
  __list_del(entry->prev, entry->next);
```

```
 9 }
10 static inline void list_del(struct list_head *entry){
11    __list_del_entry(entry);
12    entry->next = LIST_POISON1;
13    entry->prev = LIST_POISON2;
14 }
15 static inline void list_del_init(struct list_head *entry){
16    __list_del_entry(entry);
17    INIT_LIST_HEAD(entry);
18 }
```

__list_del 函数从双向循环链表中删除 prev 和 next 之间的结点。

__list_del_entry 函数从双向循环链表中删除 entry 结点。

list_del 函数从双向循环链表中删除 entry 结点。前提条件是：entry 结点在链表中真实存在。被删除的 entry 结点的 prev 和 next 指针分别被置为 LIST_POSITION2 和 LIST_POSITION1 两个特殊值,对 LIST_POSITION1 和 LIST_POSITION2 的访问都将引起缺页中断,这样就保证不能通过被删除结点 entry 访问其他结点。

list_del_init 函数从双向循环链表中删除 entry 结点,并调用函数 INIT_LIST_HEAD 对 entry 结点进行初始化,让 entry 结点的前驱指针和后继指针都指向 entry 结点本身。

5.3.6　替换结点

替换结点的函数定义如下。

```
 1 static inline void list_replace(struct list_head *old, struct list_head *new){
 2    new->next = old->next;
 3    new->next->prev = new;
 4    new->prev = old->prev;
 5    new->prev->next = new;
 6 }
 7 static inline void list_replace_init(struct list_head *old, struct list_head *new){
 8    list_replace(old, new);
 9    INIT_LIST_HEAD(old);
10 }
```

list_replace 函数用 new 结点替换 old 结点。

list_replace_init 函数用 new 结点替换 old 结点,对 old 结点进行初始化,让 old 结点的 prev 和 next 指针都指向 old 结点本身。

5.3.7　移动结点

移动是将属于一个链表的结点移动到另一个链表中。两个移动结点函数定义如下。

```
 1 static inline void list_move(struct list_head *list, struct list_head *head){
 2    __list_del_entry(list);
 3    list_add(list, head);
 4 }
 5 static inline void list_move_tail(struct list_head *list, struct list_head *head){
 6    __list_del_entry(list);
 7    list_add_tail(list, head);
 8 }
```

list_move 函数把结点 list 从原链表上移动到另一个链表 head 的首部。指针 list 指向要移动的结点,指针 head 指向另一个链表的头结点。list_move 函数实际的操作是删除 list 指向的结点,然后将其以头插法插到 head 链表的首部。

list_move_tail 函数把结点 list 从原链表上移动到另一个链表 head 的尾部。list_move

_tail 函数实际的操作是删除 list 指向的结点,然后将其以尾插法插到 head 链表的尾部。

5.3.8　判断函数

判断双向循环链表是否为空、判断结点是否为尾结点的函数定义如下。

```
 1 static inline int list_is_last(const struct list_head *list,
 2                                 const struct list_head *head){
 3   return list->next == head;
 4 }
 5 static inline int list_empty(const struct list_head *head){
 6   return head->next == head;
 7 }
 8 static inline int list_empty_careful(const struct list_head *head){
 9   struct list_head *next = head->next;
10   return (next == head) && (next == head->prev);
11 }
```

list_is_last 函数用于判断结点 list 是否为尾结点。

list_empty 函数用于判断双循环链表 head 是否为空链表(只包含头结点)。

list_empty_careful 函数用于同时判断头结点的 next 和 prev 指针,当两者都指向头结点自己时才返回 true。这主要考虑了并发执行环境下的同步问题,不过这种方法的安全保障能力有限,还需要加锁保护。

5.3.9　合并结点

合并是将两个独立的链表合并为一个链表。合并结点的函数定义如下。

```
 1 static inline void __list_splice(const struct list_head *list,
 2                                   struct list_head *prev, struct list_head *next){
 3   struct list_head *first = list->next;  struct list_head *last = list->prev;
 4   first->prev = prev;  prev->next = first;  last->next = next;  next->prev = last;
 5 }
 6 static inline void list_splice(const struct list_head *list, struct list_head *head){
 7   if (!list_empty(list)) __list_splice(list, head, head->next);
 8 }
 9 static inline void list_splice_tail(struct list_head *list, struct list_head *head){
10   if (!list_empty(list)) __list_splice(list, head->prev, head);
11 }
12 static inline void list_splice_init(struct list_head *list, struct list_head *head){
13   if (!list_empty(list))
14     {__list_splice(list, head, head->next); INIT_LIST_HEAD(list);}
15 }
16 static inline void list_splice_tail_init(struct list_head *list,
17                                           struct list_head *head){
18   if (!list_empty(list))
19     {__list_splice(list, head->prev, head); INIT_LIST_HEAD(list);}
20 }
```

__list_splice 函数将一个链表 list 插到另一个链表的 prev 和 next 结点之间。

list_splice 和 list_splice_init 函数将链表 list 合并到链表 head 首部。

list_splice_tail 和 list_splice_tail_init 函数将链表 list 合并到链表 head 尾部。

list_splice 函数将两个链表进行合并,两个链表的头指针分别是 list 和 head,只要 list 非空,list 链表的所有数据结点将被挂接到 head 链表首结点之前,让整个 list 链表(除头结点)位于链表 head 的头结点和首结点之间。

list_splice_tail 函数将两个链表进行合并,两个链表的头指针分别是 list 和 head,只要 list 非空,就让整个 list 链表(除头结点)挂接到 head 链表尾结点之后。

list_splice_init 函数和 list_splice 函数的功能类似,只是在合并后,调用 INIT_LIST_

HEAD 函数将 list 设置为空链表。

list_splice_tail_init 函数和 list_splice_tail 函数的功能类似,只是在合并后,调用 INIT_
LIST_HEAD 函数将 list 设置为空链表。

5.3.10　遍历链表

遍历链表的宏函数定义如下。

```
1 static inline int list_is_head(const struct list_head *list,
2                                const struct list_head *head){
3    return list == head;
4 }
5 #define list_for_each(pos, head) \
6         for (pos = (head)->next; !list_is_head(pos, (head)); pos = pos->next)
7 #define list_for_each_safe(pos, n, head) \
8         for (pos = (head)->next, n = pos->next; \
9              !list_is_head(pos, (head)); \
10             pos = n, n = pos->next)
11 #define list_for_each_prev(pos, head) \
12         for (pos = (head)->prev; !list_is_head(pos, (head)); pos = pos->prev)
13 #define list_entry(ptr, type, member) container_of(ptr, type, member)
14 #define list_first_entry(ptr, type, member) list_entry((ptr)->next, type, member)
15 #define list_next_entry(pos, member) \
16         list_entry((pos)->member.next, typeof(*(pos)), member)
17 #define list_entry_is_head(pos, head, member) (&pos->member == (head))
18 #define list_for_each_entry(pos, head, member)                        \
19         for (pos = list_first_entry(head, typeof(*pos), member);       \
20              !list_entry_is_head(pos, head, member);                   \
21              pos = list_next_entry(pos, member))
```

list_for_each 宏函数用来正向遍历链表 head。该宏实际上是一个 for 循环,利用传入
的 pos 作为循环变量,从链表首节点开始,逐项向后(next 方向)移动指针变量 pos,直至回
到头结点。当采用 list_for_each 宏函数遍历链表时,不能用于删除结点,如果删除结点,会
导致内核错误或死循环。

list_for_each_safe 宏函数用来正向遍历链表 head。为了避免在遍历链表的过程中因
pos 结点被释放而造成断链,pos 的值通过 n 进行了保存,所以该宏函数可用于删除结点。

list_for_each_prev 宏函数用来反向遍历链表 head。

list_for_each_entry 宏函数遍历链表时,还要获取链结点宿主结构体的地址。pos 为宿
主结构体类型的指针,head 为要遍历链表的头结点指针,member 为宿主结构体中的链表
结点。

扫一扫

5.3.11　用户空间使用内核链表

Linux 内核提供的操作双向循环链表的函数和宏函数的定义主要在 Linux 内核源码树
(见参考文献)中的 include/linux/list.h 等文件中。因为这些函数是通用的,所以可以很方
便地移植到用户态的应用程序中。

本书将操作双向循环链表的函数和宏函数的定义都放在头文件 kernel_list.h 中,该文
件在本书配套资源的"src/第 5 章"目录中。

操作双向循环链表的函数和宏函数的示例代码(源代码文件 u_klink.c)如下。如
图 5.18 所示,编译、运行 u_klink。

```
1 #include <stdio.h>
2 #include <stdlib.h>
3 #include "kernel_list.h"
4 typedef struct student{
5   int num;  char name[20];
6   struct list_head list;
7 }STUDENT;
8 int main(){
9   STUDENT *ps, head1, head2;
10  struct list_head *pos, *next;
11  INIT_LIST_HEAD(&head1.list); //初始化双链表1
12  INIT_LIST_HEAD(&head2.list); //初始化双链表2
13  for(int i=0; i<3; i++){ //尾插法添加结点
14    ps = (STUDENT*)malloc(sizeof(STUDENT));
15    ps->num = i+1;
16    sprintf(ps->name, "name%d", i+1);
17    list_add_tail(&(ps->list),&(head1.list));
18  }
```

```
19  for(int i=0; i<3; i++){ //头插法添加结点
20    ps = (STUDENT*)malloc(sizeof(STUDENT));
21    ps->num = i+1;
22    sprintf(ps->name, "ming%d", i+1);
23    list_add(&(ps->list), &(head2.list));
24  }
25  printf("下面，正向遍历链表1\n");
26  list_for_each(pos, &head1.list){
27    ps = list_entry(pos, STUDENT, list);
28    printf("num:%d, %s\n",ps->num,ps->name);
29  }
30  printf("下面，逆向遍历链表1\n");
31  list_for_each_prev(pos, &head1.list){
32    ps = list_entry(pos, STUDENT, list);
33    printf("num:%d, %s\n",ps->num,ps->name);
34  }
35  printf("下面，正向遍历链表2\n");
```

```
36  list_for_each_entry(ps, &head2.list, list)
37    printf("num:%d, %s\n",ps->num,ps->name);
38  printf("下面，逆向遍历链表2\n");
39  list_for_each_prev(pos, &head2.list){
40    ps = list_entry(pos, STUDENT, list);
41    printf("num:%d, %s\n",ps->num,ps->name);
42  }
43  printf("删除链表1中num为2的结点\n");
44  list_for_each_safe(pos,next,&head1.list){
45    ps = list_entry(pos, STUDENT, list);
46    if(ps->num == 2){
47      list_del_init(pos); free(ps); break;
48    }
49  }
50  printf("替换链表2中num为2的结点\n");
51  STUDENT *new_stu=
52      (STUDENT*)malloc(sizeof(STUDENT));
53  new_stu->num=2;
```

```
54  sprintf(new_stu->name, "MING2");
55  list_for_each_entry(ps, &head2.list, list){
56    if(ps->num == 2){
57      list_replace(&ps->list, &new_stu->list);
58      free(ps); break; //释放被替换的结点
59    }
60  }
61  printf("list_splice合并链表2到链表1\n");
62  list_splice(&head2.list, &head1.list);
63  printf("下面，正向遍历链表1\n");
64  list_for_each_entry(ps, &head1.list, list)
65    printf("num:%d, %s\n",ps->num,ps->name);
66  printf("释放链表1占用的资源\n");
67  list_for_each_safe(pos,next,&head1.list){
68    ps = list_entry(pos, STUDENT, list);
69    list_del_init(pos); free(ps);
70  }
71 }
```

```
1 # gcc u_klink.c -o u_klink
2 # ./u_klink
3 下面，正向遍历链表1
4 num:1, name1
5 num:2, name2
6 num:3, name3
7 下面，逆向遍历链表1
8 num:3, name3
9 num:2, name2
10 num:1, name1
11 下面，正向遍历链表2
12 num:3, ming3
13 num:2, ming2
14 num:1, ming1
15 下面，逆向遍历链表2
16 num:1, ming1
17 num:2, ming2
18 num:3, ming3
19 删除链表1中num为2的结点
20 替换链表2中num为2的结点
21 list_splice合并链表2到链表1
22 下面，正向遍历链表1
23 num:3, ming3
24 num:2, MING2
25 num:1, ming1
26 num:1, name1
27 num:3, name3
28 释放链表1占用的资源
```

图 5.18 编译、运行 u_klink

5.4 习题

1. 填空题

（1）链表是一种常见的数据结构，由一系列_____组成。

（2）每个结点至少包括两个域：_____和_____。

（3）_____用于存储指向下一个结点的地址，建立与下一个结点的联系。

（4）各个结点通过_____链接构成一个链式结构，即_____。

（5）链表有多种类型：_____、_____和循环链表等。

（6）单向链表简称_____，其特点是链表的链接方向是_____。

（7）对单链表的访问要从头结点开始顺序进行。一般结点的第一个结点称为_____，最后一个结点称为_____。头结点由_____指向。

（8）可以采用_____或尾插法创建单链表。更灵活的插入结点方法是：在_____插入结点。

（9）双向链表简称_____，其特点是链表的链接方向是_____。

（10）双向链表结点有两个指针域，分别称为_____和_____。_____指向当前结点前面的结点，_____指向当前结点后面的结点。

（11）从双向链表中的任意一个结点开始，可以很方便地访问它的_____和_____。

（12）Linux内核中使用了大量的_____来组织各种数据。

（13）Linux内核定义的链表结点类型 struct list_head 没有数据域，只有_____。

（14）内核链表中的链表结点不与_____相关，因此具有_____。

（15）包含 struct list_head 成员的结构体称为_____，其结点称为_____。

（16）遍历内核双向循环链表时，可以使用 list_entry 宏通过_____访问_____的数据域。

2. 简答题

（1）如何遍历普通双向循环链表和内核双向循环链表？

（2）3个宏函数 offsetof、container_of 和 list_entry 的作用分别是什么？

3. 上机题

限于篇幅，本章程序题都放在本书配套资源的"xiti-src/xiti05"文件夹中。

第6章

C 标准库

本章学习目标

- 了解 C 语言标准和 glibc。
- 掌握标准输入/输出库函数的使用。
- 掌握标准工具库函数的使用。
- 掌握字符串处理、字符处理库函数的使用。

本章和第 7 章的重要性仅次于第 2 章和第 3 章。在 Linux 中进行 C 语言编程时,会经常用到 C 标准库中的库函数,以及 Linux 内核向用户空间提供的系统调用。

6.1 C 语言标准和 glibc

1. C 语言标准

C 语言自诞生到现在,期间经历了多次标准化过程。1978 年,Brian Kernighan 和 Dennis Ritchie 合作出版了 *The C Programming Language* 一书的第一版,书末参考指南一节给出了当时 C 语言的完整定义,成为那时 C 语言事实上的标准,人们称之为 K&R C。1989 年,美国国家标准协会(ANSI)制定了第一个 C 语言标准,称为 C89 或 C90,也称 ANSI C。该标准随后被国际标准化组织(ISO)采纳,成为国际标准(ISO/IEC 9899:1990)。1995 年,ISO 对 C90 进行微小扩充后发布了 C95。1999 年,ISO 发布了新的 C 语言标准,命名为 ISO/IEC 9899:1999,简称 C99。2011 年,ISO 发布了新的 C 语言标准,命名为 ISO/IEC 9899:2011,简称 C11。2018 年,ISO 发布了新的 C 语言标准,命名为 ISO/IEC 9899:2018,简称 C17(也称 C18)。C17 没有引入新的语言特性,只对 C11 进行了补充和修正。

C 标准向应用程序开发者提供统一通用的函数和数据结构,使其在多数不同系统平台上都能使用相同函数实现相同功能,提高程序的可移植性。C 标准由两部分组成:一部分描述 C 语言语法;另一部分描述 C 标准库。C 标准库定义了一组标准头文件,每个头文件中包含一些相关的函数、变量、类型和宏的声明或定义。应用程序开发者可以通过这些头文件调用 C 标准库函数开发应用程序,这样可以屏蔽平台的差异。

2. C 标准库

C 标准库是 C 标准(比如 C89)的实现。C 标准库由在头文件中声明的函数、类型定义和宏组成,每个头文件都代表了一定范围的编程功能。C 标准库是针对 C 语言本身来说的,与平台无关。C 标准库也称为 ISO C 库,是用于完成诸如输入/输出处理、字符串处理、内存管理、数学计算和许多其他操作系统服务等任务的宏、类型和函数的集合。其内容分布在不同的头文件中。如图 6.1 所示,C89 中有 15 个标准头文件,C95 增加了 3 个标准头文件,C99 增加了 6 个标准头文件,C11 增加了 5 个标准头文件,C17 没有增加头文件。截至 C17 标准,共包含 29 个头文件。可以使用 man gcc 命令查看 gcc 编译器支持的 C 标准,man gcc 命令的输出中,-std=表示支持的 C 标准,比如-std=C99。GNU C 对标准 C 进行了一系列扩展,以增强标准 C 的功能。如果想在 Linux 中的 C 语言编程中启用 C99 标准,可以在使用 gcc 命令编译程序时使用-std=gnu99,这样会对 GNU C 语法进行特殊处理,并且使用 C99 标准。

头文件	C标准	头文件	C标准
<assert.h>	C89/C90	<iso646.h>	C95
<ctype.h>	C89/C90	<wchar.h>	C95
<errno.h>	C89/C90	<wctype.h>	C95
<float.h>	C89/C90	<complex.h>	C99
<limits.h>	C89/C90	<fenv.h>	C99
<locale.h>	C89/C90	<inttypes.h>	C99
<math.h>	C89/C90	<stdbool.h>	C99
<setjmp.h>	C89/C90	<stdint.h>	C99
<signal.h>	C89/C90	<tgmath.h>	C99
<stdarg.h>	C89/C90	<stdalign.h>	C11
<stddef.h>	C89/C90	<stdatomic.h>	C11
<stdio.h>	C89/C90	<stdnoreturn.h>	C11
<stdlib.h>	C89/C90	<threads.h>	C11
<string.h>	C89/C90	<uchar.h>	C11
<time.h>	C89/C90		

图 6.1 C 标准和头文件

3. C 运行时库

C 标准库的具体实现由各个系统平台决定。C 标准库的二进制实现是 C 运行时库(C Run Time Library,CRT)的一部分。取 CRT 这个名字是因为 C 应用程序运行时需要这些库中的函数。CRT 是和操作系统以及编译器密切相关的。不同操作系统(比如 Windows 和 Linux)都有各自的运行时库。CRT 除了包括 C 标准库,同时包含和平台自己相关的一些函数库。从某种角度看,CRT 是 C 应用程序和操作系统之间的中间层。要在一个平台上支持 C 语言,不仅要实现符合平台的 C 编译器,还要提供 C 运行时库。Linux 平台下主要的 C 运行时库为 glibc。

4. glibc

Linux 平台上使用较广泛的 C 函数库是 glibc(GNU C Library),其中包括 C 标准库的实现,也包括所有系统调用。绝大部分 Linux 平台上的 C 应用程序都要调用 glibc 中的库函数,所以 glibc 是 Linux 平台 C 应用程序运行的基础。glibc 提供一组头文件和一组库文件,头文件定义了很多类型和宏,声明了很多库函数,它们一般位于/usr/include 文件夹中;库文件提供了库函数的二进制实现。最基本、最常用的 C 标准库函数和系统调用都在 libc 共享库(/lib/x86_64-linux-gnu/libc.so)中,有些库函数在另外的共享库中,例如数学库函数在 libm 共享库(/lib/x86_64-linux-gnu/libm.so)中。用户空间线程操作的库函数并不是标准 C 运行时库的一部分,但是 glibc 包含了线程操作的共享库(/lib/x86_64-linux-gnu/libpthread.so.0)。所以,glibc 实际上是标准 C 运行时库的超集,对 C 标准库进行了扩展,加了很多 C 标准库所没有的、与平台相关的或不相关的库函数。glibc 并不是 Linux 平台唯一的基础 C 函数库,还有适用于嵌入式 Linux 系统的 uClibc 函数库,以及 Android 使用的 bionic 函数库。

以后再说 libc 时专指 libc.so 这个库文件,而说 glibc 时指的是 glibc 提供的所有头文件和库文件。glibc 还提供了几个辅助程序运行的运行库,它们是/lib/x86_64-linux-gnu/文件夹中的 crt1.o、crti.o 和 crtn.o。

glibc 为程序员提供了丰富的 API(Application Programming Interface,应用程序编程接口),并且多数 API 遵循 POSIX(Portable Operating System Interface of UNIX,可移植操作系统接口)标准,使用符合 POSIX 标准的 API 开发的应用程序在源代码一级具有更好的多种操作系统上的可移植性。POSIX 标准规定了 API 的函数名、返回值、参数个数和类型、函数功能等,但是没有规定 API 具体如何实现。Linux 系统调用遵循 POSIX 标准。

6.2 标准输入/输出函数库

标准输入/输出函数库(stdio.h)头文件定义(声明)了三个变量类型、一些宏和各种标准输入/输出库函数的函数原型。

1. 变量类型

size_t:该变量是无符号整数类型。

FILE:该变量是一个适合存储文件流信息的对象类型。

fpos_t:该变量是一个适合存储文件中任何位置的对象类型。

2. 宏

NULL:该宏是一个空指针常量。

_IOFBF、_IOLBF 和_IONBF:这些宏扩展了带有特定值的整型常量表达式,并适用于 setvbuf 函数的第三个参数。

BUFSIZ:该宏是一个整数,代表 setbuf 函数使用的缓冲区大小。

EOF:该宏是文件结束符,值为 -1。

FOPEN_MAX:该宏是一个整数,代表系统可同时打开的文件数量。

FILENAME_MAX:该宏是一个整数,代表字符数组可存储的文件名的最大长度。

L_tmpnam:该宏是一个整数,代表字符数组可存储的由 tmpnam 函数创建的临时文件名的最大长度。

SEEK_CUR、SEEK_END 和 SEEK_SET:这些宏在 fseek 函数中使用,用于在一个文

件中定位不同的位置。

TMP_MAX：该宏是 tmpnam 函数可生成的临时文件名的最大数量。

stderr、stdin 和 stdout：这些宏是指向 FILE 类型的指针，分别对应标准错误、标准输入和标准输出。如果没有对它们重定向，则标准输入对应键盘，标准错误和标准输出对应显示器。

3. 库函数

下面小节中将对头文件 stdio.h 中声明或定义的库函数进行分类介绍。

6.2.1　fopen/fclose

操作文件的正确流程为：打开文件→读写文件→关闭文件。文件在进行读写操作之前要先打开，使用完毕后要关闭。C 语言中，打开文件就是让程序和文件建立连接，打开文件之后，程序就可以得到文件的相关信息（如文件名、文件状态、当前读写位置、大小、类型、权限等），这些信息会被保存到一个 FILE 类型的结构体变量中。关闭文件就是断开与文件之间的联系，释放结构体变量，同时禁止再对该文件进行操作。在 C 语言中，文件有多种读写方式，可以逐个字符地读取，也可以以行为单位读取，还可以读取若干个字节。文件的读写位置也很灵活，可以从文件开头读取，也可以从文件中间位置读取。

所有保存在外存的文件只有读入内存才能被处理，所有内存中的数据只有写入文件才不会丢失。数据在文件和内存之间传递的过程称为文件流。将文件中的数据读取到内存的过程叫作输入流，将内存中的数据保存到文件的过程称为输出流。在 Linux 中，一切皆文件，也就是说，键盘、显示器、磁盘等外设都被看成文件，因此，这些设备和内存之间的数据传递过程也称为数据流，数据从外设到内存的过程也称为输入流，从内存到外设的过程也称为输出流。因此，打开文件就是打开了一个流。输入/输出（Input/Output，I/O）是指程序（内存）与外设进行交互的操作。几乎所有程序都有 I/O 操作。

1. fopen 函数

stdio.h 头文件中声明的 fopen 函数用于打开文件，这个函数的原型如下。

```
FILE *fopen(const char *pathname, const char *mode);
```

参数 pathname 为文件名（包括文件路径），mode 为打开方式。fopen 函数会获取文件信息，并将这些信息保存到一个 FILE 类型的结构体变量中，然后将该变量的地址作为返回值返回。若要接收 fopen 函数的返回值，就需要定义一个 FILE 类型的指针，该指针被称为文件指针，以后程序就可以通过文件指针对文件做各种操作。若 fopen 函数执行成功，则返回文件指针；若出错，则返回 NULL 并设置 errno。

按照数据的存储方式可以将文件分为二进制文件和文本文件，这两种类型文件的操作细节是不同的。另外，对文件不同的操作需要不同的文件权限（读、写）。调用 fopen 函数时，这些信息都必须提供，称为文件打开方式。最基本的文件打开方式如表 6.1 所示，r(read)、w(write)、a(append)表示文件的读写权限，t(text)、b(binary)表示文件的读写方式。调用 fopen 函数时必须指明读写权限，但是可以不指明读写方式（默认为 t）。读写权限和读写方式可以组合使用，但是必须将读写方式放在读写权限中间或后面。

表 6.1　最基本的文件打开方式

方　式	说　　　明
r	以只读方式打开文件。文件必须存在,否则打开失败
w	以只写方式打开文件。若文件不存在,则创建一个新文件;若文件存在,则清空文件内容
a	以追加方式打开文件。若文件不存在,则创建一个新文件;若文件存在,则将写入的数据追加到文件原有内容的后面。只能写文件
r+	以读写方式打开文件。文件必须存在,否则打开失败
w+	以读写方式打开文件。若文件不存在,则创建一个新文件;若文件存在,则清空文件内容
a+	以追加方式打开文件。若文件不存在,则创建一个新文件;若文件存在,则将写入的数据追加到文件原有内容的后面。可以读写文件
t	文本文件。若不指明读写方式,则默认为 t
b	二进制文件

2. fclose 函数

文件使用完毕后应该关闭,以释放文件在操作系统中占用的资源,避免数据丢失。stdio.h 头文件中声明的 fclose 函数用于关闭文件,这个函数的原型如下。

```
int fclose(FILE *stream);
```

参数 stream 为文件指针。把文件指针 stream 传递给 fclose 函数可以关闭它指向的文件,关闭后 stream 指针就无效了。若 fclose 函数执行成功(文件正常关闭),则返回 0;若出错,则返回 EOF(-1),并设置 errno。

注意　本章所有源代码文件在本书配套资源的"src/第 6 章"目录中。

使用 fopen 和 fclose 函数(源代码文件 c_fopen.c)的示例代码如下。

```
1 #include <stdio.h>
2 int main(){
3   FILE *fp;
4   if(!(fp=fopen("/tmp/c_fopen.txt","a"))){
5     printf("File Open Failed!\n");
6     return 0;
7   }
8   fputs("Hello ", fp);
9   fputs("World\n", fp);
10  fclose(fp);
11 }
```

```
# gcc -o c_fopen c_fopen.c
# ./c_fopen
# ./c_fopen
# cat /tmp/c_fopen.txt
Hello World
Hello World
```

扫一扫

图 6.2　编译、执行 c_fopen

如图 6.2 所示,编译源代码文件 c_fopen.c,运行 c_fopen 可执行程序。

文件有文本(Text)文件和二进制(Binary)文件两种。源代码文件是文本文件,可执行文件和库文件是二进制文件。文本文件中的字节都是某种编码(如 ASCII 或 UTF-8)字符,可以使用文本编辑器(如 gedit 和 vim)或相关命令(如 cat、less)查看或编辑其中的字符。二进制文件中的内容不是字符,文件中的字节表示其他含义,比如可执行文件中的字节可以表示指令、地址或数据等信息。

fopen 函数和 fclose 函数要配对使用,打开文件使用完毕后,如果不调用 fclose 函数关闭文件,则进程退出时系统会自动关闭该文件。如果对于长时间运行的服务器程序,使用完毕后的文件都不关闭,则会有越来越多的系统资源被占用,如果资源占用完,则服务器程序的正常运行会受影响。

6.2.2　stdin/stdout/stderr

　　用户程序运行过程中总会有各种输入/输出,如果程序出错,还要能输出错误。因此,当一个用户进程被创建时,系统会自动为该进程创建三个数据流:stdin(标准输入)、stdout(标准输出)、stderr(标准错误输出)。stdin、stdout 和 stderr 都是 FILE ＊ 类型的文件指针。这三个数据流默认表现在用户终端上,stdin 默认指向键盘,stdout 和 stderr 默认指向显示器。这样就可以通过终端进行输入/输出操作了。终端(Terminal)是可以进行输入/输出的人机交互设备,早期的终端是电传打字机和打印机,现在的终端通常是键盘和显示器。

　　使用 fprintf 和 fscanf 函数(源代码文件 c_std.c)的示例代码如下。

```
1 #include<stdio.h>
2 int main(){
3   FILE *fp;
4   if(!(fp=fopen("/tmp/c_std.txt","a"))){
5     printf("stdout File Open Failed!\n");
6     fprintf(stdout,"stdout Open Fail!\n");
7     perror("stderr File Open Failed!\n");
8     return 0;
9   }
10  fprintf(stderr,"stderr Hello World!\n");
11  fprintf(fp,"stderr Hello World!\n");
12  char str[2][10];
13  scanf("%s", str[0]);
14  fscanf(stdin, "%s", str[1]);
15  printf("%s\n", str[0]);
16  fprintf(stdout, "%s\n", str[1]);
17 }
```

```
1 # gcc -o c_std c_std.c
2 # ./c_std
3 stderr Hello World!
4 aaa bbb
5 aaa
6 bbb
7 # cat /tmp/c_std.txt
8 stderr Hello World!
```

图 6.3　编译、执行 c_std

　　如图 6.3 所示,编译源代码文件 c_std.c,运行 c_std 可执行程序。

　　printf 函数向 stdout 中输出,第 10、16 行的 fprintf 函数分别向 stderr 和 stdout 中输出,最终都在显示器上显示。不管是输出到 stderr,还是输出到 stdout,效果是一样的,都是输出到显示器,那为什么还要分成标准输出和标准错误输出呢?这样做可以把标准输出重定向到一个常规文件,标准错误输出仍然对应显示器终端设备或重定向到另一个常规文件,这样就可以把程序正常的运行结果和程序出错信息分开。另外,stdout 是带有缓冲区的输出,先将数据输出到缓冲区里,遇到换行或程序结束后再将其输出到屏幕;stderr 直接输出到屏幕。

6.2.3　errno 与 perror 函数

1. errno.h 头文件

　　errno.h 头文件定义了 EDOM(Domain Error)和 ERANGE(Range Error)两个宏,它们都是非 0 的整数值。宏 EDOM 表示一个域错误,它在输入参数超出数学函数定义的域时发生,errno 被设置为 EDOM。宏 ERANGE 表示一个范围错误,它在输入参数超出数学函数定义的范围时发生,errno 被设置为 ERANGE。

　　errno.h 头文件定义了一个宏 errno(可以看成全局整型变量),用来保存程序运行中的错误码(error code),其初始值为 0,它是通过系统调用设置的。一些标准库函数执行出错时,它被设置为非 0 值,所有标准库函数执行成功时,它被设置为 0。libc 定义了各种错误码所对应的错误描述信息,错误描述信息在 string.h 中,可通过函数 strerror 获取。

2. perror 和 strerror 函数

扫一扫

如果输出错误信息时直接输出 errno 变量,打印出来的只是一个整数值,不易看出错误原因。比较好的办法是用 perror 或 strerror 函数将 errno 解释成字符串再输出。

perror 函数在 stdio.h 中声明,strerror 函数在 string.h 中声明,它们的函数原型如下。

```
void perror(const char *s);
char *strerror(int errnum);
```

perror 函数将错误信息输出到标准错误中,首先输出参数 s 所指的字符串,然后输出冒号,最后输出当前 errno 的值对应的错误描述信息(错误原因)。

strerror 函数可以根据错误码 errnum 返回其对应的错误原因字符串。有些函数的错误码并不保存在 errno 中,而是通过返回值返回,此时就不能调用 perror 函数输出错误原因,只能使用 strerror 函数输出错误原因。

使用 errno(源代码文件 c_errno.c)的示例代码如下。通过两种方法输出错误信息:一种是通过 perror 函数;另一种是通过 strerror 函数和 errno。

如图 6.4 所示,编译源代码文件 c_errno.c,运行 c_errno 可执行程序。

```
1 #include<stdio.h>
2 #include<errno.h>
3 #include<string.h>
4 int main(){
5   for(int i=0; i<10; i++)  //i<134
6     printf("%d:%s\n",i,strerror(i));
7   FILE *fp;
8   fp=fopen("nosuchfile.txt","r");
9   if(fp==NULL){
10    perror("Error");
11    printf("%d:%s\n",errno,strerror(errno));
12  }
13  return 0;
14 }
```

```
1 # gcc -o c_errno c_errno.c
2 # ./c_errno
3 0:Success
4 1:Operation not permitted
5 2:No such file or directory
6 3:No such process
7 4:Interrupted system call
8 5:Input/output error
9 6:No such device or address
10 7:Argument list too long
11 8:Exec format error
12 9:Bad file descriptor
13 Error: No such file or directory
14 2:No such file or directory
```

图 6.4　编译、执行 c_errno

源代码的第 5、6 行输出了前 10 个错误码(共 134 个)所对应的错误类型,如图 6.4 中第 3~12 行所示。源代码的第 8 行通过 fopen 函数打开指定的文件,由于该文件不存在,所以打开文件失败,errno 被设置为非 0 值(ENOENT),并且 fopen 函数的返回值是 NULL。源代码的第 10、11 行分别调用 perror 函数和 strerror(errno)函数将 ENOENT 解释成字符串 No such file or directory,进而输出错误信息,如图 6.4 中第 13、14 行所示。从错误信息可以看出,fopen 函数打开指定文件失败的主要原因是该文件不存在。虽然 perror 可以输出错误原因信息,但是还可以通过传给 perror 的字符串参数提供一些额外的信息帮助程序出错时快速定位。

6.2.4　以字节为单位的 I/O 函数

在 C 语言中,读写文件比较灵活,既可以每次读写一个字符,也可以每次读写一个字符串,甚至是一个数据块(也称记录)。本小节介绍以字符形式读写文件。以字符形式读写文件时,主要使用两个函数,分别是 fgetc 函数和 fputc 函数。本节相关的几个函数原型如下。

```
int fgetc(FILE *stream);
int fputc(int c, FILE *stream);
int feof(FILE *stream);
int ferror(FILE *stream);
int getchar(void);
int putchar(int c);
```

fgetc(file get char)函数从指定文件 stream 中读取一个字符,读取成功时返回读取到的字符,读取到文件末尾或读取失败时返回 EOF(End Of File)。EOF 是在 stdio.h 中定义的宏,值是一个负数,通常是 -1,这和编译器的具体实现有关。在 FILE 结构体变量中有一个文件内部位置指针,用来指向当前的读写位置。在文件打开时,该指针总是指向文件的第一个字节。调用 fgetc 函数后,位置指针会向后移动一个字节,所以可以连续调用 fgetc 函数读取多个字符。对文件读写一次,位置指针就会移动一次。位置指针由系统自动设置,无须程序员在程序中定义和赋值。

EOF 本来表示文件末尾,意味着读取结束,但是很多函数在读取出错时也返回 EOF。当返回 EOF 时,到底是文件读取完毕,还是读取错误,可以借助 feof 和 ferror 函数判断。feof 函数用来判断文件 stream 的文件内部位置指针是否指向了文件末尾,当指向文件末尾时返回非 0 值,否则返回 0。ferror 函数用来判断文件 stream 的文件操作是否出错,出错时返回非 0 值,否则返回 0。

fputc(file output char)函数是向指定文件 stream 中写入一个字符 c,写入成功时返回写入的字符,失败时返回 EOF。每调用一次 fputc 函数写入一个字符,文件内部位置指针向后移动一个字节,因此可以连续调用 fputc 函数依次写入多个字符。

getchar 函数从标准输入读取一个字符,成功返回读到的字符,出错或者读到文件末尾时返回 EOF。调用 getchar 函数相当于调用 fgetc(stdin)。

putchar 函数向标准输出写入一个字符,成功返回写入的字符,出错返回 EOF。调用 putchar(c)相当于调用 fputc(c, stdout)。

上述函数执行成功时返回的字节本应该是 unsigned char 型的,但是由于函数原型中返回值是 int 型,所以该字节要转换成 int 型再返回。之所以要返回 int 型的值,是因为出错或读到文件末尾时都将返回 EOF(-1),int 型的 -1 在计算机内部的补码表示是 0xffffffff。若读到 unsigned char 型的字节 0xff 时,转换为 int 型是 0x000000ff。因此,只有规定返回值是 int 型,才能把这两种情况区分开。

使用上述函数(源代码文件 c_char.c)的示例代码如下。

扫一扫

```
 1 #include<stdio.h>
 2 int main(){
 3   FILE *fp; int c;
 4   if(!(fp=fopen("/tmp/c_char.txt","r+"))){
 5     printf("打开文件失败\n"); return -1;
 6   }
 7   while((c=fgetc(fp))!=EOF) putchar(c);
 8   if(ferror(fp)) printf("读取出错\n");
 9   else printf("读取成功, ");
10   printf("请输入字符串: ");
11   while((c=getchar())!='\n') fputc(c,fp);
12   fputc('\n',fp);
13   for(int i=65; i<=90; i++) fputc(i,fp);
14   fputc('\n',fp); fclose(fp);
```

```
15    fp=fopen("/tmp/c_char.txt","r");
16    printf("文件内容如下: \n");
17 //while (!feof(fp)) printf("%c",getc(fp));
18    c = getc(fp);
19    while(c!=EOF){printf("%c",c);c=getc(fp);}
20    if(feof(fp)) printf("文件内容如上");
21    else printf("读取出错");
22    printf("\n"); fclose(fp);
23 }
```

如图 6.5 所示,第 1 行编译源代码文件 c_char.c,第 2 行运行 c_char 可执行程序,此时由于不存在/tmp/c_char.txt 文件,因此输出第 3 行的出错信息。第 4 行创建/tmp/c_char.txt 文件,第 5 行再次运行 c_char 可执行程序,先将/tmp/c_char.txt 文件中的内容输出(第 6 行),第 7 行从键盘输入字符串 aaaaa 并写入/tmp/c_char.txt 文件,第 9~11 行为/tmp/c_char.txt 文件中的最新内容。

```
1 # gcc -o c_char c_char.c
2 # ./c_char
3 打开文件失败
4 # echo adfsdaf > /tmp/c_char.txt
5 # ./c_char
6 adfsdaf
7 读取成功,请输入字符串: aaaaa
8 文件内容如下:
9 adfsdaf
10 aaaaa
11 ABCDEFGHIJKLMNOPQRSTUVWXYZ
12 文件内容如上
13 #
```

图 6.5　编译、执行 c_char

上面源代码文件中,第 4 行以读写方式打开文件。第 7 行输出文件内容。第 11 行从键盘读取字符串后写入文件。第 13 行将 26 个大写英文字母写入文件。第 14、15 行关闭文件后再打开,目的是为了第 18、19 行能读取到文件的最新内容,实现该目标更好的办法是使用 fflush 和 rewind 函数,这两个函数在后面介绍。如果注释掉第 18~21 行,使用第 17 行,则运行 c_char 可执行程序后输出的最后一行是�。所以,正确使用 feof 函数的方法是第 18~21 行的代码。

6.2.5　以字符串为单位的 I/O 函数

以字符串形式读写文件时,主要使用两个函数,分别是 fgets 函数和 fputs 函数。本节相关的几个函数原型如下。

```
char *fgets(char *s, int size, FILE *stream);
int fputs(const char *s, FILE *stream);
int puts(const char *s);
char *gets(char *s);
```

fgets 函数用来从指定文件 stream 中读取一个字符串,将其写入字符数组 s 中。size 为要读取的字符个数。在读取到 size-1 个字符之前如果读到了换行符或文件末尾,则读取结束。fgets 函数遇到换行时会将换行符'\n'也读到当前字符串中,gets 函数会忽略换行符。不管 size 值多大,fgets 函数最多只能读取一行数据,不能跨行。C 语言中没有按行读取文件的函数,可以借助 fgets 函数(将 size 值设置得足够大)读取一行数据。fgets 函数会在读取到的字符串末尾自动添加串结束符'\0',所以实际最多只能读取 size-1 个字符,若希望读取 20 个字符,应将 size 值设置为 21。fgets 函数读取成功时返回字符数组首地址 s,读取失败时返回 NULL。若读取时文件内部位置指针指向文件末尾,则返回 NULL,可据此判断是否读到文件末尾。对 fgets 函数来说,换行符'\n'是一个特别的字符,而串结束符'\0'被当作普通字符。若文件中存在'\0'字符,则调用 fgets 函数后就无法判断'\0'是从文件读取的字符,还是由 fgets 函数自动添加的串结束符,所以 fgets 函数只适合读文本文件,而不适合读二进制文件,并且文本文件中的所有字符都应是可见字符,不能有串结束符'\0'。

　　gets 函数(已经过时,勿使用)从标准输入读取一行字符,成功时返回 s,出错或读到文件末尾时返回 NULL。gets 函数可通过标准输入读取任意长的字符串,会导致缓冲区溢出错误。

　　fputs 函数用来向指定文件 stream 写入一个字符串 s,但并不写入串结束符'\0'。参数 s 指向以'\0'结尾的字符串,写入成功返回非负整数,失败返回 EOF。fputs 函数不关心字符串中的'\n'字符,字符串中可以有'\n',也可以没有'\n'。

　　puts 函数将字符串 s 输出到标准输出(不包括串结束符'\0'),然后自动输出一个换行符 '\n'到标准输出。

　　使用上述函数(源代码文件 c_str.c)的示例代码如下。

扫一扫

```
1 #include<stdio.h>
2 #include<stdlib.h>
3 #define N 6
4 int main(){
5     FILE *fp;
6     char str[N+1]={0};
7     if(!(fp=fopen("/tmp/c_str.txt","w"))){
8         printf("打开文件失败\n"); return -1;
9     }
10    printf("请输入字符串: ");
11    while(fgets(str, N+1, stdin) != NULL)
12        fputs(str, fp);
13    fclose(fp);
14    if(!(fp=fopen("/tmp/c_str.txt","r"))){
15        printf("打开文件失败\n"); return -1;
16    }
17    while(fgets(str, N+1, fp) != NULL)
18        puts(str);
19    fclose(fp);
20 }
```

```
1 # gcc -o c_str c_str.c
2 # ./c_str
3 请输入字符串: ABC DEFGHI JKLMNOPQ RST
4 UVWX YZabcdefghi jklmnopq rstuvwxyz
5 ABC DE
6 FGHI J
7 KLMNOP
8 Q RST
9
10 UVWX Y
11 Zabcde
12 fghi j
13 klmnop
14 q rstu
15 vwxyz
16
17 #
```

图 6.6　编译、执行 c_str

　　如图 6.6 所示,第 1 行编译源代码文件 c_str.c,第 2 行运行 c_str 可执行程序。第 3 行输入一串字符后按回车键,第 4 行接着输入一串字符后按回车键,然后按 Ctrl＋D 组合键,接着输出第 5~16 行的字符串。

　　上面源代码文件中,第 7 行以写方式打开文件。第 11、12 行从键盘读取字符串后写入文件。第 13、14 行关闭文件后再打开,目的是为了第 17、18 行能读取到文件的最新内容,实现该目标更好的办法是使用 fflush 和 rewind 函数,这两个函数在后面介绍。

6.2.6　以记录为单位的 I/O 函数

　　fread 和 fwrite 函数用于读写记录(数据块)。记录是指一串固定长度的字节,它可以是变量、数组、结构体等。fread 和 fwrite 的函数原型如下。

```
size_t fread(void *ptr, size_t size, size_t nmemb, FILE *stream);
size_t fwrite(const void *ptr, size_t size, size_t nmemb, FILE *stream);
```

　　参数 size 指出一条记录的长度,参数 nmemb 是请求读或写的记录数,这些记录在 ptr 所指的内存空间中连续存放,共占 size * nmemb 字节,fread 从文件 stream 中读出 size * nmemb 字节保存到 ptr 中,而 fwrite 把 ptr 中的 size * nmemb 字节写到文件 stream 中。fread 和 fwrite 函数的返回值是读或写的记录数。fread 和 fwrite 函数执行成功时返回的记录数等于 nmemb，出错或读到文件末尾时返回的记录数小于 nmemb，或返回 0。如果返回值小于 nmemb，对于 fwrite 函数来说，肯定发生了写入错误，可以用 ferror 函数检测；对于 fread 函数来说，可能读到了文件末尾，也可能发生了错误，可以用 ferror 或 feof 函数检测。例如，当前读写位置距文件末尾只有 1 条记录的长度，调用 fread 时指定 nmemb 为 5，则返回值为 1。若当前读写位置已经在文件末尾，或读文件时出错，则 fread 返回 0。若写文件时出错，则 fwrite 的返回值小于 nmemb 指定的值。

使用上述函数（源代码文件 c_block.c）的示例代码如下。

扫一扫

```
1 #include<stdio.h>
2 #define N 2
3 typedef struct {
4     char name[10];
5     int num;
6     int age;
7     float score;
8 } student;
9 int main(){
10     student wstu[N],rstu[N];
11     student *pw=wstu,*pr=rstu;
12     FILE *fp, *fp2;
13     int i;
14     if(!(fp=fopen("/tmp/c_b.txt",
15                          "w+"))){
16         printf("打开文件失败\n");
17         return -1;
18     }
19     printf("请输入学生信息:\n");
20     for(i = 0; i < N; i++, pw++)
21         scanf("%s %d %d %f", pw->name,
22             &pw->num, &pw->age, &pw->score);
23     fwrite(wstu, sizeof(student), N, fp);
24     rewind(fp);
25     fread(rstu, sizeof(student), N, fp);
26     for (i = 0; i < N; i++, pr++)
27         printf("%s %d %d %f\n", pr->name,
28             pr->num, pr->age, pr->score);
29     fclose(fp);  unsigned char buf[4];
30     fp = fopen("c_block", "r");
31     fread(buf, 4, 1, fp);
32     printf("Magic: %#04x%02x%02x%02x\n",
33         buf[0], buf[1], buf[2], buf[3]);
34     fread(buf, 1, 1, fp);  fclose(fp);
35     printf("Class: %#04x\n", buf[0]);
36 }
```

上面源代码文件中，第 14、15 行以写方式打开文件，第 20～22 行从键盘读取学生信息后写入数组 wstu，第 23 行将数组 wstu 中的数据写入文件，第 24 行将文件内部位置指针重置到文件开头，第 25 行从文件中读取数据到数组 rstu 中，第 26～28 行输出数组 rstu 中的学生信息，第 30 行打开文件 c_block，第 31～33 行读取文件 c_block 前 4 字节并且显示，第 34、35 行读取文件 c_block 第 5 字节并且显示。

如图 6.7 所示，第 1 行编译源代码文件 c_block.c，第 2 行运行 c_block 可执行程序，第 4 行输入两个学生的信息后按回车键写入文件，第 5、6 行为从文件中读出的学生信息，第 7、8 行是 c_block 文件的魔数（Magic）和文件类别（Class）。魔数用来指明该文件是一个 ELF 目标文件，第一个字节 7f 是一个固定数，后面 3 个字节分别是 E、L、F 三个字母的 ASCII。Class 表示文件类别，0x02 代表的是 64 位 ELF 格式

```
1 # gcc -o c_block c_block.c
2 # ./c_block
3 请输入学生信息:
4 a 1 22 90 b 2 23 99
5 a 1 22 90.000000
6 b 2 23 99.000000
7 Magic: 0x7f454c46
8 Class: 0x02
9 #
```

图 6.7　编译、执行 c_block

（0x01 代表的是 32 位 ELF 格式）。如图 6.8 所示，使用 readelf 命令查看 ELF Header 前 16 字节为图 6.8 第 2 行所示，前 4 字节被称为 ELF 文件的魔数，是所有 ELF 文件固定的格式，第 5 字节为 0x02 代表文件类型，第 6 字节表示字节序，0x01 为小端序，0x02 为大端序。

6.2.7　格式化读写文件

fscanf 和 fprintf 函数与 2.4 节介绍的 scanf 和 printf 函数功能相似，都是格式化读写函数，区别在于 fscanf 和 fprintf 的读写对象不是键盘和显示器，而是文件。这两个函数的原型如下。

```
int fscanf(FILE *stream, const char *format, ...);
int fprintf(FILE *stream, const char *format, ...);
```

```
 1 # readelf -h c_block
 2 Magic: 7f 45 4c 46 02 01 01 00 00 00 00 00 00 00 00 00
 3 类别:            ELF64
 4 数据:            2 补码, 小端序 (little endian)
 5 Version:         1 (current)
 6 OS/ABI:          UNIX - System V
 7 ABI 版本:         0
 8 类型:            DYN (Position-Independent Executable file)
 9 系统架构:         Advanced Micro Devices X86-64
10 版本:            0x1
```

图 6.8　查看 c_block 的魔数和文件类别

1. fscanf 函数

fscanf 函数按照格式字符串 format 指定的格式将文件 stream 中位置指针所指向的文件当前位置的数据读出后写入可变参数列表中的变量中,读出后文件内部位置指针自动向下移动。若读取数据成功,则返回被成功赋值的参数个数;若遇见文件结束符或读取不成功,则返回 EOF。

2. fprintf 函数

fprintf 函数按照格式字符串 format 指定的格式,将可变参数列表中的变量值写入文件 stream 中位置指针所指向的文件当前位置,写入后文件内部位置指针自动向下移动。若写入成功,则返回写入的字节个数,否则返回 EOF。

如果将参数 stream 设置为 stdin,那么 fscanf 函数将会从键盘读取数据,与 scanf 函数的作用相同;如果将参数 stream 设置为 stdout,那么 fprintf 函数将会向显示器输出内容,与 printf 函数的作用相同。

扫一扫

使用上述函数(源代码文件 c_format.c)的示例代码如下。

```
 1 #include <stdio.h>
 2 int main(){
 3   FILE *in, *out;  char c;
 4   if(!(in=fopen("/tmp/c_in.txt", "r")))
 5     {printf("打开文件失败\n"); return -1;}
 6   if(!(out=fopen("/tmp/c_out.txt","w")))
 7     {printf("打开文件失败\n"); return -1;}
 8   while (fscanf(in, "%c", &c) != EOF)
 9     fprintf(out, "%c ", c);
10   fclose(in);  fclose(out);
11   while (fscanf(stdin, "%c", &c) != EOF)
12     fprintf(stdout, "%c ", c);
13 }
```

```
 1 # gcc -o c_format c_format.c
 2 # ./c_format
 3 打开文件失败
 4 # echo abcdefg > /tmp/c_in.txt
 5 # ./c_format
 6 asdfgh
 7 a s d f g h
 8 ^C
 9 # cat /tmp/c_in.txt /tmp/c_out.txt
10 abcdefg
11 a b c d e f g
12 #
```

图 6.9　编译、执行 c_format

如图 6.9 所示,第 1 行编译源代码文件 c_format.c,第 2 行运行 c_format 可执行程序,由于此时不存在 /tmp/c_in.txt 文件,所以打开文件失败。第 4 行创建 /tmp/c_in.txt 文件,第 5 行再次运行 c_format 可执行程序,第 7 行为第 6 行键盘输入字符串的输出(对应源代码的第 11、12 行),第 10 行为 /tmp/c_in.txt 文件的内容,第 11 行是 /tmp/c_out.txt 文件的内容(对应源代码的第 8、9 行)。

6.2.8　操作读写位置的函数

C 语言不仅支持对文件的顺序读写方式,还支持随机读写方式。随机读写方式需要将文件内部位置指针移动到需要读写的位置再进行读写,这被称为文件的定位。可以通过

rewind、fseek 与 ftell 函数完成文件的定位,方便对文件的读写操作。这些函数的原型如下。

```
void rewind(FILE *stream);
int fseek(FILE *stream, long offset, int whence);
long ftell(FILE *stream);
```

1. rewind 函数

rewind 函数用来将文件 stream 的内部位置指针(读写位置)移至文件开头。参数 stream 为已打开的文件指针,否则将会出现错误。rewind 函数没有返回值,因此无法做安全性检查。最好使用 fseek 函数替代。

2. fseek 函数

fseek 函数用来将文件 stream 的位置指针移动到任意位置,从而实现文件的随机访问。参数 whence 和 offset 共同决定读写位置移动到何处。参数 offset 为偏移量,也就是要移动的字节数。offset 可正可负,正值表示向后(向文件末尾的方向)移动,负值表示向前(向文件开头的方向)移动。如果向前移动的字节数超过文件开头,则出错返回;如果向后移动的字节数超过文件末尾,再次写入时将增大文件尺寸,从原来的文件末尾到 fseek 移动之后的读写位置之间的字节都是 0。参数 whence 为起始位置,也就是从何处开始计算偏移量。C语言规定 whence 有三种,分别为文件开头、当前位置和文件末尾,每个位置都用对应的常量表示:①SEEK_SET 的值为 0,表示文件位置指针从文件开头偏移 offset 个字节(offset 不能是负数),只能正向偏移;②SEEK_CUR 的值为 1,表示文件位置指针从当前位置偏移 offset 个字节;③SEEK_END 的值为 2,表示文件位置指针从文件末尾偏移 offset 个字节(offset 不能为正数),只能负向偏移。若 fseek 函数执行成功,则返回 0;若出错,则返回 −1,并设置 errno 的值,可用 perror 函数输出错误信息。fseek 函数的使用示例如下。

```
fseek(fp, 0,  SEEK_SET);      //定位到文件首部
fseek(fp, 10, SEEK_SET);      //定位到文件首部向后偏移10字节处
fseek(fp, -6, SEEK_CUR);      //定位到当前位置向前偏移6字节处
fseek(fp, 0,  SEEK_END);      //定位到文件尾部
fseek(fp, -5, SEEK_END);      //定位到文件尾部向前偏移5字节处
fseek(fp, 0,  0);             //定位到文件首部
fseek(fp, 0,  2);             //定位到文件尾部
fseek(fp, 10, 0);             //定位到文件首部向后偏移10字节处
fseek(fp, 10, 1);             //定位到当前位置向后偏移10字节处
fseek(fp, -9, 2);             //定位到文件尾部向前偏移9字节处
```

移动文件位置指针之后,就可以使用读写函数对文件进行读写操作了。由于 fseek 函数只返回执行是否成功,不返回文件读写位置,因此可使用 ftell 函数取得文件当前读写位置。

3. ftell 函数

若 ftell 函数执行成功,则返回文件 stream 的内部位置指针当前位置相对于文件开头的偏移字节数;若出错,则返回 −1,并设置 errno。

4. fgetpos 和 fsetpos 函数

除 fseek 函数可以对文件位置指针进行移动之外,fsetpos 函数也可以对文件位置指针进行移动。相应地,fgetpos 函数可以获取文件位置指针的位置值。这两个函数的函数原型

的声明以及结构体 fpos_t 的定义如下。

```
int fgetpos(FILE *stream, fpos_t *pos);
int fsetpos(FILE *stream, const fpos_t *pos);
typedef struct{
    unsigned long _off;
}fpos_t;
```

fgetpos 函数取得当前文件 stream 的位置指针所指的位置,并把该位置数存放到 pos 所指的对象中。若成功,则返回 0;若失败,则返回非 0,并设置 errno。

fsetpos 函数将文件 stream 的位置指针定位在 pos 指定的位置上。若成功,则返回 0,否则返回非 0,并设置 errno。

扫一扫

使用上述函数(源代码文件 c_reloc.c)的示例代码如下。

```
 1 #include<stdio.h>
 2 int main(){
 3   FILE *fp;  fpos_t pos;  long int e;
 4   if(!(fp=fopen("/tmp/c_reloc.txt", "r+")))
 5     {printf("打开文件失败\n"); return -1;}
 6   fseek(fp, 0, SEEK_END); e=ftell(fp);
 7   printf("文件的大小: %ld\n", e);
 8   fseek(fp, 10, SEEK_SET);
 9   printf("偏移值=%ld\n", ftell(fp));
10   fseek(fp, e+10, SEEK_SET);
11   fprintf(fp, "%s", "ABCDE");
12   rewind(fp);  fgetpos(fp, &pos);
13   printf("偏移值=%ld\n",*((long int*)(&pos)));
14   *((long int*)(&pos))=20; fsetpos(fp, &pos);
15   printf("偏移值=%ld\n", ftell(fp));
16   fclose(fp);
17 }
```

```
 1 # echo asdfaasf  ad > /tmp/c_reloc.txt
 2 # gcc -o c_reloc c_reloc.c
 3 # ./c_reloc
 4 文件的大小: 12
 5 偏移值=10
 6 偏移值=0
 7 偏移值=20
 8 # cat /tmp/c_reloc.txt
 9 asdfaasf ad
10 ABCDE#
11 # ./c_reloc
12 文件的大小: 27
13 偏移值=10
14 偏移值=0
15 偏移值=20
16 #
```

图 6.10　编译、执行 c_reloc

如图 6.10 所示,第 1 行创建/tmp/c_reloc.txt 文件,第 2 行编译源代码文件 c_reloc.c,第 3 行运行 c_reloc 可执行程序,第 8 行查看/tmp/c_reloc.txt 文件内容,第 11 行再次运行 c_reloc 可执行程序。请读者结合源代码分析运行结果。

6.2.9　FILE 结构体及 I/O 缓冲区

FILE 是在 stdio.h 中定义的对文件进行操作的一个结构体。不同编译器对 FILE 的定义略有差异,标准 C 中的定义如下。

```
 1 struct _IO_FILE {
 2   int _flags;            //高两字节是魔数, 标志文件类型; 低两字节为文件读写等状态标志位
 3   char* _IO_read_ptr;    //输入缓冲区的当前地址
 4   char* _IO_read_end;    //输入缓冲区的结束地址
 5   char* _IO_read_base;   //输入缓冲区的起始地址
 6   char* _IO_write_base;  //输出缓冲区的起始地址
 7   char* _IO_write_ptr;   //输出缓冲区的当前地址
 8   char* _IO_write_end;   //输出缓冲区的结束地址
 9   char* _IO_buf_base;    //输入/输出 (保留) 缓冲区的起始地址
10   char* _IO_buf_end;     //输入/输出 (保留) 缓冲区的结束地址
11   int _fileno;           //文件描述符 (File Descriptor,FD)
12   ...                    //省略部分成员
13 };
14 typedef struct _IO_FILE FILE;
```

FILE 结构体主要包含文件状态标志、文件描述符和缓存区相关指针。系统根据文件描述符找到硬盘文件的位置。当读写文件时,并不直接读写磁盘上的数据,而是读写文件的相关缓冲区。缓冲区实际是一块内存区,用来缓存输入或输出的数据。缓冲区使得低速的I/O 设备和高速的 CPU 能够协调工作。由于 CPU 读写缓冲区大大快于对硬盘的操作,读取硬盘文件时,先把读出的数据放在缓冲区,CPU 再从缓冲区读取数据,等缓冲区的数据读取完后再去硬盘中读取,这样可以减少硬盘的读写次数,提高 CPU 的工作效率。缓冲区根据其对应的是输入设备还是输出设备,分为输入缓冲区和输出缓冲区。缓冲区根据其距离硬盘文件的远近,分为用户程序缓冲区、C 标准库 I/O 缓冲区、内核 I/O 缓冲区。

1. 用户程序缓冲区

用户程序缓冲区是应用程序级别的数据空间,如局部或全局变量等。

2. C 标准库 I/O 缓冲区

C 标准库 I/O 缓存区是用户级缓冲区,针对每个数据流的(FILE ＊ fp),不是针对 I/O 函数的。C 标准库 I/O 缓冲区有全缓冲、行缓冲和无缓冲三种类型。①全缓冲,当填满缓冲区后才进行实际 I/O 操作,常规文件通常是全缓冲的。在一个流上执行第一次 I/O 操作时,相关标准 I/O 库函数通常调用 malloc 函数获得需使用的缓冲区,默认大小为 8192B (BUFSIZ 在/usr/include/stdio.h 文件中定义);②行缓冲,当在输入/输出中遇到换行符(比如按下回车键)时,执行真正的 I/O 操作。当缓冲区被填满时,即使没有换行符,也会执行真正的 I/O 操作(将数据从用户空间写回 Linux 内核)。标准输入 stdin 和标准输出 stdout 对应终端设备时通常是行缓冲的。默认行缓冲区的大小为 1024B;③无缓冲,没有缓冲区,标准 I/O 库不对字符进行缓存,字符数据会立即被读入或输出到硬盘文件或设备上。用户程序每次调用库函数进行写操作,都要通过系统调用写回内核。标准错误输出 stderr 通常是无缓冲的,这样用户程序产生的错误信息可以尽快显示出来。

3. 内核 I/O 缓冲区

内核 I/O 缓冲区是内核级缓冲区,是内核为数据 I/O 操作使用的缓冲区。

程序缓冲区、C 库缓冲区、内核缓冲区距离硬盘文件远近示意图如图 6.11 所示。

图 6.11　程序缓冲区、C 库缓冲区、内核缓冲区距离硬盘文件远近示意图

应用程序调用库函数 fopen 打开硬盘文件时,C 标准库会为该文件分配一个 C 标准库 I/O 缓冲区,可以调用库函数通过 FILE 结构体变量指针读写这个缓冲。

应用程序调用 C 标准 I/O 库函数读硬盘文件时,如果所需数据在 C 库缓冲区中,则直接读取,否则库函数要通过系统调用把读请求传给内核,内核函数会检查内核缓冲区中是否有所需的数据,如果有,会将内核缓冲区中的数据复制到 C 库缓冲区中,否则内核会调用硬

盘驱动程序从硬盘文件中读取数据到内核缓冲区中,再将数据从内核缓冲区复制到C库缓冲区中。

应用程序调用C标准I/O库函数写硬盘文件时,先将程序缓冲区中的数据写入C库缓冲区,然后根据缓冲区刷新策略(全缓存、行缓存、无缓冲)将C库缓冲区中的数据复制到内核缓冲区中。将数据从用户空间复制到内核缓冲区后,应用程序的写操作就算完成了,至于什么时候写入硬盘文件中,是由Linux内核决定的,内核会在合适的时间进行写入操作。

下面以fputs和fgets库函数为例,进一步说明图6.11中三种类型缓冲区的操作。

应用程序第一次调用fgets库函数读取10个字符时,fgets函数通过系统调用进入内核从内核缓冲区读取4KB到C库缓冲区中,然后将C库缓冲区中的前10个字符读取到程序缓冲区buf_in中,并将文件位置指针指向C库缓冲区中的第11个字符,再次调用fgets读取10个字符时,就直接从C库缓冲区中读取,无须通过系统调用进入内核读取了。当把C库缓冲区中的4KB读完后,再次调用fgets函数时,fgets会再次通过系统调用进入内核读取数据。如果内核缓冲区没有数据,内核会调用硬盘驱动程序从硬盘文件中读取数据到内核缓冲区中。

fputs库函数执行时,通常只将程序缓冲区buf_out中的数据写到C库缓冲区中就返回了。当C库缓冲区写满时,C库会通过系统调用把C库缓冲区中的数据写入内核缓冲区,内核中有个守护进程会周期性地将内核缓冲区中的数据写入磁盘文件。有时希望把C库缓冲区中的数据立刻写入内核,让内核将数据写入磁盘文件,这称为刷新缓冲区(Flush Buffer),可以调用fflush库函数实现该操作。应用程序调用fclose库函数关闭文件之前也会刷新缓冲区。程序退出时会关闭所有未关闭的FILE *指针,关闭之前要将FILE结构体变量维护的缓冲区刷新到内核,然后结束程序。

4. 设置和清除文件缓冲区

常用的设置和清除文件缓冲的库函数的原型如下。

```
int setvbuf(FILE *stream, char *buf, int mode, size_t size);
void setbuf(FILE *stream, char *buf);
int fflush(FILE *stream);
```

setvbuf与setbuf这两个库函数均用来为打开的文件建立文件缓冲区,而不使用fopen库函数打开文件时设置的默认缓冲区。

setvbuf函数有4个参数:参数stream是文件指针;参数buf指向缓冲区;参数size表示缓冲区大小;参数mode表示缓冲区类型,取值有_IONBF(无缓冲)、_IOLBF(行缓冲)、_IOFBF(全缓冲)。

setbuf函数可以打开和关闭文件的缓冲机制。setbuf库函数的参数buf指向的缓冲区大小由头文件stdio.h中定义的宏BUFSIZ的值(8192B)决定。setbuf是setvbuf函数的一个特例,其中mode为_IOFBF,size为BUFSIZ。setbuf函数执行后,流stream就是全缓冲的,如果该流与一个终端设备关联,某些系统会将其设置为行缓冲。当参数buf被设置为NULL时,setbuf函数将流stream设置为无缓冲。

fflush函数清除由stream指向的文件缓冲区里的内容,常用于写完数据后,立即用该函数清除缓冲区,以免误操作时破坏原来的数据。fflush函数刷新缓冲区成功返回0,失败返回EOF。没有缓冲区或者只读打开时也返回0值。另外需要注意的是,如果fflush返回

EOF,则数据可能由于写错误而丢失。

使用上述函数(源代码文件 c_buffer.c)的示例代码如下。

扫一扫

```
 1 #include<stdio.h>
 2 #include<stdlib.h>
 3 #include<unistd.h>
 4 void print_size(const char *name, FILE *fp){
 5   printf("stream = %s, 缓冲区大小 = %ld\n",
 6       name,fp->_IO_buf_end-fp->_IO_buf_base);
 7 }
 8 void clean_stdin(void){
 9   int c;
10   do{c=getchar();} while(c!='\n' && c!=EOF);
11 }
12 int main(){
13   print_size("stdin", stdin);
14   printf("%c\n", getc(stdin)-32);
15   print_size("stdin", stdin);
16   print_size("stdout", stdout);
17   print_size("stderr", stderr);
18   char *buf=(char *)malloc(sizeof(char)*200);
19   setvbuf(stdout, buf, _IOLBF, 200);
20   print_size("stdout", stdout);
21   FILE *fp;
22   if((fp=fopen("c_buffer","r"))==NULL)
23     {perror("fopen"); return 0;}
24   print_size("c_buffer", fp);
25   if(getc(fp) == EOF)
26     {perror("getc error"); return 0;}
27   print_size("c_buffer", fp);
28   static char buff[BUFSIZ+512];
29   setvbuf(fp,buff, _IOFBF,BUFSIZ+512);
30   print_size("c_buffer", fp);
31   fclose(fp);
32   char a, b;
33   clean_stdin();  scanf("%c", &a);
34   clean_stdin();  scanf("%c", &b);
35   printf("%c, %c\n", a, b);
36   printf("hello world");
37   sleep(3);
38   fflush(stdout); printf("\n");
39   return 0;
40 }
```

如图 6.12 所示,第 1 行编译源代码文件 c_buffer.c,第 2 行运行 c_buffer 可执行程序。第 3 行的输出表明标准输入 stdin 的行缓冲区大小为 0,因为此时还没有键盘输入,当第一次从键盘输入时,才会给标准输入分配缓冲区。从第 4 行获得从键盘输入的小写字母 a,第 6 行的输出表明标准输入 stdin 的行缓冲区大小为 1024B,第 7～12 行输出几个流的默认的或手动设置的缓冲区大小。第 13 行从键盘输入一串字符,只取第一个字符赋值给变量 x。第 14 行从键盘输入一串字符,只取第一个字符赋值给变量 y。第 15 行输出 x、y 的值,然后等 3s 后输出第 16 行的字符串。这是因为源代码第 36 行要输出的字符串中没有换行符(标准输出是行缓冲区,遇到换行符时会输出缓冲区中的数据),因此先把字符串写入标准输出的 I/O 缓冲区中而没有

```
 1 # gcc -o c_buffer c_buffer.c
 2 # ./c_buffer
 3 stream = stdin, 缓冲区大小 = 0
 4 a
 5 A
 6 stream = stdin, 缓冲区大小 = 1024
 7 stream = stdout, 缓冲区大小 = 1024
 8 stream = stderr, 缓冲区大小 = 0
 9 stream = stdout, 缓冲区大小 = 200
10 stream = c_buffer, 缓冲区大小 = 0
11 stream = c_buffer, 缓冲区大小 = 4096
12 stream = c_buffer, 缓冲区大小 = 8704
13 xasdf ew
14 yfgffh
15 x, y
16 hello world
17 #
```

图 6.12 编译、执行 c_buffer

写回内核。源代码第 38 行执行 fflush 库函数刷新标准输出的 I/O 缓冲区,此时会输出第 16 行的字符串。请读者结合源代码分析运行结果。

6.3 标准工具函数库

C 语言提供了标准工具函数库 stdlib.h(standard library)。stdlib.h 头文件定义了四个变量类型、一些宏和各种通用工具函数。变量类型有 size_t(无符号整型)、wchar_t(宽字符常量大小的整型)、div_t(div 函数返回的结构体类型)、ldiv_t(ldiv 函数返回的结构体类型)。宏有 NULL(空指针常量)、EXIT_FAILURE(exit 函数失败时要返回的值)、EXIT_SUCCESS(exit 函数成功时要返回的值)、RAND_MAX(rand 函数返回的最大值)、MB_CUR_MAX(在多字节字符集中的最大字符数,不能大于 MB_LEN_MAX)。标准工具函数

包括可以实现数值转换、内存管理、随机数操作、字符串转换等函数。

6.3.1 动态内存分配与释放

堆区内存(动态内存)的管理函数有 malloc、calloc、realloc、reallocarray、free,这些库函数的原型如下。

```
void *malloc(size_t size);
void *calloc(size_t nmemb, size_t size);
void *realloc(void *ptr, size_t size);
void *reallocarray(void *ptr, size_t nmemb, size_t size);
void free(void *ptr);
```

1. malloc 函数

malloc 函数在堆区分配一个 size 字节大小的连续内存空间,若分配成功,则返回一个指向已分配内存空间的 void * 类型的指针,该指针可以转化为任意类型的指针。如果请求失败,则返回 NULL。malloc 函数不对已分配内存空间进行初始化(清零)。

2. calloc 函数

calloc 函数分配 nmemb 个元素的连续内存空间,每个元素占 size 字节,并且 calloc 负责把这块内存空间的每个字节初始化为 0。若分配成功,则返回一个指向已分配内存空间的 void * 类型的指针;若出错,则返回 NULL。calloc 函数通常用来为数组分配堆区内存空间,参数 nmemb 是数组的元素个数,参数 size 是数组元素的字节数。

3. realloc 函数

realloc 函数用于重新分配内存。参数 ptr 必须是先前调用 malloc、calloc、realloc 或 reallocarray 函数返回的指针,参数 size 是新分配内存空间的字节数。当先前通过 malloc 或 calloc 函数申请的内存空间大小不合适(比如过小)时,可以使用 realloc 函数调整内存空间的大小。重新分配的内存空间中保留了原来内存空间中的数据。若成功,则返回指向新内存空间的指针;若出错,则返回 NULL。参数 size 可以大于或小于原内存空间大小。若 size 小于原内存空间大小,则前 size 个字节不变,后面的数据被丢弃;若 size 大于原内存空间大小,则原来的数据全部保留,后面多出的内存空间未初始化(realloc 不负责清零)。注意,参数 ptr 要么是 NULL,要么必须是先前调用 malloc、calloc、realloc 或 reallocarray 返回的指针,调用 realloc(NULL, size)相当于调用 malloc(size);调用 realloc(ptr, 0)相当于调用 free(ptr),ptr 不为空。如果原内存空间后面还有足够大的空闲内存,则新分配的内存空间是在原内存空间的后面追加分配剩余所需内存,原空间的数据不发生变化,realloc 函数返回原内存空间的起始地址;如果原内存空间后面没有足够大的空闲内存,realloc 函数将申请新的内存空间,把原内存空间数据复制到新内存空间里,原内存空间被释放掉,realloc 函数返回新内存空间的起始地址。

4. reallocarray 函数

reallocarray 函数是 calloc 和 realloc 函数功能的混合体。

5. free 函数

free 函数用来释放 ptr 指向的由 malloc、calloc 或 realloc 函数动态分配的内存空间。如果 ptr 是空指针,则 free 函数什么事都不做;如果 ptr 所指的不是动态分配的内存空间或是已释放的内存空间,则可能导致程序崩溃。另外,ptr 指针必须指向内存空间起始位置时再释放,如果 ptr 不指向起始位置,将只释放部分内存空间。同一内存空间不能释放多次。

使用 malloc、calloc、realloc 或 reallocarray 函数进行内存分配后,一定要调用 free 函数释放内存空间。也就是说,malloc、calloc、realloc 或 reallocarray 函数和 free 函数要配对使用。

使用上述函数(源代码文件 c_mem.c)的示例代码如下。

扫一扫

```c
1 #include <stdio.h>
2 #include <stdlib.h>
3 typedef struct{
4   int num, age;  double score;
5 }student;
6 int main(){
7   int i; char *pc=(char*)malloc(12);
8   if(!pc) return 1;
9   for(i=0; i<11; i++) pc[i]='A'+rand()%26;
10  pc[i]='\0';
11  printf("%p: %s\n", pc, pc);
12  char* pc2=(char*)realloc(pc, 80);
13  if(!pc2) return 1;
14  printf("%p: %s\n", pc2, pc2);
15  free(pc2); pc2=NULL;
16  student *stu=calloc(2, sizeof(student));
17  if(!stu) return 1;
18  stu[0].num=1; stu[0].age=21; stu[0].score=92.3;
19  stu[1].num=2; stu[1].age=22; stu[1].score=99.9;
20  student *stu2=reallocarray(stu,3,sizeof(student));
21  if(!stu2) return 1;
22  stu2[2].num=3; stu2[2].age=20; stu2[2].score=89.2;
23  student *ps=stu2;
24  for(i=0; i<3; i++, ps++)
25    printf("num=%d,age=%d,score=%f\n",
26           ps->num,ps->age,ps->score);
27  printf("stu addr:  %p\nstu2 addr: %p\n",stu,stu2);
28  free(stu2); stu2=NULL;
29  return 0;
30 }
```

如图 6.13 所示,第 1 行编译源代码文件 c_mem.c,第 2 行运行 c_mem 可执行程序。第 3、4 行输出的地址值不一样,而第 8、9 行输出的地址值一样。请读者结合源代码分析运行结果。

6. alloca 函数

alloca 函数原型:**void *alloca(size_t size);**

alloca 函数用于申请栈空间,申请的栈空间在主调函数(alloca 是被调函数)结束后会自动释放。栈空间是有上限的,如果 alloca 函数申请的栈空间超过了栈的大小,则申请空间失败,并且会导致栈溢出,使得程序崩溃。因此,当要申请大量空间时,最好使用 malloc 函数申请堆空间。alloca 函数在头文件 alloca.h 中声明。

```
1 # gcc -o c_mem c_mem.c
2 # ./c_mem
3 0x55f487f032a0: NWLRBBMQBHC
4 0x55f487f036d0: NWLRBBMQBHC
5 num=1,age=21,score=92.300000
6 num=2,age=22,score=99.900000
7 num=3,age=20,score=89.200000
8 stu addr:  0x55f487f03730
9 stu2 addr: 0x55f487f03730
10 #
```

图 6.13 编译、执行 c_mem

6.3.2 整数算术

stdlib.h 中声明了 6 个用于整型或长整型的数学函数,包括 3 个计算整数绝对值的函数 abs、labs 和 llabs,3 个计算整数除法的商与余数的函数 div、ldiv 和 lldiv。这些库函数的原型如下。

```
int abs(int j);
long labs(long j);
long long llabs(long long j);
div_t div(int numerator, int denominator);
ldiv_t ldiv(long numerator, long denominator);
lldiv_t lldiv(long long numerator, long long denominator);
```

使用上述函数(源代码文件 c_int.c)的示例代码如下。

```
1 #include<stdio.h>
2 #include<stdlib.h>
3 //typedef struct{int quot;int rem;}div_t;
4 //typedef struct{long quot;long rem;}ldiv_t;
5 //typedef struct{long long quot;long long rem;}lldiv_t;
6 int main()
7 {
8   div_t rdiv=div(50,9);
9   printf("商=%d, 余数=%d\n", rdiv.quot, rdiv.rem);
10  ldiv_t rldiv=ldiv(20993651L,206L);
11  printf("商=%ld, 余数=%ld\n", rldiv.quot, rldiv.rem);
12  lldiv_t rlldiv=lldiv(110562569L,55L);
13  printf("商=%lld, 余数=%lld\n",rlldiv.quot,rlldiv.rem);
14 }
```

```
1 # gcc -o c_int c_int.c
2 # ./c_int
3 商=5, 余数=5
4 商=101910, 余数=191
5 商=2010228, 余数=29
```

图 6.14　编译、执行 c_int

如图 6.14 所示,第 1 行编译源代码文件 c_int.c,第 2 行运行 c_int 可执行程序。

根据上面两个源代码的运行结果可以看出:多次运行不难发现,每次运行结果都相同。不加 srand 函数的 rand 函数产生的随机数是伪随机数。

6.3.3　随机数

rand 库函数可用来产生介于 0 和 RAND_MAX 的随机数。RAND_MAX 是 stdlib.h 头文件中的一个宏,用来指明 rand 函数所能返回的随机数的最大值(2147483647)。rand 函数使用一个随机数种子生成随机数,当计算机正常开机后,这个种子值是固定的,因此产生的随机数也是固定的,这种随机数称为伪随机数。可以使用 srand 函数改变随机数种子,使得 rand 函数可以产生真正的随机数。这两个库函数的函数原型如下。

```
int rand(void);
void srand(unsigned int seed);
```

为了防止生成的随机数重复,可以采用系统时间初始化随机数种子。

使用上述函数(源代码文件 c_rand.c)的示例代码如下。

```
1 #include<stdio.h>
2 #include<stdlib.h>
3 #include<time.h>
4 int main() {
5   printf("rand: ");
6   for(int i=0; i<10; i++){
7     printf("%d ", rand()%10);
8   }
9   printf("\nsrand: ");
10  srand((unsigned int)time(0));
11  for(int i=0; i<10; i++){
12    printf("%d ", rand()%10);
13  }
14  printf("\n");
15 }
```

```
1 # gcc -o c_rand c_rand.c
2 # ./c_rand
3 rand: 3 6 7 5 3 5 6 2 9 1
4 srand: 3 5 6 8 7 6 1 4 2 8
5 # ./c_rand
6 rand: 3 6 7 5 3 5 6 2 9 1
7 srand: 5 0 3 0 7 7 3 1 6 5
8 # ./c_rand
9 rand: 3 6 7 5 3 5 6 2 9 1
10 srand: 6 3 5 6 6 1 8 8 1 2
```

图 6.15　编译、执行 c_rand

如图 6.15 所示,第 1 行编译源代码文件 c_rand.c,第 2 行运行 c_rand 可执行程序。第

3、6、9 行的输出结果一样,而第 4、7、10 行的输出结果不一样。

6.3.4 数值字符串转换

把字符串转换为整数和浮点数的库函数的函数原型如下。

```
1 double atof(const char *nptr);
2 int atoi(const char *nptr);
3 long atol(const char *nptr);
4 long long atoll(const char *nptr);
5 double strtod(const char *nptr, char **endptr);
6 float strtof(const char *nptr, char **endptr);
7 long double strtold(const char *nptr, char **endptr);
8 long strtol(const char *nptr, char **endptr, int base);
9 long long strtoll(const char *nptr, char **endptr, int base);
10 unsigned long strtoul(const char *nptr, char **endptr, int base);
11 unsigned long long strtoull(const char *nptr, char **endptr, int base);
```

(1) atof 函数把字符串 nptr 转换为双精度浮点数。

(2) atoi 函数把字符串 nptr 转换为整型数。

(3) atol 函数把字符串 nptr 转换为长整型数。

(4) atoll 函数把字符串 nptr 转换为长长整型数。

(5) strtod 函数把字符串 nptr 转换为双精度浮点数,检查结果是否溢出,并返回字符串不能转换部分的地址。

(6) strtof 函数把字符串 nptr 转换为单精度浮点数,检查结果是否溢出,并返回字符串不能转换部分的地址。

(7) strtold 函数把字符串 nptr 转换为长双精度浮点数,检查结果是否溢出,并返回字符串不能转换部分的地址。

(8) strtol 函数把字符串 nptr 转换为长整型数,检查结果是否溢出,并返回字符串不能转换部分的地址。strtol 函数是 atoi 函数的增强版,不仅可以识别十进制整数,还可以识别其他进制的整数,取决于 base 参数。参数 base 介于 2 和 36 之间,表示转换整型的基数。endptr 是一个传出参数,函数返回时指向后面未被识别的第一个字符。

(9) strtoll 函数把字符串 nptr 转换为长长整型数,检查结果是否溢出,并返回字符串不能转换部分的地址。

(10) strtoul 函数把字符串 nptr 转换为无符号长整型数,检查结果是否溢出,并返回字符串不能转换部分的地址。

(11) strtoull 函数把字符串 nptr 转换为无符号长长整型数,检查结果是否溢出,并返回字符串不能转换部分的地址。

这些函数将字符串 nptr 转换为相应类型值后,将其作为返回值。

stdlib.h 头文件中还声明了 3 个将浮点数转换为字符串的函数,函数原型如下。

```
1 char *ecvt(double number, int ndigits, int *decpt, int *sign);
2 char *fcvt(double number, int ndigits, int *decpt, int *sign);
3 char *gcvt(double number, int ndigit, char *buf);
```

(1) ecvt 函数将双精度浮点数 number 转换为字符串,转换结果中不包括十进制小数点。参数 number 是要转换的浮点数;参数 ndigits 是小数点后面的位数;参数 decpt 表示小数点的位置;参数 sign 表示符号,0 为正数,1 为负数。这个函数最多存储 ndigits 个数字值作为一个字符串,并添加一个串结束标志('\0'),若 number 中的数字个数超过 ndigits,则低位数字被舍弃;若 number 中的数字个数少于 ndigits,则用 0 填充。只有数字才存储在该字符串中,小数点位置和 number 符号在调用之后由参数 decpt 和 sign 表示。参数 decpt 表示小数点位置的整数值。返回值为指向生成字符串的指针。

(2) fcvt 函数以指定位数为转换精度将双精度浮点数 number 转换为字符串。

(3) gcvt 函数将双精度浮点数 number 转换为字符串,转换后的字符串包含十进制小数点或正负号。若转换成功,则将转换后的字符串写入参数 buf 所指的存储空间。

使用上述函数(源代码文件 c_type.c)的示例代码如下。

```c
1 #include <stdio.h>
2 #include <stdlib.h>
3 int main(void){
4   char *c1="216.22", *c2="-6000e-3";
5   printf("c1+c2=%.3f\n", atof(c1)+atof(c2));
6   char i1[]="200", i2[]="-652";
7   printf("i1+i2=%d\n", atoi(i1)+atoi(i2));
8   char l1[]="-9999999999", l2[]="1111111111";
9   printf("l1+l2=%ld\n", atol(l1)+atol(l2));
10  double d; int base; long l; unsigned long ul;
11  char *endptr, *str="1.23456789ABCDEFaaa";
12  d=strtod(str, &endptr); printf("--->str=%s\n", str);
13  printf("strtod=%.10f, endptr=%s\n", d, endptr);
14  str="-82690abcABCDEDFGH"; l=strtol(str, &endptr, 10);
15  printf("--->str=%s\n", str);
16  printf("strtol=%ld, endptr=%s\n", l, endptr);
17  str="11011234789Agt";  printf("--->str=%s\n", str);
18  for(base=2; base<=16; base*=2){
19    ul=strtoul(str, &endptr, base);
20    printf("strtol=%ld(%d进制), endptr=%s\n",
21          ul, base, endptr);
22  }
23  double value; int ndig; int dec, sign;
24  value=12.32; ndig=4; str=ecvt(value,ndig,&dec,&sign);
25  printf("str=%s dec=%d sign=%d\n", str, dec, sign);
26  value=123.2; ndig=6; str=fcvt(value,ndig,&dec,&sign);
27  printf("str=%s dec=%d sign=%d\n", str, dec, sign);
28  value=-1.232; ndig=7;str=fcvt(value,ndig,&dec,&sign);
29  printf("str=%s dec=%d sign=%d\n", str, dec, sign);
30  ndig=3; gcvt(value,ndig,str); printf("str=%s\n",str);
31  ndig=6; gcvt(value,ndig,str); printf("str=%s\n",str);
32  value=123.456;char strr[10];sprintf(strr,"%f",value);
33  printf("float=%f str=%s\n", value, strr);
34 }
```

上面源代码中,第 4、5 行将字符串转换成数字后相加,第 6、7 行将字符串转换成数字后相加,第 8、9 行将字符串转换成数字后相加,第 10~16 行将字符串转换成数字,第 17~22 行采用二、四、八、十六进制将字符串转换成数字,第 23~31 行将数字转换成字符串。Linux 中没有将整型值转化为字符串的 itoa 函数,可以使用第 32、33 行代码实现该功能。

如图 6.16 所示,第 1 行编译源代码文件 c_type.c,第 2 行运行 c_type 可执行程序。

6.3.5　宽字符和多字节字符转换

1. 字符集与字符编码

字符集是一个系统支持的所有抽象字符的集合。字符是各种文字和符号的总称,包括各国家文字、标点符号、图形符号、数字等。常见的字符集有 ASCII 字符集、GB2312 字符集、Unicode 字符集等。

字符编码是按照某种格式将字符集中的字符存储在计算机中。字符编码能在字符集与

```
 1 # gcc -o c_type c_type.c
 2 # ./c_type
 3 c1+c2=210.220
 4 i1+i2=-452
 5 l1+l2=-8888888888
 6 --->str=1.23456789ABCDEFaaa
 7 strtod=1.2345678900, endptr=ABCDEFaaa
 8 --->str=-82690abcABCDEDFGH
 9 strtol=-82690, endptr=abcABCDEDFGH
10 --->str=11011234789Agt
11 strtol=27(2进制), endptr=234789Agt
12 strtol=5211(4进制), endptr=4789Agt
13 strtol=18912487(8进制), endptr=89Agt
14 strtol=18696298068122(16进制), endptr=gt
15 str=1232 dec=2 sign=0
16 str=123200000 dec=3 sign=0
17 str=12320000 dec=1 sign=1
18 str=-1.23
19 str=-1.232
20 float=123.456000 str=123.456000
```

图 6.16 编译、执行 c_type

数字系统之间建立对应关系,将符号转换为计算机能识别的二进制编码。一个字符集可以有多种字符编码方式。计算机字符编码大概经历了三个阶段:①ASCII 字符集和 ASCII 编码。早期的计算机只支持英语(即拉丁字符),其他语言不能在计算机上存储和显示。ASCII用一个字节的低 7 位表示一个字符(高 1 位为 0)。后来为了表示更多的欧洲常用字符,对ASCII 进行了扩展(称为 EASCII),用 8 位表示一个字符,这样能多表示 128 个字符,可以支持部分西欧字符。②ANSI 编码(本地化)。为使计算机支持更多的语言,通常使用 2 字节(每个字节都属于 0x80 ~ 0xFF 范围)表示 1 个字符。不同国家和地区制定了不同的标准,由此产生了 GB2312、BIG5 等各自的编码标准。这些使用 2 字节表示一个字符的各种编码方式称为 ANSI 编码。不同 ANSI 编码之间互不兼容,当信息在国际上交流时,无法将属于两种语言的文字存储在同一段 ANSI 编码的文本中。③Unicode(国际化)。为了使国际信息交流更加方便,国际组织制定了 Unicode 字符集,为各种语言中的每个字符设定了统一并且唯一的数字编号,以满足跨语言、跨平台进行文本转换、处理的要求。Unicode 有三种编码方式:UTF-8(1 ~ 4 字节)、UTF-16(2 字节)、UTF-32(4 字节)。其中,UTF-8 的使用最为广泛,UTF-8 可以表示 Unicode 字符集中的所有字符。

2. 宽字符集和多字节字符集

C95 标准化了两种表示大型字符集的方法:宽字符(wide character)集和多字节字符(multibyte character)集。宽字符集中每个字符的编码宽度相同,C 语言提供了宽字符类型wchar_t。在多字节字符集中,每个字符的编码宽度都不等,可以是一字节,也可以是多字节。C 语言本身并没有定义或指定任何编码集合或任何字符集,而是由 C 语言实现版本指定如何编码宽字符,以及要支持什么类型的多字节字符编码机制。某个字节序列的字符值由字符串或流所在的环境决定。

3. 宽字符和多字节字符转换函数

宽字符和多字节字符的主要差别在于所有宽字符占用的字节数都一样,而多字节字符的字节数目不等,这样的表示方式使得多字节字符串比宽字符串更难处理。C 提供了一些标准库函数,可以在多字节字符和宽字符之间进行转换。

stdlib.h 头文件中还声明了 4 个用于不同宽度的字符数组之间的转换函数,主要是 char 类型和 wchar_t 类型之间的转换。函数原型如下。

```
int mblen(const char *s, size_t n);
int wctomb(char *s, wchar_t wc);
int mbtowc(wchar_t *pwc, const char *s, size_t n);
size_t wcstombs(char *dest, const wchar_t *src, size_t n);
size_t mbstowcs(wchar_t *dest, const char *src, size_t n);
```

(1) mblen 函数。mblen 函数计算多字节字符的长度并确定是否为有效字符,返回值是该字符占用的字节数。如果当前字符是空的宽字符,则返回 0;如果当前字符不是有效的多字节字符,则返回 −1。参数 s 是多字节字符串指针,一般会检查该字符串的第一个字符;参数 n 是需要检查的字节数,这个数字不能大于当前系统单个字符占用的最大字节(MB_CUR_MAX)。C 语言提供了两个宏(MB_LEN_MAX、MB_CUR_MAX)表示当前系统支持的编码字节长度。MB_LEN_MAX(16)表示最大字节长度,定义在 limits.h。MB_CUR_MAX 表示当前语言的最大字节长度,小于或等于 MB_LEN_MAX,定义在 stdlib.h。

(2) wctomb 函数。wctomb(wide character to multibyte)函数用于将宽字符转换为多字节字符。参数 s 指向的目标缓存用来存放转换之后的多字节字符;参数 wc 是需要转换的宽字符。若转换成功,则返回多字节字符占用的字节数量;若转换失败,则返回 −1。

(3) mbtowc 函数。mbtowc(multibyte to wide character)函数用于将多字节字符转换为宽字符。参数 pwc 指向的目标缓存用来存放转换之后的宽字符;参数 s 是需要转换的多字节字符指针;参数 n 是多字节字符的字节数。若转换成功,则返回多字节字符的字节数;若转换失败,则返回 −1。

(4) wcstombs 函数。wcstombs 函数用来将宽字符串转换为多字节字符串。参数 dest 指向的目标缓存用来存放转换之后的多字节字符串;参数 src 是需要转换的宽字符串指针;参数 n 用来指定目标缓存能够存储的最大字节数。若转换成功且 dest 为 NULL,则返回目标缓存所需的字节数(不含串结束符);若转换成功且 dest 不为 NULL,则返回转换后的多字节字符串的字节数(不含串结束符);若转换失败,则返回 −1。

(5) mbstowcs 函数。mbstowcs 函数用来将多字节字符串转换为宽字符串。参数 dest 指向的目标缓存用来存放转换之后的宽字符串;参数 src 是需要转换的多字节字符串;参数 n 是需要转换的多字节字符串的最大字符数,当 dest 为 NULL 时该值无用。若转换成功且 dest 为 NULL,则返回目标缓存所需的宽字符(wchar_t 类型)的个数(不含串结束符);若转换成功且 dest 不为 NULL,则返回转换后的宽字符的个数(不含串结束符);若转换失败,则返回 −1。如果返回值与第三个参数相同,那么转换后的宽字符串不以 NULL 结尾。

使用上述函数(源代码文件 c_wchar.c)的示例代码如下。

```
 1 #include <stdio.h>
 2 #include <stdlib.h>
 3 #include <string.h>
 4 #include <wchar.h>
 5 #include <locale.h>
 6 int main(){
 7   setlocale(LC_ALL, "");
 8   printf("mblen(编)=%d\n", mblen("编", MB_CUR_MAX));
 9   printf("mblen(编程)=%d\n", mblen("编程", MB_CUR_MAX));
10   printf("mblen(C语言编程)=%d\n", mblen("C语言编程", MB_CUR_MAX));
```

```
11  wchar_t wc=L'编'; char mbstr[8]={0}; int n=wctomb(mbstr, wc);
12  printf("len(%s)=%d, strlen(%s)=%ld\n", mbstr, n, mbstr, strlen(mbstr));
13  for(int i=0; i<8; i++) printf("%hhx ", mbstr[i]); printf("\n");
14  char* mbchar="编"; wchar_t *pwc=&wc;
15  n=mbtowc(pwc, mbchar, 4); printf("len(%lc)=%d\n", *pwc, n);
16  n=mbtowc(pwc, mbchar, 3); printf("len(%lc)=%d\n", *pwc, n);
17  n=mbtowc(pwc, mbchar, 2); printf("len(%lc)=%d\n", *pwc, n);
18  wchar_t wcs[20]={0}; wcscpy(wcs, L"C语言编程"); int dsize=wcstombs(NULL,wcs,0)+1;
19  char*dest=(char*)malloc(dsize); memset(dest,0,dsize); n=wcstombs(dest,wcs,dsize);
20  if(n<=0) printf("转换失败\n");
21  else{
22    printf("dsize=%d, len(%s)=%d\n", dsize, dest, n);
23    for(int i=0; i<dsize; i++) printf("%hhx ", dest[i]); printf("\n");
24  } free(dest);
25  char buf[20]={0}; strcpy(buf, "Cc语言编程"); dsize=mbstowcs(NULL, buf, 0)+1;
26  wchar_t dbuf[dsize]; wmemset(dbuf, 0, dsize);
27  n=mbstowcs(dbuf, buf, dsize); if(n<=0) return 0;
28  printf("dsize=%d, len(%ls)=%d\n", dsize, dbuf, n);
29  for(int i=0; i<dsize; i++) printf("%x ", dbuf[i]); printf("\n");
30 }
```

上面源代码中，第 7 行调用 setlocale 函数对当前程序进行区域设置，设置为本地环境所使用的编码方式，从而指定多字节编码类型，后面的多字节操作函数才能进行正常的执行。第 8～10 行使用 mblen 函数输出字符串的第一个字符占用的字节数，汉字占 3 字节，字母占 1 字节。第 14～17 行使用 mbtowc 函数将多字节字符"编"转换为宽字符，若转换成功，则返回多字节字符"编"占用的字节数（占用 3 字节），第 17 行 mbtowc 函数的第 3 个参数值为 2，小于 3，因此转换失败，返回值为－1。第 18～24 行，wcstombs 函数将宽字符串 wcs 转为多字节字符串 dest，返回值 13 表示写入 mbs 的字符串占 13 字节，不包括尾部的字符串终止符。第 25～29 行，mbstowcs 函数将多字节字符串 buf 转换为宽字符串 dbuf，返回值 6 表示转换后的宽字符的个数（不含串结束符）。第 18、25 行的 wcstombs 和 mbstowcs 函数的第 1 个参数设置为 NULL，是为了获取转换所需的目标缓存的大小。

如图 6.17 所示，第 1 行编译源代码文件 c_wchar.c，第 2 行运行 c_wchar 可执行程序。

```
 1 # gcc -o c_wchar c_wchar.c
 2 # ./c_wchar
 3 mblen(编)=3
 4 mblen(编程)=3
 5 mblen(C语言编程)=1
 6 len(编)=3, strlen(编)=3
 7 e7 bc 96 0 0 0 0 0
 8 len(编)=3
 9 len(编)=3
10 len(编)=-1
11 dsize=14, len(C语言编程)=13
12 43 e8 af ad e8 a8 80 e7 bc 96 e7 a8 8b 0
13 dsize=7, len(Cc语言编程)=6
14 43 63 8bed 8a00 7f16 7a0b 0
```

图 6.17　编译、执行 c_wchar

6.4 字符串处理函数库

应用程序按功能划分可分为数值运算、符号处理和 I/O 操作三大类。早期的计算机应用以数值运算为主,而现在的计算机应用中,符号处理占很大比例,符号处理程序无处不在,比如编译器、浏览器、大数据等程序都涉及大量的符号处理。本节介绍字符串处理函数库。

字符串处理函数库 string.h 包含了宏定义(NULL)、常量以及函数和类型(无符号整型 size_t)的声明,这些函数包括以 str 开头的字符串处理函数和以 mem 开头的内存处理函数。字符串函数只能处理 ASCII 字符集或兼容 ASCII 的字符集(如 ISO-8859-1);在处理存在多字节字符的字符集(如 UTF-8)时会产生警告。非 ASCII 兼容字符集的字符串处理函数一般位于 wchar.h 中。

6.4.1 内存赋值

memset 函数原型:void * memset(void * s, int c, size_t n);

memset 函数把 s 指向的大小为 n 字节的内存空间中的全部字节单元设置为指定的值 c。通常 c 的值为 0,也就是将一块内存区清零。注意,参数 c 的实际取值范围是 0 ~ 255,因为 memset 函数只能取 c 的低 8 位,无论 c 多大,只有后 8 位二进制是有效的。

扫一扫

使用 memset 函数(源代码文件 c_memset.c)的示例代码如下。

```
1 #include <stdio.h>
2 #include <string.h>
3 int main(){
4    char a[4]; memset(a,'1',4);              //对char类型的数组a初始化, 所有字节置为'1'
5    int b[4]; memset(b,0,sizeof(b));          //对int类型的数组b初始化, 所有字节置为0
6    int c[4]; memset(c,1,sizeof(c));          //对int类型的数组c初始化, 所有字节置为1
7    int d[4]; memset(d,1,4);                  //对int类型的数组d初始化, 前4个字节置为1
8    typedef struct{int n; char name[8];}stu;
9    int i; stu s1[3]; memset(&s1,'A',3*sizeof(stu)); //对结构体数组初始化, 所有字节置为'A'
10   for(i=0;i<4;i++) printf("%c ",a[i]); printf(": ");
11   for(i=0;i<4;i++) printf("%x ",b[i]); printf(": ");
12   for(i=0;i<4;i++) printf("%x ",c[i]); printf(": ");
13   for(i=0;i<4;i++) printf("%x ",d[i]); printf("\n");
14   for(i=0;i<3;i++) printf("n=%x,name=%s(%ld)\n",s1[i].n,s1[i].name,strlen(s1[i].name));
15 }
```

如图 6.18 所示,第 1 行编译源代码文件 c_memset.c,第 2 行运行 c_memset 可执行程序。从输出结果可知,对字符数组初始化为非 0 值有意义,对其他类型的数组初始化为非 0 值多数情况下没有意义,因此,memset 函数通常用于将一块内存区域初始化为 0。

```
1 # gcc -o c_memset c_memset.c
2 # ./c_memset
3 1 1 1 1 : 0 0 0 0 : 1010101 1010101 1010101 1010101 : 1010101 7ffe 1000000 101
4 n=41414141,name=AAAAAAAAAAAAAAAAAAAAAAAAAAAAAAA1111(36)
5 n=41414141,name=AAAAAAAAAAAAAAAAAAA1111(24)
6 n=41414141,name=AAAAAAAA1111(12)
```

图 6.18　编译、执行 c_memset

6.4.2　取字符串的长度

strlen 函数原型：size_t strlen(const char ＊ s)；

strlen 函数用于计算字符串的长度，返回参数 s 所指字符串的长度，长度不包括串结束字符'\0'。

C 语言中没有字符串类型，一般用两种方法生成字符串：①用双引号生成常量字符串，然后让指针指向该常量字符串的首字符地址；②利用字符数组创建字符串，把若干字符存储在数组中，数组名就是字符串地址。利用字符数组创建字符串时一定要将串结束字符'\0'写进数组，表示串的结束，否则对字符数组访问时会造成数组访问越界，比如 6.4.1 节源代码第 14 行中，strlen 函数计算字符数组 name 中的字符串长度时，输出结果表示发生了数组访问越界的问题。

6.4.3　复制字符串

复制字符串函数的函数原型如下。

```
1 char *strcpy(char *dest, const char *src);
2 char *strncpy(char *dest, const char *src, size_t n);
3 void *memcpy(void *dest, const void *src, size_t n);
4 void *memmove(void *dest, const void *src, size_t n);
5 char *strdup(const char *s);
6 char *strndup(const char *s, size_t n);
7 char *strdupa(const char *s);
8 char *strndupa(const char *s, size_t n);
```

1. strcpy 函数

strcpy 函数把参数 src 指向的字符串复制到 dest 数组中，返回字符串 dest 的起始地址。参数 src 和 dest 所指内存区域不可重叠，并且 dest 必须有足够空间来容纳字符串 src，否则会造成缓冲区溢出。strcpy 函数在复制结束后会自动添加串结束符，而 strncpy 函数不会。

2. strncpy 函数

strncpy 函数把字符串 src 的前 n 个字符复制到 dest 数组中，返回参数 dest 字符串的起始地址。参数 src 和 dest 所指内存区域不可重叠，并且 dest 必须有足够空间来容纳字符串 src，否则会造成缓冲区溢出。strncpy 函数只复制指定长度的字符，若字符串 src 的前 n 个字符不含串结束符'\0'，则 strncpy 不会自动在字符串 dest 末尾加'\0'。若字符串 src 的长度小于 n，则以'\0'填充 dest 字符串，直到复制完 n 个字符。因此，strncpy 函数并不保证缓冲区以'\0'结尾。

3. memcpy 函数

memcpy 函数从 src 所指的内存区域复制 n 个字节到 dest 所指的内存区域。参数 src 和 dest 所指内存区域不能重叠，函数返回 dest 指针值。参数 dest 所指的内存区域要大于或等于 n 个字节。和 strncpy 函数不同，memcpy 函数并不是遇到'\0'就结束，而是一定会复制 n 个字节。6.5 节介绍的字符处理函数的命名规律是：以 str 开头的函数是对以'\0'结尾的字符串的操作，以 mem 开头的函数是对内存块的操作，不关心'\0'字符，不把参数当字符串看待，因此参数是 void ＊ 指针类型，而非 char ＊ 指针类型。memcpy 并不限制被复制的数据类型，只是逐字节地进行复制，任何数据类型都可以进行复制。通常在复制字符串时用

strcpy 函数,复制其他类型数据时用 memcpy 函数。

4. memmove 函数

memmove 函数从 src 所指的内存区域复制 n 个字节到 dest 所指的内存区域,函数返回 dest 指针值。memmove 函数名中虽然有 move,但是函数功能是复制而非移动。如果参数 src 和 dest 所指内存区域有重叠,memmove 函数能保证源串 src 在被覆盖之前将重叠区域的字节复制到目标区域 dest 中,复制后 src 所指内存区域中的内容会被更改。当 src 和 dest 所指内存区域没有重叠时,memmove 和 memcpy 函数的功能相同。

5. strdup 和 strndup 函数

strdup 函数会调用 malloc 函数在堆区动态分配字符串 s 大小(包括'\0')的内存空间,把字符串 s 复制到新分配的内存中,返回值是新分配内存空间的起始地址(字符串指针)。

strndup 函数的功能与 strdup 函数类似,最多只复制 n 个字符。如果字符串 s 的长度大于或等于 n,则只复制 n 个字符,并添加一个串结束符'\0'。

使用 strdup 和 strndup 函数省去了事先为新字符串分配内存的操作,但是用完新字符串后要记得调用 free 函数释放新字符串的内存空间。

6. strdupa 和 strndupa 函数

strdupa、strndupa 这两个函数和 strdup、strndup 这两个函数功能类似,区别在于 strdupa 和 strndupa 函数调用 alloca 在栈区分配内存空间,用完之后无须调用 free 函数,可以避免内存泄漏。但是,由于栈空间容量有限,建议慎用这两个函数。

使用上述部分函数(源代码文件 c_str_cp.c)的示例代码如下。

```
1 #include <stdio.h>
2 #include <stdlib.h>
3 #include <string.h>
4 int main(){
5   int i; char str1[6];
6   strcpy(str1,"abcd"); printf("str1=%s(",str1);
7   for(i=0;i<6;i++)printf("%hhx ",str1[i]); printf(")\n");
8   strncpy(str1, "ABCD", 2); printf("str1=%s(",str1);
9   for(i=0;i<6;i++)printf("%hhx ",str1[i]); printf(")\n");
10  char *ps1="HELLO"; i=strlen(ps1)+1;
11  char *ps2=(char *)malloc(i);
12  memcpy(ps2, ps1, i); printf("ps2=%s\n", ps2);
13  char str2[20]="hello world"; printf("str2=%s\n",str2);
14  memmove(str2+6,str2,12); printf("str2=%s\n",str2);
15  char*str3=strdup("use strdup"); printf("%s\n", str3);
16  char*str4=strndup("use strndup",9);printf("%s\n",str4);
17  free(str3); free(str4);
18 }
```

如图 6.19 所示,第 1 行编译源代码文件 c_str_cp.c,第 2 行运行 c_str_cp 可执行程序。

6.4.4 比较字符串

字符串比较函数 strcmp 和 strncmp 在头文件 string.h 中声明。字符串比较函数 strcasecmp 和 strncasecmp 不属于 C 标准库,它们是在 POSIX 标准中定义的。这些函数的原型如下。

```
1 # gcc -o c_str_cp c_str_cp.c
2 # ./c_str_cp
3 str1=abcd(61 62 63 64 0 0 )
4 str1=ABcd(41 42 63 64 0 0 )
5 ps2=HELLO
6 str2=hello world
7 str2=hello hello world
8 use strdup
9 use strnd
```

图 6.19   编译、执行 c_str_cp

```
int strcmp(const char *s1, const char *s2);
int strncmp(const char *s1, const char *s2, size_t n);
int strcasecmp(const char *s1, const char *s2);
int strncasecmp(const char *s1, const char *s2, size_t n);
```

1. strcmp 和 strncmp 函数

strcmp 函数把 s1 和 s2 两个字符串自左向右逐个字符相比（按 ASCII 值大小比较），直到出现不同的字符或遇串结束符'\0'为止。如果两个字符串相等，则返回值为 0；如果 s1 小于 s2，则返回值为负数；如果 s1 大于 s2，则返回值为正数。

strncmp 函数比较字符串 s1 和 s2 的前 n 个字符。如果前 n 个字符完全相等，则返回值为 0；在前 n 字节比较过程中，如果出现 s1[n] 与 s2[n] 不等，则返回值为 s1[i]-s2[i]，也就是说，如果 s1 小于 s2，则返回值为负数；如果 s1 大于 s2，则返回值为正数。strncmp 函数的比较结束条件是：比较完 n 个字符，或在其中一个字符串中遇到串结束符'\0'。

strncmp 函数和 strcmp 函数都大小写敏感。

2. strcasecmp 和 strncasecmp 函数

strcasecmp 和 strncasecmp 函数和上面两个函数类似，但在比较字符串的过程中忽略字符的大小写，比如认为小写字母 a 和大写字母 A 是相等的。

使用上述函数（源代码文件 c_cmp.c）的示例代码如下。

```
1 #include <stdio.h>
2 #include <string.h>
3 int main(){
4   printf("%d\n",strcmp("abcde", "abcd"));          //输出: 1
5   printf("%d\n",strcmp("abcd", "abcd"));           //输出: 0
6   printf("%d\n",strcmp("abcd", "abcde"));          //输出: -1
7   printf("%d\n",strcmp("abcda", "abcdz"));         //输出: -1
8   printf("%d\n",strncmp("abcda", "abcdz", 4));     //输出: 0
9   printf("%d\n",strncmp("abcda", "abcdz", 5));     //输出: -25
10  printf("%d\n",strncmp("abcda", "abcdz", 6));     //输出: -25
11  printf("%d\n",strcasecmp("abcda", "Abcdz"));     //输出: -25
12  printf("%d\n",strncasecmp("abcda", "Abcdz", 4)); //输出: 0
13  printf("%d\n",strncasecmp("abcda", "Abcdz", 10));//输出: -25
14 }
```

6.4.5 搜索字符串

搜索字符（串）函数的函数原型如下。

```
1 char *strchr(const char *s, int c);
2 char *strrchr(const char *s, int c);
3 char *strstr(const char *haystack, const char *needle);
4 char *strpbrk(const char *s, const char *accept);
5 size_t strspn(const char *s, const char *accept);
6 size_t strcspn(const char *s, const char *reject);
```

1. strchr 函数

strchr 函数在字符串 s 中从左向右查找字符 c，参数 c 是一个整型值（0～127），它包含了一个字符值，该函数返回字符 c 第一次在字符串 s 中出现的位置指针（地址值），若未找到字符 c，则返回 NULL。

2. strrchr 函数

strrchr 函数从右向左查找字符 c,返回字符 c 第一次在字符串 s 中出现的位置指针(地址值),若未找到字符 c,则返回 NULL。

3. strstr 函数

strstr 函数在字符串 haystack 中查找第一次出现子字符串 needle(不包含串结束符'\0')的位置,若找到,则返回该位置;若未找到,则返回 NULL。

4. strpbrk 函数

strpbrk 函数查找字符串 accept(字符集,不包含串结束符'\0')中任一字符在字符串 s 中第一次出现的位置,若找到,则返回该位置;若未找到,则返回 NULL。

5. strspn 函数

strspn 函数用来计算从字符串 s 开头连续有几个字符都属于字符串 accept(字符集,不包含串结束符'\0')。若字符串 s 所包含的字符都属于 accept,则返回 s 的长度;若 strspn 函数的返回值为 n,则表示从字符串 s 开头连续有 n 个字符都属于字符串 accept 内的字符;若 strspn 函数的返回值为 0,则表示字符串 s 的第一个字符不属于 accept。strspn 函数检索字符时是区分大小写的。

6. strcspn 函数

strcspn 函数用来计算从字符串 s 开头连续有几个字符都不属于字符串 accept(字符集,不包含串结束符'\0')。若字符串 s 所包含的字符都不属于 accept,则返回 s 的长度;若字符串 s 的第一个字符属于 accept,则返回 0。strcspn 函数检索字符时是区分大小写的。

使用上述部分函数(源代码文件 c_search.c)的示例代码如下。

```
1 #include <stdio.h>
2 #include <string.h>
3 int main(){
4   printf("%s\n", strchr("hello", 'l'));            //返回值为: llo
5   printf("%s\n", strrchr("hello", 'l'));           //返回值为: lo
6   printf("%s\n", strstr("helloworld", "lo"));      //返回值为: loworld
7   printf("%s\n", strpbrk("helloworld", "eor"));    //返回值为: elloworld
8   printf("%s\n", strpbrk("helloworld", "reo"));    //返回值为: elloworld
9   printf("%ld\n", strspn("helloworld", "ehlo"));   //返回值为: 5
10  printf("%ld\n", strspn("helloworld", "eor"));    //返回值为: 0
11  printf("%ld\n", strspn("hello", "hello"));       //返回值为: 5
12  printf("%ld\n", strcspn("helloworld", "ehlo"));  //返回值为: 0
13  printf("%ld\n", strcspn("helloworld", "od"));    //返回值为: 4
14  printf("%ld\n", strcspn("hello", "xyz"));        //返回值为: 5
15 }
```

6.4.6 连接字符串

连接字符串函数的函数原型如下。

```
char *strcat(char *dest, const char *src);
char *strncat(char *dest, const char *src, size_t n);
```

1. strcat 函数

strcat 函数把参数 src 所指的字符串连接(复制)到参数 dest 所指的字符串后面。字符串 dest 中的串结束符'\0'被字符串 src 的第一个字符覆盖,并在新字符串末尾追加串结束符'\0'.参数 dest 所指的目标空间必须足够大,确保能放下字符串 src,否则会导致缓冲区溢出。该函数的返回值为字符串 dest 的起始地址。

2. strncat 函数

strncat 函数将字符串 src 中前 n 个字符连接到字符串 dest 的后面,然后在新字符串末尾追加串结束符'\0'.若指定长度 n 超过字符串 src 的长度,则复制完字符串 src 即停止。strncat 函数通过参数 n 指定一个长度,可以避免缓冲区溢出错误。

6.4.7　分割字符串

Linux 中的配置文件包含多行,每行包含由分隔符(Delimiter)隔开的若干个字段。解析这些文件时可以使用分割字符串函数很方便地完成分割字符串的操作,分割出来的每段字符串称为一个 Token。分割字符串函数的函数原型如下。

```
char *strtok(char *str, const char *delim);
char *strtok_r(char *str, const char *delim, char **saveptr);
```

1. strtok 函数

strtok 函数通过分隔符 delim 将待分割的字符串 str 分解为一组子字符串,delim 可以指定一个或多个分隔符,strtok 遇到其中任何一个分隔符都会分割字符串。strtok 函数实际上是将字符串 str 中的每一个分隔符都替换为串结束符'\0'(strtok 会修改原始字符串),然后返回被分割之后的第一个子字符串。后续的子字符串可通过多次函数调用 strtok(NULL, delim)逐一返回。也就是说,每次调用 strtok 函数,会返回指向下一个 Token(子字符串)的指针,若没有下一个 Token,则返回 NULL。

第一次调用 strtok 函数时要把字符串的首地址传给第一个参数 str,以后每次调用 strtok 函数时,对第一个参数赋值 NULL 即可,strtok 函数通过 strtok 函数中的一个静态指针变量记住上次处理到字符串的位置。正是由于 strtok 函数内部使用静态变量保存下一次分解的起始位置,所以当多线程都调用 strtok 函数时,静态全局变量会被多个线程重复改变,会出现位置错乱问题。因此,strtok 函数不是线程安全函数。此时可以使用多线程安全函数 strtok_r。

2. strtok_r 函数

strtok_r 函数比 strtok 函数多了一个保存中间指针变量的参数 saveptr,这样 strtok_r 函数内部就没有静态变量了,从而保证多线程调用的安全性。

strtok_r 函数的主调函数需要自己分配一个指针变量来维护字符串中的当前处理位置,每次调用 strtok_r 函数时把这个指针变量的地址传给 strtok_r 函数的参数 saveptr,strtok_r 函数返回时再把新的处理位置写回到这个指针变量中。strtok_r 末尾的 r 就表示可重入(reentrant)。可重入函数可以在任意时刻被中断并再次被调用(即重入),稍后再次继续执行被中断的那次调用时仍然可以正确执行,也就是说,第 2 次调用可重入函数不会损坏第 1 次调用可重入函数使用的数据。

由于 strtok 和 strtok_r 这两个函数都要改写字符串以达到分割的效果,因此这两个函数不能用于常量字符串的分割。

扫一扫

使用 strtok 和 strtok_r 这两个函数（源代码文件 c_tok.c）的示例代码如下。

如图 6.20 所示，第 1 行编译源代码文件 c_tok.c，第 2 行运行 c_tok 可执行程序。

```
 1 #include <string.h>
 2 #include <stdio.h>
 3 int main(){
 4   char str[32]="sys:x:sys,tem,olver:/run/sys";
 5   char *token=strtok(str, ":/,");
 6   while(token != NULL){
 7     printf("%s\n", token);
 8     token=strtok(NULL, ":/,");
 9   }
10   char str1[32]="123:45:67,89,10:/111/222 33";
11   char str2[32]="abc:de:fg,hi,jk:/lmn/opq rs";
12   char *p1=NULL, *p2=NULL;
13   char *tok1=strtok_r(str1, ":/,", &p1);
14   char *tok2=strtok_r(str2, ":/,", &p2);
15   while(tok1 && tok2){
16     printf("%s\t%s\n", tok1, tok2);
17     tok1=strtok_r(NULL, ":/,", &p1);
18     tok2=strtok_r(NULL, ":/,", &p2);
19   }
20   char str3[32]="123:45:67,89,10:/111/222 33";
21   char str4[32]="abc:de:fg,hi,jk:/lmn/opq rs";
22   char *tok3=strtok(str3, " :/,");
23   char *tok4=strtok(str4, " :/,"), sc[32];
24   while(tok3 && tok4){
25     printf("%s\t%s\n", tok3, tok4);
26     strcat(sc,tok3);tok3=strtok(NULL, " :/,");
27     strcat(sc,tok4);tok4=strtok(NULL, " :/,");
28   }
29   strncat(sc,"XXX",1); printf("%s\n", sc);
30 }
```

```
 1 # gcc -o c_tok c_tok.c
 2 # ./c_tok
 3 sys
 4 x
 5 sys
 6 tem
 7 olver
 8 run
 9 sys
10 123      abc
11 45       de
12 67       fg
13 89       hi
14 10       jk
15 111      lmn
16 222 33   opq rs
17 123      abc
18 de       fg
19 hi       jk
20 lmn      opq
21 123abcdefghijklmnopqX
```

图 6.20　编译、执行 c_tok

源代码中第 4～9 行正确使用 strtok 函数分割字符串，结果为图 6.20 中第 3～9 行；源代码中第 10～19 行正确使用 strtok_r 函数分割字符串，结果为图 6.20 中第 10～16 行；源代码中第 20～28 行错误使用 strtok 函数分割字符串，结果为图 6.20 中第 17～20 行，发现输出结果混乱。源代码中第 26、27 和 29 行调用 strcat 和 strncat 函数对子字符串进行拼接。

6.4.8　本地函数

本地函数就是受到 locale.h 中 LC_COLLATE 影响的函数，其功能和返回值取决于当前所在的地区。string.h 中共有两个本地函数，分别是用于字符串比较的函数 strcoll 和用于更改字符串格式的函数 strxfrm。本节相关函数的函数原型如下。

```
char *setlocale(int category, const char *locale);
int strcoll(const char *s1, const char *s2);
size_t strxfrm(char *dest, const char *src, size_t n);
```

1. setlocale 函数

setlocale 函数在头文件 locale.h 中声明。setlocale 函数设置当前程序要使用的语言环境（也称地域设置、本地设置或区域设置）。语言环境包含有关如何解释和执行某些输入/输出以及转换操作的信息，并考虑了位置和特定于语言的设置。语言环境包含日期格式、数字格式、货币格式、字符处理、字符比较等多方面的内容。

参数 category 用来设置语言环境的影响范围，可以只影响某一方面的内容，也可以影响所有内容，category 的值不能随便设置，必须使用头文件 locale.h 中定义的宏：①LC_

ALL 表示整个语言环境;②LC_COLLATE 影响 strcoll 和 strxfrm 函数;③LC_CTYPE 影响字符处理函数(除 isdigit 和 isxdigit)以及多字节和宽字符转换函数;④LC_MONETARY 影响 localeconv 函数返回的货币格式化信息;⑤LC_NUMERIC 影响格式化输入/输出操作和字符串格式化函数中的小数点符号,以及 localeconv 函数返回的非货币信息;⑥LC_TIME 影响 strftime 函数。

参数 locale 包含 C 语言环境名称的 C 字符串。这些是特定于系统的,但是至少必须存在以下 3 个语言环境:"C"或"POSIX"、""、NULL。①字符串"C"或"POSIX"表示最小的符合 ANSI 标准的语言环境,C 语言程序启动时就使用"C"语言环境,这是一个中性的语言环境,具有最少的语言环境信息,可以使程序的结果可预测。②空字符串""表示将语言环境设置为当前操作系统默认的语言环境,若操作系统是英文版,就使用英文环境;若操作系统是中文版,就使用中文环境。这样做提高了 C 程序的兼容性,可以根据操作系统的版本自动选择语言。③如果参数 locale 的值为 NULL,则函数 setlocale 不会对当前语言环境进行任何修改,只是返回当前语言环境的名称。

若 setlocale 函数执行成功,则返回指向包含 C 语言环境名称的 C 字符串的指针。若 setlocale 函数无法设置新的语言环境,则返回 NULL。

2. strcoll 函数

strcoll 函数会根据环境变量 LC_COLLATE 所指定的语言环境(setlocale 函数的参数 locale,一个 locale 就是一组与语言相关的处理规则)比较 s1 和 s2 字符串。若 locale 为 "POSIX"或"C",字符串是按照内码一个字节一个字节进行比较,这时 strcoll 函数与 strcmp 函数的作用完全相同。对于其他的 locale 取值,字符串的比较方式与操作系统的语言环境有关。若参数 s1 和 s2 字符串相同,则返回 0;若 s1 大于 s2,则返回大于 0 的值;若 s1 小于 s2,则返回小于 0 的值。比如,对一组汉字按照拼音进行排序时,就要用到 strcoll 函数。

3. strxfrm 函数

strxfrm 函数根据程序当前的 LC_COLLATE 将字符串 src 的前 n 个字符转换为本地形式后复制到数组 dest 中,返回值是被转换的字符长度,不包括串结束符'\0'。用 strcmp 函数比较两个被 strxfrm 函数转换后的字符串与用 strcoll 函数比较它们被转换前的字符串的返回值是一样的。

使用上述函数(源代码文件 c_localef.c)的示例代码如下,代码中的注释为运行结果。

```
1 #include <stdio.h>
2 #include <stdlib.h>
3 #include <string.h>
4 #include <locale.h>
5 int main(){
6    setlocale(LC_ALL,"C"); printf("%d\n", strcmp("编","程"));        //1
7    setlocale(LC_ALL,"C"); printf("%d\n", strcoll("编","程"));       //20
8    setlocale(LC_ALL,"POSIX"); printf("%d\n", strcmp("编","程"));  //1
9    setlocale(LC_ALL,"POSIX"); printf("%d\n", strcoll("编","程")); //20
10   setlocale(LC_ALL,""); printf("%d\n", strcmp("编","程"));         //1
11   setlocale(LC_ALL,""); printf("%d\n", strcoll("编","程"));        //-16
12   setlocale(LC_ALL,"en_US.UTF-8"); printf("%d\n", strcoll("编","程")); //20
13   setlocale(LC_ALL,"zh_CN.UTF-8"); printf("%d\n", strcoll("编","程")); //-16
14   typedef int (*compar)(const void *, const void *);
```

```
15   int i; char *save, str[5][4]= {"C","语","言","编","程"};
16   setlocale(LC_COLLATE,""); qsort(str,5,4,(compar)strcoll);
17   save=setlocale(LC_COLLATE,NULL); printf("LANG=%s,拼音排序:",save?save:"NULL");
18   for (i=0; i<5; i++) printf("%s",str[i]); //LANG=zh_CN.UTF-8,拼音排序:编程言语C
19   setlocale(LC_COLLATE,"en_US.UTF-8"); qsort(str,5,4,(compar)strcoll);
20   save=setlocale(LC_COLLATE,NULL);printf("\nLANG=%s,内码排序:",save?save:"NULL");
21   for (i=0; i<5; i++) printf("%s",str[i]); //LANG=en_US.UTF-8,内码排序:C程编言语
22   char d[8]={0}, s[8]={0};
23   setlocale(LC_COLLATE,"en_US.UTF-8");printf("\n%d\n",strcmp("编","程")); //1
24   setlocale(LC_COLLATE,"zh_CN.UTF-8");printf("%d\n", strcoll("编","程")); //-16
25   strxfrm(s, "编", 8); strxfrm(d, "程", 8); printf("%d\n", strcmp(s, d)); //-16
26   }
```

6.5 字符处理函数库

字符处理函数库 ctype.h 声明了 C 语言字符分类函数的函数原型,用于测试字符是否属于特定的字符类别,如字母字符、控制字符等。ctype.h 也声明了大小写转换函数的函数原型。ctype.h 中共有 13 个判别字符类型的函数,函数原型及其功能说明如下。

```
int isalnum(int c);    //检查c是否为字母或数字,若是,则返回1,否则返回0
int isalpha(int c);    //检查c是否为字母,若是,则返回1,否则返回0
int iscntrl(int c);    //检查c是否为控制字符(其ASCII码在0和0x1F之间),若是,则返回1,否则返回0
int isdigit(int c);    //检查c是否为数字,若是,则返回1,否则返回0
int isgraph(int c);    //检查c是否为可打印字符,不包括空格和控制字符,若是,则返回1,否则返回0
int islower(int c);    //检查c是否为小写字母,若是,则返回1,否则返回0
int isprint(int c);    //检查c是否为可打印字符(包括空格),若是,则返回1,否则返回0
int ispunct(int c);    //检查c是否为标点字符(不包括空格),即除字母、数字和空格以外的所有
                       //可输出字符,若是,则返回1,否则返回0
int isspace(int c);    //检查c是否为空格、水平制表符('\t')、回车符('\n')、走纸换行('\f')、
                       //垂直制表符('\v')或换行符('\n'),若是,则返回1,否则返回0
int isupper(int c);    //检查c是否为大写字母,若是,则返回1,否则返回0
int isxdigit(int c);   //检查c是否为一个十六进制数字,若是,则返回1,否则返回
int isascii(int c);    //检查c是否为ASCII字符,若是,则返回1,否则返回0
int isblank(int c);    //检查c是否为空白字符(制表符或空格),若是,则返回1,否则返回0
```

ctype.h 中有两个大小写转换函数,函数原型及其功能说明如下。

```
int toupper(int c);    //c如果为小写字母,则返回大写字母,否则返回原始参数
int tolower(int c);    //c如果为大写字母,则返回小写字母,否则返回原始参数
```

使用上述部分函数(源代码文件 c_ctype.c)的示例代码如下。

```
1 #include<stdio.h>              16   while(c=str[i]){
2 #include<stdlib.h>            17     if(islower(c)) c=toupper(c);
3 #include<ctype.h>             18     putchar(c); i++;
4 #include<string.h>            19   }
5 int main(){                    20   printf("\n"); i=0;
6   char str[]="a12@d 55a+eA 8W99Q-", c;    21   while(c=str[i]){
7   char *ps=str;                22     if(isupper(c)) c=tolower(c);
8   int i, anum=0, dnum=0;       23     putchar(c); i++;
9   while(*ps){                   24   }
10    if(isalpha(*ps)) anum++;    25   printf("\n"); i=0;
11    if(isdigit(*ps)) dnum++;    26   while(c=str[i]){
12    ps++;                       27     if(isblank(c)) c='\n';
13  }                             28     putchar(c); i++;
14  printf("字母=%d,数字=%d\n",anum,dnum);    29   }
15  i=0;                          30 }   //gcc -o c_ctype c_ctype.c
```

使用 gcc 命令（源代码第 30 行）编译源代码文件 c_ctype.c，运行 c_ctype 可执行程序，如图 6.21 所示。

上面介绍的是支持单字节字符的函数。宽字符使用四字节表示一个字符。wchar.h 头文件定义了许多宽字符专用的处理函数。其中的 btowc 函数将单字节字符转换为宽字符，wctob 函数将宽字符转换为单字节字符，fwide 函数用来将一个字节流设置为宽字符流或多字节字符流。

```
1 # ./c_ctype
2 字母=7,数字=7
3 A12@D 55A+EA 8W99Q-
4 a12@d 55a+ea 8w99q-
5 a12@d
6 55a+eA
7 8W99Q-
```

图 6.21　执行 c_ctype

6.6　数学函数库

数学函数库 math.h 包含最基础的数学库函数的函数原型和库中定义的唯一一个宏（HUGE_VAL）。当函数的结果不可以表示为浮点数时，如果是因为结果的幅度太大以致无法表示，则函数会设置 errno 为 ERANGE 表示范围错误，并返回一个由宏 HUGE_VAL（或- HUGE_VAL）命名的特定的很大的值。如果结果的幅度太小，则会返回零值。在这种情况下，error 可能被设置为 ERANGE，也有可能不被设置为 ERANGE。

1. 三角函数

```
double sin(double x);          //返回弧度角x的正弦
double cos(double x);          //返回弧度角x的余弦
double tan(double x);          //返回弧度角x的正切
```

2. 反三角函数

```
double asin(double x);         //返回以弧度表示的x的反正弦
double acos(double x);         //返回以弧度表示的x的反余弦
double atan(double x);         //返回以弧度表示的x的反正切
double atan2(double y, double x);
   //atan2函数返回以弧度表示的y/x的反正切，y和x的符号决定了象限
```

3. 双曲三角函数

```
double sinh(double x);         //返回x的双曲正弦
double cosh(double x);         //返回x的双曲余弦
double tanh(double x);         //返回x的双曲正切
```

4. 指数与对数

```
double exp(double x);          //返回自然数e的x次幂的值
double sqrt(double x);         //返回x的平方根
double log(double x);          //返回x的自然对数（基数为e的对数）
double log10(double x);        //返回x的常用对数（基数为10的对数）
double pow(double x, double y); //返回x的y次幂，即x的y次方
float powf(float x, float y);  //功能与pow函数一致，只是输入与输出皆为浮点数
long double powl(long double x, long double y));
          //powl函数的功能与pow函数一致，只是输入与输出皆为双精度浮点数
```

5. 取整

```
double ceil(double x);         //返回不小于x的最小整数值，即向上取整
double floor(double x);        //返回不大于x的最大整数值，即向下取整
```

6. 绝对值

```
int abs(int x);                         //返回整型参数x的绝对值
long labs(long x);                      //返回长整型参数x的绝对值
long long llabs(long long x);;          //返回长长整型参数x的绝对值
double cabs(struct complex x);          //返回复数x的绝对值
double fabs(double x);                  //返回双精度参数x的绝对值
float fabsf(float x);                   //返回单精度参数x的绝对值
long double fabsl(long double x);       //返回长双精度参数x的绝对值
```

7. 标准化浮点数

```
double frexp(double x,int *e);//把浮点数x分解成尾数和指数,返回值是尾数,指数存入e中
double ldexp(double x,int e); //返回x乘以2的e次幂
```

8. 取整与取余

```
double modf(double x, double *i);       //返回值为x的小数部分,并设置i为x的整数部分,
        //例如x=1.2,则输出0.2,让*i=1,即将参数x的整数部分通过指针i回传,返回小数部分
double fmod(double x, double y);        //返回x除以y的余数
```

使用部分数学库函数(源代码文件 c_math.c)的示例代码如下。

```
1 #include<stdlib.h>
2 #include<stdio.h>
3 #include<math.h>
4 #define PI 3.14159265
5 int main(){
6    double x, y, ret, val, fpart, ipart;
7    int e;  x=60.0;  val=PI/180.0;
8    printf("%lf的正弦是%lf度\n", x, sin(x*val));
9    printf("%lf的余弦是%lf度\n", x, cos(x*val));
10   printf("%lf的正切是%lf度\n", x, tan(x*val));
11   x=0.5;  val=180.0/PI;
12   printf("%lf的反正弦是%lf度\n", x, asin(x)*val);
13   printf("%lf的反余弦是%lf度\n", x, acos(x)*val);
14   printf("%lf的反正切是%lf度\n", x, atan(x)*val);
15   printf("%lf的双曲余弦是%lf\n", x, cosh(x));
16   printf("%lf的双曲正弦是%lf度\n", x, sinh(x));
17   printf("%lf的双曲正切是%lf度\n", x, tanh(x));
18   printf("e的%lf次幂是%lf\n", 3.2, exp(3.2));
19   printf("%lf的平方根是%lf\n", 5.0, sqrt(5.0));
20   printf("log(3.1)=%lf\n", log(3.1));
21   printf("log10(602.22)=%lf\n",log10(602.22));
22   printf("值2.69^3.32=%lf\n", pow(2.69, 3.32));
23   printf("值2.69^3.32=%lf\n", powf(2.69, 3.32));
24   printf("值2.69^3.32=%Lf\n", powl(2.69, 3.32));
25   printf("ceil(3.6)=%.1lf\n", ceil(3.6));
26   printf("floor(3.6)=%.1lf\n", floor(3.6));
27   x=11.23; fpart=frexp(x, &e);
28   printf("x=%.2lf=%.2lf*2^%d\n", x, fpart, e);
29   x=8.123456; fpart=modf(x, &ipart);
30   printf("整数=%lf,小数=%lf\n", ipart, fpart);
31 }
```

```
1 # gcc -o c_math c_math.c -lm
2 # ./c_math
3 60.000000的正弦是0.866025度
4 60.000000的余弦是0.500000度
5 60.000000的正切是1.732051度
6 0.500000的反正弦是30.000000度
7 0.500000的反余弦是60.000000度
8 0.500000的反正切是26.565051度
9 0.500000的双曲余弦是1.127626
10 0.500000的双曲正弦是0.521095度
11 0.500000的双曲正切是0.462117度
12 e的3.200000次幂是24.532530
13 5.000000的平方根是2.236068
14 log(3.1)=1.131402
15 log10(602.22)=2.779755
16 值2.69^3.32=26.716377
17 值2.69^3.32=26.716377
18 值2.69^3.32=26.716377
19 ceil(3.6)=4.0
20 floor(3.6)=3.0
21 x=11.23=0.70*2^4
22 整数=8.000000,小数=0.123456
```

图 6.22   编译、执行 c_math

如图 6.22 所示,编译源代码文件 c_math.c,运行 c_math 可执行程序。

使用 math.h 中声明的库函数时,gcc 命令必须加-lm 选项,因为数学函数位于 libm.so 库文件中,-lm 选项告诉编译器,程序中用到的数学函数要到这个库文件里找。使用 libc.so 中的库函数在编译时不需要加-lc 选项(也可以加上),因为该选项是 gcc 的默认选项。

6.7　学生信息管理系统的设计与实现

为了巩固和加深对前面所学知识的理解,掌握软件设计的基本思想和方法,提高读者运用 C 语言解决实际问题的能力,本节设计并实现了一个简单的学生信息管理系统。

6.7.1　系统设计要求

学生信息管理系统要求实现如下功能。

(1) 添加一名新学生的信息。

(2) 根据学号修改学生的信息。

(3) 输出所有学生的信息。

(4) 根据学号或单科成绩进行排序,然后输出排序后的学生信息。

(5) 根据学号查找并且输出学生的信息。

(6) 根据各科成绩、总成绩以及平均成绩统计出各分值区段的学生人数并且输出该分值区段学生的信息。

(7) 将所有学生信息写入磁盘文件。

(8) 从磁盘文件读入所有学生信息。

6.7.2　系统设计

学生信息管理系统要求实现的功能被设计成相对独立的功能模块,整个系统结构如图 6.23 所示。虽然各功能模块之间相对独立,但是它们之间存在一定的关系,根据使用本系统进行操作时的流程,给出了整个系统功能模块间的关系,如图 6.24 所示。

图 6.23　系统结构　　　　　　图 6.24　功能模块间的关系

6.7.3 函数设计

学生信息管理系统中的每个功能模块都对应一个函数的实现,下面分别介绍系统中每个函数的大概设计。每个函数的详细设计,见 6.7.4 节的参考程序,参考程序中给出了详细的注释。

1. 主函数

```
1 main(){
2      调用学生链表初始化函数InitStudent(Q),Q指向链表头结点。
3      调用显示操作菜单函数Menu(),提示用户进行功能的选择。
4      while(退出循环条件){
5          如果输入1,则调用添加学生信息函数InputStudent();
6          如果输入2,则调用修改学生信息函数AlterStudent();
7          如果输入3,则调用输出学生信息函数OutputStudent();
8          如果输入4,则调用排序学生信息函数SortStudent();
9          如果输入5,则调用查找学生信息函数FindStudent();
10         如果输入6,则调用统计学生信息函数StatisticStudent();
11         如果输入7,则调用保存学生信息函数SaveStuToFile();
12         如果输入8,则调用载入学生信息函数LoadStuFromFile();
13     }
14 }
```

2. 学生链表初始化函数

```
1 InitStudent(){
2      动态分配Student结构体变量,对变量成员进行初始化,
3      该结点将是学生信息链表的头结点,函数返回该结点的地址。
4      注意:该结点不用来存放具体学生的信息。
5 }
```

3. 显示操作菜单函数

函数 Menu 用来显示如何使用该系统的相关信息。

4. 添加学生信息函数

```
1 InputStudent(){
2      while(继续添加学生信息条件){
3          动态分配Student结构体变量;
4          输入学号,存入Student结构体变量的num成员中;
5          输入姓名,存入Student结构体变量的name成员中;
6          输入性别,存入Student结构体变量的sex成员中;
7          输入数学成绩,存入Student结构体变量的math成员中;
8          输入英语成绩,存入Student结构体变量的eng成员中;
9          求出总成绩,存入Student结构体变量的total成员中;
10         求出平均成绩,存入Student结构体变量的ave成员中;
11     }
12 }
```

5. 修改学生信息函数

```
1 AlterStu(){
2      while(继续修改学生信息条件){
3          选择要修改的学生信息:
4          1.n   2.sex   3.m   4.e
5          如果输入1,则修改学生的姓名;
6          如果输入2,则修改学生的性别;
7          如果输入3,则修改学生的数学成绩;
8          如果输入4,则修改学生的英语成绩;
9          然后重新求出总成绩,存入该学生结构体变量的total成员中;
10         再求出平均成绩,存入该学生结构体变量的ave成员中;
11     }
12 }
```

6. 输出学生信息函数

在函数 OutputStudent 中,通过遍历学生信息链表,将所有学生的信息显示出来。

7. 排序学生信息函数

```
1 SortStu() {
2     switch(排序依据) {
3         如果输入1,则按学号进行排序;
4         如果输入2,则按数学成绩进行排序;
5         如果输入3,则按英语成绩进行排序;
6     }
7     函数返回排序后链表的头结点的地址。
8 }
```

8. 查找学生信息函数

在函数 FindStudent 中,根据输入的学号遍历学生信息链表,如果有此学生,则将该学生的信息显示出来。

9. 统计学生信息函数

```
1 StatisticStudent() {
2     首先定义一系列变量,如s60m、s70m、s80m、s90m、s100m等,用来记录统计信息。
3     然后遍历学生信息链表,即
4     while(链表指针非空) {
5         根据链表指针所指的学生信息中的各科成绩、
6         总成绩,以及平均成绩修改前面定义的相关变量
7     }
8 }
```

10. 保存学生信息函数

在函数 SaveStuToFile 中,将学生信息链表中所有学生的信息写入磁盘文件。

11. 载入学生信息函数

在函数 LoadStuFromFile 中,从磁盘文件读入所有学生的信息到学生信息链表。

12. 链表结构

系统中各函数要用到的学生信息链表结构如图 6.25 所示,读者在分析源程序一节时可以参考该图。

图 6.25　学生信息链表结构

6.7.4　参考程序

学生信息管理系统的源代码文件是 c_student.c,源代码如下,共 289 行。

```c
1  #include<stdio.h>
2  #include<stdlib.h>
3  #include<string.h>
4  typedef struct s{//定义学生结构体
5    int num; char n[20],sex[2];
6    float m,e,total,ave;
7    struct s *next;
8  }stu;
9  stu *InitStudent(){//初始化学生表
10   stu *Q=(stu*)malloc(sizeof(stu));
11   if(Q!=NULL){
12     Q->num=0; strcpy(Q->n,"-");
13     strcpy(Q->sex,"-");
14     Q->m=0; Q->e=0;
15     Q->total=0; Q->ave=0;
16     Q->next=NULL; return Q;
17   }else return NULL;
18 }
19 void Menu(){//操作菜单
20   int i; printf("\n学生信息管理系统操作菜单\n");
21   for(i=0;i<50;i++)putchar('*');putchar('\n');
22   printf("1: 输入学生信息\t6: 统计学生信息\n");
23   printf("2: 修改学生信息\t7: 保存学生信息\n");
24   printf("3: 输出学生信息\t8: 加载学生信息\n");
25   printf("4: 排序学生信息\t0: 退出系统\n");
26   printf("5: 查询学生信息\n");
27   for(i=0;i<50;i++)putchar('*');putchar('\n');
28   printf("%s", "输入命令编号:");
29 }
30 int InputStudent(stu *Q){//创建学生数据表
31   int go=1, inum=0; stu *s, *temp;
32   while(go){
33     s=(stu*)malloc(sizeof(stu));
34     if(s==NULL) return 0;
35     printf("请输入学生学号(0返回):");
36     scanf("%d",&s->num);
37     if(s->num==0)
38       {printf("已输入%d个学生\n",inum);break;}
39     temp=Q->next;
40     while(temp!=NULL && temp->num!=s->num)
41       temp=temp->next;
42     if(temp || s->num<0){
43       printf("编号存在/错误,输入1继续,0返回\n");
44       scanf("%d",&go);
45       while(go!=0&&go!=1)scanf("%d",&go);
46       if(go==0)break; else if(go)continue;
47     }
48     printf("请输入学生姓名:");scanf("%s",s->n);
49     while(strlen(s->n)<=0)scanf("%s",s->n);
50     printf("请输入学生性别(M or F):");
51     scanf("%s",s->sex);
52     while(strcmp(s->sex,"F")&&
53       strcmp(s->sex,"M"))scanf("%s",s->sex);
54     printf("输入数学成绩:");scanf("%f",&s->m);
55     while(s->m>100||s->m<0)scanf("%f",&s->m);
56     printf("输入英语成绩:");scanf("%f",&s->e);
57     while(s->e>100||s->e<0)scanf("%f",&s->e);
58     s->total=s->m+s->e;s->ave=s->total/4;
59     s->next=Q->next; Q->next=s;
60     inum++; Q->num++;
61   } return 1;
62 }
63 int AlterStu(stu *Q, int num){//修改学生数据
64   int flag=0, go=1; stu *ps=Q->next;
65   while(ps!=NULL&&ps->num!=num)ps=ps->next;
66   if(ps!=NULL){
67     while(go){
68       flag=0;
69       while(flag<1 || flag>6){
70         printf("1.姓名 2.性别 3.数学 4.英语\n");
71         printf("\n输入项目编号:");
72         getchar(); scanf("%d",&flag);
73       }
74       if(flag==1){
75         printf("学生姓名:"); scanf("%s",ps->n);
76         while(strlen(ps->n)<=0)
77           scanf("%s",ps->n);
78       }else if(flag==2){
79         printf("输入性别(M or F):");
80         scanf("%s",ps->sex);
81         while(strcmp(ps->sex,"F")&&strcmp(
82           ps->sex,"M"))scanf("%s",ps->sex);
83       }else if(flag==3){
84         printf("数学成绩:");scanf("%f",&ps->m);
85         while(ps->m>100||ps->m<0)
86           scanf("%f",&ps->m);
87       }else if(flag==4){
88         printf("英语成绩:");scanf("%f",&ps->e);
89         while(ps->e>100||ps->e<0)
90           scanf("%f",&ps->e);
91       }
92       ps->total=ps->m + ps->e;
93       ps->ave=ps->total/4;
94       printf("输1继续改,0返回");scanf("%d",&go);
95     } return 1;
96   }else printf("学生编号错误\n"); return 0;
97 }
98 void OutputStudent(stu *Q){//输出学生成绩
99   stu *temp=Q->next;
100  if(temp==NULL)printf("无学生信息!\n");
101  else{ printf("/***所有学生信息***/\n");
102    printf("num\tn\tsex\tm\te\ttotal\tave\n");
103    while(temp){
104 printf("%d\t%s\t%s\t%.1f\t%.1f\t%.1f\t%.1f\n",
105      temp->num,temp->n,temp->sex,temp->m,
106      temp->e,temp->total,temp->ave);
107    temp=temp->next;
108 }}}
109 stu *SortStu(stu *Q, int ord){//排列学生数据
110   int num; char n[20],sex[7];
111   float m, e, total, ave;
112   stu *p=Q->next,*q,*temp;
113   if(p==NULL)return NULL;
114   switch(ord){
115   case 1:
116     for(p; p; p=p->next){ temp=p;
117       for(q=temp->next;q;q=q->next){
118         if(temp->num > q->num){
119 num=temp->num; strcpy(n,temp->n);
120 strcpy(sex,temp->sex); m=temp->m; e=temp->e;
121 total=temp->total; ave=temp->ave;
122   temp->num=q->num; strcpy(temp->n,q->n);
123   strcpy(temp->sex,q->sex); temp->m=q->m;
124   temp->e=q->e; temp->total=q->total;
125   temp->ave=q->ave;
126 q->num=num; strcpy(q->n,n);strcpy(q->sex,sex);
```

```
127 q->m=m; q->e=e; q->total=total; q->ave=ave;
128       }}}break;
129     case 2:
130       for(p; p; p=p->next){ temp=p;
131         for(q=temp->next;q;q=q->next){
132           if(temp->m > q->m){
133 num=temp->num; strcpy(n,temp->n);
134 strcpy(sex,temp->sex); m=temp->m; e=temp->e;
135 total=temp->total; ave=temp->ave;
136   temp->num=q->num; strcpy(temp->n,q->n);
137   strcpy(temp->sex,q->sex); temp->m=q->m;
138   temp->e=q->e; temp->total=q->total;
139   temp->ave=q->ave;
140 q->num=num; strcpy(q->n,n);strcpy(q->sex,sex);
141 q->m=m; q->e=e; q->total=total; q->ave=ave;
142       }}}break;
143     case 3:
144       for(p; p; p=p->next){ temp=p;
145         for(q=temp->next;q;q=q->next){
146           if(temp->e > q->e){
147 num=temp->num; strcpy(n,temp->n);
148 strcpy(sex,temp->sex); m=temp->m; e=temp->e;
149 total=temp->total; ave=temp->ave;
150   temp->num=q->num; strcpy(temp->n,q->n);
151   strcpy(temp->sex,q->sex); temp->m=q->m;
152   temp->e=q->e; temp->total=q->total;
153   temp->ave=q->ave;
154 q->num=num; strcpy(q->n,n);strcpy(q->sex,sex);
155 q->m=m; q->e=e; q->total=total; q->ave=ave;
156       }}}break;
157     }return Q;
158 }
159 void FindStu(stu *Q, int num){//按学号查找
160   stu *temp;
161   temp=Q->next;
162   while(temp && temp->num!=num)
163     temp=temp->next;
164   if(temp!=NULL){
165     printf("num\tn\tsex\tm\te\ttotal\tave\n");
166 printf("%d\t%s\t%s\t%.1f\t%.1f\t%.1f\t%.1f\n",
167       temp->num,temp->n,temp->sex,temp->m,
168       temp->e,temp->total,temp->ave);
169   }else printf("没有此学生\n");
170 }
171 void StatisticStudent(stu *Q){//统计学生信息
172   int s60m=0, s70m=0, s80m=0, s90m=0, s100m=0;
173   int s60e=0, s70e=0, s80e=0, s90e=0, s100e=0;
174   int s240t=0, s300t=0, s350t=0, s400t=0;
175   int s60a=0, s70a=0, s80a=0, s90a=0, s100a=0;
176   stu *temp=Q->next;
177   if(temp==NULL)printf("没有学生信息\n");
178   else{
179     while(temp){
180       if(temp->m < 60) s60m++;
181       else if(temp->m < 70) s70m++;
182       else if(temp->m < 80) s80m++;
183       else if(temp->m < 90) s90m++;
184       else s100m++;
185       if(temp->e < 60) s60e++;
186       else if(temp->e < 70) s70e++;
187       else if(temp->e < 80) s80e++;
188       else if(temp->e < 90) s90e++;
189       else s100e++;
190       if(temp->total < 240) s240t++;
191       else if(temp->total < 300) s300t++;
192       else if(temp->total < 350) s350t++;
193       else s400t++;
194       if(temp->ave < 60) s60a++;
195       else if(temp->ave < 70) s70a++;
196       else if(temp->ave < 80) s80a++;
197       else if(temp->ave < 90) s90a++;
198       else s100a++;
199       temp=temp->next;
200   }}  temp=Q->next;
201   if(temp){
202     printf("/***学生成绩统计信息***/\n\n");
203     printf("数学人数0-59: %d\n", s60m);
204     printf("数学人数60-69: %d\n", s70m);
205     printf("数学人数70-79: %d\n", s80m);
206     printf("数学人数80-89: %d\n", s90m);
207     printf("数学人数90-100: %d\n", s100m);
208     printf("英语人数0-59: %d\n", s60e);
209     printf("英语人数60-69: %d\n", s70e);
210     printf("英语人数70-79: %d\n", s80e);
211     printf("英语人数80-89: %d\n", s90e);
212     printf("英语人数90-100: %d\n", s100e);
213     printf("总成绩人数0-239: %d\n", s240t);
214     printf("总成绩人数240-299: %d\n", s300t);
215     printf("总成绩人数300-349: %d\n", s350t);
216     printf("总成绩人数350-400: %d\n", s400t);
217     printf("平均成绩人数0-59: %d\n", s60a);
218     printf("平均成绩人数60-69: %d\n", s70a);
219     printf("平均成绩人数70-79: %d\n", s80a);
220     printf("平均成绩人数80-89: %d\n", s90a);
221     printf("平均成绩人数90-100: %d\n", s100a);
222     while(temp){
223       if(temp->ave >= 90){
224         printf("num\tn\tsex\tm\te\ttotal\tave\n");
225 printf("%d\t%s\t%s\t%.1f\t%.1f\t%.1f\t%.1f\n",
226           temp->num,temp->n,temp->sex,temp->m,
227           temp->e,temp->total,temp->ave);
228       }  temp=temp->next;
229 }}}
230 int SaveStuToFile(stu *Q){//保存学生信息
231   stu *s=Q->next; FILE *fp; char path[50];
232   printf("输入文件路径:"); scanf("%s",path);
233   if((fp=fopen(path,"wb"))==NULL)return 0;
234   while(s){
235     if(fwrite(s,sizeof(stu),1,fp)!=1){
236       printf("写入学生信息失败\n"); return 0;
237     }else printf("成功写入一位学生信息\n");
238     s=s->next;
239   } fclose(fp); return 1;
240 }
241 void LoadStuFromFile(stu *Q){//加载学生信息
242   int flag=1; char path[50];
243   stu *s, *p=Q, *temp=Q; FILE *fp;
244   printf("输入文件路径:"); scanf("%s",path);
245   if((fp=fopen(path,"rb"))!=NULL){
246     while(flag){
247       s=(stu *)malloc(sizeof(stu));
248       temp->next=s; temp=s;
249       if(fread(s,sizeof(stu),1,fp)!=1){
250         free(s);p->next=NULL;flag=0;//读失败
251       }else{printf("读成功\n");p=p->next;}
252     } fclose(fp);
253   }else printf("加载学生信息失败\n");
254 }
```

```
255 int main(){                                         273         printf("排序:");scanf("%d",&ord);
256   int num=0, altered, ord=-1;                        274     }
257   stu *Q,*p,*T; char choice;                         275     if(ord==0){ ord=-1; break; }
258   Q=InitStudent(); Menu();                           276     else{ T=SortStu(Q,ord);
259   scanf("%c",&choice);                               277       if(T!=NULL) OutputStudent(T); }
260   while(choice != '0'){                              278     ord=-1; break;
261     switch(choice){                                  279   case '5':
262       case '1': InputStudent(Q); break;              280     while(num==0){
263       case '2':                                      281       printf("输入学号:");scanf("%d",&num);
264         while(num==0){ printf("请输入学号:");          282     } FindStu(Q,num); num=0; break;
265           getchar(); scanf("%d",&num); }             283   case '6': StatisticStudent(Q); break;
266         altered=AlterStu(Q,num);                     284   case '7': SaveStuToFile(Q); break;
267         if(altered==1) printf("修改成功\n");           285   case '8': LoadStuFromFile(Q); break;
268         else printf("修改失败\n"); num=0;break;        286   default:printf("请输入正确编号:");break;
269       case '3': OutputStudent(Q); break;             287 } Menu(); getchar(); scanf("%c",&choice);
270       case '4':                                      288 } return 0;
271         while(ord<0 || ord>5){                        289 }
272           printf("0.Exit  1.num  2.m  3.e\n");
```

6.7.5 运行结果

如图 6.26 所示,第 1 行编译源代码文件 c_student.c,第 2 行运行 c_student 可执行程序。第 3 行本打算通过 less 命令查看 c_student.txt 文件中的学生信息,但是发现不能查看。因为学生信息按照二进制存储方式保存到了文件中(源代码的 233 行)。如果要查看文件中的学生信息,需要按照二进制存储方式读取文件(源代码的 245 行)。

```
1# gcc -o c_student c_student.c               24 输入命令编号:3
2# ./c_student                                25 /***所有学生信息***/
3 学生信息管理系统操作菜单                       26 num    n      sex    m      e      total   ave
4 ******************************                27 5      EE     M      55.0   66.0   121.0   30.2
5 1: 输入学生信息    6: 统计学生信息              28 1      z      M      11.0   22.0   33.0    8.2
6 2: 修改学生信息    7: 保存学生信息              29 2      D      F      33.0   44.0   77.0    19.2
7 3: 输出学生信息    8: 加载学生信息              30 输入命令编号:4
8 4: 排序学生信息    0: 退出系统                  31 0.Exit  1.num  2.m  3.e
9 5: 查询学生信息                                32 排序:3
10 ******************************               33 /***所有学生信息***/
11 输入命令编号:8                                34 num    n      sex    m      e      total   ave
12 输入文件路径:c_student.txt                    35 1      z      M      11.0   22.0   33.0    8.2
13 读成功                                        36 2      D      F      33.0   44.0   77.0    19.2
14 读成功                                        37 5      EE     M      55.0   66.0   121.0   30.2
15                                              38 输入命令编号:7
16 输入命令编号:1                                 39 输入文件路径:c_student.txt
17 请输入学生学号(0返回):5                        40 成功写入一位学生信息
18 请输入学生姓名:EE                              41 成功写入一位学生信息
19 请输入学生性别(M or F):M                       42 成功写入一位学生信息
20 输入数学成绩:55                                43
21 输入英语成绩:66                                44 输入命令编号:0
22 请输入学生学号(0返回):0                        45# less c_student.txt
23 已输入1个学生                                  46 "c_student.txt" may be a binary file. See it anyway?
```

图 6.26 编译、执行 c_student

6.8 习题

1. 填空题

(1) C89 中有_____个标准头文件,截至 C17 标准,共包含_____个头文件。

(2) C 标准由两部分组成:一部分描述_____;另一部分描述_____。

（3）_____是 C 标准（如 C89）的实现。

（4）可以使用_____命令查看 gcc 编译器支持的 C 标准。

（5）GNU C 对_____进行了一系列扩展，以增强其功能。

（6）如果想在 C 编程中启用 C99 标准，可在使用 gcc 命令编译程序时使用_____。

（7）C 标准库的_____由各个系统平台决定。C 标准库的_____是 C 运行时库（C Run Time Library，CRT）的一部分。

（8）Linux 平台上使用最广泛的 C 函数库是_____，其中包括_____的实现，也包括所有_____。

（9）操作文件的正确流程为：_____→_____→关闭文件。

（10）数据在文件和内存之间传递的过程称为_____。

（11）将文件中的数据读取到内存的过程称为_____，从内存中的数据保存到文件的过程称为_____。

（12）在 Linux 中，_____，也就是说，键盘、显示器、磁盘等外设都被看成文件。

（13）数据从外设到内存的过程称为_____，从内存到外设的过程称为_____。

（14）FILE 类型的指针被称为_____。

（15）按照数据的存储方式可以将文件分为_____和_____。

（16）文件使用完毕时应该把文件关闭，避免_____。

（17）文件有文本文件和_____两种。

（18）当一个用户进程被创建时，系统会自动为该进程创建三个数据流：stdin（标准输入）、_____、_____。

（19）stdin、stdout 和 stderr 都是_____类型的文件指针。

（20）stdin 默认指向_____，stdout 和 stderr 默认指向_____。

（21）现在的终端通常是_____。

（22）EOF 表示_____。

（23）C 语言不仅支持对文件的_____读写方式，还支持_____读写方式。

（24）将文件内部_____移动到需要读写的位置再进行读写，这被称为文件的定位。

（25）_____函数将文件内部位置指针（读写位置）移至文件开头。

（26）_____函数将文件的位置指针移动到任意位置，从而实现文件的随机访问。

（27）FILE 结构体主要包含文件状态标志、_____和_____。

（28）缓冲区根据其距离硬盘文件的远近，分为_____、_____、_____。

（29）C 标准库 I/O 缓冲区有_____、_____和无缓冲三种类型。

（30）内核 I/O 缓冲区是内核级缓冲区，是内核为_____使用的缓冲区。

（31）堆区内存（动态内存）的管理函数有_____、calloc、recalloc、reallocarray、_____。

（32）rand 库函数可用来产生介于 0 和 RAND_ MAX 的_____。

（33）可以使用 srand 函数改变_____，使得 rand 函数可以产生真正的随机数。

（34）_____是一个系统支持的所有抽象字符的集合。

（35）_____是各种文字和符号的总称，包括各国家文字、标点符号、图形符号、数字等。

（36）常见的字符集有_____字符集、_____字符集、Unicode 字符集等。

（37）_____按照某种格式将字符集中的字符存储在计算机中。

（38）字符编码能在字符集与数字系统之间建立_____,将符号转换为计算机能识别的_____。

（39）C95 标准化了两种表示大型字符集的方法：_____和_____。

（40）_____函数(wide character to multibyte)用于将宽字符转换为多字节字符。

（41）_____函数(multibyte to wide character)用于将多字节字符转换为宽字符。

（42）_____函数用来将宽字符串转换为多字节字符串。

（43）_____函数用来将多字节字符串转换为宽字符串。

2. 简答题

（1）简述文件流、输入流、输出流。

（2）程序缓冲区、C 库缓冲区、内核缓冲区的作用分别是什么？

3. 上机题

限于篇幅,本章程序题都放在本书配套资源的 xiti-src/xiti06 文件夹中。

第 7 章

Linux系统调用

本章学习目标

- 理解 C 库函数和 Linux 系统调用的区别。
- 掌握 Linux 中使用系统调用的三种方法。
- 掌握 Linux 系统调用编程方法。

7.1　C 库函数和 Linux 系统调用

　　Linux 内核提供了一组用于实现各种系统功能的子程序,称为系统调用。系统调用是应用程序获取 Linux 内核服务的唯一方式,是应用程序与 Linux 内核之间的接口。通过系统调用,应用程序可以与硬件设备(如硬盘、显示器、打印机等)进行交互。5.10 版 Linux 内核大概提供了 460 个左右的系统调用,可以通过命令 man 2 syscalls 查看这些系统调用。系统调用和前面介绍的 C 语言标准库函数的调用非常相似,二者的主要区别在于:系统调用由 Linux 内核提供,运行于内核态;标准库函数的调用由函数库或程序员自己提供,运行于用户态。许多 C 语言标准库函数在 Linux 平台上的功能实现都是靠 Linux 系统调用完成的。为了便于使用 Linux 系统调用,glibc 提供了一些 C 语言库函数,这些库函数对 Linux 系统调用进行了封装和扩展,通常这些 C 语言库函数的函数名和 Linux 内核系统调用(内核函数)同名,由于这些库函数与 Linux 系统调用的关系非常密切,因此习惯上把这些库函数也称为系统调用。

　　C 语言标准库函数根据是否调用系统调用分为两类:①不需要调用系统调用的标准库函数,这些函数不需要切换到内核空间即可完成函数的全部功能,并且将结果返回给应用程序,如 strcmp、strcat 等库函数。②需要调用系统调用的标准库函数,这些库函数是对系统调用的一层封装,需要切换到内核空间执行内核子程序,通过调用一个或多个系统调用实现相应功能,如 printf、fopen 等库函数。系统调用是不能跨平台的,而封装了系统调用的标准库函数是可以跨平台的,具有很好的可移植性,无论是 Windows 还是 Linux 都可以使用,由编译器负责从标准库函数到系统调用的转换。

总之,glibc 库函数包含 3 种:①Linux 系统调用;②不调用系统调用的标准库函数;③调用系统调用的标准库函数。系统调用和 C 标准库函数都可以简称为函数。

编写 Linux 应用程序时既可以使用标准 C 库函数,也可以使用系统调用。应用程序频繁使用系统调用会降低程序的运行效率,因为系统调用需要进行用户态和内核态的上下文切换,这种切换会消耗许多时间,开销较大。而对 C 语言标准库函数的调用开销较小。为了减少开销,尽量减少使用系统调用的次数,多使用 C 语言标准库函数。事实上,即使使用标准库函数对文件进行读写操作,由于文件总在外存上,因此最终都要对硬件进行操作,必然会引起系统调用。也就是说,C 标准库函数对文件的操作实际上是通过系统调用实现的。例如,C 标准库函数 fread 就是通过 read 系统调用实现的。既然使用 C 标准库函数也有系统调用的开销,为什么还要使用标准库函数而不是直接使用系统调用呢?这是因为读写文件通常是大量数据,由于 C 标准库函数有较大的缓冲区,因此使用这些库函数就可以减少系统调用的次数。例如,用 fwrite 写文件时先将数据写到用户缓冲区,当用户缓冲区满或写操作结束时,才将用户缓冲区的内容写到内核缓冲区;当内核缓冲区满或写操作结束时,内核才会将缓冲区中的内容写到外存。

为了比较 C 标准库函数与 Linux 系统调用的执行效率,编写了三个源代码文件,如表 7.1 第 2 行所示,第 3 行为运行结果。源代码文件 c_s_cmp1.c 中使用 C 标准库函数 fwrite 将 2000000 个整数写入硬盘文件。源代码文件 c_s_cmp2.c 中使用 Linux 系统调用 write 将 2000000 个整数写入硬盘文件。源代码文件 c_s_cmp3.c 中使用 Linux 系统调用 write,借助自定义缓冲区将 2000000 个整数写入硬盘文件。

表 7.1 C 标准库函数与 Linux 系统调用在执行效率方面的比较

源代码文件 c_s_cmp1.c	源代码文件 c_s_cmp2.c	源代码文件 c_s_cmp3.c
<pre>1 #include<stdio.h>
2 int main(){
3 FILE *fp=fopen("t1.txt","w");
4 if(!fp) return 0;
5 for(int i=0;i<2000000;i++)
6   fwrite(&i,sizeof(int),1,fp);
7 fclose(fp);
8 return 0;
9 }</pre>	<pre>1 #include<unistd.h>
2 #include<fcntl.h>
3 int main(){
4 int fd=open("t2.txt",O_RDWR
5 |O_TRUNC|O_CREAT,0666);
6 if(fd==-1) return 0;
7 for(int i=0;i<2000000;i++)
8   write(fd,&i,sizeof(int));
9 close(fd);
10 return 0;
11 }</pre>	<pre>1 #include<stdio.h>
2 #include<stdlib.h>
3 #include<unistd.h>
4 #include<fcntl.h>
5 #define BUF_SIZE 200
6 int main(){
7 int fd=open("t3.txt",O_RDWR
8 |O_TRUNC|O_CREAT,0666);
9 int buf[BUF_SIZE]={0};
10 for(int i=0;i<2000000;i++){
11   buf[i%BUF_SIZE]=i;
12   if(i%BUF_SIZE==BUF_SIZE-1)
13   write(fd,buf,sizeof(buf));
14 }}</pre>
<pre># gcc -o c_s_cmp1 c_s_cmp1.c
time ./c_s_cmp1
real   0m0.047s
user   0m0.039s
sys 0m0.008s</pre>	<pre># gcc -o c_s_cmp2 c_s_cmp2.c
time ./c_s_cmp2
real   0m2.585s
user   0m1.217s
sys 0m1.369s</pre>	<pre># gcc -o c_s_cmp3 c_s_cmp3.c
time ./c_s_cmp3
real   0m0.029s
user   0m0.008s
sys   0m0.021s</pre>

扫一扫

对比结果发现,c_s_cmp2 的执行时间是 c_s_cmp1 的执行时间的 50 倍左右。这是因为 c_s_cmp1 中的 fwrite 函数自动使用了 C 标准库提供的用户空间缓冲区,而 c_s_cmp2 中的 write 函数没有使用用户空间缓冲区(因为系统调用在用户空间没有缓冲区),因而 c_s_ cmp2 在执行过程中每写一个整数都要进行用户态和内核态的上下文切换。为了提高系统调用的执行效率，源代码文件 c_s_cmp3.c 中使用了自定义缓冲区，c_s_cmp3 的执行时间比 c_s_cmp1 的执行时间还短一些，因此，Linux 系统调用如果使用适当大小的自定义缓冲区，执行效率会高于 C 标准库函数。

7.2 Linux 中使用系统调用的三种方法

7.2.1 通过 glibc 封装的库函数

通常，每个系统调用至少对应一个 glibc 封装的库函数，比如系统调用 sys_open 对应库函数 open。glibc 中一个单独的库函数可能调用多个系统调用，比如 printf 库函数依次调用了 sys_open、sys_mmap、sys_write、sys_close 等系统调用。glibc 中多个库函数也可能只对应同一个系统调用，比如 malloc、calloc、free 等库函数都使用了 sys_brk 系统调用。

7.2.2 使用 syscall 直接调用

使用 glibc 封装的库函数的好处是程序员无须了解系统调用的细节（比如 chmod 系统调用号），只需了解 glibc 提供的库函数原型；其次，该方法具有更好的移植性。缺点是如果 glibc 没有封装某个内核提供的系统调用，就不能通过该方法使用该系统调用。如果自己通过编译内核的方式增加了一个自定义系统调用，这时 glibc 不可能有新增系统调用的封装库函数，此时可以利用 glibc 提供的 syscall 库函数直接调用。syscall 系统调用作为沟通用户空间与内核空间的桥梁。该函数的函数原型如下。

```
#include <unistd.h>
#include <sys/syscall.h>
long syscall(long number, ...);
```

syscall 函数在头文件 unistd.h 中声明，参数 number 是系统调用号，每个系统调用都由唯一的系统调用号标识。在 sys/syscall.h 头文件中有所有系统调用号的宏定义，具体编号在文件夹/usr/include/asm/中的头文件 unistd_32.h 和 unistd_64.h 中定义。参数…是可变参数（0～5 个不等），是系统调用号关联的特定系统调用所需的参数，不同的系统调用所需的参数个数不同，如果超过特定系统调用所需的参数个数，多余的参数将被忽略。syscall 函数的返回值为特定系统调用的返回值，在系统调用成功执行之后可将该返回值转化为特定类型，若系统调用失败，则返回−1，错误码写入 errno 中。

7.2.3 通过 CPU 指令调用

通过 CPU 指令调用系统调用的大致过程为：先用适当的值填充寄存器，然后调用一个特殊的 CPU 指令跳转到内核中事先定义的位置，进而执行系统调用（内核函数）。

X86/X64 平台的系统调用的实现方法经历了三代：第一代系统调用指令是 int 0x80/iret；第二代系统调用指令是 sysenter/sysexit；第三代系统调用指令是 syscall/sysret。新一代指令比前一代指令提高了系统调用的执行效率。

使用系统调用指令的大概过程为：在用户空间，先把系统调用号赋值给 EAX 寄存器，然后执行 int 0x80 指令,CPU 就会跳转到内核空间执行内核预先设定的中断处理程序,也就是系统调用入口函数。系统调用入口函数根据 EAX 的值调用对应的系统调用函数。系统调用函数执行完后返回系统调用入口函数,系统调用入口函数再执行 iret 指令返回到用户空间。

int 0x80/iret 指令用于 32 位模式;sysenter/sysexit 指令可用于 32 位或 64 位模式;syscall/sysret 指令只能用于 64 位模式。

Linux 中使用系统调用的三种方法(源代码文件 s_call.c)的示例代码如下。第 6 行使用第 1 种方法调用 getpid 内核函数。第 7 行使用第 2 种方法调用 getpid 内核函数。第 8~13 行使用第 3 种方法(int 指令)调用 getpid 内核函数。第 15~20 行使用第 3 种方法(syscall 指令)调用 getpid 内核函数。第 23~30 行使用第 3 种方法(syscall 指令)调用 write 内核函数向显示器输出一个字符串。

扫一扫

```
1  #include <stdio.h>
2  #include <unistd.h>                    // 编译: gcc -o s_call s_call.c
3  #include <sys/syscall.h>               // 执行: ./s_call
4  int main(){
5      pid_t pid;
6      pid = getpid();            printf("%u\n",pid);   //输出: 233181
7      pid=syscall(SYS_getpid); printf("%u\n",pid);   //输出: 233181
8      asm volatile (
9          "movl $20,%%eax\n\t"         //unistd_32.h头文件中: #define __NR_getpid 20
10         "int $0x80\n\t"              //int指令用于32位模式,执行系统调用,返回进程ID
11         "movl %%eax,%0\n\t"          //e开头的寄存器为32位寄存器,将系统调用的返回值写入pid
12         :"=m"(pid)
13     );
14     printf("%u\n",pid);              //输出: 233181
15     asm volatile (
16         "mov $39, %%rax\n\t"         //unistd_64.h头文件中: #define __NR_getpid 39
17         "syscall\n\t"                //syscall指令用于64位模式,执行系统调用,输出: 233181
18         "mov %%eax,%0\n\t"           //将系统调用的返回值写入pid
19         ::"m"(pid)
20     );
21     printf("%u\n",pid);
22     const char *str="hello world\n";
23     __asm__ (
24         "mov $1, %%rax\n\t"          //将系统调用号1写入rax寄存器,#define __NR_write 1
25         "mov $1, %%rdi\n\t"          //rdi是write系统调用的第1个参数,文件描述符1代表stdout
26         "mov %0, %%rsi\n\t"          //rdi是write系统调用的第2个参数,代表写入的数据 (str)
27         "mov $12, %%rdx\n\t"         //rdi是write系统调用的第3个参数,代表写入数据的长度
28         "syscall\n\t"                //执行系统调用,输出: hello world
29         ::"r"(str):"%rax","%rdi","%rsi","%rdx"     //r开头的寄存器为64位寄存器
30     );
31 }
```

7.3 Linux 系统调用编程:进程管理

系统调用按照功能大致可分为进程管理、进程间通信、文件管理、内存管理、网络管理、用户管理等。后续几节将介绍部分系统调用的使用。

进程是具有某种特定任务的程序在一个数据集合上的一次执行过程。每个进程在内核中都有唯一的 ID。ID 为 0 的进程是 idle 进程,也就是空闲进程。idle 进程的优先级最低,且不参与进程调度,只是在就绪队列为空时才被调度。idle 进程的默认实现是 hlt 指令,hlt

指令使 CPU 处于暂停状态,等待硬件中断发生时恢复,从而达到节能的目的。ID 为 1 的进程是 init(或 systemd)进程,负责系统初始化。在 Linux 系统中除 0 号与 1 号进程外,所有的其他进程都是被另一个进程通过执行 fork 系统调用创建的。调用 fork 的进程是父进程,由 fork 创建的进程是子进程。因此,每个进程都有一个父进程,一个进程可以有多个子进程。本节介绍的系统调用的函数原型如下。

```
pid_t fork(void);
pid_t getpid(void);
pid_t getppid(void);
pid_t wait(int *wstatus);
pid_t waitpid(pid_t pid, int *wstatus, int options);
```

1. fork 函数

fork 函数通过完全复制当前进程创建一个新(子)进程。若创建子进程成功,则在父进程和子进程都有返回值,父进程中返回子进程的进程标识符(PID),子进程中返回 0;若失败,则在父进程中返回 −1,子进程不会被创建,设置 errno 的值。子进程是父进程的复制品,它继承了父进程的环境变量、堆栈数据、打开文件、用户 ID 等资源。子进程和父进程有各自的进程地址空间,二者是不能通过变量通信的,但可以通过管道、共享内存等方式实现通信。由于子进程继承了父进程的指令指针(IP)寄存器中的内容,因此子进程也是从 fork 系统调用之后的那条语句开始执行的。

2. getpid 和 getppid 函数

getpid 函数获取当前进程的 PID。getppid 函数获取父进程的 PID。

3. wait 和 waitpid 函数

一个进程在终止时会关闭所有文件描述符,释放在用户空间分配的内存,但它在内核中的 PCB(进程控制块)还保留着,内核在其中保存了一些信息(比如退出状态)。该进程的父进程可以调用 wait 或 waitpid 获取这些信息,然后彻底清理该进程。

父进程调用 wait 或 waitpid 函数时,若它的所有子进程都还在运行,则父进程会被阻塞;若一个子进程已终止,正等待父进程读取其终止信息,则父进程会获取子进程的终止信息后返回;若它没有任何子进程,则父进程返回出错信息。可见,调用 wait 和 waitpid 函数不仅可以获得子进程的终止信息,还可以使父进程阻塞等待子进程终止,起到进程间同步的作用。若参数 wstatus 不为 NULL,则子进程的终止信息通过该参数传出,若只是为了进程同步而不关心子进程的终止信息,则可将 wstatus 参数指定为 NULL。wait 函数等待第一个终止的子进程,而 waitpid 函数可以通过参数 pid 指定等待哪一个子进程。

wait 函数使父进程等待所有子进程执行完毕。参数 wstatus 如果不是空指针,则进程的终止状态就存放在它所指向的内存单元中。若不关心进程的终止状态,则可将该参数指定为 NULL。wait 执行成功返回终止子进程的 PID,否则返回 −1。若父进程的所有子进程都还在运行,调用 wait 函数将使父进程阻塞。

waitpid 函数等待参数 pid 指定的子进程的状态发生变化(比如子进程终止、子进程被信号停止、子进程被信号恢复等),并且获得状态变化的信息。如果子进程状态发生变化,则 waitpid 系统调用立即返回,否则一直阻塞,直到子进程状态发生变化,或由信号中断 waitpid 系统调用。waitpid 默认仅等待子进程终止,可以通过参数 options 改变其行为。若参数 options 指定为 WHOHANG 且参数 pid 指定的子进程仍在运行,但是子进程状态没有改变,则父进程不阻塞而立即返回 0。若参数 wstatus 不为 NULL,则进程的返回状态就存放在它所指向的内存单元中。若不关心进程的返回状态,则可将该参数指定为 NULL。若 waitpid 执行成功,则返回状态改变的子进程的 PID,否则返回 -1。

可以使用宏函数获取进程退出状态:①若宏函数 WIFEXITED(status)值为非 0,则表明进程正常结束,此时可通过宏函数 WEXITSTATUS(status)获取进程退出状态;②若宏函数 WIFSIGNALED(status)值为非 0,则表明进程异常终止,此时可通过宏函数 WTERMSIG(status)获取使得进程退出的信号编号;③若宏函数 WIFSTOPPED(status)值为非 0,则表明进程处于暂停状态,此时可通过宏函数 WSTOPSIG(status)获取使得进程暂停的信号编号;④若宏函数 WIFCONTINUED(status)值为非 0,则表示进程暂停后已经继续运行。

```
 1# gcc -o s_process s_process.c
 2# ./s_process
 3 子进程1:237856,父进程237855
 4 子进程2:237857,父进程237855
 5 子进程退出码为2
 6 子进程1、2退出
 7 父进程睡眠2秒
 8 子进程3:237858,父进程237855
 9 子进程3:237858,父进程237855
10 子进程退出码为3
11 父进程237855退出
```

图 7.1　编译、执行 s_process

如果一个进程已经终止,但是它的父进程尚未调用 wait 或 waitpid 对它进行清理,这时的进程状态称为僵尸(Zombie)进程。

使用上述函数(源代码文件 s_process.c)的示例代码如下。如图 7.1 所示,第 1 行编译源代码文件 s_process.c,第 2 行运行 s_process 可执行程序。

```
 1#include <stdio.h>
 2#include <stdlib.h>
 3#include <unistd.h>
 4#include <sys/types.h>
 5#include <sys/wait.h>
 6int main(){
 7  int pid, stat;
 8  while((pid=fork())==-1) perror("fork failed\n");
 9  if(pid==0){printf("子进程1:%u,父进程%u\n",getpid(),getppid());exit(1);}//子进程1
10  else{          //父进程
11    while((pid=fork())==-1) perror("fork failed\n");
12    if(pid==0){printf("子进程2:%u,父进程%u\n",getpid(),getppid());exit(2);}//子进程2
13    else{        //父进程
14      wait(0); wait(&stat);      //等待子进程1、子进程2结束
15      if(WIFEXITED(stat)) printf("子进程退出码为%d\n", WEXITSTATUS(stat));
16      printf("子进程1、2退出\n"); printf("父进程睡眠2秒\n"); sleep(2);
17      while((pid=fork())==-1) perror("fork failed\n");
18      if(pid==0){        //子进程3
19        for(int i=0; i<2; i++) printf("子进程3:%u,父进程%u\n",getpid(),getppid());
20        exit(3);
21      }else{    //父进程
22        waitpid(pid, &stat, 0);      //wait(&stat);等价于waitpid(-1, &stat, 0);
23        if(WIFEXITED(stat)) printf("子进程退出码为%d\n", WEXITSTATUS(stat));
24        else if(WIFSIGNALED(stat))printf("使得进程终止的信号编号%d\n",WTERMSIG(stat));
25        else if(WIFSTOPPED(stat)) printf("使得进程暂停的信号编号%d\n",WSTOPSIG(stat));
26      }
27      printf("父进程%u退出\n",getpid());
28    }
29  }
30}
```

扫一扫

7.4 Linux 系统调用编程：进程间通信

每个进程各自有不同的用户地址空间,任何一个进程的全局变量在另一个进程中都不可见,所以进程之间要交换数据,必须通过内核。如图 7.2 所示,在内核中开辟一块缓冲区,进程 P1 把数据从用户空间写入内核缓冲区,进程 P2 再从内核缓冲区把数据读出。内核提供的这种机制称为进程间通信(InterProcess Communication,IPC)。管道是一种最基本的 IPC 机制,本节主要介绍匿名管道(pipe)和命名管道(mkfifo),这两个函数的函数原型如下。

```
int pipe(int pipefd[2]);
int mkfifo(const char *pathname, mode_t mode);
```

图 7.2   进程间通信

1. pipe 函数

pipe 函数创建一个匿名管道用于进程间通信,匿名管道实际上是 pipe 系统调用在内核中开辟的一块缓冲区,使具有亲缘关系的进程看到同一份资源,实现这些进程之间的通信。Linux 下一切皆文件,内核将这块缓冲区作为管道文件进行操作。pipe 函数通过参数 pipefd 返回两个文件描述符分别指向管道的两端。pipefd[0]指向匿名管道读端,pipefd[1]指向匿名管道写端。匿名管道中的数据基于先进先出的原则进行读写,写入 pipefd[1]的所有数据都可以从 pipefd[0]读出,并且读取的数据和写入的数据是一致的。不要向 pipefd[0]写数据,也不要从 pipefd[1]读数据,因为这些操作是未定义的,在有些系统上可能会调用失败。所以,写数据时要关闭读端 pipefd[0],读数据时要关闭写端 pipefd[1]。若 pipe 函数执行成功,则返回 0,否则返回−1,并设置 errno 说明失败原因。

由于匿名管道是基于文件描述符的,而不是 6.2 节介绍的 FILE 类型的文件指针,所以在读写匿名管道时,必须用 read 和 write 系统调用,而不能使用 C 标准库函数 fread 和 fwrite。

匿名管道的读写如图 7.3 所示,父进程调用 pipe 函数创建匿名管道,通过参数 pipefd 得到指向管道两端的两个文件描述符。父进程调用 fork 函数创建子进程,子进程也得到了这两个文件描述符。父进程关闭管道读端 pipefd[0],子进程关闭管道写端 pipefd[1]。父进程可向管道写,子进程可从管道读,这样就实现了父子进程间的通信。父子进程通过一个管道只能实现单向通信,如果要实现双向通信,就必须再创建一个管道。

图 7.3   匿名管道的读写

假设对匿名管道进行的是阻塞 I/O 操作,则使用匿名管道的 4 种情况:①若所有指向管道写端的文件描述符都关闭了,则管道中剩余数据都被读取后,再次调用 read 函数时,read 函数会返回 0;②若有指向管道写端的文件描述符没关闭,而持有管道写端的进程也没有向管道中写数据,则其他进程将管道中剩余数据读取后,再次调用 read 函数时会阻塞,直到管道中有数据可读时才被唤醒;③若

```
26    case 0: //子进程2
27      fd2=open(FIFO,O_RDONLY); read(fd2,str,N); printf("%s",str);
28      close(fd2); printf("子进程2退出\n"); exit(2);
29    default:
30      fd2=open(FIFO, O_WRONLY); write(fd2, s, sizeof(s)); close(fd2);
31      int stat=0; waitpid(-1, &stat, 0); //父进程等待子进程2结束
32      if(WIFEXITED(stat)) printf("子进程退出码为%d\n", WEXITSTATUS(stat));
33      unlink(FIFO);
34    }
35 }
```

7.5 Linux 系统调用编程：exec 函数族

由于 fork 函数采用几乎完全复制父进程的方式创建子进程,因此子进程执行的是和父进程相同的程序,只是父子进程分别执行了不同的代码分支。实际编程中,经常会在子进程中调用 exec 函数族中的函数执行另外一个可执行文件。可执行文件既可以是二进制文件,也可以是任何 Linux 下可执行的脚本文件。exec 函数族提供了一种在进程中执行另一个程序的方法。当进程调用一种 exec 函数时,该进程的用户空间的代码和数据完全替换为新的可执行文件的代码和数据,然后从新的代码段入口点（main 函数）开始执行。因为调用exec 函数并不创建新进程,所以调用前后进程的 PID 没有改变。exec 函数族的函数统称为exec 函数。

exec 函数的函数原型如下。

```
1 int execl(const char *pathname, const char *arg, ... /*, (char *) NULL */);
2 int execlp(const char *file, const char *arg, ... /*, (char *) NULL */);
3 int execle(const char *pathname, const char *arg, .../*,(char *) NULL,char *const envp[]*/);
4 int execv(const char *pathname, char *const argv[]);
5 int execvp(const char *file, char *const argv[]);
6 int execvpe(const char *file, char *const argv[], char *const envp[]);
7 int fexecve(int fd, char *const argv[], char *const envp[]);
8 int execve(const char *pathname, char *const argv[], char *const envp[]);
```

上面第 8 个函数是系统调用（在 man 手册第 2 节）,前 7 个函数为库函数（在 man 手册第 3 节）,它们最终都要向内核发起 execve 系统调用。exec 函数如果执行成功,则不再返回,否则返回−1,并设置 errno,然后从主调函数的调用处执行下一条语句。所以,exec 函数只有出错的返回值,而没有成功的返回值。execvpe 函数不是 POSIX 标准函数,而是GNU 扩展函数。exec 函数之间的关系如图 7.5 所示。下面将 exec 函数按照带 p、带 l、带v、带 e 四类介绍 exec 函数参数。

不带字母 p(path)的 exec 函数中,第 1 个参数 pathname 必须是可执行文件的绝对路径或相对路径（比如/bin/ls 或./a.out）,而不能是文件名（比如 ls 或 a.out）。

带有字母 p 的 exec 函数中,若第 1 个参数 file 中包含/,则将其视为路径名,否则视为不带路径的文件名,并且在 PATH 环境变量指定的目录列表中搜索这个可执行文件。

带有字母 l(list)的 exec 函数原型中的省略号是可变参数列表,表示命令行参数的个数是可变的。参数 arg 为新程序（可执行文件）的名字。参数 arg 和后面的省略号…共同构成的参数列表作为新程序的命令行参数传递进去,每个参数都指向一个以'\0'结尾的字符串,并且最后一个参数一定是空指针 NULL。

图 7.5　exec 函数之间的关系

带有字母 v(vector)的函数要求主调函数先构造一个指针数组,每个数组元素都指向一个以\0结尾的字符串,并且最后一个数组元素一定是空指针 NULL,然后将该数组的首地址赋值给参数 argv,argv 数组的第一个元素为新程序(可执行文件)的名字,argv 数组的最后一个元素一定是 NULL,其他数组元素都是一个以\0 结尾的字符串。argv 数组(参数列表)作为新程序的命令行参数传递进去。

以字母 e(environment)结尾的 exec 函数中,参数 envp 是一个字符串数组(环境变量表),每个字符串(环境变量)是形式为 key=value 的键值对。允许主调函数通过参数 envp 向新程序传递一份新的环境变量表,使用 envp[] 数组提供的环境变量代替调用进程的环境变量,其他 exec 函数仍然使用当前的环境变量表执行新程序,envp 数组的最后一个元素一定是 NULL,其他数组元素都是一个以\0 结尾的字符串。fexecve 函数与 execve 函数做相同的事情,它通过文件描述符而不是通过文件名执行一个程序。这个文件描述符必须以只读方式打开,并且调用者必须对该文件有执行权限。

argv(命令行参数)和 envp(环境变量)可以被新程序(可执行文件)的 main 函数访问。

使用上述函数(源代码文件 s_exec.c)的示例代码如下。

扫一扫

```
1 #define _GNU_SOURCE
2 #include <stdio.h>
3 #include <stdlib.h>
4 #include <unistd.h>
5 #include <fcntl.h>
6 #include <sys/wait.h>
7 #include <sys/mman.h>
8 #include <sys/stat.h>
9 extern char **environ;
10 int main(void){
11   char * const argv[]={"ps", "-o", "pid,ppid,comm", NULL};  int pid;
12   char * const envp[]={"PATH=/bin:/usr/bin", "TEST=testing", NULL};
13   sleep(1); while((pid=fork())==-1) perror("fork failed\n");//父进程
14   if(!pid) execl("/bin/ps", "ps", "-o", "pid,ppid,comm", NULL);//子进程1
15   sleep(1); while((pid=fork())==-1) perror("fork failed\n");//父进程
16   if(!pid) execlp("ps", "ps", "-o", "pid,ppid,comm", NULL);//子进程2
17   sleep(1); while((pid=fork())==-1) perror("fork failed\n");//父进程
18   if(!pid) execle("/bin/ps","ps","-o","pid,ppid,comm",NULL,envp);//子进程3
19   sleep(1); while((pid=fork())==-1) perror("fork failed\n");//父进程
20   if(!pid) execv("/bin/ps", argv);//子进程4
21   sleep(1); while((pid=fork())==-1) perror("fork failed\n");//父进程
22   if(!pid) execvp("ps", argv);//子进程5
23   sleep(1); while((pid=fork())==-1) perror("fork failed\n");//父进程
24   if(!pid) execvpe("ps", argv, environ);//子进程6
```

```
25  sleep(1); while((pid=fork())==-1) perror("fork failed\n");//父进程
26  if(!pid) execve("/bin/ps", argv, envp);//子进程7
27  sleep(1); while((pid=fork())==-1) perror("fork failed\n");//父进程
28  if(!pid){//子进程8
29    char * const argv2[]={"s_exec_2", "xxx", "yyy", "zzz", NULL};
30    execvpe("./s_exec_2", argv2, envp);
31  } wait(0); wait(0); wait(0); wait(0);        //父进程等待子进程结束
32  wait(0); wait(0); wait(0); wait(0);          //父进程等待子进程结束
33  struct stat st;                    //下面13行代码通过文件描述符执行s_exec_2
34  int shm_fd=shm_open("exec_testing", O_RDWR | O_CREAT, 0777);
35  if(shm_fd==-1){perror("shm_open"); exit(1);}
36  int n=stat("s_exec_2", &st); if(n==-1){perror("stat"); exit(1);}
37  n=ftruncate(shm_fd, st.st_size); if(n==-1){perror("ftruncate"); exit(1);}
38  void *p=mmap(NULL, st.st_size, PROT_READ|PROT_WRITE, MAP_SHARED, shm_fd, 0);
39  if(p==MAP_FAILED){perror("mmap"); exit(1);}
40  int fd=open("s_exec_2", O_RDONLY, 0); if(fd==-1){perror("openls"); exit(1);}
41  n=read(fd, p, st.st_size); if(n==-1){perror("read"); exit(1);}
42  if(n != st.st_size){perror("error"); exit(1);}
43  munmap(p, st.st_size); close(shm_fd);
44  shm_fd=shm_open("exec_testing", O_RDONLY, 0);
45  fexecve(shm_fd, argv, environ);
46 }
```

编译源代码文件 s_exec.c 生成的可执行程序 s_exec 执行时要执行如下源代码(源代码文件 s_exec_2.c)生成的可执行程序 s_exec_2。

```
1 #include <stdio.h>
2 extern char **environ;
3 int main(int argc, char *argv[], char *envp[]){
4   int i=0, j=0, k=0;
5   while(*argv) printf("%d: %s\n", i++, *argv++);
6   while(*envp && j<2) printf("%d: %s\n", j++, *envp++);
7   while(*environ && k<2) printf("%d: %s\n", k++, *environ++);
8 }
```

如图 7.6 所示,第 1、2 行分别编译源代码文件 s_exec_2.c 和 s_exec.c,第 3 行运行 s_exec 可执行程序。

```
1 # gcc -o s_exec_2 s_exec_2.c       16 0: s_exec_2       //下面8行为s_exec.c
2 # gcc -o s_exec s_exec.c           17 1: xxx           //中第30行的输出
3 # ./s_exec                         18 2: yyy
4    PID    PPID COMMAND             19 3: zzz
5   7880    4612 bash                20 0: PATH=/bin:/usr/bin
6  282196   7880 s_exec              21 1: TEST=testing
7  282197  282196 ps                 22 0: PATH=/bin:/usr/bin
8    PID    PPID COMMAND             23 1: TEST=testing
9   7880    4612 bash                24 0: ps           //下面7行为s_exec.c
10 282196   7880 s_exec              25 1: -o           //中第45行的输出
11 282197  282196 ps <defunct>       26 2: pid,ppid,comm
12 282198  282196 ps                 27 0: SHELL=/bin/bash
13   PID    PPID COMMAND             28 1: SESSION_MANAGER=local/ztg:@/tmp
14  7880    4612 bash                29 0: SHELL=/bin/bash
15 //省略部分输出信息                   30 1: SESSION_MANAGER=local/ztg:@/tmp
```

图 7.6 编译 s_exec_2.c 和 s_exec.c,执行 s_exec

7.6 Linux 系统调用编程:文件管理

可以通过文件系统相关的系统调用,如 open、close、read、write,打开文件、关闭文件或读写文件。系统调用通过文件描述符 fd(File Descriptor)对相应的文件进行操作,而标准 C 库函数通过文件指针(FILE ∗)对相应的文件进行操作。文件描述符是非负整数,打开现存文件或新建文件时,内核会返回一个文件描述符。当程序启动时,Linux 系统为每个程序自动打开三个文件:标准输入、标准输出和标准错误输出,在 C 标准库中为其创建 3 个 FILE 结构体变量,分别由 3 个预定义 FILE 指针(stdin、stdout、stderr)指向。在 Linux 内核中,默认为其分配了 3 个文件描述符:①标准输入的文件描述符,宏名为 STDIN_FILENO,值为 0;②标准输出的文件描述符,宏名为 STDOUT_FILENO,值为 1;③标准错误的文件描述符,宏名为 STDERR_FILENO,值为 2。因为标准 C 库函数对文件的操作最终是通过系统调用实现的,所以调用 fopen 函数每打开一个文件,就为其分配一个位于用户空间的 FILE 结构体变量(由 FILE 指针 fp 指向),通过调用 open 函数返回一个内核分配的文件描述符 fd,FILE 结构体变量中包含该文件的文件描述符、I/O 缓冲区和当前读写位置等信息。

当调用 open 函数打开或创建一个文件时,内核分配一个文件描述符 fd 并返回给应用程序,当读写文件时,应用程序把文件描述符 fd 作为参数传递给 read 或 write 函数,read 或 write 函数执行过程中,内核根据文件描述符 fd 找到相应的文件。

open、close、read、write 等库函数称为用户空间的无缓冲 I/O 函数,因为它们位于 C 标准库的 I/O 缓冲区的底层。open、close、read、write 等系统调用在内核也是可以分配一个内核 I/O 缓冲区的。标准库函数、系统调用和内核函数的关系如图 6.11 所示(该图在 6.2.9 小节)。标准库函数每次读写时不一定进内核,而无缓冲的系统调用每次读写时都要进内核。I/O 函数既可以读写常规文件,也可以读写设备文件。在读写设备文件时通常不希望有缓冲,比如向网络设备文件写数据就希望数据通过网络设备直接发出去,当网络设备接收到数据时应用程序希望尽快获得数据,所以网络编程通常调用无缓冲 I/O 函数,本书第 8 章介绍了网络编程。下面介绍文件管理相关的系统调用,这些函数的函数原型如下。

```
1 int open(const char *pathname, int flags);
2 int open(const char *pathname, int flags, mode_t mode);
3 int open(const char *pathname, int flags, ...);
4 int creat(const char *pathname, mode_t mode);
5 int close(int fd);
6 int dup(int oldfd);
7 int dup2(int oldfd, int newfd);
8 ssize_t read(int fd, void *buf, size_t count);
9 ssize_t write(int fd, const void *buf, size_t count);
10 int fsync(int fd);
11 int fdatasync(int fd);
12 off_t lseek(int fd, off_t offset, int whence);
13 int ioctl(int fd, unsigned long request, ...);
14 void *mmap(void *addr, size_t length, int prot, int flags, int fd, off_t offset);
15 int munmap(void *addr, size_t length);
16 int msync(void *addr, size_t length, int flags);
17 int fcntl(int fd, int cmd, ... /* arg */ );
```

1. open 和 creat 函数

open 和 creat 系统调用用于打开或创建一个文件,若执行成功,则返回新分配的文件描述符,否则返回−1,并设置 errno。open 系统调用在 man 手册中有两种形式:一种带两个参数;另一种带 3 个参数。C 函数库中的 open 库函数实际上的声明形式是上面第 3 行,最后的可变参数可以是 0 个或 1 个,由参数 flags 中的标志位决定。

参数 pathname 是要打开或创建的文件名,既可以是绝对路径,也可以是相对路径。参数 flags 有一系列常数值(宏定义)可供选择,可以同时选择多个常数用按位或运算符连接起来。

参数 flags 有 3 个常数值(必选项),分别是 O_RDONLY(只读)、O_WRONLY(只写)、O_RDWR(可读可写)。这 3 个常数值必须指定一个,且只能指定一个。参数 flags 还有其他一些常数值(可选项)可以选用,这些常数值可以同时指定 0 个或多个,和一个必选项按位或运算,得到的结果作为 flags 参数值。部分可选项是:①O_APPEND 表示追加,若文件已有内容,则这次打开文件将所写的数据附加到文件的末尾;②O_CREAT 表示若此文件不存在,则创建它,使用该选项时需要提供第 3 个参数 mode;③O_EXCL 表示若同时指定了 O_CREAT,且文件已存在,则出错返回;④O_TRUNC 表示若文件已存在,且以只写或可读可写方式打开,则将其长度截断为 0B;⑤O_NONBLOCK 表示以该方式打开设备文件可以进行非阻塞 I/O 操作。open 函数与 fopen 函数的区别:fopen 函数以可写方式打开一个文件时,若文件不存在,则会自动创建;open 函数必须明确指定 O_CREAT 才会创建文件,若文件不存在,则出错返回。fopen 函数以可写方式(w 或 w+)打开一个文件时,若文件已存在,就截断为 0B;open 函数必须明确指定 O_TRUNC 才会截断文件,否则直接在原来数据上改写。文件打开后,flags 参数值可以通过 fcntl 函数改变。

参数 mode 指定文件的访问权限,可以用八进制数(如 0666)表示,也可以用宏定义按位或运算的结果值表示。文件最终权限由 mode 参数和当前进程的 umask 掩码共同决定。可以执行 umask 命令查看 Shell 进程(可认为是终端窗口)的 umask 掩码,假如是 0022,则文件最终权限是 0666&~0022=0644。再次强调参数 mode 必须在参数 flags 中设置 O_CREAT 时才起作用,否则被忽略。参数 mode 的具体取值有:①S_IRWXU 表示所有者拥有读写执行权限;②S_IRUSR 同 S_IREAD 表示允许所有者读;③S_IWUSR 同 S_IWRITE 表示允许所有者写;④S_IXUSR 同 S_IEXEC 表示允许所有者执行;⑤S_IRWXG 表示所在组读写执行;⑥S_IRGRP 表示允许所在组读;⑦S_IWGRP 表示允许所在组写;⑧S_IXGRP 表示允许所在组执行;⑨S_IRWXO 表示允许其他用户读写执行;⑩S_IROTH 表示允许其他用户读;⑪S_IWOTH 表示允许其他用户写;⑫S_IXOTH 表示允许其他用户执行。

由 open 和 creat 函数返回的文件描述符一定是该进程尚未使用的数值最小的文件描述符。当程序启动时,Linux 内核自动为其分配了 3 个文件描述符 0、1、2,所以应用程序中第一次调用 open 或 creat 函数时返回文件描述符 3,再次调用 open 或 creat 函数时返回文件描述符 4,以此类推。可以在标准输入、标准输出或标准错误输出上打开一个新文件来实现输入输出重定向功能。比如对标准输出重定向,先调用 close 函数关闭文件描述符 1,然后调用 open 函数打开一个常规文件,此时一定会返回文件描述符 1,标准输出不再是终端显示器,而是常规文件,调用 printf 函数输出的字符串会写到该常规文件,不会在显示器中显示。

2. close 函数

close 函数通过文件描述符关闭一个已打开的文件。若执行成功,则返回 0,否则返回 −1,并设置 errno。参数 fd 是要关闭的文件描述符。若应用程序中没有显式调用 close 函数,当一个进程终止时,内核也会自动调用 close 函数关闭该进程所有尚未关闭的文件描述符。但是,对于长时间运行的服务器程序来说,一定要关闭不用的已打开的文件描述符,否则有可能出现文件描述符或系统资源耗尽的情况。

3. dup 和 dup2 函数

dup 和 dup2 函数都可用来复制一个现有的文件描述符,使两个文件描述符指向同一个内核中的 FILE 结构体变量。若执行成功,则返回新的文件描述符,否则返回－1,并设置 errno。

当调用 dup 函数时,内核为该进程分配一个新的文件描述符,该描述符是当前可用的最小文件描述符,新文件描述符和参数 oldfd 指向同一个 FILE 结构体变量。

dup2 函数可用参数 newfd 指定新文件描述符的数值,若 newfd 已打开,则先将其关闭。若参数 newfd 等于参数 oldfd,则 dup2 函数返回 newfd,并且不关闭 newfd。dup2 函数返回的新文件描述符与参数 oldfd 指向同一个 FILE 结构体变量。dup2 常用来实现输入输出重定向功能。

若两个文件描述符指向同一个 FILE 结构体变量,则 FILE 结构体变量的引用计数是 2。若对一文件两次调用 open 函数,则会得到两个不同的文件描述符,每个描述符对应一个不同的 FILE 结构体变量,因此可以有不同的文件状态标志和读写位置。

4. read 函数

read 函数从文件描述符 fd 指向的文件读取 count 个字节写入 buf 缓冲区中。read 函数从当前文件读写位置指针指向的位置开始读取,若当前位置指针指向文件末尾,则返回 0,表示没有读取字节。若 read 函数执行成功,则返回实际读取的字节个数,否则返回－1,并且设置 errno。有些情况下,实际读到的字节数(返回值)会小于请求字节数 count。

read 函数从文件读出 count 个字节后,当前位置指针向后移。注意,这个读写位置是在内核空间 I/O 缓冲区中的位置,而使用 C 标准库函数时的读写位置是用户空间 I/O 缓冲区中的位置。比如用 fgetc 读一个字节时,有可能先从内核缓冲区预读 1024 个字节到用户空间缓冲区(C 库缓冲区)中,然后再从 C 库缓冲区读第一个字节,此时该文件在内核中的 FILE 结构体变量中记录的读写位置是 1024,而在用户空间的 FILE 结构体变量中记录的读写位置是 1。

read 函数读常规文件是不会阻塞的,不管读多少字节,一定会在有限时间内返回,若已到达文件末尾,则调用 read 函数将返回 0。从终端设备或网络读则可能会阻塞。读终端设备文件通常以行为单位,读到换行符就返回,若从终端输入的数据没有换行符,则调用 read 函数读终端设备就会阻塞。如果没有接收到网络数据包,调用 read 函数读网络时会阻塞。网络通信时根据不同的传输协议和内核缓存机制,会有不同的返回值。

5. write 函数

write 函数将 buf 缓冲区中 count 个字节写入文件描述符 fd 指向的文件或设备。如果存储空间不足、使用 setrlimit 函数设置了资源限制(RLIMIT_FSIZE)或 write 函数被信号中断,则写入的字节数可能会少于 count。write 函数执行成功后会返回实际写入的字节数,0 表示没有写入,若失败,则返回－1,并设置 errno。write 函数写常规文件是不会阻塞的,返回值通常是请求写的字节数 count,而向终端设备或网络写的字节数则不一定为 count,并且可能会阻塞。

如果使用 open 函数打开一个设备时指定了 O_NONBLOCK,则执行 read 或 write 函数时就不会阻塞。比如读设备时,若设备没数据可读,则不阻塞,而是返回-1,同时设置 errno 为 EWOULDBLOCK(或 EAGAIN,这两个宏值相同),调用者可以采取轮询的方式查询设备是否可读。但是,非阻塞I/O的缺点也很明显,若设备一直没有数据到达,则调用者需反复查询而做许多无用功。

6. fsync 和 fdatasync 函数

通常使用 write 函数对硬盘文件写操作时只是更新内核 I/O 缓冲区,数据不会立即更新到硬盘中,而是由专门的内核线程 flush 在满足一定条件时(如间隔 30s、内核 I/O 缓冲区中的数据达到一定量)将数据同步到硬盘上。因为 write 函数不会等到硬盘 I/O 完成后才返回,所以若操作系统在 write 函数调用之后、硬盘同步之前崩溃,则数据可能会丢失。fsync 函数强制文件 fd 所有已修改的数据(包括内核 I/O 缓冲区中的数据)同步到硬盘,因为该函数会阻塞等待直到硬盘 I/O 完成。fsync 函数会同步文件的正常数据和特征数据(也称为元数据,包括文件大小、访问时间、修改时间等)。因为文件的正常数据和特征数据通常存放在硬盘的不同地方,因此 fsync 至少需要两次写操作。fdatasync 函数的功能与 fsync 函数类似,但是 fdatasync 函数只强制同步正常数据,不同步特征数据,因此可以减少一次写操作,不过需要确保文件的尺寸在写前后没有发生变化。调用 open 函数时若设置参数 flags 的值包括 O_SYNC 或 O_DSYNC,则可以实现和 fsync 或 fdatasync 函数类似的功能。

7. lseek 函数

lseek 函数用于改变文件的读写位置。对于每个打开的文件,都有一个当前文件偏移量。文件偏移量通常是一个非负整数,用于表明文件开始处到文件当前位置的字节数。读写操作通常开始于当前文件偏移量的位置,并且使其增大,增量为读写的字节数。文件被打开时,文件的偏移量会被初始化为 0,除非使用 O_APPEND。读写操作可以使文件的偏移量发生变化,lseek 函数可以改变文件的当前位置。若 lseek 函数执行成功,则返回文件新的读写位置,否则返回-1,并设置 errno。错误代码有:EBADF(fd 不是一个打开的文件描述符)、ESPIPE(fd 指向管道、FIFO 或套接字)、EINVAL(whence 取值不当)。

参数 fd 是文件描述符,参数 offset 是文件偏移量,参数 whence 是文件偏移的相对位置。参数 offset 的具体含义取决于参数 whence:①若 whence 是 SEEK_SET,offset 相对于文件开头进行偏移,其值为正;②若 whence 是 SEEK_CUR,offset 相对于文件当前位置进行偏移,其值可正可负,负数时向文件开头偏移,正数时向文件末尾偏移;③若 whence 是 SEEK_END,offset 相对于文件末尾进行偏移,其值可正可负。

```
lseek(fd, 0, SEEK_SET); //将读写位置移到文件开头
lseek(fd, 0, SEEK_CUR); //取得当前文件读写位置
lseek(fd, 0, SEEK_END); //将读写位置移到文件结尾
```

上面 3 行是 lseek 函数的特殊用法,用于判断是否可以改变某个文件的偏移量。若参数 fd 指向的是匿名管道、命名管道或网络套接字,则返回-1,并将 errno 设置为 ESPIPE。

lseek 函数常用来创建一个空洞文件。普通文件中间不能有空,调用 write 函数写文件时是从前往后移动文件位置指针,依次写入数据。而空洞文件有一段是空的,用 lseek 函数往后移动文件位置指针跳过一段存储空间就形成空洞文件。空洞文件有助于多线程共同读写大文件。比如创建一个很大的文件时,如果从头开始依次写入数据,耗费时间会很长,若

将文件分成多段,每个线程负责写入各自负责的那段,则将加速文件的写入操作。

8. ioctl 函数

ioctl 函数是设备驱动程序中对设备的 I/O 通道进行管理的函数。ioctl 函数用于向设备发控制或配置命令,有些命令也需要读写一些数据,但这些数据是不能用 read/write 函数读写的,称为带外(Out-of-Band)数据。read/write 函数通常读写的数据是带内(In-Band)数据,是 I/O 操作的主体,而 ioctl 函数传送的数据(命令)是控制信息。例如,在串口线上通过 read/write 函数收发数据,通过 ioctl 函数设置串口的波特率、校验位、停止位等。如果驱动程序提供了对 ioctl 函数的支持,用户程序就可以使用 ioctl 函数控制设备的 I/O 通道。

参数 fd 是某个设备的文件描述符。参数 request 是 ioctl 的控制或配置命令,可变参数取决于参数 request,通常是一个指向变量或结构体的指针。若 ioctl 函数执行失败,则返回 −1,否则返回其他值,返回值取决于参数 request。

9. mmap、munmap 和 msync 函数

mmap 函数可以把磁盘文件的一部分直接映射到进程的虚拟内存空间,通过对这段内存的读写实现对文件的读写,而不需要使用 read/write 函数。由于文件中的位置直接有对应的内存地址,因此对文件的读写可以直接用指针操作。

参数 addr 指定映射内存区的起始地址,通常设为 NULL,内核会在进程地址空间中选择合适的地址开始映射。若参数 addr 不是 NULL,则内核会选择 addr 之上的某个合适的地址开始映射。若 mmap 执行成功,则返回真正映射内存区的首地址,否则返回常数 MAP_FAILED。当进程终止时,该进程的映射内存区会自动解除。

参数 prot 表示映射内存区的操作方式,可以为 4 种方式的某种组合:①PROT_EXEC 表示映射内存区可执行,例如映射共享库;②PROT_READ 表示映射内存区可读;③PROT_WRITE 表示映射内存区可写;④PROT_NONE 表示映射内存区不能存取。

参数 flags 是映射区的特性标志位,常用的 3 个选项是:①MAP_SHARED 表示多个进程对同一文件的映射是共享的,一个进程对映射内存区做了修改,另一个进程也会看到这种变化;②MAP_PRIVATE 表示多个进程对同一个文件的映射不是共享的,一个进程对映射内存区做了修改,另一个进程并不会看到这种变化,对此区域的修改不会写回原文件;③MAP_ANONYMOUS 表示创建匿名映射区,匿名映射可以被描述为一个零化的虚拟文件,只是一个可供使用的大型、零填充的内存块,位于堆之外,因此不会造成数据段碎片。

参数 fd 是要映射到内存中的文件的文件描述符。参数 offset 是文件映射的偏移量,表示从文件的什么位置开始映射,通常设置为 0,表示从文件头开始映射,offset 必须是页大小(4KB)的整数倍。参数 length 是文件中映射到内存的那部分长度。

映射成功建立之后,即使关闭了被映射的文件,该映射依然存在,因为映射的是文件在硬盘上的地址,和文件描述符无关。

munmap 函数用来解除 mmap 函数建立的映射。参数 addr 是映射的起始地址,参数 length 是文件中映射到内存的那部分长度。若映射解除成功,则返回 0,否则返回 −1。

对映射内存区中数据的修改并不会立刻写回磁盘文件,通常在调用 munmap 函数后才会执行该操作。如果没有调用 munmap 函数,也可以通过调用 msync 函数实现磁盘文件内容与映射内存区中内容的同步。

msync 函数用来把映射内存区中已修改的数据写回被映射的文件中,或者将被映射文件中的数据读到映射内存区中。需要读写的映射内存区由参数 addr(文件映射到进程地址空间的地址)和参数 length(映射空间的大小)确定。参数 flags 控制着刷新的具体方式:①MS_ASYNC 表示采用异步写方式,msync 函数会立即返回,不用等到更新完成;②MS_SYNC 表示采用同步写方式,msync 函数要等到更新完成后返回;③由于文件数据已经改变,MS_INVALIDATE 选项表示通知映射该文件的进程数据已改变,需要从文件中重新获取更新后的数据到自己的映射内存区中。若 msync 函数执行成功,则返回 0,否则返回 −1。

10. fcntl 函数

fcntl 函数可以对已打开的文件描述符 fd 进行各种控制操作以改变文件的各种属性,这是用可变参数实现的。可变参数的类型和个数取决于参数 cmd。若 fcntl 函数执行错误,则返回 −1,执行成功的返回值由参数 cmd 确定。参数 cmd 的 5 种取值决定了 fcntl 函数的 5 种功能:①F_DUPFD 用于复制一个现有的文件描述符;②F_GETFD 或 F_SETFD 用于获得/设置文件描述符标记;③F_GETFL 或 F_SETFL 用于获得/设置文件状态标志;④F_GETOWN 或 F_SETOWN 用于获得/设置异步 I/O 所有权;⑤F_GETLK、F_SETLK 或 F_SETLKW 用于获得/设置记录锁。

使用上述函数(源代码文件 s_file.c)的示例代码如下。

扫一扫

```
1 #include <stdio.h>
2 #include <stdlib.h>
3 #include <string.h>
4 #include <unistd.h>
5 #include <fcntl.h>
6 #include <sys/mman.h>
7 #include <sys/ioctl.h>
8 #include <sys/wait.h>
9 #define BUF_SIZE 120
10 #define FILENAME "/tmp/s_file.txt"
11 int main(){ //下面4行向文件写入字符串,该字符串会被第31行写入的字符串覆盖
12    int fd=open(FILENAME, O_CREAT|O_RDWR|O_TRUNC, S_IRUSR|S_IWUSR);
13    if(fd<0){perror("error\n"); return -1;} char buf[]="hello world 1\n";
14    if(write(fd, buf, sizeof(buf))==-1){perror("write error\n"); exit(1);}
15    fsync(fd); //更新内核I/O缓冲区数据到硬盘文件中  //下面5行先写文件后读
16    int newfd=fcntl(fd,F_DUPFD,0); printf("newfd(%d),fd(%d)\n",newfd,fd);
17    char buf2[]="hello world 2\n"; write(fd, buf2, strlen(buf2));
18    int n; char str[80]; memset(str, 0x00, sizeof(str));
19    lseek(fd,0,SEEK_SET);n=read(newfd,str,sizeof(str));//位置指针移到开头,读newfd
20    printf("%s长度%d\n",str,n); close(fd);close(newfd); //下面3行追加写文件
21    fd=open(FILENAME, O_RDWR); if(fd<0){perror("open error"); return -1;}
22    int f=fcntl(fd,F_GETFL,0); f=f|O_APPEND; fcntl(fd,F_SETFL,f); //读写flags
23    char buf3[]="hello world 3\n"; write(fd,buf3,strlen(buf3)); close(fd);
24    fd=open(FILENAME, O_RDWR); //下面8行使用mmap函数建立共享映射区实现父子进程间通信
25    if(fd<0){perror("error");exit(1);} int len=lseek(fd, 0, SEEK_END);
26    void *addr=mmap(NULL, len, PROT_READ|PROT_WRITE, MAP_SHARED, fd, 0);
27    if(addr==MAP_FAILED){perror("mmap error"); return -1;} close(fd); pid_t pid;
28    if((pid=fork())<0){perror("fork error"); return -1;}  //创建子进程
29    else if(pid==0){sleep(1); char *p=addr; printf("%s", p);exit(0);}  //子进程读
30    else if(pid>0)  //父进程写
31      {char buf4[]="hello world 4\n";memcpy(addr,buf4,strlen(buf4));wait(NULL);}
32    msync(addr, len, MS_SYNC);     //把映射内存区中的数据写回文件中
33    char *p_map; //下面8行建立一块匿名映射内存区供父子进程通信
34    p_map=mmap(NULL,BUF_SIZE,PROT_READ|PROT_WRITE,MAP_SHARED|MAP_ANONYMOUS,-1,0);
35    if((pid=fork())<0){perror("fork error"); return -1;}  //创建子进程
36    else if(pid==0){ //子进程
37      sleep(1); printf("来自父进程: %s\n", p_map); //子进程读
38      sprintf(p_map, "%s", "子子子"); exit(0);  //子进程写
39    }else{     sprintf(p_map, "%s", "父父父");     //父进程写
40      sleep(2); printf("来自子进程: %s\n", p_map); //父进程读
41    }
```

```
42  struct winsize size; //本行和下面3行输出屏幕有几行几列, isatty判断fd是否为设备
43  if(!isatty(STDOUT_FILENO)){printf("STDOUT_FILENO不是终端设备\n");exit(1);}
44  if(ioctl(STDOUT_FILENO, TIOCGWINSZ, &size)<0){perror("error"); exit(1);}
45  printf("屏幕有%d行%d列\n", size.ws_row, size.ws_col);
46 }
```

如图 7.7 所示,第 1 行编译源代码文件 s_file.c,第 2 行运行 s_file 可执行程序,第 10 行查看文件/tmp/s_file.txt 中的内容。

```
 1 # gcc -o s_file s_file.c
 2 # ./s_file
 3 newfd(4),fd(3)
 4 hello world 1
 5 长度29
 6 hello world 4
 7 来自父进程: 父父父
 8 来自子进程: 子子子
 9 屏幕有40行190列
10 # cat /tmp/s_file.txt
11 hello world 4
12 hello world 2
13 hello world 3
```

图 7.7 编译 s_file.c、执行 s_file

7.7 习题

1. 填空题

(1) Linux 内核提供了一组用于实现各种系统功能的子程序,称为_____。

(2) 系统调用是应用程序获取_____的唯一方式。

(3) glibc 库函数包含 3 种: ①_____; ②_____; ③调用系统调用的标准库函数。

(4) 系统调用和 C 标准库函数都可以简称_____。

(5) 通常每个系统调用对应至少一个 glibc 封装的_____,比如系统调用 sys_open 对应库函数_____。

(6) 系统调用按照功能大致可分为_____、_____、文件管理、内存管理、网络管理、用户管理等。

(7) 进程是具有某种特定任务的程序在一个_____上的一次执行过程。

(8) Linux 中除 0 号与 1 号进程外,所有其他进程都是被另一个进程通过执行_____系统调用创建的。

(9) 调用 fork 的进程是_____,由 fork 创建的进程是_____。

(10) _____函数用于获取当前进程的 PID。

(11) _____函数用于获取父进程的 PID。

(12) _____函数创建一个匿名管道用于进程间通信。

(13) 匿名管道实际上是_____系统调用在内核中开辟的一块_____。

(14) 匿名管道的一个缺陷是只能用于有_____进程之间的通信,_____可解决该缺陷。

（15）实际编程中经常会在子进程中调用_____函数族中的函数执行另一个_____。

（16）_____提供了一种在进程中执行另一个程序的方法。

（17）exec 函数族的函数统称为_____。

（18）系统调用通过_____对相应的文件进行操作，而标准 C 库函数通过_____对相应的文件进行操作。

（19）open 和 creat 系统调用用于_____或_____一个文件。

（20）_____函数通过文件描述符关闭一个已打开的文件。

（21）dup 和 dup2 函数都可用来复制一个现有的_____。

（22）_____函数用于改变文件的读写位置。

（23）_____函数可以把磁盘文件的一部分直接映射到进程的虚拟内存空间。

2. 简答题

（1）系统调用和 C 语言标准库函数的主要区别是什么？

（2）简述 C 语言标准库函数的分类。

（3）缓冲区对标准 C 库函数和系统调用的影响是什么？

（4）使用 glibc 封装的库函数的好处有哪些？

（5）简述使用匿名管道的 4 种情况。

（6）exec 函数族的作用是什么？

（7）简述文件描述符和文件指针的关系及其作用。

3. 上机题

本章所有源代码文件在本书配套资源的"src/第 7 章"目录中，请读者运行每个示例，理解所有源代码。

第8章 Socket编程

本章学习目标

- 理解 Socket 基本概念。
- 掌握 Socket 相关函数的使用。
- 掌握基于 TCP 的网络程序设计方法。
- 掌握基于 UDP 的网络程序设计方法。
- 掌握基于原始套接字的网络程序设计方法。
- 掌握 UNIX Domain Socket 的使用方法。

Linux 操作系统具有强大的网络功能。学习 Linux 网络编程，掌握 Linux 网络编程技术，读者将会体会到网络的真正魅力。本章将通过多个示例介绍各种网络编程方法。

8.1 Socket 基本概念

8.1.1 Socket 是什么

Socket(套接字)是对网络中不同主机上的网络应用进程之间进行双向通信的端点的抽象。一个 Socket 就是网络上进程通信的一端，提供了应用层进程利用网络协议交换数据的机制。Socket 向上连接应用进程，向下连接网络协议栈，是应用程序与网络协议栈进行交互的接口。TCP 是一种面向连接的协议，若网络程序使用 TCP，则可以保证客户端和服务器端的连接是可靠的。UDP 是一种无连接的协议，这种协议并不能保证客户端和服务器端连接的可靠性，编写网络程序时采用哪一种协议要根据具体需求而定。在 TCP/IP 中，IP 地址＋TCP/UDP 端口号唯一标识网络通信中的一个进程，（IP 地址：端口号）称为一个 Socket。建立网络连接的两个进程各自由一个 Socket 标识，这两个 Socket 组成的 Socket 对唯一标识一个网络连接，因此可以用 Socket 描述网络连接的一对一关系。在网络通信中,Socket 一定是成对出现的。TCP/IP 最早在 BSD UNIX 上实现,为 TCP/IP 设计的应用层编程接口称为 Socket API。

Socket 主要分为三类:流式套接字(SOCK_STREAM)、数据报套接字(SOCK_DGRAM)、原始套接字(SOCK_RAW)。

1. 流式套接字

流式套接字用于提供面向连接、可靠的数据传输服务。流式套接字使用 TCP,也叫面向连接的套接字,在代码中使用 SOCK_STREAM 表示。

流式套接字内部有一个缓冲区,通过 Socket 传输的数据将保存到这个缓冲区。接收端在收到数据后,如果数据不超过缓冲区的容量,并不一定立即读取,接收端有可能在缓冲区被填满以后一次性读取,也可能分成几次读取。也就是说,不管数据分几次传送过来,接收端只需根据自己的需求读取,不用非在数据到达时立即读取。传送端有自己的节奏,接收端也有自己的节奏,它们是不一致的。

2. 数据报套接字

数据报套接字提供一种无连接的服务。数据报套接字使用 UDP,也叫无连接的套接字,在代码中使用 SOCK_DGRAM 表示。由于数据报套接字不能保证数据传输的可靠性,对于有可能出现的数据丢失情况,需要在程序中做相应的处理。因为数据报套接字所做的校验工作少,所以在传输效率方面比流式套接字高。

3. 原始套接字

原始套接字与标准套接字(流式套接字和数据报套接字)的区别在于,原始套接字可以读写内核中没有处理的 IP 数据包,而流式套接字只能读取 TCP 的数据,数据报套接字只能读取 UDP 的数据。因此,如果要访问其他协议发送的数据,必须使用原始套接字。

8.1.2　主机字节序与网络字节序

字节序是指多字节数据(如整数)在计算机内存中存储或网络传输时各字节的顺序。

1. 主机字节序

多字节数据在内存中存储的顺序叫作主机字节序。主机字节序有小端模式和大端模式:①小端模式就是低位字节放在内存的低地址单元,高位字节放在内存的高地址单元;②大端模式就是高位字节放在内存的低地址单元,低位字节放在内存的高地址单元。

不同 CPU 有不同的字节序类型,X86 与 X86_64 系列 CPU 采用小端模式存储数据,PowerPC 系列 CPU 采用大端模式存储数据,ARM 系列 CPU 的字节序是可配置的。

2. 网络字节序

网络字节序是 TCP/IP 中规定好的一种数据表示格式,它与具体的 CPU 类型、操作系统等无关,从而可以保证数据在不同主机之间传输时能够被正确解释。网络字节序采用大端模式,比如 4B 的 32 bit 数的传输顺序依次是 0~7bit、8~15bit、16~23bit、24~31bit,这种传输顺序也称为大端字节序。注意,在将一个网络地址绑定到 Socket 时,一定不要假定主机字节序跟网络字节序一样,务必先将主机字节序转换为网络字节序。

可以调用以下库函数做网络字节序和主机字节序的转换。

```
uint32_t htonl(uint32_t hostlong);      //IP的主机字节序   转换为 网络字节序
uint16_t htons(uint16_t hostshort);     //端口的主机字节序 转换为 网络字节序
uint32_t ntohl(uint32_t netlong);       //IP的网络字节序   转换为 主机字节序
uint16_t ntohs(uint16_t netshort);      //端口的网络字节序 转换为 主机字节序
```

这些函数名中,h 表示 host,n 表示 network,l 表示 32 位长整数,s 表示 16 位短整数。
判断本机主机字节序模式(源代码文件 endian.c)的示例源代码如下。

扫一扫

```
1 #include <stdio.h>
2 #include <arpa/inet.h>
3 int main(void){
4   union{
5     unsigned int s;
6     char c[sizeof(unsigned int)];
7   }un;  un.s = 0x12345678;
8   if(un.c[0] == 0x12 && un.c[1] == 0x34) printf("大端\n");
9   else if(un.c[0] == 0x78 && un.c[1] == 0x56) printf("小端\n");
10  else printf("unknown\n");
11  printf("%x,%x,%x,%x\n", un.c[0], un.c[1], un.c[2], un.c[3]);
12  unsigned int y = htonl(un.s);
13  unsigned char *p = (unsigned char *)&y;
14  printf("%x,%x,%x,%x\n", p[0], p[1], p[2], p[3]);
15 }
```

注意 本章所有源代码文件在本书配套资源的
"src/第 8 章"目录中。

执行 gcc endian.c -o endian 命令编译上面源代码,然后
执行 endian 命令,结果如图 8.1 所示。请读者结合运行结果
以及本节中相关函数的介绍,分析上面源代码。

```
[root@ztg 第8章]# ./endian
小端
78,56,34,12
12,34,56,78
[root@ztg 第8章]#
```
图 8.1 endian 的执行结果

8.1.3 Socket 地址结构

Linux 使用 Berkeley 套接字接口进行网络编程。Berkeley 套接字接口提供了一系列用
于网络编程的通用 API,通过这些 API 可以实现跨主机之间网络通信,或是在本机上通过
UNIX 域套接字进行进程间通信。几乎所有的 Berkeley 套接字接口都需要传入一个地址
参数用于表示网络中一台主机的地址。Berkeley 套接字可以支持多种协议,每种协议使用
不同的套接字地址结构。不同协议类型对应的地址类型(sa_family,也称地址族或协议族)
不一样,如 IPv4 协议对应 IPv4 地址(长度是 32 位)、IPv6 协议对应 IPv6 地址(长度是 128
位)、UNIX 域套接字地址是一个路径字符串。如果针对每种类型的地址都制定一套对应的
API,那么最终的套接字 API 数量规模会很大,这不利于开发和维护。最好只使用一套通用
的 API 实现各种地址类型的操作。为此,Berkeley 套接字接口定义了一个通用套接字地址
结构 sockaddr,用于表示任意类型的地址,所有的套接字 API 在传入地址参数时都只需要
传入 sockaddr 类型的参数来保证接口的通用性,实现套接字函数调用参数的一致性。除了
通用地址结构 sockaddr,还定义了一系列具体的网络地址结构,比如 sockaddr_in 表示 IPv4
地址,sockaddr_in6 表示 IPv6 地址,sockaddr_un 表示 UNIX 域套接字(UNIX Domain
Socket)地址。在一般的网络编程中不直接使用地址结构 sockaddr 操作,而是使用
sockaddr_in、sockaddr_in6 和 sockaddr_un 地址结构,这些地址结构在向套接字 API 传参时
都要转化成 sockaddr 形式的参数。sockaddr、sockaddr_in、sockaddr_in6 和 sockaddr_un 地
址结构的定义如下。

```
 1 struct sockaddr {                        17 struct sockaddr_in6 {
 2   unsigned short sa_family;              18   unsigned short  sin6_family;
 3   char           sa_data[14];           19   unsigned short  sin6_port;
 4 };                                       20   unsigned int    sin6_flowinfo;
 5                                          21   struct in6_addr sin6_addr;
 6 struct sockaddr_in {                     22   unsigned int    sin6_scope_id;
 7   unsigned short sin_family;             23 };
 8   unsigned short sin_port;               24
 9   struct in_addr sin_addr;               25 struct in6_addr {
10   unsigned char  __pad[8];               26   unsigned char s6_addr[16];
11 };                                       27 };
12                                          28
13 struct in_addr {                         29 struct sockaddr_un {
14   unsigned int s_addr;                   30   unsigned short sun_family;
15 };                                       31   char           sun_path[108];
16                                          32 };
```

除 sockaddr_in 可以无缝转换为 sockaddr 外,因为大小不一样,所以 sockaddr_in6 和 sockaddr_un 都不能转换为 sockaddr。这并不影响套接字接口的通用性。所有的套接字 API 都以 sockaddr 指针形式传递参数,还需要一个地址长度参数,这可以保证当 sockaddr 本身不足以容纳一个具体的地址时,可以通过指针取到全部的内容。比如通用套接字地址结构 sockaddr 中的地址内容(sa_data)占 14B,但是这不足以容纳一个 16B 的 IPv6 地址。由于以上所有地址结构的前两字节都表示地址族(sa_family、sin6_family、sun_family),所以通过 sockaddr 指针可以知道传入地址的地址类型,通过地址类型判断出地址长度后,再通过 sockaddr 指针取适合该地址的长度即可得到 IPv6 的地址内容。

sockaddr 中,sa_family 表示地址族,也就是地址类型,sa_data 表示地址内容。 sockaddr_in 中,sin_family 表示地址族,sin_port 表示 16 位端口号(用网络字节序表示),sin_addr 表示 32 位 IP 地址(用网络字节序表示),IPv4 地址用一个 32 位整数(s_addr)表示, __pad 是填充位,填零即可。 sockaddr_in6 中,sin6_family 表示地址族,sin6_port 包含 16 位 UDP 或 TCP 端口号,sin6_flowinfo 是 IPv6 流控信息,sin6_addr 是 IPv6 地址,由一个 128 位的结构体存储,IPv6 地址以网络字节顺序存储,sin6_scope_id 是一个取决于地址范围的 ID。 sockaddr_un 中,sun_family 表示地址族,sun_path 是路径字符串。

初始化 sockaddr_in 结构体变量时,sin_family 可以是 AF_INET,也可以是 PF_INET。 AF 表示 Address Family 地址族,PF 表示 Protocol Family 协议族。早期的套接字 API 设计者认为同一地址族可以被多个不同的协议族使用,但是这个特性并未被实现,在实际应用中 AF_INET 和 PF_INET 没任何区别,它们的值是相同的,混用也不会有问题。地址族(协议族)常用的宏定义(常数)有 AF_INET、AF_INET6、AF_LOCAL、AF_UNIX、PF_INET、PF_INET6、PF_LOCAL、PF_UNIX。注意:AF_INET=PF_INET(sockaddr_in 使用)、AF_INET6=PF_INET6(sockaddr_in6 使用)、AF_LOCAL=AF_UNIX=PF_LOCAL=PF_UNIX(sockaddr_un 使用)。

套接字 API 可以接受各种类型的 sockaddr 结构体指针作参数,例如 bind、accept、connect 等函数,这些函数的参数都用 struct sockaddr * 类型表示。实际使用时,一般都先定义具体的网络地址结构并初始化,然后在向套接字 API 传递参数时将强制类型转换成 sockaddr 类型的指针,下面分别是 bind 函数绑定 IPv4 地址和 IPv6 地址的代码。

```
1 // IPv4
2 int sockfd;
3 sockaddr_in addr;
4 sockfd = socket(AF_INET, SOCK_STREAM, 0);
5 memset(&addr, 0, sizeof(sockaddr_in));
6 addr.sa_family = AF_INET;
7 addr.sin_addr.s_addr = htonl(INADDR_ANY);
8 addr.sin_port = htons(80);
9 bind(sockfd,(sockaddr*)&addr,sizeof(addr));
```

```
1 // IPv6
2 int sockfd;
3 sockaddr_in6 addr;
4 sockfd = socket(AF_INET6, SOCK_STREAM, 0);
5 memset(&addr, 0, sizeof(sockaddr_in6));
6 addr.sa_family = AF_INET6;
7 addr.sin6_addr.s_addr = in6addr_any;
8 addr.sin6_port = htons(80);
9 bind(sockfd,(sockaddr*)&addr,sizeof(addr));
```

bind 函数支持所有的地址类型,对于 IPv4,要将 IPv4 地址结构强制转化成 sockaddr * 类型,并传入地址长度;对于 IPv6,要将 IPv6 地址结构转化成 sockaddr * 类型,并传入地址长度,虽然 sockaddr 结构体并不足以容纳一个 IPv6 地址,但是传入的是指针和地址长度,bind 内部在判断出当前地址是 IPv6 地址时,可通过指针和长度取到一个完整的 IPv6 地址结构。通过这两段代码可以看出,虽然 IPv4 和 IPv6 的地址结构不一样,但它们在进行 bind 操作时的形式是一样的,Berkeley 套接字 API 正是通过这种形式保证了 API 的通用性。

8.1.4 地址转换函数

通常,大家习惯用可读性好的字符串表示 IP 地址,比如用点分十进制字符串表示 IPv4 地址,用十六进制字符串表示 IPv6 地址。但在网络传送时,需要将其转化为整型格式来传输。系统在记录日志时则进行相反转换,所以在发送和接收 IP 地址时,要进行 IP 地址的转换。

```
in_addr_t inet_addr(const char *cp);
int inet_aton(const char *cp, struct in_addr *inp);
char *inet_ntoa(struct in_addr in);
```

上面 3 个函数用于点分十进制字符串表示的 IPv4 地址及用网络字节序整数表示的 IPv4 地址之间的转换。①inet_addr 函数将点分十进制字符串表示的 IPv4 地址转化为网络字节序整数表示的 IP 地址。cp 参数表示需要转化的字符串。如果 IP 地址合法,则 inet_addr 函数可以将成功转换的网络字节序作为返回值。如果 IP 地址非法,则返回值为 INADDR_NONE(表示无效的结果)。②inet_aton 函数的功能和 inet_addr 函数类似,但是它将转化结果存储于参数 inp 指向的地址结构中。若成功,则返回 1;若失败,则返回 0。③inet_ntoa函数将网络字节序整数表示的 IPv4 地址转化为点分十进制字符串表示的 IPv4 地址。in 参数表示要转化的整型地址(为结构体形式)。该函数内部用一个静态变量存储转化的结果,函数返回值指向该静态变量,因此 inet_ntoa 是不可重入的。示例代码(源代码文件 ntoa.c)如下,代码中的注释为程序运行结果。

扫一扫

```
1 #include<arpa/inet.h>
2 #include<stdio.h>
3 #include<string.h>
4 int main(){
5     struct in_addr addr; in_addr_t bin;
6     bin = inet_addr("192.168.1.111");
7     memcpy(&addr, &bin, 4);
8     char *ipstr1 = inet_ntoa(addr);
9     printf("IP1: %s\n", ipstr1);          //输出: IP1: 192.168.1.111
10    bin = inet_addr("192.168.1.222");
11    memcpy(&addr, &bin, 4);
12    char *ipstr2 = inet_ntoa(addr);
13    printf("IP1: %s\n", ipstr1);          //输出: IP1: 192.168.1.222
14    printf("IP2: %s\n", ipstr2);          //输出: IP2: 192.168.1.222
15 }
```

下面两个函数可以完成前面三个函数的功能,对于 IPv4 和 IPv6 地址均可用,不仅可以转换 IPv4 的 in_addr,还可以转换 IPv6 的 in6_addr,因此 inet_pton 和 inet_ntop 函数接口中需要包含 void * 型的参数。

```
int inet_pton(int af, const char *src, void *dst);
const char *inet_ntop(int af, const void *src, char *dst, socklen_t size);
```

inet_pton 函数将参数 src 表示的 IP 地址(点分十进制 IPv4 或十六进制 IPv6 字符串)转换成网络字节序整数表示的 IP 地址,并把转换结果存入 dst 指向的存储单元中。参数 af 表示地址族(AF_INET 或 AF_INET6)。若操作成功,则返回 1,否则返回 0,并设置 errno。

inet_ntop 函数进行相反的转换,前三个参数的含义与 inet_pton 的参数相同,最后一个参数 size 指定目标存储单元的大小,可以使用 INET_ADDRSTRLEN(值为 16)和 INET6_ADDRSTRLEN(值为 46)两个宏指定 size 的值。

8.1.5　C/S 架构

网络编程中最常用的是客户/服务器架构(Client/Server 架构),简称 C/S 架构。C/S 架构程序的流程一般由客户端主动发起请求,然后服务器端被动处理请求。①在服务器端和客户端使用 TCP 时,服务进程和客户进程使用系统调用的过程如图 8.2 所示。使用 TCP 时,服务进程依次调用 socket、bind、listen 函数完成初始化后,调用 accept 函数在指定的端口等待客户进程的连接请求,一旦有客户进程发出连接,accept 函数返回一个新的套接字,这时服务进程就可以使用该套接字进行读写操作了;客户进程调用 socket 函数创建套接字,调用 connect 函数和服务进程建立连接,一旦连接成功,就可以通过套接字按设计的数据交换方法和格式进行数据传输了。当所有数据操作结束后,客户进程调用 close 函数关闭该套接字。②使用 UDP 时,服务进程依次调用 socket、bind 函数完成初始化后,等待客户进程发来的数据;客户进程调用 socket 函数创建套接字后,调用 sendto/recvfrom 函数和服务进程进行读写操作。当所有数据操作结束后,客户进程调用 close 函数关闭该套接字。

图 8.2　基于 TCP 的 C/S 程序中系统调用过程

8.2　Socket 相关函数

8.2.1　socket 函数

socket 函数原型如下。

int socket(int domain, int type, int protocol);

socket 函数用于创建一个套接字。①参数 domain 表示要使用的协议族（AF_INET、AF_INET6、AF_LOCAL、AF_UNIX、PF_INET、PF_INET6、PF_LOCAL、PF_UNIX）。协议族决定了 Socket 的地址类型，在通信中必须采用对应的地址，如 AF_INET 决定了要用 32 位的 IPv4 地址与 16 位的端口号的组合、AF_INET6 用 IPv6 的地址、AF_UNIX 决定了要用一个绝对路径名作为地址。当 Socket 客户端和 Socket 服务端在同一个 Linux 系统中时，可以将参数 domain 指定为 AF_UNIX。②参数 type 表示要创建的套接字类型（SOCK_STREAM、SOCK_DGRAM、SOCK_RAW）。③参数 protocol 指定使用哪种协议（IPPROTO_TCP、IPPROTO_UDP、IPPROTO_SCTP），由于指定了 type，该参数置为 0，表示与 type 匹配的默认协议。注意，并不是 protocol 和 type 可以任意组合，如 SOCK_STREAM 和 IPPROTO_UDP 不可以组合。若 socket 函数执行成功，则返回指向新创建的套接字的文件描述符（正整数，它唯一标识一个套接字），否则返回 −1，并设置 errno。

8.2.2　bind 函数

bind 函数原型如下。

int bind(int sockfd, const struct sockaddr *addr, socklen_t addrlen);

bind 函数将地址信息 addr 和 socket 函数返回的套接字文件描述符 sockfd 绑定在一起。使 sockfd 这个用于网络通信的文件描述符监听 addr 所描述的地址和端口号。①参数 sockfd 是由 socket 函数返回的文件描述符。②参数 addr 是一个指向 sockaddr 套接字地址结构体变量的指针，套接字地址结构主要包含 IP 地址和端口号。③参数 addrlen 是 addr 指针实际指向的套接字地址结构的长度。若 bind 函数执行成功，则返回 0，否则返回 −1，并设置 errno。

服务器进程所监听的网络地址和端口号通常是固定不变的，客户进程得知服务器端的地址和端口号后就可以向服务器进程发起连接，因此服务器进程在启动时需要调用 bind 函数绑定一个众所周知的、固定的 IP 地址和端口号用于提供服务，客户进程就可以通过它接连服务器。而客户端就不用指定 IP 地址和端口号，在调用 connect 函数时由系统自动分配一个端口号，并且使用客户端的 IP 地址。所以，服务器进程在调用 listen 函数之前会调用 bind 函数，而客户进程就不用调用 bind 函数。

8.2.3　listen/connect 函数

listen 函数原型如下。

```
int listen(int sockfd, int backlog);
```

服务器端进程在调用 socket、bind 函数之后要调用 listen 函数来监听套接字,listen 函数将 bind 函数绑定过的套接字变为监听套接字,使其处于监听状态。socket 函数创建的套接字默认是主动类型,listen 函数将套接字变为被动类型,等待客户端的连接请求。①参数 sockfd 是 bind 函数绑定过的套接字文件描述符。②参数 backlog 为相应套接字接收队列的最大长度,当有多个客户端进程和服务端进程相连时,该参数表示可以接受的排队长度。也就是最多允许有 backlog 个客户端处于连接等待状态,多余 backlog 的连接请求被忽略。通常情况下,服务器进程可以同时服务于多个客户端,当有客户端发起连接时,服务器调用 accept 函数接受该连接,如果有大量的客户端发起连接而服务器来不及处理时,尚未 accept 的客户端就处于连接等待状态。在 Linux 操作系统的命令行中执行命令 cat/proc/sys/net/ipv4/tcp_max_syn_backlog 可以查看系统默认的 backlog 值。若 listen 函数执行成功,则返回 0,否则返回−1,并设置 errno。

connect 函数原型如下。

```
int connect(int sockfd, const struct sockaddr *addr, socklen_t addrlen);
```

客户端进程通过调用 connect 函数建立与服务器端进程的 TCP 连接。①参数 sockfd 是 socket 函数返回的套接字文件描述符。②参数 addr 是一个指向包含服务器地址信息(含 IP 地址和端口号)的套接字地址的指针。③参数 addrlen 是 addr 指针实际指向的套接字地址结构的长度。若 connect 函数执行成功,则返回 0,否则返回−1,并设置 errno。

connect 函数执行成功后,将 sockfd 表示的套接字称为连接套接字。

connect 函数和 bind 函数的参数形式一致,区别在于 bind 函数的 addr 参数是自己的地址,而 connect 函数的 addr 参数是对方的地址。

8.2.4 accept 函数

accept 函数原型如下。

```
int accept(int sockfd, struct sockaddr *addr, socklen_t *addrlen);
```

服务器端依次调用 socket、bind、listen 函数之后,就会在指定的套接字上监听客户端的连接请求。客户端依次调用 socket、connect 函数之后会向服务器发送一个连接请求。服务器监听到这个请求之后,会调用 accept 函数响应客户端的连接请求,建立连接并产生一个新的套接字文件描述符来描述该连接,这样连接就建立好了,之后就可以调用网络 I/O (Input/Output,输入/输出)函数开始数据传输了,即实现了网络中不同进程之间的通信。如果服务器调用 accept 函数时还没有客户端的连接请求,就阻塞等待,直到有客户端的连接请求。①参数 sockfd 是处于监听状态(listen 后)的套接字文件描述符。②参数 addr 是一个指向 sockaddr 套接字地址结构变量的指针,将在 accept 函数调用后被填入连接对方(客户端)的地址信息(如 IP 地址和端口号等)。③参数 addrlen 是一个整型指针,在 accept 函数返回后将被填入 addr 指针实际指向的套接字地址结构的长度。accept 函数执行成功时,返回新创建套接字(称为连接套接字)的文件描述符,代表与客户端进程的 TCP 连接,此时服务器端可以通过该描述符和客户端进程进行数据传输,若执行失败,则返回−1,并设置 errno。

一个服务器进程通常仅创建一个监听套接字,该套接字在服务器进程的生命周期内一直存在。Linux 内核为每个由服务器进程 accept 函数接受的客户连接创建一个连接套接字,当客户进程关闭连接时,服务器端相应的连接套接字也要关闭。

8.2.5 网络 I/O 函数

服务器与客户建立连接后,可以调用网络 I/O 进行读写操作,即实现了网络中不同进程之间的通信。网络 I/O 函数有这几组:read/write 函数、recv/send 函数、recvfrom/sendto 函数、recvmsg/sendmsg 函数。

1. read/write 函数

函数原型如下。

```
ssize_t read(int fd, void *buf, size_t count);
ssize_t write(int fd, const void *buf, size_t count);
```

read 函数负责从套接字文件描述符 fd 表示的连接套接字中读取最多 count 字节的内容放入 buf 指向的存储空间中。read 函数执行成功时返回实际读取的字节数,如果返回值是 0,表示对方断开连接,若执行失败,则返回−1,并设置 errno。

write 函数负责将 buf 指向的存储空间中 count 字节的内容写入套接字文件描述符 fd 表示的连接套接字中。write 函数执行成功时返回实际写入的字节数,失败时返回−1,并设置 errno。如果错误为 EINTR,表示在写的时候出现了中断错误;如果错误为 EPIPE,表示网络连接出了问题,如对方已经关闭了网络连接。

2. recv/send 函数

函数原型如下。

```
ssize_t recv(int sockfd, void *buf, size_t len, int flags);
ssize_t send(int sockfd, const void *buf, size_t len, int flags);
```

recv 函数用于接收对端通过套接字发送过来的数据。不论是客户端还是服务器端,应用程序都用 recv 函数接收来自 TCP 连接的另一端发送过来的数据。①参数 sockfd 为已建立好连接的套接字描述符。②参数 buf 指针指向用于存放 recv 函数接收到的数据的一块存储空间。③参数 len 为 buf 指向存储空间的大小。④参数 flags 一般置为 0。如果网络连接的对端没有发送数据,recv 函数就会等待;如果对端发送了数据,recv 函数返回已接收的字节数。出错时返回−1,失败时不会设置 errno 的值。如果连接被对端关闭,返回值为 0。

send 函数用于把数据通过套接字发送给对端。不论是客户端还是服务端,应用程序都用 send 函数向 TCP 连接的另一端发送数据。客户程序一般用 send 函数向服务器发送请求,而服务器则通常用 send 函数向客户程序发送应答。①参数 sockfd 为已建立好连接的套接字描述符。②参数 buf 指针指向需要发送的数据的存储空间。③参数 len 指明实际需要发送的数据的字节数,为 buf 中有效数据的长度。④参数 flags 一般置为 0。send 函数返回已发送的字节数。出错时返回−1,错误信息 errno 被标记。当网络断开或连接被对端关闭时,send 函数不会立即报错,而是几秒后报错。

3. recvfrom/sendto 函数

函数原型如下。

```
ssize_t recvfrom(int sockfd, void *buf, size_t len, int flags,
                 struct sockaddr *src_addr, socklen_t *addrlen);
ssize_t sendto(int sockfd, const void *buf, size_t len, int flags,
               const struct sockaddr *dest_addr, socklen_t addrlen);
```

recv/send 函数是基于 TCP 的,只有当通信双方建立 TCP 连接之后,才可以进行数据的收发。recvfrom/sendto 函数是基于 UDP 的,在双方没有建立连接的情况下即可进行数据的收发,不过每次收发数据时需要在函数中指定对端的地址信息。

recvfrom 函数:①参数 sockfd 是接收方调用 socket 函数创建的套接字文件描述符。②参数 buf 指针指向用于存放 recvfrom 函数接收到的数据的一块存储空间。③参数 len 表示 buf 指向的存储空间的大小。④参数 flags 用来控制或限制数据接收端应该接收什么类型的数据。⑤参数 src_addr 是一个指向 sockaddr 套接字地址结构变量的指针,将在 recvfrom 函数调用后被填入对方的地址信息(如 IP 地址和端口号等)。⑥参数 addrlen 是 addr 指针实际指向的套接字地址结构的长度。recvfrom 函数执行成功时返回实际收到的字节数,出错时返回−1,并设置 errno。

sendto 函数:①参数 sockfd 是发送方调用 socket 函数创建的套接字文件描述符。②参数 buf 指针指向 sendto 函数待发送数据所存放的存储空间。③参数 len 表示待发送数据的字节数。④参数 flags 用来设定发送到对端的数据类型以及发送方式。⑤参数 dest_addr 指针指向 sockaddr 套接字地址结构变量,包含对方的地址信息(如 IP 地址和端口号等)。由于 sendto 是基于 UDP 的,所以每次发送数据时,都会通过该函数指定接收数据的目的端的网络地址信息。⑥参数 addrlen 是 addr 指针实际指向的套接字地址结构的长度。sendto 函数执行成功时返回实际发送的字节数,出错时返回−1,并设置 errno。

4. recvmsg/sendmsg 函数

函数原型如下。

```
ssize_t recvmsg(int sockfd, struct msghdr *msg, int flags);
ssize_t sendmsg(int sockfd, const struct msghdr *msg, int flags);
```

recvmsg/sendmsg 函数是最通用的网络 I/O 函数,不能用于普通的 I/O 读写。实际上可以把上面介绍的网络 I/O 函数替换成这两个函数。函数执行成功时返回读入或写出的字节数,出错时返回−1,并设置 errno。参数 sockfd 是指明要读写的套接字。参数 flags 用于传入控制信息,一般包括 MSG_DONTROUTE(send 可用)、MSG_DONWAIT(send 与recv 都可用)、MSG_PEEK(recv 可用)、MSG_WAITALL(recv 可用)、MSG_OOB(send 可用)、MSG_EOR(send 与 recv 可用)。这两个函数的参数表面上变少了,但是由于参数 msg指向 struct msghdr 结构体变量,因此很多参数其实都被封装到这个结构体中了。

```
 1 struct msghdr {
 2   void        *msg_name;        //指向套接字地址结构
 3   socklen_t    msg_namelen;     //套接字地址结构长度
 4   struct iovec *msg_iov;        //缓冲区数组的地址
 5   size_t       msg_iovlen;      //缓冲区的个数
 6   void        *msg_control;     //控制信息缓冲区地址
 7   size_t       msg_controllen;  //控制信息缓冲区长度
 8   int          msg_flags;       //接收信息的标志,仅用于recvmsg
 9 };
10 struct iovec {
11   void        *iov_base;        //指向一个缓冲区
```

```
12  size_t          iov_len;          //缓冲区长度
13 };
```

struct msghdr 结构体成员说明：①msg_name 指向一个套接字地址结构，调用者在其中存放接收者或发送者的地址信息，可以置为 NULL，表示无须知名地址。msg_namelen 是 msg_name 指向的套接字地址结构长度。②msg_iov 和 msg_iovlen 表示输入或输出缓冲区数组，记录这个消息的内容。③msg_control 和 msg_controllen 表示可用于发送任何控制信息。④msg_flags 值即传入的参数 flags，只有 recvmsg 函数使用 msg_flags 成员。recvmsg 函数被调用时，flags 参数被赋值给 msg_flags 成员，并由内核使用其值驱动接收数据处理过程。内核还依据 recvmsg 函数的执行结果更新 msg_flags 的值。sendmsg 函数忽略 msg_flags 成员，因为它直接使用 flags 参数驱动发送数据处理过程。

msg_iov 是一个指向结构体 struct iovec 的指针，实际上是一个结构体 struct iovec 数组。指针成员 iov_base 指向一个缓冲区，这个缓冲区存放的是接收的数据或是将要发送的数据。成员 iov_len 在各种情况下分别确定了接收的最大长度以及实际写入的长度。

8.2.6　close 函数

close 函数原型如下。

```
int close(int fd);
```

在服务器与客户端建立连接之后，会进行一些读写操作，完成读写操作后就要关闭相应的套接字。close 函数用于关闭套接字。参数 fd 为要关闭的套接字描述符。close 一个 TCP 套接字的默认行为是把该套接字标记为已关闭，然后立即返回到调用进程。该套接字文件描述符不能再由调用进程使用，也就是说，不能再作为 read/write 等函数的第一个参数。close 函数只是将相应套接字描述符的引用计数减一，只有当引用计数为 0 时才会触发 TCP 客户端向服务器发送终止连接请求。close 函数执行成功时返回 0，失败时返回 −1。

8.2.7　getsockopt 和 setsockopt 函数

getsockopt 和 setsockopt 函数原型如下。

```
int getsockopt(int sockfd, int level, int optname, void *optval, socklen_t *optlen);
int setsockopt(int sockfd, int level, int optname, const void *optval, socklen_t optlen);
```

getsockopt 函数用于获取任意类型、任意状态套接字 sockfd 的选项 optname 当前值，并把结果存入参数 optval 中。setsockopt 函数用于设置任意类型、任意状态套接字 sockfd 的选项 optname 值。在操作套接字选项时，必须指定该选项所在的协议层 level 和选项名 optname。①参数 sockfd 是将要被设置或获取选项的套接字文件描述符。②level 是被操作的选项 optname 所在的协议层，支持 SOL_SOCKET（通用套接字选项，与协议无关）、IPPROTO_TCP（TCP 选项）、IPPROTO_IP（IP 选项）和 IPPROTO_IPv6（IPv6 选项）。如果要在套接字级别设置选项，就把 level 设置为 SOL_SOCKET。如果一个选项由 TCP 解析，就把 level 设置为 IPPROTO_TCP。③optname 是要操作的选项名，optname 的值取决于 level。④optval 表示选项值。对于 getsockopt 函数，optval 指向获取的选项值的存储空间；对于 setsockopt 函数，optval 指向新选项值。⑤optlen 是选项值的长度。对于 getsockopt 函数，optlen 是选项值的最大长度；对于 setsockopt 函数，optlen 是选项值的实际长度。函数执行成功时返回 0,失败返回 -1,errno 的取值有：EBADF(sockfd 不是有效的文件描述符)、EFAULT(optval 指向的无效的存储空间)、EINVAL(调用 setsockopt 函数时 optlen 无效)、ENOPROTOOPT(指定的协议层不能识别选项)、ENOTSOCK(参数 sockfd 表示的不是套接字)。

由 getsockopt 函数获取或由 setsockopt 函数设置的一些选项如表 8.1 所示。表 8.1 中根据参数 level 的取值将参数 optname 分为三组进行介绍。表中函数列的取值为 get 或 set,get 表示由 getsockopt 函数使用该 optname,set 表示由 setsockopt 函数使用该 optname,get/set 表示这两个函数都可以使用该 optname。

表 8.1 level 和 optname

optname	数据类型	函　　数	说　　明
level 级别：SOL_SOCKET(通用套接字选项,与协议无关)			
SO_ACCEPTCONN	bool	get	为 TRUE 表明套接字处于监听模式
SO_BROADCAST	bool	get/set	获取或设置该选项值,为 TRUE 表明允许发送广播数据
SO_CONNECT_TIME	int	get	返回套接字建立连接的时间(秒),若未连接,则返回 0xffffffff
SO_DEBUG	bool	get/set	获取或设置该选项值,为 TRUE 表明允许调试输出
SO_ERROR	int	get	获得套接字错误码
SO_LINGER	struct linger	get/set	获取或设置关闭连接的延迟时间。为了突然断开客户端后保证发送缓冲区剩余的数据能发送到对端
SO_DONTLINGER	bool	get/set	获取或设置该选项值,为 TRUE 表明禁用 SO_LINGER
SO_KEEPALIVE	bool	get/set	获取或设置该选项值,为 TRUE 表明保活套接字,会话过程中在规定时间内给对端发送探测消息
SO_DONTROUTE	bool	get/set	获取或设置该选项值,为 TRUE 表明直接向网络接口发送消息,不必查找路由表
SO_TYPE	int	get	获取套接字类型
SO_MAX_MSG_SIZE	unsigned int	get	对面向消息的套接字来说,获取一条消息的最大长度
SO_OOBINLINE	bool	get/set	获取或设置该选项值,为 TRUE 表明将带外数据放入正常数据流中
SO_RCVBUF	int	get/set	获取或设置套接字接收缓冲区长度
SO_SNDBUF	int	get/set	获取或设置套接字发送缓冲区长度
SO_REUSEADDR	bool	get/set	端口释放后等待两分钟才能再被使用,SO_REUSEADDR 为 TRUE 表明端口释放后立即可再次使用

optname	数据类型	函　　数	说　　明
SO_SNDTIMEO	struct timeval	get/set	获取或设置套接字上的数据发送超时时间（ms）
SO_RCVTIMEO	struct timeval	get/set	获取或设置套接字上的数据接收超时时间（ms）
level 级别：IPPROTO_IP(IP 选项)			
IP_OPTIONS	char[]	get/set	获取或设置 IP 首部选项
IP_HDRINCL	bool	get/set	获取或设置该选项值，为 TRUE 表明用户要对数据包中的 IP 首部信息进行处理，为 FALSE 表明 IP 自动处理
IP_TOS	int	get/set	获取或设置 IP 服务类型
IP_TTL	int	get/set	获取或设置 IP 的生存时间（TTL）
IP_DONTFRAGMENT	bool	get/set	获取或设置该选项值，为 TRUE 表明不对 IP 数据报进行分段
level 级别：IPPROTO_TCP(TCP 选项)			
TCP_MAXSEG	int	get/set	获取或设置最大报文段大小
TCP_NODELAY	bool	get/set	获取或设置该选项值，为 TRUE 表明在套接字上禁用 Nagle 算法（只适用于流式套接字）

扫一扫

　　getsockopt 函数和 setsockopt 函数的示例代码（源代码文件 sockopt.c）如下，代码中注释为程序运行结果。

```
1 #include <stdio.h>
2 #include <sys/socket.h>
3 int main() {
4   int sockfd;
5   socklen_t i;
6   size_t len, t1;
7   sockfd = socket(AF_INET, SOCK_STREAM, 0);
8   i = sizeof(len);
9   if (getsockopt(sockfd, SOL_SOCKET, SO_RCVBUF, &len, &i) < 0) perror(": getsockopt");
10  printf("接收缓冲区大小 = %ld\n", len);              //输出：接收缓冲区大小 = 131072
11  if (getsockopt(sockfd, SOL_SOCKET, SO_SNDBUF, &len, &i) < 0) perror(": getsockopt");
12  printf("发送缓冲区大小 = %ld\n", len);              //输出：发送缓冲区大小 = 16384
13  if (getsockopt(sockfd, SOL_SOCKET, SO_RCVLOWAT, &len, &i) < 0) perror(": getsockopt");
14  printf("接收缓冲区下限 = %ld\n", len);              //输出：接收缓冲区下限 = 1
15  if (getsockopt(sockfd, SOL_SOCKET, SO_SNDLOWAT, &len, &i) < 0) perror(": getsockopt");
16  printf("发送缓冲区下限 = %ld\n", len);              //输出：发送缓冲区下限 = 1
17  t1 = 2304;
18  if (setsockopt(sockfd,SOL_SOCKET,SO_RCVBUF,&t1,sizeof(int))<0) perror(": setsockopt");
19  i = sizeof(len);
20  if (getsockopt(sockfd, SOL_SOCKET, SO_RCVBUF, &len, &i) < 0) perror(": getsockopt");
21  printf("调整后的接收缓冲区大小 = %ld\n", len);       //输出：调整后的接收缓冲区大小 = 4608
22  t1 = 2;
23  if (setsockopt(sockfd,SOL_SOCKET,SO_RCVLOWAT,&t1,sizeof(int))<0) perror(": setsockopt");
24  if (getsockopt(sockfd,SOL_SOCKET,SO_RCVLOWAT,&len, &i) < 0) perror(": getsockopt");
25  printf("调整后的接收缓冲区下限 = %ld\n", len);       //输出：调整后的接收缓冲区下限 = 2
26 }
```

　　setsockopt 函数的示例代码如下。

```
1  BOOL reuse=TRUE;              //让端口释放后立即就可再次使用
2  setsockopt(fd,SOL_SOCKET,SO_REUSEADDR,(const void*)&reuse,sizeof(BOOL));
3  int timeout=1000;            //设置收发时限为1s
4  setsockopt(fd,SOL_SOCKET,SO_SNDTIMEO,(char *)&timeout,sizeof(int));
5  setsockopt(fd,SOL_SOCKET,SO_RCVTIMEO,(char *)&timeout,sizeof(int));
6  int size=32*1024;            //设置收/发缓冲区为32KB
7  setsockopt(fd,SOL_SOCKET,SO_RCVBUF,(const char*)&size,sizeof(int));
8  setsockopt(fd,SOL_SOCKET,SO_SNDBUF,(const char*)&size,sizeof(int));
9  int zero=0;                  //取消系统缓冲区和套接字缓冲区之间的复制
10 setsockopt(fd,SOL_SOCKET,SO_SNDBUF,(char *)&zero,sizeof(int));
11 setsockopt(fd,SOL_SOCKET,SO_RCVBUF,(char *)&zero,sizeof(int));
12 BOOL broadcast=TRUE;         //在发送UDP数据报时，发送的数据具有广播特性
13 setsockopt(fd,SOL_SOCKET,SO_BROADCAST,(const char*)&broadcast,sizeof(BOOL));
```

8.2.8　select 函数

I/O 多路复用是指一个进程通过一种机制监视多个描述符，一旦某个描述符就绪（一般是读就绪或者写就绪），能够通知进程进行相应的读写操作。与多进程/多线程技术相比，I/O多路复用技术的最大优势是系统开销小，不必创建进程/线程，也不必维护这些进程/线程，从而大大减少了系统开销。select、poll、epoll 是三种 I/O 多路复用的机制。

select 函数原型如下。

```
int select(int nfds, fd_set *readfds, fd_set *writefds,
           fd_set *exceptfds, struct timeval *timeout);
```

select 函数监听一组文件描述符中是否有描述符产生可读、可写或异常事件，如果没有，就阻塞，直到有描述符产生可读、可写或异常事件时被唤醒。①参数 nfds 表示被监听的文件描述符总数，因为文件描述符是从 0 开始编号的，所以参数 nfds 的值是被监听的文件描述符集合中编号最高的文件描述符加 1。②参数 readfds 表示被 select 函数监听的读文件描述符集合。③参数 writefds 表示被 select 函数监听的写文件描述符集合。④参数 exceptfds 表示被 select 函数监听的异常处理文件描述符集合。⑤参数 timeout 表示超时时间。struct timeval 结构用于指定这段时间的秒数和微秒数。select 函数在等待 timeout 长时间后若没有文件描述符准备好就返回。若 select 函数执行成功，则返回就绪（可读、可写、异常）文件描述符的总数。如果在 select 等待期间，程序接收到中断信号，则 select 立即返回 -1，并设置 errno 为 EINTR。

readfds、writefds、exceptfds 这 3 个参数是 fd_set * 指针类型。fd_set 结构体包含一个整型数组，该数组的每个元素的每个位标记一个文件描述符。fd_set 能容纳的文件描述符数量固定，由 FD_SETSIZE（大小一般为 1024B）指定，这限制了 select 函数能同时处理的文件描述符总量，这是 select 使用场景的重要限制。可使用下面一组宏访问 fd_set 结构体中的位，实现 fd_set 中对应的文件描述符的设置、复位和测试。

```
void FD_SET(int fd, fd_set *set);      //将一个给定的文件描述符加入集合中
void FD_CLR(int fd, fd_set *set);      //将一个给定的文件描述符从集合中删除
int  FD_ISSET(int fd, fd_set *set);    //检查集合中指定的文件描述符是否可以读写
void FD_ZERO(fd_set *set);             //清空文件描述符集合
```

8.2.9　poll 函数

poll 函数原型如下。

```
int poll(struct pollfd *fds, nfds_t nfds, int timeout);
```

poll 提供的功能与 select 类似。①参数 nfds 表示被监听的文件描述符总数。②参数 timeout 表示超时时间(ms)。当 timeout 为 −1 时,poll 调用将阻塞,直到某个事件发生;当 timeout 为 0 时,poll 调用将立即返回,不阻塞进程。③不同于 select 函数使用三个文件描述符集合(readfds、writefds、exceptfds)的方式,poll 函数使用 struct pollfd 结构数组指定所有感兴趣的文件描述符上发生的可读、可写或异常事件。

```
1 struct pollfd {
2   int fd;             //待监听的文件描述符
3   short events;       //待监听的文件描述符对应的事件
4   short revents;      //监听事件中已经发生的事件
5 }
```

poll 和 select 函数一样,调用返回后,需要遍历 pollfd 数组来获取就绪的文件描述符。如果只有很少量的文件描述符处于就绪状态,那么随着监听描述符数量的增长,其效率也会线性下降。如果不再监听某个文件描述符,可以把 pollfd 中的 fd 设置为 −1,poll 不再监听此 pollfd,下次返回时把 revents 设置为 0。

8.2.10　epoll 函数

epoll 是 select/poll 的增强版本,它能显著提高程序在大量并发连接中只有少量活跃连接的情况下 CPU 的利用率。目前 epoll 是 Linux 大规模并发网络程序中的热门首选模型。epoll 主要有 3 个函数,原型如下。

```
int epoll_create(int size);
int epoll_ctl(int epfd, int op, int fd, struct epoll_event *event);
int epoll_wait(int epfd, struct epoll_event *events, int maxevents, int timeout);
```

1. epoll_create 函数

epoll_create 函数创建一个 epoll 句柄,参数 size 用来告诉内核监听的数目、事件表需要多大。该函数返回的文件描述符将用作其他所有 epoll 系统调用的第一个参数,以指定要访问的内核事件表。

2. epoll_ctl 函数

epoll_ctl 函数是事件注册函数。epoll_ctl 执行成功时返回 0,失败返回 −1,并设置 errno。①参数 epfd 为 epoll 的句柄,即 epoll_create 函数的返回值。②参数 op 表示动作,取值为 3 个宏:EPOLL_CTL_ADD(注册新的 fd 到 epfd)、EPOLL_CTL_MOD(修改已经注册的 fd 的监听事件)、EPOLL_CTL_DEL(从 epfd 删除一个 fd)。(3)参数 fd 为需要监听的描述符。(4)参数 event 告诉内核需要监听的事件。epoll_event 结构体定义如下。

```
typedef union epoll_data {              struct epoll_event {
  void *ptr;          //指向用户自定义数据      uint32_t events;      //描述epoll事件
  int fd;             //注册的文件描述符       epoll_data_t data;    //用户数据
  uint32_t u32;       //32位整数          };
  uint64_t u64;       //64位整数
} epoll_data_t;
```

epoll_event 结构体中的 events 成员是宏的集合:①宏 EPOLLIN 表示对应的文件描述符可以读,即读事件(包括对端套接字正常关闭)发生。②宏 EPOLLOUT 表示对应的文件描述符可以写。③宏 EPOLLPRI 表示对应的文件描述符有紧急的数据可读（表示有带外数据到来）。④宏 EPOLLERR 表示对应的文件描述符发生错误。⑤宏 EPOLLHUP 表示对应的文件描述符被挂断。⑥宏 EPOLLET 将 epoll 设为边沿触发工作方式。⑦宏 EPOLLONESHOT 只监听一次事件，当监听完这次事件之后，如果还需要继续监听这个套接字，则需要再次把这个套接字文件描述符加入 epoll 队列中。EPOLLET 和 EPOLLONESHOT 对 epoll 的高效运行起到关键作用。

epoll_event 结构体中的 data 成员用于存储用户数据。epoll_data_t 是共用体类型，其中 fd 成员指定事件所从属的文件描述符，ptr 成员用来指定与 fd 相关的用户数据。由于 epoll_data_t 是共用体类型，因此不能同时使用 ptr 成员和 fd 成员。

3. epoll_wait 函数

epoll_wait 函数阻塞等待所监听的文件描述符上有事件产生，用于向用户进程返回就绪列表。①参数 epfd 为 epoll 的句柄，即 epoll_create 函数的返回值。②参数 events 用来存放从内核得到的事件的集合，其大小应和参数 maxevents 一致。③参数 maxevents 告诉内核能够返回的事件的最大个数（必须大于 0），maxevents 值不能大于 epoll_create 函数的参数 size。④参数 timeout 表示在函数调用中的阻塞时间上限（单位是 ms），为 −1 表示调用将一直阻塞，直到有文件描述符进入就绪状态或者捕获到信号才返回；为 0 用于非阻塞，检测是否有描述符处于就绪状态，不管结果怎么样，调用都立即返回；大于 0 表示调用将最多持续 timeout 时间，若期间有检测对象变为就绪状态或捕获到信号，则返回，否则直到超时。内核将处于就绪状态（有触发事件）的文件描述符复制到就绪列表中，events 和 maxevents 两个参数描述一个由用户分配的 struct epoll_event 数组，epoll_wait 函数调用返回时，内核将就绪列表复制到这个数组中，并将实际复制的个数作为返回值。如果就绪列表比 maxevents 长，则只能复制前 maxevents 个成员；反之，则能够完全复制就绪列表。也就是说，epoll_wait 函数返回需要处理的事件数目（该数目是就绪事件的数目），并将触发的事件写入 events 数组中，返回 0 表示已超时。

epoll 有两种工作方式：水平触发（Level Triggered，LT）方式和边沿触发（Edge Triggered，ET）方式。①水平触发是只要缓冲区有数据就会触发。②边沿触发是只要有数据到来就触发，不管缓冲区是否还有数据。ET 方式下，事件被触发的次数要比 LT 方式下少很多，因此 ET 方式的效率比 LT 方式高。每个使用 ET 方式的文件描述符都应该是非阻塞的。如果文件描述符是阻塞的，那么读或写操作将会因为没有后续的事件而一直处于阻塞状态。

select 和 poll 只采用 LT 工作方式，epoll 既可采用 LT 工作方式（默认），也可采用 ET 工作方式。

8.3 基于 TCP 的网络程序

在使用 TCP 设计网络程序时，服务器程序一般先使用 socket 函数得到一个套接字描述符，然后使用 bind 函数将一个包含服务器的本地地址和端口号等信息的套接字结构体变量与套接字描述符绑定。接着服务器使用 listen 函数指出等待服务请求队列的长度，将套接字设为监听套接字。然后就可以使用 accept 函数等待客户端的连接请求,一旦有客户端发起连接,accept 函数会创建一个包含客户端地址等信息的连接套接字,并返回连接套接字描述符,这时服务器就可以使用这个套接字进行读写操作了。一般服务器可能在 accept 函数返回后创建一个使用连接套接字的新进程与客户端进行通信(使用 read/write 或 recv/send 等函数),父进程则再次使用 accept 函数等待另一个客户端的连接。客户端进程一般先使用 socket 函数得到一个套接字描述符,然后使用 connect 函数向指定的服务器发起连接,一旦连接成功,就可以通过套接字描述符进行读写操作了。C/S 程序一般由客户端主动发起请求,服务器被动处理请求,采用一问一答的方式进行通信。通信结束后,调用 close 函数释放套接字。

扫一扫

8.3.1 简单 C/S 应用程序的设计

本小节通过介绍一个简单 C/S 应用程序的设计来学习 Socket API。

1. TCP 服务器端

服务器端程序首先读取从客户端发来的字符,然后将每个字符转换为大写并回送给客户端。

TCP 服务器端(源代码文件 server.c)的示例代码如下。

```
1 #include <stdio.h>
2 #include <unistd.h>
3 #include <ctype.h>
4 #include <string.h>
5 #include <arpa/inet.h>
6 #define MAXSIZE 80
7 int main() {
8   int i,n,s_sockfd,c_sockfd,s_len,c_len;
9   char str[INET_ADDRSTRLEN];
10  struct sockaddr_in s_addr;
11  struct sockaddr_in c_addr;
12  s_sockfd=socket(AF_INET,SOCK_STREAM,0);
13  bzero(&c_addr, sizeof(c_addr)); bzero(&s_addr, sizeof(s_addr));
14  s_addr.sin_family=AF_INET;
15 //s_addr.sin_addr.s_addr=inet_addr("192.168.1.111");
16  s_addr.sin_addr.s_addr=htonl(INADDR_ANY);
17  s_addr.sin_port=htons(5000);
18  s_len=sizeof(s_addr);
19  bind(s_sockfd,(struct sockaddr *)&s_addr,s_len);
20  listen(s_sockfd,6);
21  while(1){
22    char sbuf[MAXSIZE],cbuf[MAXSIZE];
23    printf("服务器等待客户端的连接:\n");
24    c_sockfd=accept(s_sockfd,(struct sockaddr *)&c_addr,&c_len);
25    n=read(c_sockfd,cbuf,MAXSIZE);
26    printf("客户端(%s:%d)发的信息: %s\n",
27         inet_ntop(AF_INET, &c_addr.sin_addr,str,sizeof(str)),
28         ntohs(c_addr.sin_port),cbuf);
29    for(i=0;i<n;i++) cbuf[i]=toupper(cbuf[i]);
30    strcpy(sbuf,"toupper: "); strcat(sbuf,cbuf);
31    write(c_sockfd,sbuf,MAXSIZE);
32    close(c_sockfd);
33  }
34 }
```

第 7~34 行为主函数的定义,所有功能均在该函数中实现。

第 8 行定义的两个整型变量 s_sockfd 和 c_sockfd 分别用来存放服务器套接字描述符和客户套接字描述符。两个变量 s_len 和 c_len 分别用来存放服务器和客户套接字地址结构长度值。

第 10、11 行定义了服务器和客户套接字地址结构体变量。

第 12 行创建服务器套接字。第 13 行将整个套接字地址结构体清零。

第 14～17 行设置服务器套接字地址结构中的相关值,地址类型设置为 AF_INET,网络地址为 INADDR_ANY,这个宏表示本地的任意 IP 地址,因为服务器可能有多个网卡,每个网卡也可能绑定多个 IP 地址,这样设置可以让服务器监听计算机上所有网卡的 IP 地址,直到与某个客户端建立了连接才确定下来到底用哪个 IP 地址,端口号为 5000。INADDR_ANY 是如下的一个宏定义,等价于 inet_addr("0.0.0.0")。

```
#define INADDR_ANY ((unsigned long int) 0x00000000)
```

第 19 行将本地地址与套接字绑定在一起。

第 20 行创建了长度为 6 的监听队列,等待用户的连接请求。

第 21～33 行是一个 while 死循环,每次循环处理一个客户端连接。

第 24 行,服务器调用 accept 函数接受客户的连接请求,如果服务器调用 accept 函数时还没有客户端的连接请求,就阻塞等待,直到有客户端的连接请求。s_sockfd 是监听文件描述符,而 accept 函数的返回值是新创建套接字的文件描述符 c_sockfd,之后就通过 c_sockfd 与客户端进行通信,通信结束后关闭就通过 c_sockfd 断开连接,而不关闭 s_sockfd,再次回到循环开头 s_sockfd 仍然用作 accept 的参数。

第 25 行将从 c_sockfd 中读出的内容(即客户端发来的信息)写入 cbuf 缓冲区。

第 26～28 行显示客户发来的信息。

第 29 行将客户发来的字符串转换为大写。

第 30、31 行将串接后的字符串回送给客户端。第 32 行关闭 c_sockfd 套接字描述符。

2. TCP 客户端

客户端程序从命令行参数中获得一个字符串发给服务器,然后接收服务器返回的字符串并打印。由于客户端不需要固定的端口号,因此不必调用 bind 函数,客户端的端口号由内核自动分配。注意,客户端不是不允许调用 bind 函数,只是没有必要调用 bind 函数固定一个端口号,服务器也不是必须调用 bind 函数,但如果服务器不调用 bind 函数,内核会自动给服务器分配监听端口,每次启动服务器时端口号都不一样,客户端要连接服务器就会遇到麻烦。客户端需要调用 connect 函数连接服务器,connect 函数和 bind 函数的参数形式一致,区别仅在于,bind 函数的参数是自己的地址,而 connect 函数的参数是对方的地址。若 connect 函数执行成功,则返回 0,否则返回−1。

TCP 客户端(源代码文件 client.c)的示例代码如下。

```
1 #include <stdio.h>
2 #include <stdlib.h>
3 #include <unistd.h>
4 #include <string.h>
5 #include <arpa/inet.h>
6 #define MAXSIZE 80
7 int main(int argc, char *argv[]) {
8    int sockfd,num,len,result; char buf[MAXSIZE];
9    struct sockaddr_in s_addr;
10   if (argc!=2){fprintf(stderr,"请输入要发送的信息\n"); exit(1);}
```

```
11    strcpy(buf,argv[1]);
12    if((sockfd = socket(AF_INET, SOCK_STREAM, 0)) == -1) {
13      perror("创建套接字失败"); exit(1);
14    }
15    bzero(&s_addr, sizeof(s_addr));
16    s_addr.sin_family=AF_INET;
17    s_addr.sin_addr.s_addr=inet_addr("192.168.1.111");
18    s_addr.sin_port=htons(5000);
19    len=sizeof(s_addr);
20    if(connect(sockfd,(struct sockaddr *)&s_addr,sizeof(struct sockaddr))==-1){
21      perror("连接服务器失败"); exit(1);
22    }
23    write(sockfd,buf,MAXSIZE); read(sockfd,buf,MAXSIZE);
24    printf("服务器返回的信息: %s\n",buf);
25    close(sockfd); exit(0);
26 }
```

第 7～26 行为主函数的定义,所有功能均在该函数中实现,函数中使用了形参,也就是命令行参数。第 10 行是对命令行参数的判断。第 11 行将命令行参数写入字符数组 buf 中。

第 9 行定义了服务器套接字地址结构体变量。第 15 行将整个套接字地址结构体清零。

第 12～14 行创建客户端套接字,若不成功,则退出。

第 16～18 行设置服务器套接字地址结构中的相关值。

第 20～22 行建立与服务器端的连接,若失败,则退出。

第 23 行中的 write 函数将 buf 中的内容写入 sockfd(即向服务器发送信息),read 函数从 sockfd 中读数据并写入 buf 中(即从服务器接收信息)。

第 24 行将从服务器接收的信息显示出来。

第 25 行关闭 sockfd 描述符,结束客户端进程。

3. 运行结果

如图 8.3 所示,编译、执行服务器端程序,服务器等待客户端的连接。如图 8.4 所示,编译、执行客户端程序,客户端向服务器发送一个字符串(命令行参数),很快收到服务器返回的信息。在服务器端的终端窗口里执行 netstat -anp ｜ grep 5000 命令,可以看到服务器进程正在监听端口 5000。

```
[root@ztg 简单CS]# gcc server.c -o server
[root@ztg 简单CS]# ./server
服务器等待客户端的连接:
客户端(192.168.1.111:43854)发的信息: asdf
服务器等待客户端的连接:
```
图 8.3　编译、执行服务器端程序

```
[root@ztg 简单CS]# gcc client.c -o client
[root@ztg 简单CS]# ./client asdf
服务器返回的信息: toupper: ASDF
[root@ztg 简单CS]#
```
图 8.4　编译、执行客户端程序

8.3.2　交互式 C/S 应用程序的设计

前面小节设计的客户端程序运行时,每次只能从命令行读取一个字符串发给服务器,再接收服务器返回来的字符串。本小节将客户端程序设计成交互式的,在客户端程序运行时,不断地从终端接收用户输入的字符串,然后发给服务器。本小节也对服务器端程序进行改进,使用 fork 函数创建多个子进程,同时为多个客户端提供服务。父进程专门负责监听端口,对每个新的客户端连接创建一个子进程来专门服务这个客户端。

1. TCP 服务器端

TCP 服务器端(源代码文件 server.c)的示例代码如下。

```
1 #include <stdio.h>
2 #include <unistd.h>
3 #include <ctype.h>
4 #include <string.h>
5 #include <arpa/inet.h>
6 #define MAXSIZE 80
7 int main(){
8   int i,n,s_sockfd,c_sockfd,s_len,c_len;
9   char str[INET_ADDRSTRLEN];
10   struct sockaddr_in s_addr,c_addr;
11   s_sockfd=socket(AF_INET,SOCK_STREAM,0);
12   bzero(&s_addr, sizeof(s_addr));
13   s_addr.sin_family=AF_INET;
14 //s_addr.sin_addr.s_addr=inet_addr("192.168.1.111");
15   s_addr.sin_addr.s_addr=htonl(INADDR_ANY);
16   s_addr.sin_port=htons(5000);
17   s_len=sizeof(s_addr);
18   bind(s_sockfd,(struct sockaddr *)&s_addr,s_len);
19   listen(s_sockfd,6);
20   while(1){
21     char sbuf[MAXSIZE],cbuf[MAXSIZE];
22     bzero(&c_addr, sizeof(c_addr));
23     c_sockfd=accept(s_sockfd,(struct sockaddr *)&c_addr,&c_len);
24     printf("客户端(%s:%d)已连接服务器.\n",
25       inet_ntop(AF_INET,&c_addr.sin_addr,str,sizeof(str)),ntohs(c_addr.sin_port));
26     i=fork();
27     if(i==-1){perror("fork error"); return 1;}
28     else if(i==0){
29       close(s_sockfd);
30       while(1){
31         bzero(cbuf, MAXSIZE);
32         n=read(c_sockfd,cbuf,MAXSIZE);
33         if(n==0||n==-1){ printf("客户端(%s:%d)已经关闭.\n",
34                 inet_ntop(AF_INET, &c_addr.sin_addr,str,sizeof(str)),
35                 ntohs(c_addr.sin_port)); close(c_sockfd); return 1;}
36         printf("客户端(%s:%d)发的信息: %s",
37               inet_ntop(AF_INET, &c_addr.sin_addr,str,sizeof(str)),
38               ntohs(c_addr.sin_port),cbuf);
39         for(i=0;i<n;i++) cbuf[i]=toupper(cbuf[i]);
40         bzero(sbuf, MAXSIZE);
41         strcpy(sbuf,"toupper: "); strcat(sbuf,cbuf);
42         write(c_sockfd,sbuf,strlen(sbuf));
43       }
44     } else close(c_sockfd);
45   }
46 }
```

2. TCP 客户端

TCP 客户端(源代码文件 client.c)的示例代码如下。

```
1 #include <stdio.h>
2 #include <stdlib.h>
3 #include <unistd.h>
4 #include <string.h>
5 #include <arpa/inet.h>
6 #define MAXSIZE 80
7 int main(){
8   int n,sockfd,num,len,result;
9   struct sockaddr_in s_addr;
10   char buf[MAXSIZE]; bzero(buf, MAXSIZE);
11   if((sockfd = socket(AF_INET, SOCK_STREAM, 0)) == -1){
12     perror("创建套接字失败"); exit(1);
```

```
13    }
14    bzero(&s_addr, sizeof(s_addr));
15    s_addr.sin_family=AF_INET;
16    s_addr.sin_addr.s_addr=inet_addr("192.168.1.111");
17    s_addr.sin_port=htons(5000);
18    len=sizeof(s_addr);
19    if(connect(sockfd,(struct sockaddr *)&s_addr,sizeof(struct sockaddr))==-1){
20      perror("连接服务器失败"); exit(1);
21    }
22    printf("请输入要发送的信息\n");
23    while(1){
24      bzero(buf, MAXSIZE); fgets(buf,MAXSIZE,stdin);
25      if(strlen(buf)==1) break;
26      write(sockfd,buf,strlen(buf));
27      n=read(sockfd,buf,MAXSIZE);
28      if(n==0){printf("服务器已经关闭.\n"); break;}
29      else printf("服务器返回的信息: %s",buf);
30    }
31    close(sockfd); exit(0);
32 }
```

3. 运行结果

如图 8.5 所示,先在第一个终端窗口编译、执行服务器端程序,服务器等待客户端的连接。然后在第二个终端窗口编译、执行客户端程序,客户端向服务器发送用户输入的字符串,很快收到服务器返回的信息。接着在第三个终端窗口开启第二个客户端,向服务器发送用户输入的字符串。由此可知服务器同时服务了多个客户端,并且客户端和服务器可以多次交互。

```
[root@ztg 交互式CS]# gcc server.c -o server      [root@ztg 交互式CS]# gcc client.c -o client
[root@ztg 交互式CS]# ./server                   [root@ztg 交互式CS]# ./client
客户端(192.168.1.111:43970)已连接服务器.         请输入要发送的信息
客户端(192.168.1.111:43970)发的信息: one         one
客户端(192.168.1.111:43972)已连接服务器.         服务器返回的信息: toupper: ONE    [root@ztg 交互式CS]# ./client
客户端(192.168.1.111:43972)发的信息: two         oneone                           请输入要发送的信息
客户端(192.168.1.111:43972)已经关闭.             服务器返回的信息: toupper: ONEONE  two
客户端(192.168.1.111:43970)发的信息: oneone       one                              服务器返回的信息: toupper: TWO
^C                                              服务器已经关闭.
[root@ztg 交互式CS]#                             [root@ztg 交互式CS]# _             [root@ztg 交互式CS]#
```

图 8.5　编译、执行服务器端程序和客户端程序 1

8.3.3　简单聊天室应用程序的设计(select)

一个聊天室的基本功能是在聊天室中的任何一个用户输入一段信息之后,聊天室中的其他用户都能够看到该信息。本小节使用 select 设计简单聊天室应用程序。由于 select 可以同时监听多个套接字文件描述符,因此不需要调用 fork 函数创建多进程,就可以实现能够提供并发服务的服务器程序。

1. 聊天室服务器端

聊天室服务器端(源代码文件 server.c)的示例代码如下。

```
1 #include <stdio.h>
2 #include <stdlib.h>
3 #include <string.h>
4 #include <arpa/inet.h>
5 #include <unistd.h>
6 #define MAX_CLIENT 10
7 #define MAX_LINE 1000
```

```
 8 #define MAX_NAME 100
 9 int initial_server(){
10   int sockfd; struct sockaddr_in addr;
11   if((sockfd=socket(AF_INET, SOCK_STREAM,0))<0)
12     {printf("创建套接字失败!\n");fflush(stdout);return(0);}
13   bzero((char*)&addr, sizeof(addr));
14   addr.sin_family=AF_INET;
15   addr.sin_addr.s_addr=inet_addr("192.168.1.111");
16   addr.sin_port=htons(10000);
17   if(bind(sockfd,(struct sockaddr *)&addr,sizeof(addr))<0)
18     {printf("bind失败\n");fflush(stdout);return(0);}
19   return(sockfd);
20 }

21 int max(int a, int b){return a>b?a:b;}
22 void set_name(char *line, char *name){
23   strcpy(name, &line[1]); sprintf(line, "%s加入聊天室\n", name);
24 }
25 void add_name(char *line, char *name){
26   char theline[MAX_LINE];
27   strcpy(theline, name); strcat(theline, " ==> ");
28   strcat(theline, line); strcpy(line, theline);
29 }
30 int user_free(int u_link[MAX_CLIENT]){
31   int i=0;
32   while((u_link[i]!=0)&&(i<MAX_CLIENT)) i++;
33   if(i==MAX_CLIENT) return(-1);
34   return(i);
35 }
36 void add_sockset(fd_set *sockset,int sockfd,int *u_link,int *userfd){
37   FD_ZERO(sockset); FD_SET(sockfd, sockset);
38   for(int i=0;i<MAX_CLIENT;i++)
39     if(u_link[i]==1) FD_SET(userfd[i], sockset);
40 }
41 int main(){
42   int sockfd, new_sockfd, u_link[MAX_CLIENT], userfd[MAX_CLIENT];
43   int i, j, length, maxfd=0, userCount=0;
44   char uname[MAX_CLIENT][MAX_NAME], line[MAX_LINE];
45   unsigned int cli_len;
46   struct sockaddr_in c_addr;
47   fd_set sockset;
48   sockfd=initial_server();
49   if(sockfd==0){printf("初始化服务器套接字失败\n");fflush(stdout);exit(1);}
50   listen(sockfd, MAX_CLIENT);
51   cli_len=sizeof(c_addr);
52   for(i=0;i<MAX_CLIENT;i++){u_link[i]=0;uname[i][0]='\0';}
53   FD_ZERO(&sockset); FD_SET(sockfd, &sockset);
54   maxfd=max(maxfd, sockfd+1);
55   for(;;){
56     select(maxfd, &sockset, NULL, NULL, NULL);
57     if(FD_ISSET(sockfd, &sockset)&&(userCount=user_free(u_link))>=0){
58       new_sockfd=accept(sockfd, (struct sockaddr*)&c_addr,&cli_len);
59       if(new_sockfd<0){u_link[userCount]=0; printf("无新的连接!\n");}
60       else{ u_link[userCount]=1; userfd[userCount]=new_sockfd;
61         FD_SET(new_sockfd, &sockset); maxfd=max(maxfd, new_sockfd+1); }
62     }
63     for(i=0;i<MAX_CLIENT;i++){
64       if((u_link[i]==1)&&(FD_ISSET(userfd[i], &sockset))){
65         length=read(userfd[i], line, MAX_LINE);
66         if(length==0){u_link[i]=0;uname[i][0]='\0';FD_CLR(userfd[i],&sockset);}
67         else if(length>0){
68           line[length]='\0';
69           if((line[0]=='/')&&(uname[i][0]=='\0')) set_name(line,uname[i]);
70           else add_name(line, uname[i]);
71           for(j=0;j<MAX_CLIENT;j++)
72             if((j!=i)&&(u_link[j]==1)) write(userfd[j],line,strlen(line));
```

```
73          printf("%s",line);
74        }
75      }
76    }
77    add_sockset(&sockset, sockfd, u_link, userfd);
78  }
79 }
```

第 6 行定义了聊天室中最多的人数(10 人)。

第 7 行定义了聊天时每次能够发送的最大信息量(1000B)。

第 8 行定义了每个用户名的最大长度(100B)。

第 9~20 行为 initial_server 函数的定义,其作用是创建一个服务器端套接字,并且将其绑定在第 14~16 行所设置的地址上,然后将绑定后的套接字描述符返回。

第 21 行定义求两个数中最大值的函数。

第 22~24 行定义设置用户名函数,功能是当一个客户新加入聊天室时,对其进行相应的处理。

第 25~29 行定义添加用户名函数,功能是当一个已加入聊天室的客户发送信息到达服务器时,就调用该函数对其进行相应的处理。

第 30~35 行定义判断聊天室是否已满的函数。

第 36~40 行定义添加套接字函数,其中第 37 行将 sockset 清空,然后将 sockfd 加入 sockset 集合中,第 38~39 行将所有有效连接的 userfd 加入 sockset 中。

第 41~79 行为主函数,其中第 42~47 行定义了一系列变量,第 48 行调用 initial_server 函数初始化服务器套接字,并将绑定后的套接字描述符赋给 sockfd。第 49 行判断是否对服务器进行了成功的初始化。第 50 行将套接字设置为监听状态,等待客户的连接请求,第 52 行初始化数组。第 53 行清空文件描述符集合 sockset,将监听套接字文件描述符 sockfd 添加到集合 sockset 中。第 54 行得出最大文件描述符号。

第 55~78 行为服务器程序的主要工作部分。

第 56~62 行的功能是:如果有连接请求,就建立新的连接,并将该连接套接字描述符加入集合 sockset 中。

第 63~76 行的功能是:对所有的有效连接,如果某连接中有可读的信息,就从该连接中读出信息,并将这些信息发送到其他有效连接中,这样就实现了某个人发出一条信息,聊天室内的其他人都可以收到这条信息。

第 77 行调用 add_sockset 函数重新设置集合 sockset。

2. 聊天室客户端

聊天室客户端(源代码文件 client.c)的示例代码如下。

```
1 #include <stdio.h>
2 #include <stdlib.h>
3 #include <string.h>
4 #include <arpa/inet.h>
5 #include <unistd.h>
6 #define MAX_LINE 1000
7 #define MAX_NAME 100
8 int initial_client(){
9   int sockfd; struct sockaddr_in s_addr;
10  bzero((char*)&s_addr, sizeof(s_addr));
11  s_addr.sin_family=AF_INET;
12  s_addr.sin_addr.s_addr=inet_addr("192.168.1.111");
```

```
13   s_addr.sin_port=htons(10000);
14   if((sockfd=socket(AF_INET, SOCK_STREAM,0))<0)
15      {printf("创建套接字失败\n"); fflush(stdout); return(0);}
16   if(connect(sockfd, (struct sockaddr*)&s_addr, sizeof(s_addr))<0)
17      {printf("连接服务器失败\n"); fflush(stdout); return(0);}
18   return(sockfd);
19 }
20 void set_address(fd_set *sockset, int sockfd){
21   FD_ZERO(sockset); FD_SET(sockfd,sockset); FD_SET(0,sockset);
22 }
23 int main(){
24   int sockfd, status; char string[MAX_LINE], name[MAX_NAME];
25   fd_set sockset;
26   sockfd=initial_client();
27   if(sockfd==0){printf("初始化套接字失败\n"); fflush(stdout); exit(1);}
28   set_address(&sockset, sockfd);
29   printf("(离开聊天室请输入'X')请输入您的姓名:"); fflush(stdout);
30   scanf("%s", name); strcpy(string, "/"); strcat(string, name);
31   write(sockfd, string, strlen(string));
32   while(1){
33     select(sockfd+1, &sockset, NULL, NULL, NULL);
34     if(FD_ISSET(sockfd, &sockset)){
35       status=read(sockfd, string, MAX_LINE);
36       if(status==0) exit(0);
37       string[status]='\0'; printf("%s", string); fflush(stdout);
38     }
39     if(FD_ISSET(0, &sockset)){
40       status=read(0, string, MAX_LINE); string[status]='\0';
41       if(string[0]=='X'){
42         sprintf(string, "%s离开聊天室\n", name);
43         write(sockfd, string, strlen(string));
44         close(sockfd); exit(0);
45       }
46       if(write(sockfd, string, strlen(string))!=strlen(string))
47         {printf("不能发送数据!\n"); exit(0);}
48     }
49     set_address(&sockset, sockfd);
50   }
51 }
```

第 8～19 行定义 initial_client 函数,其功能是初始化客户端套接字。其中第 11～13 行将服务器的地址和端口号等信息写入套接字地址结构体变量 s_addr 中。第 14、15 行调用 socket 函数创建客户端套接字,若失败,则给出错误提示;若成功,则将客户端套接字描述符赋值给 sockfd。第 16、17 行调用 connect 函数与服务器建立连接,若失败,则给出提示信息。第 18 行返回已连接的套接字描述符。

第 20～22 行定义 set_address 函数,因为客户端只需要处理两个文件描述符,即套接字描述符和标准输入描述符。首先将集合 sockset 清空,然后将连接套接字描述符 sockfd 和标准输入设备(键盘)的文件描述符(0)加入 sockset 集合中。

第 23～51 行定义主函数,其中第 26 行调用 initial_client 函数初始化客户端套接字。

第 32～50 行为客户端的主要工作部分。第 34～38 行为客户端的显示部分,FD_ISSET 判断 sockfd 是否为可读的文件描述符,若是,则将信息从 sockfd 读到 string,然后输出。

第 39～48 行为客户端的发送部分,FD_ISSET 判断标准输入设备的文件描述符(0)是否可读(即是否有键盘输入)。如果可读,第 40～45 行判断客户是否输入了'X',若是,则退出聊天室。第 46 行调用 write 函数向服务器发送用户从键盘输入的聊天信息。

第 49 行调用 set_address 函数重新设置集合 sockset。

3. 运行结果

如图 8.6 所示,在第一个终端窗口使用 gcc 命令编译服务器端程序和客户端程序。

图 8.6　编译、执行服务器端程序和客户端程序 2

在第一个终端窗口执行服务器端程序,服务器进程等待客户端的连接。在第二个终端窗口执行客户端程序,在提示信息后面输入用户名称 aaa 后按回车键,观察服务器端终端窗口的输出信息。在第三个终端窗口执行客户端程序,输入用户名称 bbb。在第四个终端窗口执行客户端程序,输入用户名称 ccc。当某个客户端连接到服务器时,服务器向其他客户端广播用户上线信息。当某个客户端发出一条聊天信息,服务器会向其他客户端广播这条聊天信息。

扫一扫

8.3.4　聊天室应用程序的设计(select)

前面小节设计的聊天室程序只能进行群聊,本小节在此基础上增加了私聊和输出用户列表等功能。相关源代码文件在本书配套资源的"src/第 8 章/TCP/简单聊天室应用程序的设计/chatroom"目录中。

1. 聊天室程序头文件

聊天室程序头文件 chatroom.h 内容如下。

```
1 #include <stdlib.h>          9 typedef enum{           21 typedef struct{
2 #include <stdio.h>          10   CONNECT,              22   message_type type;
3 #include <string.h>         11   DISCONNECT,           23   char uname[21];
4 #include <unistd.h>         12   GET_USERS,            24   char data[256];
5 #include <stdbool.h>        13   SET_USERNAME,         25 } message;
6 #include <sys/types.h>      14   PUBLIC_MSG,           26 typedef struct connection_info{
7 #include <sys/socket.h>     15   PRIVATE_MSG,          27   int sock;
8 #include <netinet/in.h>     16   TOO_FULL,             28   struct sockaddr_in addr;
                              17   USERNAME_ERROR,       29   char uname[20];
                              18   SUCCESS,              30 } con_info;
                              19   ERROR
                              20 } message_type;
```

2. 聊天室服务器端

聊天室服务器端(源代码文件 server.c)的示例代码如下。

```
 1 #include "chatroom.h"
 2 #include <errno.h>
 3 #include <pthread.h>
 4 #define MAX_CLIENTS 10
 5 void initialize_server(con_info *server, int port){
 6   if((server->sock = socket(AF_INET, SOCK_STREAM, 0))<0)
 7     {perror("创建套接字失败"); exit(1);}
 8   server->addr.sin_family = AF_INET;
 9   server->addr.sin_addr.s_addr = INADDR_ANY;
10   server->addr.sin_port = htons(port);
11   if(bind(server->sock,(struct sockaddr *)&server->addr,sizeof(server->addr))<0)
12     {perror("bind失败"); exit(1);}
13   const int optVal = 1;
14   const socklen_t optLen = sizeof(optVal);
15   if(setsockopt(server->sock, SOL_SOCKET, SO_REUSEADDR, (void *)&optVal, optLen)<0)
16     {perror("setsockopt失败"); exit(1);}
17   if(listen(server->sock,3)<0){perror("listen失败"); exit(1);}
18   printf("等待客户端的连接...\n");
19 }

20 void send_public_message(con_info clients[],int sender,char *mesg_text){
21   message msg; msg.type=PUBLIC_MSG;
22   strncpy(msg.uname, clients[sender].uname, 20);
23   strncpy(msg.data, mesg_text, 256);
24   for(int i=0; i<MAX_CLIENTS; i++)
25     if(i != sender && clients[i].sock != 0)
26       if(send(clients[i].sock, &msg, sizeof(msg), 0)<0)
27         {perror("发送失败"); exit(1);}
28 }
29 void send_private_message(con_info clients[],int sender,char *uname,char *mesg_text){
30   message msg; msg.type=PRIVATE_MSG;
31   strncpy(msg.uname, clients[sender].uname, 20);
32   strncpy(msg.data, mesg_text, 256);
33   for(int i=0; i<MAX_CLIENTS; i++)
34     if(i!=sender && clients[i].sock!=0 && strcmp(clients[i].uname, uname)==0){
35       if(send(clients[i].sock,&msg,sizeof(msg),0)<0){perror("发送失败");exit(1);}
36       return;
37     }
38   msg.type=USERNAME_ERROR;
39   sprintf(msg.data, "\"%s\" 不存在或没有登录.",uname);
40   if(send(clients[sender].sock,&msg,sizeof(msg),0)<0){perror("发送失败");exit(1);}
41 }

42 void send_connect_message(con_info *clients, int sender){
43   message msg; msg.type=CONNECT;
44   strncpy(msg.uname, clients[sender].uname, 21);
45   for(int i=0; i<MAX_CLIENTS; i++)
46     if(clients[i].sock != 0)
47       if(i==sender){
48         msg.type=SUCCESS;
49         if(send(clients[i].sock,&msg,sizeof(msg),0)<0){perror("发送失败");exit(1);}
50       }else if(send(clients[i].sock,&msg,sizeof(msg),0)<0){perror("发送失败");exit(1);}
51 }

52 void send_disconnect_message(con_info *clients, char *uname){
53   message msg; msg.type=DISCONNECT;
54   strncpy(msg.uname, uname, 21);
55   for(int i=0; i<MAX_CLIENTS; i++)
56     if(clients[i].sock != 0)
57       if(send(clients[i].sock,&msg,sizeof(msg),0)<0){perror("发送失败");exit(1);}
58 }

59 void send_user_list(con_info *clients, int receiver){
60   message msg; msg.type=GET_USERS;
61   char *list = msg.data;
62   for(int i=0; i<MAX_CLIENTS; i++)
63     if(clients[i].sock!=0){list=stpcpy(list,clients[i].uname);list=stpcpy(list,"\n");}
64   if(send(clients[receiver].sock,&msg,sizeof(msg),0)<0){perror("发送失败");exit(1);}
65 }
```

```
66 void send_too_full_message(int socket){
67   message msg; msg.type=TOO_FULL;
68   if(send(socket,&msg,sizeof(msg),0)<0){perror("发送失败"); exit(1);}
69   close(socket);
70 }

71 void stop_server(con_info con[]){
72   for(int i=0; i<MAX_CLIENTS; i++) close(con[i].sock);
73   exit(0);
74 }
75 void handle_client_message(con_info clients[], int sender){
76   int read_size;
77   message msg;
78   if((read_size=recv(clients[sender].sock,&msg,sizeof(message),0))==0){
79     printf("%s退出聊天室\n", clients[sender].uname);
80     close(clients[sender].sock);
81     clients[sender].sock=0;
82     send_disconnect_message(clients, clients[sender].uname);
83   }else
84     switch (msg.type){
85     case GET_USERS: send_user_list(clients, sender); break;
86     case SET_USERNAME:;
87       for(int i=0; i<MAX_CLIENTS; i++)
88         if(clients[i].sock!=0 && strcmp(clients[i].uname, msg.uname)==0)
89           {close(clients[sender].sock); clients[sender].sock=0; return;}
90       strcpy(clients[sender].uname, msg.uname);
91       printf("%s进入聊天室\n", clients[sender].uname);
92       send_connect_message(clients, sender);
93       break;
94     case PUBLIC_MSG: send_public_message(clients, sender, msg.data); break;
95     case PRIVATE_MSG: send_private_message(clients,sender,msg.uname,msg.data);break;
96     default: fprintf(stderr, "未知消息类型.\n"); break;
97     }
98 }

99 int construct_fd_set(fd_set *set, con_info *server, con_info clients[]){
100   FD_ZERO(set);
101   FD_SET(STDIN_FILENO, set);
102   FD_SET(server->sock, set);
103   int max_fd=server->sock;
104   for(int i=0; i<MAX_CLIENTS; i++)
105     if(clients[i].sock>0){
106       FD_SET(clients[i].sock,set);
107       if(clients[i].sock>max_fd) max_fd=clients[i].sock;
108     }
109   return max_fd;
110 }

111 void handle_new_connection(con_info *server, con_info clients[]){
112   int new_socket, len;
113   new_socket=accept(server->sock,(struct sockaddr *)&server->addr,(socklen_t *)&len);
114   if(new_socket<0){ perror("accept失败"); exit(1);}
115   for(int i=0; i<MAX_CLIENTS; i++)
116     if(clients[i].sock==0){clients[i].sock=new_socket; break;}
117     else if(i==MAX_CLIENTS - 1) send_too_full_message(new_socket);
118 }

119 void trim_newline(char *text){
120   int len=strlen(text)-1;
121   if(text[len]=='\n') text[len]='\0';
122 }
123 void handle_user_input(con_info clients[]){
124   char input[255]; fgets(input, sizeof(input), stdin);
125   trim_newline(input);
126   if(input[0]=='q') stop_server(clients);
127 }
128 int main(int argc, char *argv[]){
129   puts("服务器运行中...");
130   fd_set set;
131   con_info server, clients[MAX_CLIENTS];
132   for(int i=0; i<MAX_CLIENTS; i++) clients[i].sock=0;
```

```
133   if(argc!=2){fprintf(stderr, "用法: %s <port>\n", argv[0]); exit(1);}
134   initialize_server(&server, atoi(argv[1]));
135   while(true){
136     int max_fd=construct_fd_set(&set, &server, clients);
137     if(select(max_fd+1, &set, NULL, NULL, NULL)<0)
138       {perror("select失败"); stop_server(clients);}
139     if(FD_ISSET(STDIN_FILENO, &set))
140       handle_user_input(clients);
141     if(FD_ISSET(server.sock, &set))
142       handle_new_connection(&server, clients);
143     for(int i=0; i<MAX_CLIENTS; i++)
144       if(clients[i].sock>0 && FD_ISSET(clients[i].sock, &set))
145         handle_client_message(clients, i);
146   }
147   return 0;
148 }
```

3. 聊天室客户端

聊天室客户端(源代码文件 client.c)的示例代码如下。

```
1 #include "chatroom.h"
2 #include <arpa/inet.h>
3 //color codes
4 #define KRED  "\x1B[31m"
5 #define KGRN  "\x1B[32m"
6 #define KYEL  "\x1B[33m"
7 #define KBLU  "\x1B[34m"
8 #define KMAG  "\x1B[35m"
9 #define KCYN  "\x1B[36m"
10 #define KWHT  "\x1B[37m"
11 #define RESET "\033[0m"
12 void trim_newline(char *text){
13   int len=strlen(text)-1;
14   if(text[len]=='\n') text[len]='\0';
15 }
16 void get_username(char *uname){
17   while(true){
18     printf("输入用户名: "); fflush(stdout);
19     memset(uname, 0, 1000); fgets(uname, 22, stdin);
20     trim_newline(uname);
21     if(strlen(uname)>20) puts("用户名要小于21个字符."); else break;
22   }
23 }
24 void set_username(con_info *con){
25   message msg; msg.type=SET_USERNAME;
26   strncpy(msg.uname, con->uname, 20);
27   if(send(con->sock, (void *)&msg, sizeof(msg), 0)<0)
28     {perror("发送失败"); exit(1);}
29 }
30 void stop_client(con_info *con){close(con->sock); exit(0);}
31 void connect_to_server(con_info *con, char *addr, char *port){
32   while (true){
33     get_username(con->uname);
34     if((con->sock=socket(AF_INET, SOCK_STREAM, IPPROTO_TCP))<0)
35       {perror("创建套接字失败"); exit(1);}
36     con->addr.sin_addr.s_addr = inet_addr(addr);
37     con->addr.sin_family = AF_INET;
38     con->addr.sin_port = htons(atoi(port));
39     if(connect(con->sock,(struct sockaddr *)&con->addr,sizeof(con->addr))<0)
40       {perror("Connect failed."); exit(1);}
41     set_username(con);
42     message msg;
43     ssize_t recv_val=recv(con->sock, &msg, sizeof(message), 0);
44     if(recv_val<0){perror("recv failed"); exit(1);}
45     else if(recv_val==0)
```

```
46          {close(con->sock); printf("\"%s\" is used.\n",con->uname); continue;}
47        break;
48      }
49      puts("成功连接服务器."); puts("输入 /help 或 /h 获得帮助信息.");
50  }
51  void handle_user_input(con_info *con){
52      char input[255];
53      fgets(input, 255, stdin);
54      trim_newline(input);
55      if(strcmp(input, "/q")==0 || strcmp(input, "/quit")==0) stop_client(con);
56      else if(strcmp(input, "/l")==0 || strcmp(input, "/list")==0){
57        message msg; msg.type=GET_USERS;
58        if(send(con->sock, &msg, sizeof(message), 0)<0)
59          {perror("发送失败"); exit(1);}
60      }else if(strcmp(input, "/h")==0 || strcmp(input, "/help")==0){
61        puts("退出聊天室: /quit or /q");
62        puts("显示帮助信息: /help or /h");
63        puts("显示聊天室中的用户列表: /list or /l");
64        puts("向指定用户发送消息: /m 用户名 消息");
65      }else if(strncmp(input, "/m", 2)==0){
66        message msg; msg.type=PRIVATE_MSG;
67        char *toUname, *chatMsg;
68        toUname = strtok(input + 3, " ");
69        if(toUname==NULL){puts(KRED "向指定用户发送消息: /m 用户名 消息" RESET); return;}
70        if(strlen(toUname)==0){puts(KRED "必须输入用户名." RESET); return;}
71        if(strlen(toUname)>20){puts(KRED "用户名要小于21个字符." RESET); return;}
72        chatMsg = strtok(NULL, "");
73        if(chatMsg==NULL){puts(KRED "必须输入要发送给指定用户的消息." RESET); return;}
74        strncpy(msg.uname, toUname, 20);
75        strncpy(msg.data, chatMsg, 255);
76        if(send(con->sock,&msg,sizeof(message),0)<0){perror("发送失败"); exit(1);}
77      }else{
78        message msg; msg.type=PUBLIC_MSG;
79        strncpy(msg.uname, con->uname, 20);
80        if(strlen(input)==0)return;
81        strncpy(msg.data, input, 255);
82        if(send(con->sock, &msg, sizeof(message), 0)<0)
83          {perror("发送失败"); exit(1);}
84      }
85  }
86  void handle_server_message(con_info *con){
87      message msg;
88      ssize_t recv_val = recv(con->sock, &msg, sizeof(message), 0);
89      if(recv_val<0){perror("recv failed"); exit(1);}
90      else if(recv_val==0){close(con->sock); puts("服务器断开连接."); exit(0);}
91      switch (msg.type){
92      case CONNECT: printf(KYEL "%s进入聊天室." RESET "\n", msg.uname); break;
93      case DISCONNECT: printf(KYEL "%s退出聊天室." RESET "\n", msg.uname); break;
94      case GET_USERS: printf("%s", msg.data); break;
95      case SET_USERNAME: break;
96      case PUBLIC_MSG: printf(KGRN "%s" RESET ": %s\n", msg.uname,msg.data); break;
97      case PRIVATE_MSG: printf(KWHT "来自%s:" KCYN " %s\n" RESET,msg.uname,msg.data);break;
98      case TOO_FULL: fprintf(stderr, KRED "聊天室人数已满" RESET "\n");exit(0);break;
99      default: fprintf(stderr, KRED "收到未知消息类型" RESET "\n"); break;
100     }
101 }
102 int main(int argc, char *argv[]){
103     con_info con;
104     fd_set set;
105     if(argc!=3){fprintf(stderr, "用法: %s <IP> <port>\n", argv[0]); exit(1);}
106     connect_to_server(&con, argv[1], argv[2]);
107     while (true){
108       FD_ZERO(&set);
109       FD_SET(STDIN_FILENO, &set);
```

```
110    FD_SET(con.sock, &set);
111    fflush(stdin);
112    if(select(con.sock+1, &set, NULL, NULL, NULL)<0)
113      {perror("select失败"); exit(1);}
114    if(FD_ISSET(STDIN_FILENO, &set)) handle_user_input(&con);
115    if(FD_ISSET(con.sock, &set)) handle_server_message(&con);
116  }
117  close(con.sock);
118  return 0;
119 }
```

4. 运行结果

如图 8.7 所示,在第一个终端窗口使用 gcc 命令编译服务器端程序和客户端程序。

在第一个终端窗口执行服务器端程序,服务器进程等待客户端的连接。在第二个终端窗口执行客户端程序,在提示信息后面输入用户名称 aaa 后按回车键,观察服务器端终端窗口的输出信息。在第三个终端窗口执行客户端程序,输入用户名称 bbb。在第四个终端窗口执行客户端程序,输入用户名称 ccc。请读者结合运行结果分析上面源代码。

```
[root@ztg chatroom]# gcc server.c -o server
[root@ztg chatroom]# gcc client.c -o client
[root@ztg chatroom]#
[root@ztg chatroom]# ./server 999        ①
服务器运行中...
等待客户端的连接...
aaa进入聊天室
bbb进入聊天室
ccc进入聊天室
ccc退出聊天室
aaa退出聊天室
bbb退出聊天室
```

```
[root@ztg chatroom]# ./client 192.168.1.111 999
输入用户名:(aaa)             ②
成功连接服务器.
输入 /help 或 /h 获得帮助信息.
/h
退出聊天室: /quit or /q
显示帮助信息: /help or /h
显示聊天室中的用户列表: /list or /l
向指定用户发送消息: /m 用户名 消息
bbb进入聊天室.
ccc进入聊天室.
ccc: hello everyone
ccc退出聊天室.
/q
[root@ztg chatroom]#
```

```
[root@ztg chatroom]# ./client 192.168.1.111 999
输入用户名:(bbb)             ③
成功连接服务器.
输入 /help 或 /h 获得帮助信息.
ccc进入聊天室.
ccc: hello everyone
来自ccc: hello, my friend
ccc退出聊天室.
aaa退出聊天室.
/q
[root@ztg chatroom]#
```

```
[root@ztg chatroom]# ./client 192.168.1.111 999
输入用户名:(ccc)             ④
成功连接服务器.
输入 /help 或 /h 获得帮助信息.
hello everyone
/m bbb hello, my friend
/q
[root@ztg chatroom]#
```

图 8.7   编译、执行服务器端程序和客户端程序 3

8.3.5   简单 C/S 应用程序的设计(epoll)

扫一扫

本小节使用 epoll 设计一个简单的 C/S 应用程序。相关源代码文件在本书配套资源的"src/第 8 章/TCP/简单 CS 应用程序的设计/epoll"目录中。

1. TCP 服务器端

服务器端程序读取从客户端发来的字符,然后将每个字符转换为大写并回送给客户端。TCP 服务器端(源代码文件 server.c)的示例代码如下。

```
 1 #include<stdio.h>
 2 #include<string.h>
 3 #include<errno.h>
 4 #include<unistd.h>
 5 #include<ctype.h>
 6 #include<fcntl.h>
 7 #include<arpa/inet.h>
 8 #include<sys/epoll.h>
 9 #include<sys/resource.h>
10 #define EPOLLSIZE 100000
11 #define SIZE 80
12 int handle(int fd){
13   char buf[SIZE]; int n=read(fd,buf,SIZE);
14   if(n==0){ printf("客户端%d关闭连接\n",fd);
15     close(fd); return -1;
16   }else if(n<0){
17     printf("读取客户端(%d)信息失败",fd);
18     close(fd); return -1;
19   }
20   for(int i=0;i<n;i++)buf[i]=toupper(buf[i]);
21   write(fd,buf,n); return 0;
22 }
23 int setnonblocking(int fd){
24   if(fcntl(fd, F_SETFL,
25     fcntl(fd,F_GETFD,0)|O_NONBLOCK)==-1)
26     {perror("fcntl失败"); return -1;}
27   return 0;
28 }
29 int main(int argc, char **argv){
30   int sport=9999,listenq=1024;char buf[SIZE];
31   int lfd,cfd,lfds,nfd,n,n_fds=1,opt=1;
32   struct sockaddr_in sa,ca;struct rlimit rt;
33   socklen_t l=sizeof(struct sockaddr_in);
34   struct epoll_event ev, events[EPOLLSIZE];
35   rt.rlim_max=rt.rlim_cur=EPOLLSIZE;
36   if(setrlimit(RLIMIT_NOFILE, &rt)==-1)
37     {perror("setrlimit error");return -1;}
38   bzero(&sa, sizeof(sa));
39   sa.sin_family=AF_INET;
40   sa.sin_addr.s_addr=htonl(INADDR_ANY);
41   sa.sin_port=htons(sport);
42   lfd=socket(AF_INET, SOCK_STREAM, 0);
43   if(lfd==-1)
44     {perror("创建套接字失败");return -1;}
45   setsockopt(lfd, SOL_SOCKET,
46         SO_REUSEADDR, &opt, sizeof(opt));
47   setnonblocking(lfd);
48   if(bind(lfd,(struct sockaddr *)&sa,
49         sizeof(struct sockaddr))==-1)
50     {perror("绑定套接字失败");return -1;}
51   if(listen(lfd, listenq)==-1)
52     {perror("设置监听失败");return -1;}
53   lfds=epoll_create(EPOLLSIZE);
54   ev.events=EPOLLIN|EPOLLET; ev.data.fd=lfd;
55   if(epoll_ctl(lfds,EPOLL_CTL_ADD,lfd,&ev)<0)
56     {printf("插入fd=%d失败\n",lfd);return -1;}
57   printf("服务器运行中,监听端口: %d\n", sport);
58   while(1){
59     nfd=epoll_wait(lfds, events, n_fds, -1);
60     if(nfd==-1){perror("wait失败");continue;}
61     for(n=0; n<nfd; ++n){
62       if(events[n].data.fd==lfd){
63         cfd=accept(lfd,(struct sockaddr*)&ca,&l);
64         if(cfd<0){perror("客户端连接到服务器失败");
65                 continue;}
66         printf("客户端%d(%s:%d)已经连接到服务器\n",
67           cfd,inet_ntoa(ca.sin_addr),ca.sin_port);
68         if(n_fds>=EPOLLSIZE) {close(cfd);
69             printf("服务器连接数已满\n");continue;}
70         setnonblocking(cfd);
71         ev.events=EPOLLIN|EPOLLET;ev.data.fd=cfd;
72         if(epoll_ctl(lfds,EPOLL_CTL_ADD,cfd,&ev)<0)
73           {printf("添加套接字失败\n");return -1;}
74         n_fds++; continue;
75       }
76       if(handle(events[n].data.fd)<0){
77         epoll_ctl(lfds, EPOLL_CTL_DEL,
78               events[n].data.fd,&ev);
79         n_fds--;
80       }
81     }
82   }
83   close(lfd); return 0;
84 }
```

服务器端程序使用 epoll 进行设计,支持多个用户发送消息,实现并发,并且使用 epoll 的 ET 工作方式。调用 epoll_create 函数在 Linux 内核中创建一个事件表,然后将监听套接字文件描述符(lfd)添加到事件表中。在主循环中,调用 epoll_wait 等待返回就绪的文件描述符集合,然后分别处理就绪的事件集合(有新用户连接事件和用户发消息事件)。

2. TCP 客户端

TCP 客户端(源代码文件 client.c)的示例代码如下。

```
 1 #include<stdio.h>
 2 #include<stdlib.h>
 3 #include<string.h>
 4 #include<unistd.h>
 5 #include<arpa/inet.h>
 6 #define SIZE 80
 7 void handle(int fd){
 8   int n;
 9   char sbuf[SIZE],rbuf[SIZE];
10   while(1){
11     if(fgets(sbuf, SIZE, stdin)==NULL)
12       break;
13     n=write(fd, sbuf, strlen(sbuf));
14     n=read(fd, rbuf, SIZE);
15     if(n==0)
16       {printf("服务器已经关闭\n");break;}
17     write(STDOUT_FILENO, rbuf, n);
18   }
19 }
20 int main(int argc, char **argv){
21   char *serIP, buf[SIZE]; int sport, fd;
22   struct sockaddr_in sa;
23   if(argc==3)
24     {serIP=argv[1];sport=atoi(argv[2]);}
25   else{
26     printf("用法: client [IP] [Port]\n");
27     return -1;
28   }
29   fd=socket(AF_INET, SOCK_STREAM, 0);
30   bzero(&sa, sizeof(sa));
31   sa.sin_family=AF_INET;
32   sa.sin_port=htons(sport);
33   inet_pton(AF_INET,serIP,&sa.sin_addr);
34   if(connect(fd,(struct sockaddr*)&sa,
35         sizeof(sa))<0)
36     {perror("连接服务器失败");return -1;}
37   printf("成功连接服务器\n");
38   handle(fd); close(fd); exit(0);
39 }
```

3. 运行结果

如图 8.8 所示，在第一个终端窗口使用 gcc 命令编译服务器端程序和客户端程序。

在第一个终端窗口执行服务器端程序，服务器进程等待客户端的连接。在第二个终端窗口执行客户端程序，输入字符串 aaaaa 后按回车键，将字符串发送给服务器，客户端很快收到服务器返回的字符串 AAAAA。在第三个终端窗口执行客户端程序，输入字符串 bbbbb 后按回车键，将字符串发送给服务器，客户端很快收到服务器返回的字符串 BBBBB。请读者结合运行结果分析上面源代码。

```
[root@ztg epoll]# gcc server.c -o server      [root@ztg epoll]# ./client 192.168.1.111 9999
[root@ztg epoll]# gcc client.c -o client      成功连接服务器
[root@ztg epoll]# ./server ①                  aaaaa  按Ctrl+C组合键关闭客户端       ②
服务器运行中，监听端口：9999                    AAAAA
客户端5(192.168.1.111:19160)已经连接到服务器    ^C          [root@ztg epoll]# ./client 192.168.1.111 9999
客户端6(192.168.1.111:19672)已经连接到服务器    [root@ztg epoll]#   成功连接服务器          ③
客户端5关闭连接                                              bbbbb
                                                            BBBBB
```

图 8.8 编译、执行服务器端程序和客户端程序 4

8.4 基于 UDP 的网络程序

传输层包括 TCP 和 UDP。UDP 是用户数据报协议，使用该协议进行数据传输时，两台主机之间不需要事先建立好连接，因此，UDP 提供的是无连接、不可靠的服务，这就需要应用层协议保障通信的可靠性。

8.4.1 简单 C/S 应用程序的设计

扫一扫

本小节使用 UDP 设计一个简单的 C/S 应用程序。相关源代码文件在本书配套资源的"src/第 8 章/UDP/简单 CS 应用程序的设计/简单 CS"目录中。

1. UDP 服务器端

服务器端程序读取从客户端发来的字符，然后将每个字符转换为大写并回送给客户端。
UDP 服务器端(源代码文件 server.c)的示例代码如下。

```c
1 #include<stdio.h>
2 #include<stdlib.h>
3 #include<string.h>
4 #include<ctype.h>
5 #include<arpa/inet.h>
6 int main(int argc,char* argv[]){
7   int m, sockfd; socklen_t len; char buf[80];
8   struct sockaddr_in cli;
9   if(argc!=3){printf("用法:%s [ip] [port]\n",argv[0]); return 1;}
10  sockfd=socket(AF_INET, SOCK_DGRAM, 0);
11  if(sockfd<0){printf("创建套接字失败\n"); return 2;}
12  struct sockaddr_in local;
13  local.sin_family=AF_INET;
14  local.sin_addr.s_addr=inet_addr(argv[1]);
15  local.sin_port=htons(atoi(argv[2]));
16  if(bind(sockfd, (struct sockaddr*)&local, sizeof(local))<0)
17    {printf("绑定套接字失败\n"); return 3;}
```

```
18  while(1){
19    len=sizeof(cli);
20    m=recvfrom(sockfd, buf, sizeof(buf)-1, 0, (struct sockaddr*)&cli, &len);
21    if(m>0){
22      buf[m]=0;
23      printf("客户端(%s:%d)发的信息: %s\n",
24            inet_ntoa(cli.sin_addr), ntohs(cli.sin_port), buf);
25    }
26    for(int i=0;i<m;i++) buf[i]=toupper(buf[i]);
27    sendto(sockfd, buf, strlen(buf), 0, (struct sockaddr*)&cli, len);
28  }
29  return 0;
30 }
```

服务器端调用 socket 函数创建一个套接字,然后调用 bind 函数将一个包含服务器的本地地址和端口号等信息的套接字结构体变量与套接字描述符绑定。在 while 循环中接收来自客户端发来的信息,然后将处理后的结果返回给客户端。

2. UDP 客户端

UDP 客户端(源代码文件 client.c)的示例代码如下。

```
1 #include<stdio.h>
2 #include<stdlib.h>
3 #include<string.h>
4 #include<unistd.h>
5 #include<arpa/inet.h>
6 int main(int argc,char* argv[]){
7   char buf[80]; int m, n, sockfd; socklen_t l1, l2;
8   struct sockaddr_in ser, peer;
9   if(argc!=3){printf("用法:%s [ip] [port]\n",argv[0]); return 1;}
10  sockfd=socket(AF_INET, SOCK_DGRAM, 0);
11  if(sockfd<0){printf("sock error\n");return 2;}
12  ser.sin_family=AF_INET;
13  ser.sin_addr.s_addr=inet_addr(argv[1]);
14  ser.sin_port=htons(atoi(argv[2]));
15  l1=sizeof(ser);
16  while(1){
17    l2=sizeof(peer); printf("请输入发给服务器的字符串: "); fflush(stdout);
18    buf[0]=0; m=read(0, buf, sizeof(buf)-1);
19    if(m>0)
20      {buf[m-1]=0;sendto(sockfd, buf, strlen(buf), 0, (struct sockaddr*)&ser, l1);}
21    else if(m<0) break;
22    n=recvfrom(sockfd, buf, sizeof(buf)-1, 0, (struct sockaddr*)&peer, &l2);
23    if(n>0){buf[n]=0; printf("服务器返回的字符串: %s\n",buf);}
24  }
25  close(sockfd); return 0;
26 }
```

客户端调用 socket 函数创建一个套接字,然后调用 sendto 函数直接向套接字结构体变量 ser(包含服务器的本地地址和端口号等信息)指定的服务器端发送信息。

3. 运行结果

如图 8.9 所示,在第一个终端窗口使用 gcc 命令编译服务器端程序和客户端程序。

在第一个终端窗口执行服务器端程序,服务器进程等待客户端发的信息。在第二个终端窗口执行客户端程序,输入字符串 aaa 后按回车键,将字符串发送给服务器,客户端很快收到服务器返回的字符串 AAA。在第三个终端窗口执行客户端程序,输入字符串 bbb 后按回车键,将字符串发送给服务器,客户端很快收到服务器返回的字符串 BBB。请读者结合运行结果分析上面源代码。

```
[root@ztg 简单CS]# gcc server.c -o server
[root@ztg 简单CS]# gcc client.c -o client
[root@ztg 简单CS]# ./server 192.168.1.111 10000
客户端 (192.168.1.111:41949)发的信息：aaa      ①
客户端 (192.168.1.111:34879)发的信息：bbb
客户端 (192.168.1.111:41949)发的信息：aaaaa
客户端 (192.168.1.111:34879)发的信息：bbbbb
```

```
[root@ztg 简单CS]# ./client 192.168.1.111 10000
请输入发给服务器的字符串：aaa
服务器返回的字符串：AAA
请输入发给服务器的字符串：aaaaa
服务器返回的字符串：AAAAA
请输入发给服务器的字符串：
```

```
[root@ztg 简单CS]# ./client 192.168.1.111 10000
请输入发给服务器的字符串：bbb          ③
服务器返回的字符串：BBB
请输入发给服务器的字符串：bbbbb
服务器返回的字符串：BBBBB
请输入发给服务器的字符串：
```

图 8.9 编译、执行服务器端程序和客户端程序 5

8.4.2 简单聊天室应用程序的设计

本小节使用 UDP 设计一个简单的多人聊天室应用程序。相关源代码文件在本书配套资源的"src/第 8 章/UDP/简单聊天室应用程序的设计/chatroom"目录中。

1. 聊天室服务器端

聊天室服务器端（源代码文件 server.c）的示例代码如下。

```
1 #include<stdio.h>
2 #include<stdlib.h>
3 #include<string.h>
4 #include<unistd.h>
5 #include<arpa/inet.h>
6 struct message{char type; char name[16]; char text[80];};
7 typedef struct user{struct sockaddr_in addr; struct user *next;} *user_t;
8 user_t new_user(struct sockaddr_in *p){
9   user_t n=calloc(sizeof(struct user), 1);
10  if(NULL==n){printf("内存分配失败");exit(-1);}
11  n->addr=*p; return n;
12 }
13 void insert_user(user_t h,struct sockaddr_in *p){
14   user_t n=new_user(p); n->next=h->next; h->next=n;
15 }
16 void login(user_t h,int s,struct sockaddr_in *p,struct message *m){
17   insert_user(h,p); h=h->next;
18   while(h->next){h=h->next; sendto(s,m,sizeof(*m),0,(struct sockaddr*)&h->addr,
19                        sizeof(struct sockaddr_in));
20   }
21 }
22 void broadcast(user_t h,int s,struct sockaddr_in *p,struct message *m){
23   int flag=0;
24   while(h->next){ h=h->next;
25     if((flag)||!(flag=memcmp(p,&h->addr,sizeof(struct sockaddr_in))==0))
26       sendto(s,m,sizeof(*m),0,(struct sockaddr*)&h->addr,
27            sizeof(struct sockaddr_in));
28   }
29 }
30 void logout(user_t h,int s,struct sockaddr_in *p,struct message *m){
31   int f=0;
32   while(h->next){
33     if((f)||!(f=memcmp(p,&h->next->addr,sizeof(struct sockaddr_in))==0)){
34       sendto(s,m,sizeof(*m),0,(struct sockaddr*)&h->next->addr,
35            sizeof(struct sockaddr_in));  h=h->next;
36     }else{user_t tmp=h->next; h->next=tmp->next; free(tmp);}
37   }
38 }
39 int main(int argc, char *argv[]){
40   int sockfd, port, n;
41   struct sockaddr_in addr={AF_INET};  struct message m;
42   socklen_t l=sizeof(addr); user_t h;
43   if(argc!=3){fprintf(stderr, "用法: %s [ip] [port]\n", argv[0]); exit(-1);}
44   if((port=atoi(argv[2]))<1024 || port>65535)
45     fprintf(stderr, "atoi port=%s is error!", argv[2]);
46   inet_aton(argv[1], &addr.sin_addr);  addr.sin_port=htons(port);
47   sockfd=socket(PF_INET, SOCK_DGRAM, 0);
```

```
48  if(sockfd<0){printf("创建套接字失败\n");return 2;}
49  if(bind(sockfd,(struct sockaddr*)&addr,l)<0){printf("bind失败\n");return 3;}
50  h=new_user(&addr);
51  for(;;){
52    bzero(&m, sizeof(m));
53    n=recvfrom(sockfd, &m, sizeof(m), 0, (struct sockaddr*)&addr, &l);
54    if(n<=0) continue;
55    m.name[16-1]=m.text[strlen(m.text)-1]='\0';
56    switch(m.type){
57    case '1': printf("%s(%s:%d)进入聊天室\n", m.name, inet_ntoa(addr.sin_addr),
58                  ntohs(addr.sin_port));
59              login(h, sockfd, &addr, &m);break;
60    case '2': printf("%s(%s:%d)发的消息: %s\n",m.name,inet_ntoa(addr.sin_addr),
61                  ntohs(addr.sin_port), m.text);
62              broadcast(h, sockfd, &addr, &m);break;
63    case '3': printf("%s(%s:%d)离开聊天室\n", m.name, inet_ntoa(addr.sin_addr),
64                  ntohs(addr.sin_port));
65              logout(h, sockfd, &addr, &m);break;
66    default: logout(h, sockfd, &addr, &m); break;
67    }
68  }
69 }
```

由 user_t 指针指向的链表存放连接到服务器的客户端地址信息(addr),有人加入聊天室就添加链表节点,有人离开聊天室就删除节点。消息结构体(struct message)用来存放用户当前状态的类型、名字、消息。主函数的 for 循环中根据信息的类型调用相应的函数(login、broadcast、logout)。

2. 聊天室客户端

聊天室客户端(源代码文件 client.c)的示例代码如下。

```
1 #include<stdio.h>
2 #include<stdlib.h>
3 #include<string.h>
4 #include<unistd.h>
5 #include<sys/wait.h>
6 #include<arpa/inet.h>
7 struct message{char type; char name[16]; char text[80];};
8 int main(int argc, char *argv[]){
9   int so, port;  pid_t pid;  struct sockaddr_in ad={AF_INET};
10  socklen_t l=sizeof(ad);    struct message m={'1'};
11  if(argc!=4){printf("用法: %s [ip] [port] [name]\n",argv[0]);exit(-1);}
12  if((port=atoi(argv[2]))<1024 || port>65535) printf("端口号范围[1024,65535]");
13  inet_aton(argv[1], &ad.sin_addr);  ad.sin_port=htons(port);
14  strncpy(m.name, argv[3], 16-1);
15  so=socket(PF_INET, SOCK_DGRAM, 0);
16  sendto(so, &m, sizeof(m), 0, (struct sockaddr*)&ad, l);
17  if((pid=fork())<0){printf("创建子进程失败\n"); return 1;}
18  else if(pid == 0){
19    while(fgets(m.text,80,stdin)){
20      if(strcmp(m.text, "EXIT\n")==0)
21        {m.type='3';sendto(so,&m,sizeof(m),0,(struct sockaddr*)&ad,l);break;}
22      m.type='2'; sendto(so,&m,sizeof(m),0,(struct sockaddr*)&ad,l);
23    }
24    close(so); kill(getppid(),SIGKILL);
25  }else{
26    for(;;){
27      bzero(&m,sizeof(m));  recvfrom(so,&m,sizeof(m),0,(struct sockaddr*)&ad,&l);
28      m.name[16-1]=m.text[strlen(m.text)]='\0';
29      switch(m.type){
30      case '1':printf("%s进入聊天室\n", m.name);break;
31      case '2':printf("%s发的消息: %s\n", m.name, m.text);break;
32      case '3':printf("%s离开聊天室\n", m.name);break;
33      default: close(so);kill(pid,SIGKILL);exit(0);
34      }
35    }
36  }
37 }
```

调用 fork 函数创建一个子进程,子进程用于发送聊天信息,如果从键盘输入 EXIT,则客户端退出。父进程用于接收服务器转发过来的信息。

3. 运行结果

如图 8.10 所示,在第一个终端窗口使用 gcc 命令编译服务器端程序和客户端程序。

图 8.10　编译、执行服务器端程序和客户端程序 6

在第一个终端窗口执行服务器端程序,服务器进程等待客户端发的信息。在第二个终端窗口执行客户端程序,aaa 用户加入聊天室。在第三个终端窗口执行客户端程序,bbb 用户加入聊天室。请读者结合运行结果分析上面源代码。

8.5 原始套接字编程

原始套接字(SOCK_RAW)编程可用来自行组装数据包,可以收到流经本机网卡上的所有帧,多用于网络流量监听和网络故障诊断。原始套接字接收数据包的基本原理:网卡对链路层的帧进行处理后,会将正确的帧(IP 数据包)向网络层递交。但是,在帧进入网络层之前,内核会检查是否存在原始套接字,如果有并且与指定的协议相符,内核就将帧复制一份到该套接字的接收缓冲区中,然后内核网络协议栈按照正常流程处理该帧(IP 数据包)。

原始套接字(SOCK_RAW)与标准套接字(SOCK_STREAM、SOCK_DGRAM)的区别在于:流式套接字(SOCK_STREAM)只能收发 TCP 的数据包,数据报套接字(SOCK_DGRAM)只能收发 UDP 的数据包,原始套接字可以收发内核网络协议栈没有处理过的数据包。

对于网络层,IP 数据包的发送/接收具有可移植性。对数据链路层帧的发送/接收,不同系统有不同的机制,不具有可移植性。有如下 4 种创建原始套接字的方式。

```
1 socket(PF_INET, SOCK_RAW, IPPROTO_XXX)            //发送/接收网络层IP数据包
2 socket(PF_PACKET, SOCK_RAW, htons(ETH_P_XXX))     //发送/接收链路层帧 (仅Linux支持)
3 socket(PF_PACKET, SOCK_DGRAM, htons(ETH_P_XXX))   //发送/接收链路层帧 (去掉帧首部,仅Linux支持)
4 socket(AF_INET, SOCK_PACKET, htons(ETH_P_XXX))    //过时,不建议使用
```

PF_PACKET 协议簇是用来取代 SOCK_PACKET 的一种编程接口,它对应两种不同的套接字类型:SOCK_RAW 和 SOCK_DGRAM。如果使用 SOCK_RAW,用户可以操作链路层帧中的所有数据;如果使用 SOCK_DGRAM,则由系统处理链路层帧首部,然后移除帧首部。

IPPROTO_XXX 的取值有 IPPROTO_TCP、IPPROTO_UDP、IPPROTO_ICMP。

ETH_P_XXX 的取值有 ETH_P_IP(IP 类型的帧,值为 0x0800)、ETH_P_ARP(ARP 类型的帧,值为 0x0806)、ETH_P_RARP(RARP 类型的帧,值为 0x8035)、ETH_P_ALL (任何协议类型的帧,值为 0x0003)。

获取链路层帧的 recvfrom 函数原型如下。

```
ssize_t recvfrom(int sockfd, void *buf, size_t len, int flags,
                 struct sockaddr *src_addr, socklen_t *addrlen);
```

参数 sockfd 表示原始套接字;参数 buf 表示接收数据缓冲区;参数 len 表示接收数据缓冲区的大小;参数 flags 表示套接字标志(通常设为 0);参数 src_addr 没有用,设为 NULL。若参数 addrlen 没有用,设为 NULL。若 recvfrom 函数执行成功,则返回收到的字符数,否则返回-1。

扫一扫

1. 原始套接字示例

原始套接字(源代码文件 sockraw.c)的示例代码如下。

```c
1  #include <stdio.h>
2  #include <string.h>
3  #include <stdlib.h>
4  #include <unistd.h>      // calling set_if_promisc("enp0s31f6", rawfd, 1);
5  #include <arpa/inet.h>   // enp0s31f6: flags=4163<UP,BROADCAST,RUNNING,PROMISC,MULTICAST>
6  #include <sys/ioctl.h>   // calling set_if_promisc("enp0s31f6", rawfd, 0);
7  #include <net/if.h>      // enp0s31f6: flags=4419<UP,BROADCAST,RUNNING,MULTICAST>
8  #include <netinet/in.h>
9  #include <netinet/ip.h>
10 #include <netinet/ether.h>
11 void set_if_promisc(char *ifname, int rawfd, int promisc){
12     struct ifreq ifr; strncpy(ifr.ifr_name, ifname, strlen(ifname) + 1);
13     if (ioctl(rawfd, SIOCGIFFLAGS, &ifr) == -1) {perror("ioctl"); close(rawfd); exit(-1);}
14     if (promisc) ifr.ifr_flags |= IFF_PROMISC;
15     else         ifr.ifr_flags &= ~IFF_PROMISC;
16     if (ioctl(rawfd, SIOCSIFFLAGS, &ifr) == -1) {perror("ioctl"); close(rawfd); exit(-1);}
17 }
18 void showipport(unsigned char *buf){
19     char sipaddr[INET_ADDRSTRLEN]="", dipaddr[INET_ADDRSTRLEN]="";
20     struct iphdr *iph=(struct iphdr*)(buf+sizeof(struct ethhdr));
21     inet_ntop(AF_INET,&iph->saddr,sipaddr,INET_ADDRSTRLEN);
22     inet_ntop(AF_INET,&iph->daddr,dipaddr,INET_ADDRSTRLEN);
23     if(buf[23]!=0x06 && buf[23]!=0x11) printf("\t%s --> %s\n",sipaddr,dipaddr);
24     else printf("\t%s:%d --> %s:%d\n",sipaddr,ntohs(*(buf+34)),dipaddr,ntohs(*(buf+36)));
25 }
26 int main(int argc,char *argv[]){
27     unsigned char buf[1024]="";  int rawfd=socket(PF_PACKET, SOCK_RAW, htons(ETH_P_ALL));
28     set_if_promisc("enp0s31f6", rawfd, 1);    char type[5]="";
29     for(int i=0; i<7; i++){
30         unsigned char smac[18]="";  unsigned char dmac[18]="";
31         recvfrom(rawfd, buf, sizeof(buf), 0, NULL, NULL);
32         sprintf(type,"%02x%02x",buf[12],buf[13]);
33         sprintf(dmac,"%02x:%02x:%02x:%02x:%02x:%02x",buf[0],buf[1],buf[2],buf[3],buf[4], buf[5]);
34         sprintf(smac,"%02x:%02x:%02x:%02x:%02x:%02x",buf[6],buf[7],buf[8],buf[9],buf[10],buf[11]);
35         if(buf[12]==0x08 && buf[13]==0x00){
36             if(buf[23]==0x06)      printf(" 【IP数据报】 【TCP】MAC:%s >> %s\n",smac,dmac);
37             else if(buf[23]==0x11) printf(" 【IP数据报】 【UDP】MAC:%s >> %s\n",smac,dmac);
38             else if(buf[23]==0x01) printf(" 【IP数据报】 【ICMP】MAC:%s >> %s\n",smac,dmac);
39             else printf(" 【数据包类型】%s\n",type);
40             showipport(buf);
41         }else if(buf[12]==0x08 && buf[13]==0x06){
```

```
42        printf(" 【ARP数据报】 MAC:%s >> %s\n",smac,dmac); showipport(buf);
43      }else if(buf[12]==0x80 && buf[13]==0x35){
44        printf(" 【RARP数据报】 MAC:%s>>%s\n",smac,dmac); showipport(buf);
45      }else printf(" 【数据包类型】 %s\n",type);
46    } set_if_promisc("enp0s31f6", rawfd, 0);
47 }
```

帧中协议字段的值为 0x0800 表示帧中数据字段是 IP 数据包,为 0x0806 表示帧中数据字段是 ARP 数据包,为 0x8035 表示帧中数据字段是 RARP 数据包。

IP 数据包中协议字段的值为 0x06 表示包中数据部分是 TCP 报文段,为 0x11 表示包中数据部分是 UDP 报文段,为 0x01 表示包中数据部分是 ICMP 报文段。

第 11～17 行的 set_if_promisc 函数用来设置网络接口(网卡)的工作模式为混杂模式或正常模式。一般情况下,网卡只接收目的 MAC 地址是本机 MAC 地址的帧或广播帧,其他帧一律丢弃,此时网卡工作在正常模式。如果要接收所有流经网卡的帧,需要将网卡设置为混杂模式。也可以执行 Linux 命令 ifconfig enp0s31f6 promisc 将网卡设置为混杂模式,或执行命令 ifconfig enp0s31f6 -promisc 将网卡设置为正常模式。

第 18～25 行的 showipport 函数用来显示帧中的 IP 地址和端口号。

第 28 行将网卡设置为混杂模式,第 46 行取消混杂模式。

第 31 行调用 recvfrom 函数获取链路层的数据帧。读者可以修改第 29 行,控制抓包个数。

2. 运行结果

如图 8.11 所示,在终端窗口使用 gcc 命令编译源程序,然后执行程序(注意是 root 用户)。请读者结合运行结果分析上面源代码。

```
# gcc sockraw.c -o sockraw
# ./sockraw
【IP数据报】 【TCP】MAC:54:05:db:0d:3f:52 >> 60:3a:7c:df:0d:3e
         192.168.1.111:46080 --> 143.204.86.108:256
【IP数据报】 【TCP】MAC:60:3a:7c:df:0d:3e >> 54:05:db:0d:3f:52
         143.204.86.108:256 --> 192.168.1.111:46080
【ARP数据报】MAC:60:3a:7c:df:0d:3e >> ff:ff:ff:ff:ff:ff
         13.62.192.168 --> 1.1.0.0
【IP数据报】 【UDP】MAC:54:05:db:0d:3f:52 >> 60:3a:7c:df:0d:3e
         192.168.1.111:59648 --> 101.226.4.6:0
【IP数据报】 【UDP】MAC:60:3a:7c:df:0d:3e >> 54:05:db:0d:3f:52
         101.226.4.6:0 --> 192.168.1.111:59648
【IP数据报】 【ICMP】MAC:54:05:db:0d:3f:52 >> 60:3a:7c:df:0d:3e
         192.168.1.111 --> 110.242.68.4
【IP数据报】 【ICMP】MAC:60:3a:7c:df:0d:3e >> 54:05:db:0d:3f:52
         110.242.68.4 --> 192.168.1.111
```
图 8.11　编译、执行服务器端程序和客户端程序 7

8.6　UNIX Domain Socket

传统的网络 Socket 原本是为网络通信设计的,是基于 TCP/IP 的,适用于两台不同主机(或同一主机)上两个进程间的通信,通信之前需要指定 IP 地址。但是,同一主机上的两个进程间通信也指定 IP 地址就有点烦琐,因此在网络 Socket 框架上发展出一种进程间通信(IPC)机制,就是 UNIX Domain Socket(UDS)。UDS 又叫进程间通信 Socket,用于实现同一主机上的进程间通信。虽然网络 Socket 也可用于同一台主机的进程间通信,但是 UDS 用于 IPC 更高效(因为数据不必经过网络协议栈,无须封包解包、计算校验和、维护序号和应答等),只是将应用层数据从一个进程复制到另一个进程。UNIX Domain Socket 是 POSIX 标准的一部分,所以 Linux 操作系统支持它。

扫一扫

本节设计一个简单的 C/S 应用程序,服务器端和客户端之间通过 UDS 进行通信。相关源代码文件在本书配套资源的"src/第 8 章/UDS"目录中。

服务端 Socket API:socket→bind→listen→accept→read/write→close

客户端 Socket API:socket→bind→connect→read/write→close

1. UDS 服务器端

UDS 服务器端(源代码文件 server.c)的示例代码如下。

```
1 #include<stdio.h>
2 #include<stdlib.h>
3 #include<unistd.h>
4 #include<ctype.h>
5 #include<stddef.h>
6 #include<sys/socket.h>
7 #include<sys/un.h>
8 #define MAXLINE 80
9 int main(void){
10   char *s_path="s_socket";  int listenfd,connfd,size,i,n; char buf[MAXLINE];
11   socklen_t clen;  struct sockaddr_un suds, cuds;
12   if((listenfd=socket(AF_UNIX, SOCK_STREAM, 0))<0) {perror("创建套接字失败"); exit(1);}
13   memset(&suds, 0, sizeof(suds));
14   suds.sun_family=AF_UNIX;  strcpy(suds.sun_path, s_path); unlink(s_path);
15   size=offsetof(struct sockaddr_un, sun_path) + strlen(suds.sun_path);
16   if(bind(listenfd,(struct sockaddr *)&suds,size)<0){perror("绑定套接字失败");exit(1);}
17   if(listen(listenfd,20)<0) {perror("监听套接字失败"); exit(1);}
18   while(1){ clen=sizeof(cuds);
19     if((connfd=accept(listenfd, (struct sockaddr *)&cuds, &clen))<0)
20       {perror("客户端连接失败"); continue;}
21     if( (i=fork()) == -1) {perror("fork error"); return 1;}
22     else if(i==0){
23       while(1){ memset(buf, 0, MAXLINE);  n=read(connfd,buf,sizeof(buf));
24         if(n<0){perror("读信息失败"); break;}
25         else if(n==0){printf("客户端%s断开连接\n", cuds.sun_path); break;}
26         printf("客户端%s发的信息: %s", cuds.sun_path, buf);
27         for(i=0;i<n;i++) buf[i]=toupper(buf[i]);
28         write(connfd,buf,n);
29       }
30       close(connfd);                        // struct sockaddr_un {
31     } else close(connfd);                   //   sa_family_t sun_family;       //AF_UNIX
32   } close(listenfd); return 0;              //   char sun_path[UNIX_PATH_MAX]; //pathname
33 }                                           // };
```

服务器端程序读取从客户端发来的字符,然后将每个字符转换为大写并回送给客户端。

UDS 编程与网络 Socket 编程最明显的不同在于地址格式不同,UDS 使用结构体 sockaddr_un 保存地址,这个地址是一个 socket 类型的文件(本书称为地址文件)在文件系统中的路径,这个地址文件在调用 bind 函数时被创建,如果调用 bind 函数时该文件已存在,则 bind 错误返回。因此,在调用 bind 函数前,不管地址文件是否存在,都要调用 unlink

函数删除该文件。

调用 socket 函数创建套接字时，①socket 函数的参数 domain 指定为 AF_UNIX，表示创建域套接字；②参数 type 指定为 SOCK_STREAM，表示创建流式套接字。type 参数可选 SOCK_DGRAM 或 SOCK_STREAM。由于是在本机通信，因此不会出现丢包和包乱序的问题；③参数 protocol 指定为 0 即可。

调用 bind 函数将 socket 函数返回的域套接字文件描述符 listenfd 和套接字地址结构体变量 suds 进行绑定，表示通过地址文件提供服务。然后调用 listen 函数将域套接字设置为监听套接字。接着在 while 循环中调用 accept 函数等待客户端的连接请求，如果有客户端连接，就调用 fork 函数创建一个子进程和客户端进行通信。

2. UDS 客户端

UDS 客户端（源代码文件 client.c）的示例代码如下。

```
 1 #include<stdio.h>
 2 #include<stdlib.h>
 3 #include<unistd.h>
 4 #include<stddef.h>
 5 #include<sys/socket.h>
 6 #include<sys/un.h>
 7 #define MAXLINE 80
 8 int main(int argc,char *argv[]){
 9   if(argc!=2){printf("用法: %s 'path_string'\n", argv[0]); exit(1);}
10   char *s_path="s_socket";  char *c_path=argv[1];
11   char buf[MAXLINE]; int sockfd,n,len;  struct sockaddr_un cuds, suds;
12   if((sockfd = socket(AF_UNIX, SOCK_STREAM, 0))<0){perror("创建套接字失败");exit(1);}
13   memset(&cuds, 0, sizeof(cuds));
14   cuds.sun_family=AF_UNIX;  strcpy(cuds.sun_path, c_path);  unlink(c_path);
15   len = offsetof(struct sockaddr_un, sun_path)+strlen(cuds.sun_path);
16   if(bind(sockfd, (struct sockaddr *)&cuds, len)<0){perror("绑定套接字失败");exit(1);}
17   memset(&suds, 0, sizeof(suds));
18   suds.sun_family=AF_UNIX;  strcpy(suds.sun_path, s_path);
19   len = offsetof(struct sockaddr_un, sun_path)+strlen(suds.sun_path);
20   if(connect(sockfd, (struct sockaddr *)&suds, len)<0)
21     {perror("连接服务器失败"); exit(1);}
22   memset(buf, 0, MAXLINE);
23   while(fgets(buf, MAXLINE, stdin) != NULL) {
24     write(sockfd,buf,strlen(buf));  n=read(sockfd,buf,MAXLINE);
25     if(n<0) printf("服务器已经关闭\n"); else write(STDOUT_FILENO,buf,n);
26     memset(buf, 0, MAXLINE);
27   } close(sockfd); return 0;
28 }
```

客户端程序将用户输入的字符串发送给服务器，然后接收服务器返回的字符串并输出。与网络 Socket 编程不同，UDS 客户端一般要显式调用 bind 函数绑定地址文件，而不是使用系统自动分配的地址。

3. 运行结果

如图 8.12 所示，在第一个终端窗口使用 gcc 命令编译服务器端程序和客户端程序。

在第一个终端窗口执行服务器端程序，服务器进程等待客户端发的信息。在第二个终端窗口执行客户端程序，注意命令行参数 aaa 是要创建的地址文件名，输入字符串 xxx 后按回车键，将字符串发送给服务器，客户端很快收到服务器返回的字符串 XXX。在第三个终端窗口执行客户端程序，注意命令行参数 bbb 是要创建的地址文件名，输入字符串 yyy 后按回车键，将字符串发送给服务器，客户端很快收到服务器返回的字符串 YYY。此时在当前目录中会看到 aaa、bbb 和 s_socket 三个地址文件。请读者结合运行结果分析上面源代码。

```
[root@ztg UDS]# gcc server.c -o server      [root@ztg UDS]# ./client
[root@ztg UDS]# gcc client.c -o client      用法: ./client 'path_string'
[root@ztg UDS]# ./server                    [root@ztg UDS]# ./client aaa  ②
客户端aaa发的信息: xxx  ①  按Ctrl+C组合      xxx       [root@ztg UDS]# ./client bbb
客户端bbb发的信息: yyy     键关闭client      XXX                          ③
客户端aaa断开连接                            ^C        yyy
                                                      YYY
                                            [root@ztg UDS]#
```

图 8.12   编译、执行服务器端程序和客户端程序 8

8.7 习题

1. 填空题

(1) _____是对网络中不同主机上的网络应用进程之间进行双向通信的端点的抽象。

(2) _____协议是一种面向连接的协议,_____协议是一种无连接的协议。

(3) 在 TCP/IP 中,IP 地址 + TCP/UDP 端口号唯一标识网络通信中的一个进程,(_____: _____)称为一个 Socket。

(4) 在网络通信中,Socket 一定是_____出现的。

(5) 为 TCP/IP 设计的应用层编程接口称为_____。

(6) Socket 主要分为三类:_____、数据报套接字、_____。

(7) _____是指多字节数据在计算机内存中存储或在网络中传输时各字节的顺序。

(8) _____函数将点分十进制表示的 IPv4 地址转化为网络字节序整数表示的 IP 地址。

(9) _____函数的功能和 inet_addr 函数类似,但是将转化结果存储于参数 inp 指向的地址结构中。

(10) _____函数将网络字节序整数表示的 IPv4 地址转化为点分十进制的 IPv4 地址。

(11) 网络编程中最常用的是客户/服务器架构,简称_____。

(12) C/S 架构程序的流程一般由_____主动发起请求,然后_____被动处理请求。

(13) _____函数用于创建一个套接字。

(14) _____函数将_____函数绑定过的套接字变为监听套接字,使其处于监听状态。

(15) 客户端进程通过调用_____函数建立与服务器端进程的 TCP 连接。

(16) _____又叫进程间通信 Socket,用于实现同一主机上的进程间通信。

2. 简答题

(1) 简述主机字节序和大小端模式。

（2）简述网络字节序。

（3）套接字地址结构有哪几种？它们各自的作用是什么？

（4）简述基于 TCP 的 C/S 程序中系统调用的过程。

（5）简述三种 I/O 多路复用的机制。

（6）原始套接字接收数据包的基本原理是什么？

（7）原始套接字与标准套接字的区别是什么？

3. 上机题

限于篇幅，本章程序题都放在本书配套资源的 xiti-src/xiti08 文件夹中。

第9章

Linux函数库和进程地址空间

本章学习目标

- 了解静态库和共享库的区别和作用。
- 掌握静态库和共享库的制作和使用。
- 了解进程地址空间。
- 理解动态链接过程。

9.1 静态库和共享库

函数库是一些函数的集合,每个函数都具有独立的功能且能被别的程序调用。编写程序时,有些功能无须自己实现,直接调用函数库中的库函数即可。库函数不是以源代码的形式存在,而是经过编译后生成的二进制文件,这些文件无法独立运行,只有链接到程序中才可以运行。编写程序时,只包含头文件即可。例如,libc库在很多程序中都要用到,比如调用libc中的库函数printf,访问libc中的变量environ。

在软件项目中使用函数库一般有两个目的:一是为了使程序更加简洁,不必在项目中维护太多源文件;二是为了源代码保密,因为只发布二进制的库文件即可。

函数库有两种:静态函数库(简称静态库)和共享函数库(也称动态函数库,简称共享库或动态库)。

1. 静态库

静态库是在程序编译、链接时,直接把库中的相关代码复制到最终的可执行文件中,对一个库函数的多次调用,相关代码会被多次复制,因此相应的可执行文件在磁盘和内存中所占空间较大。当静态库升级后,需要重新编译、链接生成相应的可执行文件。由于可执行文件中包含所需的静态库,因此可执行文件可以单独运行。

　　静态库的优点:静态库被复制到可执行文件中,如图 9.1 所示,程序运行时不再需要静态库,运行速度更快。发布程序时无须提供静态库。

图 9.1　静态库和共享库

　　静态库的缺点:利用静态库编译生成的可执行文件比较大,另外,相关库的库代码会在多个程序文件中被多次复制,在存储空间上有一定浪费。如果静态库改变了,那么程序必须重新编译。

2. 共享库

　　对源程序编译、链接时不将库代码复制到可执行文件中,只是在程序中标记对库中函数或变量的引用,这种库就是共享库。共享库是程序执行时引用的。如果共享库中一些库函数更新了,只要函数接口没有改变,就不需要重新编译、链接生成可执行程序。

　　由于可执行文件在载入内存运行时才会链接共享库,因此可执行文件必须共享库的支持,不能单独运行。共享库提供了一种使用加载到内存中任意位置代码的方法。一旦共享库被加载到内存,就可以被多个程序使用。通过这种方式,大量代码以共享库的形式被其他程序共享。如图 9.1 所示,同一共享库被多个程序共享使用,系统中只存在一份共享库,节省了大量的内存空间。Linux 系统中的函数库大多都是共享库。实际编程中使用最多的是共享库,而非静态库。

　　共享库的优点:生成的可执行文件没有包含库中的代码,文件体积比较小,从而节省了磁盘空间和物理内存;只要库接口不变,共享库升级后无须重新编译程序,所以共享库的升级比较方便,可以动态更新。

　　共享库的缺点:如果程序执行时函数库出现问题,则程序将不能正确运行。

　　静态库中不能包含共享库,但是共享库中可以包含静态库。如果库本身比较小且不经常改变,则优先考虑静态库。如果软件需要经常维护和扩展,则优先考虑共享库。

　　应用程序从 C 语言源代码变成机器可执行的二进制代码要经过编译、链接等步骤。链接有两种:静态链接、动态链接。静态链接是指程序在链接过程中将需要用到的静态库二进制代码复制到应用程序二进制文件映像中。动态链接是指程序在链接时并不把动态库相关二进制代码复制到应用程序二进制文件映像中,而是在程序运行时通过解释器动态加载动态库二进制代码。

9.2　函数库的制作和使用

　　无论是静态库还是共享库,都是二进制代码。在 Linux 中这些库与可执行文件类似,都是 ELF 格式文件。当拿到库文件(共享库、静态库)之后,要想使用,还必须有这些库中提供的 API(Application Programming Interface,应用编程接口)函数的声明,也就是头文件。

Linux 系统也包含静态库和共享库,库的默认位置在/lib 和/usr/lib 中。

这一节介绍函数库的制作和使用,涉及的源代码文件有 add.c、sub.c、math.h 和 test.c,具体源代码如表 9.1 所示。add.c、sub.c 用来创建函数库,math.h 是函数库对外提供的 API,test.c 通过 API 使用函数库。

表 9.1　制作和使用函数库涉及的源代码文件

add.c	sub.c	math.h	test.c

1#include <stdio.h>
2 int g_a;
3 int g_b = 10;
4 int add(int x,int y){
5　int a = x, b = y;
6　static int s_c = 1;
7　return s_c = a + b;
8 }
9 void printadd(){
10　int m = g_a + g_b;
11　printf("g_a+g_b=%d\n",m);
12 }
	1#include <stdio.h>
	2 int g_p;
	3 int g_q = 5;
	4 int sub(int x,int y){
	5　int i = x, j = y;
	6　static int s_k;
	7　return s_k = i - j;
	8 }
	9 void printsub(){
	10　int n = g_p - g_q;
	11　printf("g_p-g_q=%d\n",n);
	12 }
		1#ifndef MATH_H
		2#define MATH_H
		3 extern int g_a;
		4 extern int g_b;
		5 extern int g_p;
		6 extern int g_q;
		7 int add(int, int);
		8 int sub(int, int);
		9 void printadd();
		10 void printsub();
		11#endif
			1#include <stdio.h>
			2#include "math.h"
			3 int main(){
			4　int a = add(1,2);
			5　int s = sub(3,4);
			6　printf("a=%d,s=%d\n",
			　　a,s);
			7　g_a = 2;
			8
			9　g_p = 8;
			10　printadd();
			11　printsub();
			12 }

 注意　本章所有源代码文件在本书配套资源的"src/第 9 章"目录中。

创建库文件的头文件(lib.h),该头文件将声明库文件中的函数和全局变量,同时该头文件需要被可执行程序所包含。

9.2.1　静态库的制作和使用

1. 静态库的制作

静态库是一个或多个.o 目标文件(或称为对象文件)的集合。静态库也叫归档文件(archive),在 Linux 中静态库由 ar(archive,创建归档文件)命令创建,ar 命令起打包的作用,将若干个单独的文件归并到一个大的文件中以创建归档文件或集合。执行如下的前两条命令生成要包含在库文件中的目标文件 add.o 和 sub.o。使用-c 选项的 gcc 命令仅生成目标文件,不会生成一个完整的可执行程序。执行如下的第三条命令生成 libmath.a 静态库文件。

```
gcc -c add.c
gcc -c sub.c
ar -cr libmath.a add.o sub.o
```

创建好静态库后,就可以将静态库 libmath.a(二进制格式的函数定义)和库对应的头文件 math.h(函数和全局变量的声明)发布给编程人员使用了。

静态库的命名规则:静态库文件名的格式为 libxxx.a,必须以 lib 开头,以.a 结尾,其中 xxx 为库名,可以自己指定。库名为 math 的静态库文件名是 libmath.a。

上面 ar 命令中的选项 c 表示创建一个库,选项 r 表示在库中插入模块,如果模块名已经在库中存在,则替换同名的模块;如果模块名不在库中,则将该模块添加在库的结尾处。

如图 9.2 所示,使用带选项 t 的 ar 命令查看静态库中的模块清单,可以看到包含 add.o

和 sub.o。使用 nm 命令查看静态库中的符号信息,其中列出了每个模块中的所有符号。第 6～18 行第 1 列的 16 个十六进制数是 64 位的虚拟地址,第 3 列是源代码中出现的符号(变量名和函数名)。第 2 列中的字母代表对应符号所在虚拟地址空间中的位置,具体见 9.4 节。

```
1 [root@ztg 第9章]# ar -t libmath.a
2 add.o
3 sub.o
4 [root@ztg 第9章]# nm libmath.a
5 add.o:
6 0000000000000000 T add          //T表示该符号是函数名,函数定义位于代码段
7 0000000000000000 B g_a          //B表示未被初始化的全局变量,放在未初始化数据段
8 0000000000000000 D g_b          //D表示已经初始化的全局变量,放在初始化数据段
9 0000000000000030 T printadd     //T表示该符号是函数名,函数定义位于代码段
10                 U printf        //U表示该符号在当前文件中未定义,在别的文件中定义
11 0000000000000004 d s_c.0        //d表示已经初始化的静态局部变量,放在初始化数据段
12 sub.o:
13 0000000000000000 B g_p          //B表示未被初始化的全局变量,放在未初始化数据段
14 0000000000000000 D g_q          //D表示已经初始化的全局变量,放在初始化数据段
15                 U printf        //U表示该符号在当前文件中未定义,在别的文件中定义
16 000000000000002e T printsub     //T表示该符号是函数名,函数定义位于代码段
17 0000000000000004 b s_k.0        //b表示未初始化的静态局部变量,放在未初始化数据段
18 0000000000000000 T sub          //T表示该符号是函数名,函数定义位于代码段
```

图 9.2 静态库中的模块清单和符号信息

2. 静态库的使用

创建好静态库后,就可以将静态库 libmath.a(二进制格式的函数定义)和库对应的头文件 math.h(函数和全局变量的声明)发布给编程人员使用了。

当得到一个可用的静态库后,需要将其放到一个目录中,然后根据得到的头文件编写代码,对静态库中的函数进行调用。

下面将静态库 libmath.a、头文件 math.h 和测试程序 test.c 放到同一个文件夹中,然后执行如下命令编译源程序 test.c,得到可执行文件 testsl,静态库也被整合进 testsl 文件中了。

```
gcc -static -o testsl testsl.c -L. -lmath
```

上面命令中,选项-L 是为 gcc 编译器添加库搜索路径(相对或绝对路径),-L.(注意 L 后面有'.')表示将当前目录添加到库搜索路径中。注意,即使库文件就在当前目录,编译器默认也不会在当前目录寻找库文件,所以-L.选项不能少。选项-l 指定静态库名,告诉编译器要链接 libmath.a 库文件。选项-L、-l 和选项值之间可以有空格,也可以没有空格。可以执行命令 gcc-print-search-dirs 查看 gcc 的默认库文件搜索路径列表(命令输出结果中的 libraries,各路径之间用冒号隔开)。编译器会在默认库文件搜索路径以及-L 选项指定的路径中查找-l 选项指定的函数库。

不带-static 选项的 gcc 命令会首先查找共享库 libmath.so,如果存在共享库,就链接它,如果不存在,就接着查找静态库 libmath.a,如果有静态库就链接它。所以编译器优先链接共享库,如果希望编译器只链接静态库,则需要指定-static 选项。

注意 在进行静态链接时一定要将库文件放在源文件后面,比如下面第一条命令

编译成功,第二条命令编译失败。

```
gcc testsl.c -L. -lmath -static -o testsl    //编译成功
gcc -static -o testsl -L. -lmath testsl.c    //编译失败,出现符号未定义错误
```

```
[root@ztg 第9章]# ./testsl
a=3,s=-1
g_a+g_b=12
g_p-g_q=3
[root@ztg 第9章]# ldd testsl
        不是动态可执行文件
[root@ztg 第9章]#
```
图 9.3   testsl 执行结果

如图 9.3 所示,执行 testsl 命令,从输出结果可知测试程序正确调用了静态库中的库函数。执行 ldd 命令查看 testsl 文件是否为动态可执行文件,由于是静态链接生成的文件,因此不是动态可执行文件。

如果删除 libmath.a 文件,testsl 命令依然可以运行,因为可执行文件 testsl 中已经包含了静态库的内容。如果是共享库,则不能删除库。

扫一扫

9.2.2   共享库的制作和使用

1. 共享库的制作

执行如下命令可生成共享库。

```
gcc -shared -fPIC -o libmath.so.1 add.c sub.c
```

上面命令中,选项-shared 表示让 gcc 编译器创建共享库,选项-fPIC 表示生成位置无关代码(Position-independent Code,PIC)。生成的共享库文件为 libmath.so.1。共享库的命名规则为 libxxx.so.nn,必须以 lib 开头,.so 表示共享库文件或共享对象(share object),nn 为版本号,其中 xxx 为库名,可以自己指定。

注意   9.2.1 小节中的选项-staticd 用于 gcc 命令生成可执行文件,使用 ar 命令创建静态库;本小节的选项-shared 用于 gcc 命令创建共享库。

Linux 系统中,按照共享库的命名约定,每个共享库可以有三个文件名称:real name(真实名称)、soname(共享库名称)和 linker name(链接名称)。

(1) real name,格式为 libxxx.so.major.minor.release,xxx 为库名,major 为主版本号,minor 为次版本号,release 为发布版本号,发布版本号是可选的。

当共享库中代码的修改使其与之前的版本不再兼容时,则应该改变主版本号。比如库中一个函数被移除时,则需要修改主版本号生成共享库的一个新版本。

当共享库中代码的修改使其与之前的版本仍然兼容时,则只需改变次版本号。比如修复一个小 Bug 不会破坏当前共享库的兼容性,所以只改变次版本号,无须改变主版本号。

(2) soname,格式为 libxxx.so.major,xxx 为库名,major 为主版本号。soname 只包含共享库的主版本号,主版本号一致即可保证库函数接口的一致性,因此应用程序的.dynamic 段只记录共享库的 soname,只要 soname 一致,该共享库就可使用。使用共享库可以很方便地升级库文件,而不需重新编译应用程序。

(3) linker name,格式为 libxxx.so,xxx 为库名。

程序在编译、链接时使用 linker name,gcc 的-L 选项应该指定 linker name 所在目录。程序执行时需要 soname,soname 最终指向 real name。

一般情况下,linker name 是一个指向 soname 的符号链接,而 soname 是一个指向 real

name 的符号链接,示例如下。

```
# ll /lib/x86_64-linux-gnu/libcrypt.so*
权限        文件大小 文件名
lrwxrwxrwx      35 /lib/x86_64-linux-gnu/libcrypt.so -> /lib/x86_64-linux-gnu/libcrypt.so.1
lrwxrwxrwx      17 /lib/x86_64-linux-gnu/libcrypt.so.1 -> libcrypt.so.1.1.0
-rw-r--r-- 198664 /lib/x86_64-linux-gnu/libcrypt.so.1.1.0
```

有的 linker name 是一个脚本文件,比如/lib/x86_64-linux-gnu/libc.so,其中包含对 soname(/lib/x86_64-linux-gnu/libc.so.6)的引用。

这种命名约定允许同一个共享库的多个版本在系统中共存。链接共享库的程序无须考虑安装在系统中最新版本的库文件,当成功安装最新版本的共享库时,所有程序就可以通过 linker name 自动链接到最新版本共享库。

2. 共享库的使用

创建好共享库后,就可以将共享库 libmath.so.1 和库对应的头文件 math.h(函数和全局变量的声明)发布给编程人员使用了。当得到一个可用的共享库后,需要将其放到一个目录中,然后根据得到的头文件编写代码,对共享库中的函数进行调用。

将共享库 libmath.so.1、头文件 math.h 和测试程序 test.c 放到同一文件夹中。为了编译器能够找到相应的共享库,需要执行图 9.4 中的 ln 命令为库文件 libmath.so.1 创建一个符号链接文件 libmath.so。接着执行 gcc 命令编译源程序 test.c,得到可执行文件 testdl。然后执行 testdl 可执行程序,输出不能加载共享库 libmath.so 的错误信息。也可以执行 ldd 命令查看可执行文件 testdl 所依赖的共享库,输出信息表明没有找到共享库 libmath.so。因为在执行 testdl 时会查找/usr/lib 目录下的共享库 libmath.so,而此时/usr/lib 目录中没有该共享库。

```
# ln -s libmath.so.1 libmath.so
# gcc -o testdl test.c -L. -lmath
# ./testdl
./testdl: error while loading shared libraries: libmath.so: cannot open
            shared object file: No such file or directory
# ldd testdl
        linux-vdso.so.1 (0x00007ffecaf67000)
        libmath.so => not found
        libc.so.6 => /lib/x86_64-linux-gnu/libc.so.6 (0x00007f08fa713000)
        /lib64/ld-linux-x86-64.so.2 (0x00007f08fa966000)
```
图 9.4 编译 test.c、执行 testdl、查看依赖函数

ldd 命令的输出包括可执行文件依赖的共享库、共享库的绝对路径、共享库加载到进程虚拟地址空间的地址。/lib64/ld-linux-x86-64.so.2 是动态链接器,其路径是在编译、链接时指定的,被加载到进程的虚拟地址空间中。libc.so.6 的路径/lib/x86_64-linux-gnu/libc.so.6 是由动态链接器 ld-linux-x86-64.so.2 在做动态链接时搜索到的,libmath.so 的路径没有找到。linux-vdso.so.1 共享库并不存在于文件系统中,它是由内核虚拟出来的共享库,所以它没有对应的路径,该库负责处理系统调用。

如图 9.5 所示,将共享库文件 libmath.so 复制到/usr/lib 目录中,然后执行 ln 命令为库文件/usr/lib/libmath.so.1 创建一个符号链接文件/usr/lib/libmath.so。再次执行 ldd 命令查看可执行文件 testdl 所依赖的共享库,输出信息表明可以找到共享库 libmath.so。接下来可以成功执行可执行文件 testdl。最后执行命令 ll 查看 testdl 文件和 testsl 文件的大小,

可知 testdl 文件的大小(16120B)明显小于静态链接所生成的可执行文件 testsl 的大小
(900640B)。

```
# cp libmath.so.1 /usr/lib/
# ln -s /usr/lib/libmath.so.1 /usr/lib/libmath.so
# ldd testdl
        linux-vdso.so.1 (0x00007ffdd679c000)
        libmath.so => /lib/libmath.so (0x00007fc0e61cc000)
        libc.so.6 => /lib/x86_64-linux-gnu/libc.so.6 (0x00007fc0e5fa4000)
        /lib64/ld-linux-x86-64.so.2 (0x00007fc0e61fc000)
# ./testdl
a=3,s=-1
g_a+g_b=12
g_p-g_q=3
# ll testsl testdl
-rwxr-xr-x 1 root root  16120 10月 29 16:30 testdl //使用动态库
-rwxr-xr-x 1 root root 900640 10月 29 16:42 testsl //使用静态库
```

图 9.5　成功执行 testdl

3. 将共享库放入指定位置

如果将共享库放入指定位置(/usr/lib/ztg/)会怎样呢? 如图 9.6 所示,前 4 条命令将共享库 libmath.so.1 放入/usr/lib/ztg/目录中,然后执行 testdl 可执行程序,输出不能加载共享库 libmath.so 的错误信息。

```
# rm /usr/lib/libmath.so.1 /usr/lib/libmath.so
# mkdir /usr/lib/ztg/
# cp libmath.so.1 /usr/lib/ztg/
# ln -s /usr/lib/ztg/libmath.so.1 /usr/lib/ztg/libmath.so
# ./testdl
./testdl: error while loading shared libraries: libmath.so: cannot open
            shared object file: No such file or directory
```

图 9.6　将共享库放入指定的位置(/usr/lib/ztg/)

此时需要把共享库所在目录(绝对路径)写入共享库路径配置文件/etc/ld.so.conf 中,然后执行 ldconfig 命令重新读取/etc/ld.so.conf 文件,把新添加的共享库路径读入缓存。再次执行 testdl 程序,成功。ldconfig -p 命令列出系统缓存中所有识别的函数库,如图 9.7 所示。

```
# gedit /etc/ld.so.conf
# cat /etc/ld.so.conf
include /etc/ld.so.conf.d/*.conf
/usr/lib/ztg/
# ldconfig
# ./testdl
a=3,s=-1
g_a+g_b=12
g_p-g_q=3
# ldconfig -p | grep libmath
        libmath.so.1 (libc6,x86-64) => /usr/lib/ztg/libmath.so.1
        libmath.so (libc6,x86-64) => /usr/lib/ztg/libmath.so
```

图 9.7　将共享库放入指定的位置(/usr/lib/ztg/)

如果在开发过程中只是想临时加载共享库进行测试,可以执行如下的命令设置环境变量 LD_LIBRARY_PATH,然后即可成功执行 testdl。

```
# export LD_LIBRARY_PATH=/src/第9章:$LD_LIBRARY_PATH
# ./testdl
```

总之,共享库路径的搜索顺序为: ①gcc 命令行中参数指定的共享库搜索路径; ②环境变量 LD_LIBRARY_PATH 指定的共享库搜索路径;③共享库路径配置文件/etc/ld.so.cache 中指定的搜索路径;④默认的系统路径/lib、/usr/lib。也可以将共享库路径写在代码中,具体见 9.3 节。

9.3 显式链接共享库

9.2 节使用共享库的方法称为隐式链接共享库,本节介绍显式链接共享库。显式链接也称显示运行时链接,或称运行时加载,是指程序在运行时控制加载指定的模块,并且可以在不需要该模块时将其卸载,实现模块的增加、删除、更新等需求,从而减少程序启动的时间和内存的使用。在 Linux 中通过使用动态链接器提供的 4 个 API 函数实现显式链接共享库:dlopen、dlsym、dlerror、dlclose。这 4 个函数的二进制定义在/usr/lib/x86_64-linux-gnu/libdl.so.2 中,函数声明和相关常量的定义在头文件 dlfcn.h 中。

1. dlopen

dlopen 函数原型:void * dlopen(const char * filename,int flags);

dlopen 函数用来打开一个共享库,并将其加载到进程的虚拟地址空间,完成初始化过程。

参数 filename 是被加载共享库的路径,该路径可以是绝对路径或相对路径。如果filename 是绝对路径,那么 dlopen 函数会查找并加载该路径指定的共享库,并返回对应句柄(地址)。如果 filename 是相对路径,dlopen 函数查找的顺序为:①如果 ELF 格式的可执行文件中包含 DT_RPATH 标签且没有包含 DT_RUNPATH 标签,则查找 DT_RPATH 中指定的目录;②查找环境变量 LD_LIBRARY_PATH 指定的一系列目录;③如果 ELF 格式的可执行文件中包含 DT_RUNPATH 标签,则查找 DT_RUNPATH 中指定的目录;④查找/etc/ld.so.cache 所指定的共享库路径;⑤查找/lib、/usr/lib。参数 filename 如果为0,那么 dlopen 函数返回的是全局符号表的句柄。

参数 flags 是函数符号的解析方式。有 4 种解析方式:①RTLD_LAZY 表示使用延迟绑定。当函数首次被调用时才执行绑定(如符号查找、重定位等),如果函数没有用到,则不进行绑定。所以,在 dlopen 函数返回时模块间的函数调用都没有进行绑定,而是在用到时才由动态链接器负责绑定,这样能提高模块的加载速度;②RTLD_NOW 表示当模块被加载完时即完成所有函数的绑定工作。如果有对未定义符号的引用,则绑定工作不能完成,此时 dlopen 函数会返回错误。③RTLD_GLOBAL 表示被加载模块的全局符号合并到进程的全局符号表中,使得以后加载的模块可以使用这些符号。④RTLD_LOCAL 与 RTLD_GLOBAL 的作用相反,表示后续加载的共享库不能使用该库中的符号。这 4 种解析方式中,RTLD_LAZY 和 RTLD_NOW 必须使用一个;RTLD_GLOBAL 和 RTLD_LOCLA 可以与 RTLD_LAZY 和 RTLD_NOW 中的任意一个一起使用(使用或运算实现);RTLD_LOCLA 和 RTLD_GLOBAL 在缺省的情况下,默认为 RTLD_LOCLA。

dlopen 函数的返回值是被加载模块的句柄,该句柄被 dlsym 和 dlclose 函数使用。如果模块加载失败,则返回 NULL。如果模块已经被加载过,则返回与上次加载相同的句柄。如果加载的模块间存在依赖关系,那么该依赖须手动干预。比如模块 A 依赖模块 B,那么必须先加载模块 B,再加载模块 A。

2. dlsym

dlsym 函数原型：void * dlsym(void * handle,const char * symbol);

dlsym 函数用于查找所需的符号。参数 handle 是 dlopen 函数返回的共享库句柄。参数 symbol 是需要查找的符号名。如果 dlsym 函数找到对应的符号,则返回该符号的值,否则返回 NULL。对于不同类型的符号,dlsym 函数返回值的含义也不同。如果查找的符号是函数,则返回该函数的地址;如果是变量,则返回该变量的地址;如果是常量,则返回常量的值,如果常量的值恰好是 NULL 或 0,那么将通过 dlerror 函数进一步判断,如果 dlerror 函数找到符号,则返回 NULL,否则返回对应的错误信息。

查找符号时存在符号优先级问题,dlsym 函数的查找优先级有两种情况：①如果在全局符号表中查找符号(即 dlopen 函数的 filename 参数为 NULL),则使用装载序列优先级(即先装入的符号优先)。全局符号表使用的就是装载序列;②如果 handle 是某个通过 dlopen 函数打开的共享库的句柄,则查找符号时使用依赖序列优先级。依赖序列是指以该句柄表示的共享库为根节点,对它依赖的所有共享库进行广度优先遍历,直到找到符号为止。

3. dlerror

dlerror 函数原型：char * dlerror(void);

每次调用 dlopen、dlsym 或 dlclose 函数后,都可以调用 dlerror 函数来判断上一次调用是否成功。如果成功,则返回 NULL,否则返回对应的错误信息。

4. dlclose

dlclose 函数原型：int dlclose(void * handle);

dlclose 函数的作用与 dlopen 函数的作用相反,是将一个已经加载的模块(共享库)卸载。系统会维护一个加载引用计数器,每次使用 dlopen 函数加载某模块时,相应的计数器加 1;每次使用 dlclose 函数卸载某模块时,相应的计数器减 1。只有当加载引用计数器减至 0 时,模块才真正被卸载。卸载过程与加载过程相反,先执行.finit 段代码,然后将相应的符号从符号表中移除,接着取消进程虚拟地址空间与模块的映射关系,最后关闭模块文件。

使用 dlopen、dlsym、dlerror 和 dlclose(源代码文件 dlfunc.c)的示例代码如下所示。

```
1 #include<stdio.h>
2 #include<dlfcn.h>
3 #include"math.h"
4 int main() {
5     char *error; int sum; void *funchandle = NULL;
6     int(*func)(int, int);
7     funchandle = dlopen("libmath.so", RTLD_LAZY);
8     if(!funchandle){ printf("open:%s\n", dlerror()); return -1; }
9     func=dlsym(funchandle,"add");
10    error = dlerror();
11    if(error != NULL){ printf("find:%s\n", error); return -1; }
12    sum = func(10, 11);          //(*func)(10, 11) 也可以
13    printf("sum = %d\n", sum);    //输出: sum = 21
14    dlclose(funchandle);
15 }
```

第 7 行调用 dlopen 函数通过指定共享库路径(相对路径)加载和链接 libmath.so 共享

库,dlopen 函数执行成功后返回共享库的句柄 funchandle。第 9 行调用 dlsym 函数获取共享库中指定符号 add 的地址,第 12 行通过该地址就可以调用相应的库函数了。

dlfunc 的执行结果如图 9.8 所示。

```
# export LD_LIBRARY_PATH=/src/第9章:$LD_LIBRARY_PATH
# gcc -o dlfunc dlfunc.c
# ./dlfunc
sum = 21
```

图 9.8　dlfunc 的执行结果

9.4　进程地址空间

在早期的计算机系统中,程序是直接访问物理内存地址(物理地址)的,只要程序所需内存大小,不超过物理内存大小,就可以正常运行。但是,现在多数通用计算机系统中都是多进程运行,如果每个进程还是直接访问物理地址会带来多种问题(比如内存容量不足、内存使用效率低、进程相互干扰等)。为了解决这些问题,产生了虚拟内存技术。此时进程看到的不再是物理地址,而是虚拟内存地址(虚拟地址)。进程能够看到的所有虚拟地址的集合称为进程地址空间(虚拟内存空间、虚拟地址空间)。Linux 内核会给每个进程分配一个虚拟地址空间,如图 9.9 所示,为进程 P1 和进程 P2 分配了虚拟地址空间。在进程运行过程中,Linux 内核通过页表将虚拟地址空间映射到物理地址空间。关于详细的虚拟内存管理原理,请读者查阅操作系统原理教程。

图 9.9　虚拟地址空间映射到物理地址空间

虚拟地址空间由内核空间和用户空间两部分组成。Linux 内核运行在内核空间,应用程序运行在用户空间。32 位系统和 64 位系统的虚拟地址空间大概布局如图 9.10 所示。

9.4.1　32 位系统的进程地址空间

本小节介绍 x86 架构的 32 位 Linux 系统的进程地址空间。假设物理内存是 2GB,Linux 内核将物理内存分为 ZONE_DMA(大小为 16MB,直接映射到内核虚拟地址空间)、ZONE_NORMAL(大小为 880MB,直接映射到内核虚拟地址空间)和 ZONE_HIGHMEM(大小为 128MB,不直接映射到内核虚拟地址空间)三个区,如图 9.11 右侧所示。每个进程都被分配了 4GB 的虚拟内存,因此,用户程序可以使用的地址空间比实际物理内存大。

图 9.10 32 位系统和 64 位系统的虚拟地址空间大概布局

4GB 的进程虚拟地址空间被分成两部分：用户空间和内核空间。用户空间占低 3GB，内核空间占高 1GB。32 位虚拟地址空间布局如图 9.11 左侧所示。虚拟地址空间和物理地址空间的转换如图 9.11 所示。

图 9.11 32 位虚拟地址空间布局、虚拟地址空间和物理地址空间的转换

1. 内核空间

Linux 内核虚拟地址空间(0xC0000000～0xFFFFFFFF)包含内核镜像、物理内存页面表、驱动程序等。内核虚拟地址空间又分为：直接映射区、vmalloc 区、动态映射区、固定映射区。①直接映射区是从内核空间起始地址 0xC0000000 开始的 896MB 的地址范围。该范围的线性地址(虚拟地址)和物理地址存在线性转换关系：线性地址＝PAGE_OFFSET＋物理地址,其中 PAGE_OFFSET＝0xC0000000。线性地址和分配的物理地址都是连续的。这种映射方式被称为线性映射或直接映射。Linux 内核总是驻留在物理内存中,不允许应用程序直接读写内核的内容或直接调用内核函数。如果物理内存小于 1GB,则 Linux 内核可以通过直接内存映射的方式访问到所有的物理内存单元。但是,当物理内存大于 1GB时,也按线性映射是不能访问所有物理内存的,此时就要采用高端内存映射的方法。②高端

内存映射区(包含 vmalloc 区、动态映射区、固定映射区)是从 3GB＋896MB 到 4GB 的高端内存线性地址范围,容量为 128MB。Linux 内核通过高端内存映射区实现对整个物理地址空间的寻址。高端内存映射区的线性地址空间连续,其对应的物理地址空间不一定连续。另外,为线性地址分配的物理页可能处于低端(低地址)内存,也可能处于高端(高地址)内存。具体的做法是将 ZONE_HIGHMEM 中的某段物理内存和高端内存映射区中的某段虚拟内存建立临时地址映射,完成所需操作后,断开该映射关系,以便 ZONE_HIGHMEM 中其他的物理内存可以继续和该段虚拟内存建立映射,达到这段虚拟地址空间可以循环使用的目的,这样就实现了使用有限地址空间访问所有物理内存。

注意 在 64 位系统上就不存在上述问题,因为 Linux 内核可用的线性地址空间远大于可用的物理内存容量。

2. 用户空间

如图 9.11 所示,每个用户进程都有自己独立的用户空间,虚拟地址范围从 0x00000000 至 0xBFFFFFFF,容量为 3GB。用户进程通常只能访问用户空间的虚拟地址,不能直接访问内核空间的虚拟地址。出于对性能方面的考虑,Linux 内核使用的地址也是映射到进程地址空间,因此进程的完整虚拟地址空间可以认为是整个 4GB 的范围(高 1GB 被所有进程共享)。只有在执行陷入指令(访管指令)或系统调用时,用户进程才能访问内核空间。

Linux 按照程序功能上的差异,把进程用户空间划分为多个不同区间(段)。

(1) 保留空间是位于整个地址空间最底部的一小段区域,该区域不会映射到物理地址。任何对保留空间中存储单元的引用都是非法的,用于捕捉使用空指针和小整型值指针引用内存的异常情况。

(2) 代码段也称正文段或文本段,用于存放程序中的可执行代码(即 CPU 可执行的机器指令序列)。代码段需要防止在运行时被非法修改,所以只允许读操作。

(3) 已初始化数据段用于存放程序中已经初始化且初值不为 0 的全局变量和静态变量。

(4) 未初始化数据段(BSS)用于存放未初始化的或初值为 0 的全局变量和静态变量。进程一开始运行时,内存中 BSS(Block Started by Symbol)段全部为零。

(5) 堆是由低地址向高地址扩展的存储区域。堆用于运行时内存分配,存储那些生存期与函数调用无关的数据。malloc 和 free 函数操作的存储单元位于堆中。堆的大小并不固定,可动态扩张或缩减。在 C 语言中,使用 malloc 函数分配堆空间时,如果堆中有足够的空间满足内存请求,就会被 C 语言运行时库处理而不需内核参与,否则会通过 brk 系统调用扩大堆空间,进而分配请求所需的内存。使用完以后可以通过 free 函数释放内存。堆区由程序员负责调用 malloc 和 free 函数以分配和释放内存。

(6) 共享库和 mmap 内存映射区,也称文件映射区,可以使用 mmap 系统调用将文件的内容直接映射到该区域。任何应用程序都可以通过 mmap 系统调用请求这种映射。内存映射是一种方便、高效的文件 I/O 方式,因此常用来加载共享库。也可以创建一个不对应任何文件的匿名内存映射,用于存放程序的数据。Linux 中的 malloc 系统调用会从文件映射区或堆区申请内存。当申请的内存小于 128KB 时,会通过 brk 系统调用从堆区分配内存。当申请的内存大于 128KB 时,会通过 mmap 系统调用从文件映射区分配内存。

（7）栈是由高地址向低地址扩展的存储区域。栈用于运行时内存分配，存储那些生存期与函数调用有关的数据。栈内存是以函数栈帧为单位进行分配和释放的。调用一个函数会将一个新的栈帧压入栈中，这个栈帧会在函数返回时退栈（被释放）。函数中定义的局部变量（不包括静态局部变量）、函数形参、函数返回地址等都存放在栈帧中。栈由于具有先进先出的特点，因此常用来保存/恢复调用现场。如果不断向栈中压入数据，一旦超出栈最大容量，就会栈溢出，导致栈错误。动态栈增长是唯一一种访问未映射内存区而被允许的情况，其他任何对未映射内存区的访问都会导致栈错误。栈区由编译器自动分配和释放内存。

（8）环境变量和命令行参数区域专门用来存放环境变量、命令行参数信息。

由于每个进程的虚拟地址空间中各段的分布完全一致，因此，黑客很容易计算出栈地址、库函数地址等，进而进行缓冲区溢出攻击，从而达到远程控制计算机的目的。为了避免这种情况，Linux 将栈、文件映射区、堆等区域的起始地址加上随机偏移量（random stack/mmap/brk offset）来增加黑客计算地址的难度。这是一种安全机制，即 ASLR（Address Space Layout Randomization），地址空间布局随机化是防御安全漏洞的一种形式，主要防止缓冲区溢出攻击。但是，32 位地址空间毕竟较小，地址的随机变化范围不大，黑客计算出地址的可能性仍然较大。

9.4.2　64 位系统的进程地址空间

本小节介绍 x86_64 架构的 64 位 Linux 系统的进程地址空间。

使用全部 64 位能够表示 16EB（2 的 64 次方）的地址空间，目前的操作系统和应用程序并不需要如此巨大的地址空间，并且实现 64 位长的地址只会增加系统的复杂度和地址转换成本，所以目前的 x86_64 架构 CPU 都遵循 AMD 的地址规范，即只有虚拟地址的最低 48 位才会在地址转换时被使用，进行 48 位寻址。目前的 64 位虚拟地址空间布局如图 9.12 所示，任何可用虚拟地址的第 48～63 位必须与第 47 位一致，如果不满足此要求，则是非法地址，处理器会引发异常。AMD 地址规范简化了以后对可用虚拟地址空间的扩展，比如可用虚拟地址扩大到 56 位或 64 位。目前符合 AMD 地址规范的地址范围为 0x0000000000000000～0x00007FFFFFFFFFFF（用户空间）和 0xFFFF800000000000～0xFFFFFFFFFFFFFFFF（内核空间），可用虚拟地址为 48 位，共有 256TB 的可用虚拟地址空间，中间的剩余部分是未用空间（该区域的虚拟地址都是无效地址，程序中对该区域地址的访问属于非法访问）。Linux 内核占用高 128TB 的地址空间，应用程序占用低 128TB 的地址空间。Linux 内核空间中的直接映射区有 64TB，这么大的直接映射区足够映射机器中所有的物理内存，所以目前 x86_64 架构下不再需要 ZONE_HIGHMEM 动态映射机制，对物理内存的划分中，不存在 ZONE_HIGHMEM 区域，只有 ZONE_DMA 和 ZONE_NORMAL 区域。运行在 64 位 CPU 上的 64 位 Linux 操作系统中，配置文件/boot/config＊中找不到 CONFIG_HIGHMEM 配置项，32 位系统中的该配置文件会有 CONFIG_HIGHMEM 配置项。

64 位 CPU 是指 CPU 中寄存器的宽度（CPU 字长）是 64 位，不代表有 64 根地址线。实际的地址线与 CPU 有关。如果 CPU 有 34 根地址线，则最大能识别的内存容量为 16GB。如果 CPU 有 42 根地址线，则最大能识别的内存容量为 4TB。x86_64 体系结构的 CPU 工作在 64 位模式时，虚拟地址的宽度是 64 位，但是实际上只将虚拟地址的最低 48 位用于和

图 9.12 目前的 64 位虚拟地址空间布局

CPU 地址线决定的实际物理内存地址空间进行地址映射。CPU 的寻址能力和虚拟地址空间是没有关系的。CPU 的寻址能力取决于 CPU 地址线根数,地址线根数决定能识别多大的物理内存。虚拟地址空间的大小和虚拟地址的位数有关系,而目前虚拟地址的位数是由 AMD 地址规范定的。

9.4.3 查看进程地址空间

本小节介绍运行在 x86_64 CPU 上的 64 位 Ubuntu 22.04 操作系统中的进程地址空间,主要有两个内核参数(vm.legacy_va_layout 和 kernel.randomize_va_space)影响着进程地址空间的宏观布局。

1. 开启随机化的现在默认布局

vm.legacy_va_layout=0 和 kernel.randomize_va_space=2 是 Ubuntu 22.04 默认值,表示不使用传统布局,而是使用现在默认布局,并且开启虚拟地址随机化。

执行如下的第 1 条 sysctl 命令,查看 vm.legacy_va_layout 和 kernel.randomize_va_space 的值。执行如下的第 4 条 cat 命令,查看当前进程(进程对应的程序是/usr/bin/cat)的地址空间布局。

```
 1 [root@ztg msg]# sysctl vm.legacy_va_layout kernel.randomize_va_space
 2 vm.legacy_va_layout = 0
 3 kernel.randomize_va_space = 2
 4 [root@ztg msg]# cat /proc/self/maps
 5 558e38ba5000-558e38ba7000 r--p 00000000 103:07 10092693    /usr/bin/cat
 6 558e38ba7000-558e38bab000 r-xp 00002000 103:07 10092693    /usr/bin/cat
 7 558e38bab000-558e38bad000 r--p 00006000 103:07 10092693    /usr/bin/cat
 8 558e38bad000-558e38bae000 r--p 00007000 103:07 10092693    /usr/bin/cat
 9 558e38bae000-558e38baf000 rw-p 00008000 103:07 10092693    /usr/bin/cat
10 558e396be000-558e396df000 rw-p 00000000 00:00 0            [heap]
11 7f2cfc548000-7f2cfd32f000 r--p 00000000 103:07 10097962    /usr/lib/locale/locale-archive
12 7f2cfd32f000-7f2cfd332000 rw-p 00000000 00:00 0
13 7f2cfd332000-7f2cfd35a000 r--p 00000000 103:07 10099028    /usr/lib/x86_64-linux-gnu/libc.so.6
14 7f2cfd35a000-7f2cfd4ef000 r-xp 00028000 103:07 10099028    /usr/lib/x86_64-linux-gnu/libc.so.6
15 7f2cfd4ef000-7f2cfd547000 r--p 001bd000 103:07 10099028    /usr/lib/x86_64-linux-gnu/libc.so.6
16 7f2cfd547000-7f2cfd54b000 r--p 00214000 103:07 10099028    /usr/lib/x86_64-linux-gnu/libc.so.6
17 7f2cfd54b000-7f2cfd54d000 rw-p 00218000 103:07 10099028    /usr/lib/x86_64-linux-gnu/libc.so.6
18 7f2cfd54d000-7f2cfd55a000 rw-p 00000000 00:00 0
19 7f2cfd55c000-7f2cfd580000 rw-p 00000000 00:00 0
20 7f2cfd580000-7f2cfd582000 r--p 00000000 103:07 10098691    /usr/lib/x86_64-linux-gnu/ld-linux-x86-64.so.2
21 7f2cfd582000-7f2cfd5ac000 r-xp 00002000 103:07 10098691    /usr/lib/x86_64-linux-gnu/ld-linux-x86-64.so.2
22 7f2cfd5ac000-7f2cfd5b7000 r--p 0002c000 103:07 10098691    /usr/lib/x86_64-linux-gnu/ld-linux-x86-64.so.2
23 7f2cfd5b8000-7f2cfd5ba000 r--p 00037000 103:07 10098691    /usr/lib/x86_64-linux-gnu/ld-linux-x86-64.so.2
24 7f2cfd5ba000-7f2cfd5bc000 rw-p 00039000 103:07 10098691    /usr/lib/x86_64-linux-gnu/ld-linux-x86-64.so.2
25 7ffdfaf1e000-7ffdfaf3f000 rw-p 00000000 00:00 0            [stack]
26 7ffdfaf9d000-7ffdfafa1000 r--p 00000000 00:00 0            [vvar]
27 7ffdfafa1000-7ffdfafa3000 r-xp 00000000 00:00 0            [vdso]
28 ffffffffff600000-ffffffffff601000 --xp 00000000 00:00 0    [vsyscall]
```

/proc/self/maps 中共有 7 列：①第 1 列表示此段虚拟地址空间的起始地址；②第 2 列表示此段虚拟地址空间的结束地址；③第 3 列表示此段虚拟地址空间的属性，每种属性有 4 个属性位，依次为可读位(r)、可写位(w)、可执行位(x)、私有共享位(p 或 s)，p 和 s 为互斥关系，p 表示私有段，s 表示共享段。-表示对应属性位没有相应权限；④第 4 列对有名映射来说，表示此段虚拟内存起始地址是在文件中以页为单位的偏移。对匿名映射来说，通常等于 0；⑤第 5 列表示映射文件所属设备号。对匿名映射来说，因为没有文件在磁盘上，所以没有设备号，始终为 00:00。对有名映射来说，是映射的文件所在设备的设备号；⑥第 6 列表示映射文件所属节点号。对匿名映射来说，因为没有文件在磁盘上，所以没有节点号，始终为 0。对有名映射来说，是映射的文件的节点号；⑦第 7 列对有名映射来说，是映射的文件名。对匿名映射来说，是此段虚拟内存在进程中的角色，比如[stack]表示栈、[heap]表示堆。

第 6 行是代码段，存放二进制可执行代码，它的权限是可读可执行(r-x)。第 5、7、8 行是只读数据段，它的权限是只读(r--)。第 9 行是数据段，它的权限是可读可写(rw-)。第 10 行是堆地址段，堆地址是往高地址增长的，是用来动态分配内存的区域。第 11～24 行是共享库和 mmap 内存映射区。第 25 行是栈地址段。第 26～28 行分别是 vvar、vdso 和 vsyscall 地址段，所有进程都有这 3 个映射地址段。

再次执行如下的第 1 条命令，查看 vm.legacy_va_layout 和 kernel.randomize_va_space 的值。再次执行如下的第 4 条命令，查看当前进程(进程对应的程序是/usr/bin/cat)的地址空间布局。

```
 1 [root@ztg msg]# sysctl vm.legacy_va_layout kernel.randomize_va_space
 2 vm.legacy_va_layout = 0
 3 kernel.randomize_va_space = 2
 4 [root@ztg msg]# cat /proc/self/maps
 5 55d764478000-55d76447a000 r--p 00000000 103:07 10092693    /usr/bin/cat
 6 55d76447a000-55d76447e000 r-xp 00002000 103:07 10092693    /usr/bin/cat
 7 55d76447e000-55d764480000 r--p 00006000 103:07 10092693    /usr/bin/cat
 8 55d764480000-55d764481000 r--p 00007000 103:07 10092693    /usr/bin/cat
 9 55d764481000-55d764482000 rw-p 00008000 103:07 10092693    /usr/bin/cat
10 55d764f8b000-55d764fac000 rw-p 00000000 00:00 0            [heap]
11 7f0f8c287000-7f0f8d06e000 r--p 00000000 103:07 10097962    /usr/lib/locale/locale-archive
12 7f0f8d06e000-7f0f8d071000 rw-p 00000000 00:00 0
```

```
13 7f0f8d071000-7f0f8d099000 r--p 00000000 103:07 10099028 /usr/lib/x86_64-linux-gnu/libc.so.6
14 7f0f8d099000-7f0f8d22e000 r-xp 00028000 103:07 10099028 /usr/lib/x86_64-linux-gnu/libc.so.6
15 7f0f8d22e000-7f0f8d286000 r--p 001bd000 103:07 10099028 /usr/lib/x86_64-linux-gnu/libc.so.6
16 7f0f8d286000-7f0f8d28a000 r--p 00214000 103:07 10099028 /usr/lib/x86_64-linux-gnu/libc.so.6
17 7f0f8d28a000-7f0f8d28c000 rw-p 00218000 103:07 10099028 /usr/lib/x86_64-linux-gnu/libc.so.6
18 7f0f8d28c000-7f0f8d299000 rw-p 00000000 00:00 0
19 7f0f8d29b000-7f0f8d2bf000 rw-p 00000000 00:00 0
20 7f0f8d2bf000-7f0f8d2c1000 r--p 00000000 103:07 10098691 /usr/lib/x86_64-linux-gnu/ld-linux-x86-64.so.2
21 7f0f8d2c1000-7f0f8d2eb000 r-xp 00002000 103:07 10098691 /usr/lib/x86_64-linux-gnu/ld-linux-x86-64.so.2
22 7f0f8d2eb000-7f0f8d2f6000 r--p 0002c000 103:07 10098691 /usr/lib/x86_64-linux-gnu/ld-linux-x86-64.so.2
23 7f0f8d2f7000-7f0f8d2f9000 r--p 00037000 103:07 10098691 /usr/lib/x86_64-linux-gnu/ld-linux-x86-64.so.2
24 7f0f8d2f9000-7f0f8d2fb000 rw-p 00039000 103:07 10098691 /usr/lib/x86_64-linux-gnu/ld-linux-x86-64.so.2
25 7ffe8eb89000-7ffe8ebaa000 rw-p 00000000 00:00 0 [stack]
26 7ffe8ebf2000-7ffe8ebf6000 r--p 00000000 00:00 0 [vvar]
27 7ffe8ebf6000-7ffe8ebf8000 r-xp 00000000 00:00 0 [vdso]
28 ffffffffff600000-ffffffffff601000 --xp 00000000 00:00 0 [vsyscall]
```

对比上面两次查看到的/usr/bin/cat 进程地址空间布局,发现多个对应段的起始地址是不同的,这就是地址空间布局随机化(ASLR),一定程度上防止了缓冲区溢出攻击。

2. 不开启随机化的现在默认布局

执行如下的第 1 条 sysctl 命令设置 vm.legacy_va_layout＝0 和 kernel.randomize_va_space＝0,表示使用现在默认的布局,并且不开启虚拟地址随机化。执行如下的第 4 条 cat 命令,查看当前进程(进程对应的程序是/usr/bin/cat)的地址空间布局。如果再次执行如下第 4 条命令(篇幅所限,结果省略),会发现第 4 条命令的两次执行结果中对应段的起始地址是一样的,这很容易遭受缓冲区溢出攻击。

```
1 [root@ztg msg]# sysctl vm.legacy_va_layout=0 kernel.randomize_va_space=0
2 vm.legacy_va_layout = 0
3 kernel.randomize_va_space = 0
4 [root@ztg msg]# cat /proc/self/maps
5 555555554000-555555556000 r--p 00000000 103:07 10092693 /usr/bin/cat
6 555555556000-55555555a000 r-xp 00002000 103:07 10092693 /usr/bin/cat
7 55555555a000-55555555c000 r--p 00006000 103:07 10092693 /usr/bin/cat
8 55555555c000-55555555d000 r--p 00007000 103:07 10092693 /usr/bin/cat
9 55555555d000-55555555e000 rw-p 00008000 103:07 10092693 /usr/bin/cat
10 55555555e000-55555557f000 rw-p 00000000 00:00 0 [heap]
11 7ffff6f85000-7ffff7d6c000 r--p 00000000 103:07 10097962 /usr/lib/locale/locale-archive
12 7ffff7d6c000-7ffff7d6f000 rw-p 00000000 00:00 0
13 7ffff7d6f000-7ffff7d97000 r--p 00000000 103:07 10099028 /usr/lib/x86_64-linux-gnu/libc.so.6
14 7ffff7d97000-7ffff7f2c000 r-xp 00028000 103:07 10099028 /usr/lib/x86_64-linux-gnu/libc.so.6
15 7ffff7f2c000-7ffff7f84000 r--p 001bd000 103:07 10099028 /usr/lib/x86_64-linux-gnu/libc.so.6
16 7ffff7f84000-7ffff7f88000 r--p 00214000 103:07 10099028 /usr/lib/x86_64-linux-gnu/libc.so.6
17 7ffff7f88000-7ffff7f8a000 rw-p 00218000 103:07 10099028 /usr/lib/x86_64-linux-gnu/libc.so.6
18 7ffff7f8a000-7ffff7f97000 rw-p 00000000 00:00 0
19 7ffff7f99000-7ffff7fbd000 rw-p 00000000 00:00 0
20 7ffff7fbd000-7ffff7fc1000 r--p 00000000 00:00 0 [vvar]
21 7ffff7fc1000-7ffff7fc3000 r-xp 00000000 00:00 0 [vdso]
22 7ffff7fc3000-7ffff7fc5000 r--p 00000000 103:07 10098691 /usr/lib/x86_64-linux-gnu/ld-linux-x86-64.so.2
23 7ffff7fc5000-7ffff7fef000 r-xp 00002000 103:07 10098691 /usr/lib/x86_64-linux-gnu/ld-linux-x86-64.so.2
24 7ffff7fef000-7ffff7ffa000 r--p 0002c000 103:07 10098691 /usr/lib/x86_64-linux-gnu/ld-linux-x86-64.so.2
25 7ffff7ffb000-7ffff7ffd000 r--p 00037000 103:07 10098691 /usr/lib/x86_64-linux-gnu/ld-linux-x86-64.so.2
26 7ffff7ffd000-7ffff7fff000 rw-p 00039000 103:07 10098691 /usr/lib/x86_64-linux-gnu/ld-linux-x86-64.so.2
27 7ffffffde000-7ffffffff000 rw-p 00000000 00:00 0 [stack]
28 ffffffffff600000-ffffffffff601000 --xp 00000000 00:00 0 [vsyscall]
```

3. 开启随机化的传统布局

执行如下第 1 条的 sysctl 命令设置 vm.legacy_va_layout＝1 和 kernel.randomize_va_space＝2,表示使用传统布局,并且开启虚拟地址随机化。执行如下的第 4 条 cat 命令,查看当前进程(进程对应的程序是/usr/bin/cat)的地址空间布局。如果再次执行如下第 4 条命令(篇幅所限,结果省略),会发现第 4 条命令的两次执行结果中对应段的起始地址是不同的。

```
 1 [root@ztg msg]# sysctl vm.legacy_va_layout=1 kernel.randomize_va_space=2
 2 vm.legacy_va_layout = 1
 3 kernel.randomize_va_space = 2
 4 [root@ztg msg]# cat /proc/self/maps
 5 2afc88641000-2afc88643000 r--p 00000000 103:07 10098691  /usr/lib/x86_64-linux-gnu/ld-linux-x86-64.so.2
 6 2afc88643000-2afc8866d000 r-xp 00002000 103:07 10098691  /usr/lib/x86_64-linux-gnu/ld-linux-x86-64.so.2
 7 2afc8866d000-2afc88678000 r--p 0002c000 103:07 10098691  /usr/lib/x86_64-linux-gnu/ld-linux-x86-64.so.2
 8 2afc88679000-2afc8867b000 r--p 00037000 103:07 10098691  /usr/lib/x86_64-linux-gnu/ld-linux-x86-64.so.2
 9 2afc8867b000-2afc8867d000 rw-p 00039000 103:07 10098691  /usr/lib/x86_64-linux-gnu/ld-linux-x86-64.so.2
10 2afc8867d000-2afc886a1000 rw-p 00000000 00:00 0
11 2afc886a3000-2afc886cb000 r--p 00000000 103:07 10099028  /usr/lib/x86_64-linux-gnu/libc.so.6
12 2afc886cb000-2afc88860000 r-xp 00028000 103:07 10099028  /usr/lib/x86_64-linux-gnu/libc.so.6
13 2afc88860000-2afc888b8000 r--p 001bd000 103:07 10099028  /usr/lib/x86_64-linux-gnu/libc.so.6
14 2afc888b8000-2afc888bc000 r--p 00214000 103:07 10099028  /usr/lib/x86_64-linux-gnu/libc.so.6
15 2afc888bc000-2afc888be000 rw-p 00218000 103:07 10099028  /usr/lib/x86_64-linux-gnu/libc.so.6
16 2afc888be000-2afc888ce000 rw-p 00000000 00:00 0
17 2afc888ce000-2afc896b5000 r--p 00000000 103:07 10097962  /usr/lib/locale/locale-archive
18 56303bb48000-56303bb4a000 r--p 00000000 103:07 10092693  /usr/bin/cat
19 56303bb4a000-56303bb4e000 r-xp 00002000 103:07 10092693  /usr/bin/cat
20 56303bb4e000-56303bb50000 r--p 00006000 103:07 10092693  /usr/bin/cat
21 56303bb50000-56303bb51000 r--p 00007000 103:07 10092693  /usr/bin/cat
22 56303bb51000-56303bb52000 rw-p 00008000 103:07 10092693  /usr/bin/cat
23 56303d1b7000-56303d1d8000 rw-p 00000000 00:00 0          [heap]
24 7fffad9d0000-7fffad9f1000 rw-p 00000000 00:00 0          [stack]
25 7fffad9f1000-7fffad9f5000 r--p 00000000 00:00 0          [vvar]
26 7fffad9f5000-7fffad9f7000 r-xp 00000000 00:00 0          [vdso]
27 ffffffffff600000-ffffffffff601000 --xp 00000000 00:00 0  [vsyscall]
```

4. 不开启随机化的传统布局

执行如下的第 1 条 sysctl 命令设置 vm.legacy_va_layout＝1 和 kernel.randomize_va_space＝0，表示使用传统布局，并且不开启虚拟地址随机化。执行如下的第 4 条 cat 命令，查看当前进程(进程对应的程序是/usr/bin/cat)的地址空间布局。如果再次执行如下的第 4 条命令(篇幅所限，结果省略)，会发现第 4 条命令的两次执行结果中对应段的起始地址是一样的，这很容易遭受缓冲区溢出攻击。

```
 1 [root@ztg msg]# sysctl vm.legacy_va_layout=1 kernel.randomize_va_space=0
 2 vm.legacy_va_layout = 1
 3 kernel.randomize_va_space = 0
 4 [root@ztg msg]# cat /proc/self/maps
 5 2aaaaaaab000-2aaaaaaad000 r--p 00000000 103:07 10098691  /usr/lib/x86_64-linux-gnu/ld-linux-x86-64.so.2
 6 2aaaaaaad000-2aaaaaad7000 r-xp 00002000 103:07 10098691  /usr/lib/x86_64-linux-gnu/ld-linux-x86-64.so.2
 7 2aaaaaad7000-2aaaaaae2000 r--p 0002c000 103:07 10098691  /usr/lib/x86_64-linux-gnu/ld-linux-x86-64.so.2
 8 2aaaaaae3000-2aaaaaae5000 r--p 00037000 103:07 10098691  /usr/lib/x86_64-linux-gnu/ld-linux-x86-64.so.2
 9 2aaaaaae5000-2aaaaaae7000 rw-p 00039000 103:07 10098691  /usr/lib/x86_64-linux-gnu/ld-linux-x86-64.so.2
10 2aaaaaae7000-2aaaaaaeb000 r--p 00000000 00:00 0          [vvar]
11 2aaaaaaeb000-2aaaaaaed000 r-xp 00000000 00:00 0          [vdso]
12 2aaaaaaed000-2aaaaab11000 rw-p 00000000 00:00 0
13 2aaaaab13000-2aaaaab3b000 r--p 00000000 103:07 10099028  /usr/lib/x86_64-linux-gnu/libc.so.6
14 2aaaaab3b000-2aaaaacd0000 r-xp 00028000 103:07 10099028  /usr/lib/x86_64-linux-gnu/libc.so.6
15 2aaaaacd0000-2aaaaad28000 r--p 001bd000 103:07 10099028  /usr/lib/x86_64-linux-gnu/libc.so.6
16 2aaaaad28000-2aaaaad2c000 r--p 00214000 103:07 10099028  /usr/lib/x86_64-linux-gnu/libc.so.6
17 2aaaaad2c000-2aaaaad2e000 rw-p 00218000 103:07 10099028  /usr/lib/x86_64-linux-gnu/libc.so.6
18 2aaaaad2e000-2aaaaad3e000 rw-p 00000000 00:00 0
19 2aaaaad3e000-2aaaabb25000 r--p 00000000 103:07 10097962  /usr/lib/locale/locale-archive
20 555555554000-555555556000 r--p 00000000 103:07 10092693  /usr/bin/cat
21 555555556000-55555555a000 r-xp 00002000 103:07 10092693  /usr/bin/cat
22 55555555a000-55555555c000 r--p 00006000 103:07 10092693  /usr/bin/cat
23 55555555c000-55555555d000 r--p 00007000 103:07 10092693  /usr/bin/cat
24 55555555d000-55555555e000 rw-p 00008000 103:07 10092693  /usr/bin/cat
25 55555555e000-55555557f000 rw-p 00000000 00:00 0          [heap]
26 7ffffffde000-7ffffffff000 rw-p 00000000 00:00 0          [stack]
27 ffffffffff600000-ffffffffff601000 --xp 00000000 00:00 0  [vsyscall]
```

5. vvar、vdso 和 vsyscall

前面输出的进程地址空间中都有：vvar、vdso 和 vsyscall 三个虚拟内存区域。它们为了加速访问内核数据，主要提供了用户进程可以直接与内核进行交互的接口。其中，vvar 区域中包含只读的内核数据。vdso(virtual dynamic shared object，虚拟动态链接共享对象)和 vsyscall(virtual system call，虚拟系统调用)是用于加速 Linux 中某些系统调用的两种机制。vdso 和 vsyscall 区域包含加速用户进程执行某些系统调用过程的信息。vsyscall 是内核最先引入的机制,是作为执行特定系统调用的一种方式添加的,不需要 root 权限即可运行,提供了一种在用户空间快速执行系统调用的方法。内核把一些功能简单的系统调用的二进制实现直接映射到一段特殊地址空间中,允许用户空间把这些系统调用当成普通函数来调用,从而提高程序执行效率。比如读取时间的系统调用 gettimeofday,内核会把时间数据和系统调用 gettimeofday 的二进制实现直接映射到这块区域,用户空间可以直接调用。但是,vsyscall 的映射地址是固定不变的,容易被黑客利用;另外,vsyscall 区域太小,支持的系统调用数有限,不利于扩展。所以,vsyscall 很快被 vdso 取代,为了兼容用户空间程序仍然保留 vsyscall。内核把 gettimeofday 等系统调用的二进制实现直接映射到 vdso 区域。vdso 其实可以看成一个由内核提供的共享库,被映射到每个进程的用户地址空间中。用户程序在启动时通过动态链接操作,把 vdso 链接到自己的地址空间中。用户进程可以通过调用 vdso 中的函数操作 vvar 区域中的数据,获得所需的信息。动态链接保证了 vdso 的地址是随机化的,所以较为安全,并且 vdso 可以支持数量较多的系统调用。

9.4.4　编程验证进程地址空间布局

验证进程地址空间布局(源代码文件 addspace.c)的示例代码如下。

扫一扫

```
1  #include<stdio.h>
2  #include<stdlib.h>
3  #include<unistd.h>
4  #include<string.h>
5  #include<sys/types.h>
6  #include<sys/wait.h>
7  int ugval;
8  int gval=100;
9  static int sgval=200;
10 int main(int argc, char *argv[], char *env[]){
11     printf("%p: 代码段: main主函数\n",main);
12     const char *ppp = "hello world 1";
13     const char * const qqq = "hello world 2";
14     printf("%p: 只读数据段: %s\n", ppp, ppp);
15     printf("%p: 只读数据段: %s\n", qqq, qqq);
16     static int svar1 = 12345;
17     printf("%p: 初始化数据段: gval=%d\n",&gval, gval);
18     printf("%p: 初始化数据段: sgval=%d\n",&sgval,sgval);
19     printf("%p: 初始化数据段: svar1=%d\n",&svar1,svar1);
20     static int svar2;
21     printf("%p: 未初始化数据段: ugval=%d\n",&ugval,ugval);
22     printf("%p: 未初始化数据段: svar2=%d\n",&svar2,svar2);
23     char *ss1=(char*)malloc(80), *ss2=(char*)malloc(80);
24     strcpy(ss1, "hello "); strcpy(ss2, "heap");
25     printf("%p: 堆段: %s\n", ss1, ss1);
26     printf("%p: 堆段: %s\n", ss2, ss2);
27     printf("%p: mmap段: printf库函数\n",printf);
28     printf("%p: mmap段: malloc库函数\n",malloc);
29     printf("%p: 栈段: ss1=%p\n", &ss1, ss1);
30     printf("%p: 栈段: ss2=%p\n", &ss2, ss2);
31     printf("%p: 栈段 \n", &ppp);
32     printf("%p: 栈段 \n", &qqq);
33     for(int i = 0; i < argc; i++){
34         printf("%p: argv[%d]=\"%s\"\n",argv[i],i,argv[i]);
35     }
36     for(int i=0; env[i] && i<3; i++){
37         printf("%p: env[%d]=\"%s\"\n", env[i], i, env[i]);
38     }
39     sleep(100);
40 }
```

上面代码中,第 7 行定义了全局变量 ugval,没有赋初值,该变量存在于未初始化数据段(第 21 行的输出)。

第 8 行定义了全局变量 gval,并且赋初值,该变量存在于初始化数据段。

第 9 行定义了静态全局变量 sgval,并且赋初值,该变量存在于初始化数据段。

第 11 行输出 testdl 函数的入口地址,该地址位于代码段。

第 12、13 行定义了指向字符串的字符指针变量 ppp 和 qqq,这两个指针变量指向的字符串存在于只读数据段,而这两个指针变量本身存在于栈段(第 31、32 行的输出)。

第 16 行定义了静态局部变量 svar1,并且赋初值,该变量存在于初始化数据段。

第 20 行定义了静态全局变量 svar2,没有赋初值,该变量存在于未初始化数据段(第 22 行的输出)。

第 23 行定义了指向堆空间的字符指针变量 ss1 和 ss2,第 24 行将字符串复制到指针变量 ss1 和 ss2 所指向的堆存储空间中,而这两个指针变量本身存在于栈段(第 29、30 行的输出)。

第 27、28 行输出 printf 和 malloc 库函数的入口地址,这些地址位于 mmap 段。

第 33~38 行输出命令行参数和环境变量,以及这些参数和变量的地址值。

第 39 行调用 sleep 函数让程序睡眠 100s,目的是留有时间执行 ps 命令和 cat 命令输出进程地址空间布局信息。

如图 9.13 左侧所示,执行 gcc 命令编译源代码文件 addspace.c,执行带两个命令行参数的 addspace 命令,输出各个变量和几个函数在虚拟地址空间中的地址值。由于虚拟地址只使用了 48 位,所以输出的地址值是 12 位十六进制数。

```
1 [root@ztg /]# gcc addspace.c -o addspace
2 [root@ztg /]# ./addspace aaaaaaaa 111111
3 0x556364307189: 代码段: main主函数
4 0x556364308026: 只读数据段: hello world 1
5 0x556364308034: 只读数据段: hello world 2
6 0x55636430a010: 初始化数据段: gval=100
7 0x55636430a014: 初始化数据段: sgval=200
8 0x55636430a018: 初始化数据段: svar1=12345
9 0x55636430a020: 未初始化数据段: ugval=0
10 0x55636430a024: 未初始化数据段: svar2=0
11 0x5563659456b0: 堆段: hello
12 0x556365945710: 堆段: heap
13 0x7fabebf1e770: mmap段: printf库函数
14 0x7fabebf63120: mmap段: malloc库函数
15 0x7ffc093478f8: 栈段: ss1=0x5563659456b0
16 0x7ffc09347900: 栈段: ss2=0x556365945710
17 0x7ffc093478e8: 栈段
18 0x7ffc093478f0: 栈段
19 0x7ffc09349300: argv[0]="./addspace"
20 0x7ffc0934930b: argv[1]="aaaaaaaa"
21 0x7ffc09349314: argv[2]="111111"
22 0x7ffc0934931b: env[0]="SHELL=/bin/bash"
23 0x7ffc0934932b: env[1]="SESSION_MANAGER"
24 0x7ffc09349377: env[2]="QT_ACCESSITY=1"
```

```
1 [root@ztg ~]# ps aux | grep addspace
2 root  1066420  ./addspace aaaaaaaa 111111
3 [root@ztg ~]# cat /proc/1066420/maps
4 556364306000-556364307000 r--p /addspace
5 556364307000-556364308000 r-xp /addspace
6 556364308000-556364309000 r--p /addspace
7 556364309000-55636430a000 r--p /addspace
8 55636430a000-55636430b000 rw-p /addspace
9 556365945000-556365966000 rw-p [heap]
10 7fabebebb000-7fabebebe000 rw-p
11 7fabebebe000-7fabebee6000 r--p /.../libc.so.6
12 7fabebee6000-7fabec07b000 r-xp /.../libc.so.6
13 7fabec07b000-7fabec0d3000 r--p /.../libc.so.6
14 7fabec0d3000-7fabec0d7000 r--p /.../libc.so.6
15 7fabec0d7000-7fabec0d9000 rw-p /.../libc.so.6
16 7fabec0d9000-7fabec0e6000 rw-p
17 7fabec10a000-7fabec10c000 rw-p
18 7fabec10c000-7fabec10e000 r--p /.../ld-*.so.2
19 7fabec10e000-7fabec138000 r-xp /.../ld-*.so.2
20 7fabec138000-7fabec143000 r--p /.../ld-*.so.2
21 7fabec144000-7fabec146000 r--p /.../ld-*.so.2
22 7fabec146000-7fabec148000 rw-p /.../ld-*.so.2
23 7ffc09329000-7ffc0934a000 rw-p [stack]
24 7ffc0936d000-7ffc09371000 r--p [vvar]
25 7ffc09371000-7ffc09373000 r-xp [vdso]
26 ffffffffff600000-ffffffffff601000 [vsyscall]
27 [root@ztg ~]#
```

图 9.13 64 位虚拟地址空间布局

如图 9.13 右侧所示,执行 ps 和 grep 命令,得到 addspace 命令的进程号是 1066420,然后执行 cat /proc/1066420/maps 命令查看该进程地址空间布局(cat 命令输出的最后一列进行了简化)。

请读者结合图 9.13 左侧部分分析上面的源代码,然后根据图 9.13 左侧和右侧部分分析虚拟地址的关系,进一步认识进程虚拟地址空间布局。

扫一扫

9.5 动态链接过程

本节结合具体例子介绍 Linux 系统中可执行文件的加载和动态链接过程。该例子(源代码文件 dlfunc2.c)的示例代码如下,通过调用 dlopen 函数加载链接共享库 libmath.so,该库对应的源代码文件(见表 9.1)为 add.c、sub.c 和 math.h。执行 gcc 命令生成可执行文件 dlfunc2,然后在 Linux 终端窗口中执行 dlfunc2,结果如图 9.14 所示。

```
 1 #include<stdio.h>  //gcc -o dlfunc2 dlfunc2.c -L. -lmath
 2 #include<unistd.h>
 3 #include<dlfcn.h>   //如果第28行不访问 g_p, 不调用 printsub(),
 4 #include"math.h"    //则可以不用包含"math.h"
 5 int main() {
 6     char *error; int sum, *pi; void *funchandle = NULL;
 7     int(*func)(int, int);   void (*pfunc)(void);
 8     funchandle = dlopen("libmath.so", RTLD_LAZY);
 9     if(!funchandle){printf("open:%s\n",dlerror()); return -1;}
10     printf("g_a addr = %p\n",    dlsym(funchandle,"g_a"));
11     printf("g_b addr = %p\n",    dlsym(funchandle,"g_b"));
12     printf("add addr = %p\n",    dlsym(funchandle,"add"));
13     printf("printadd addr=%p\n",dlsym(funchandle,"printadd"));
14     printf("g_p addr = %p\n",    dlsym(funchandle,"g_p"));
15     printf("g_q addr = %p\n",    dlsym(funchandle,"g_q"));
16     printf("sub addr = %p\n",    dlsym(funchandle,"sub"));
17     printf("printsub addr=%p\n",dlsym(funchandle,"printsub"));
18     printf("s_c addr = %p\n",    dlsym(funchandle,"s_c"));
19     printf("s_k addr = %p\n",    dlsym(funchandle,"s_k"));
20     printf("dlopen addr = %p\n",dlsym(funchandle,"dlopen"));
21     printf("printf addr = %p\n",dlsym(funchandle,"printf"));
22     printf("main addr = %p\n",   dlsym(funchandle,"main"));
23     printf("main addr = %p\n",   main);
24     func=dlsym(funchandle,"add");
25     sum = func(10, 11);   printf("sum = %d\n", sum);
26     pi=dlsym(funchandle,"g_a"); *pi=5;
27     pfunc=dlsym(funchandle,"printadd"); pfunc();
28     g_p=6; printsub(); sleep(180); dlclose(funchandle);
29 }
```

```
 1 [root@ztg 第9章]# ./dlfunc2
 2 g_a addr = 0x7f9e21e23038
 3 g_b addr = 0x7f9e21e23028
 4 add addr = 0x7f9e21e20119
 5 printadd addr=0x7f9e21e20149
 6 g_p addr = 0x7f9e21e2303c
 7 g_q addr = 0x7f9e21e23030
 8 sub addr = 0x7f9e21e20188
 9 printsub addr=0x7f9e21e201b6
10 s_c addr = (nil)
11 s_k addr = (nil)
12 dlopen addr = 0x7f9e21c63700
13 printf addr = 0x7f9e21c33770
14 main addr = (nil)
15 main addr = 0x560bdbe7a209
16 sum = 21
17 g_a+g_b=15
18 g_p-g_q=1
19 ^C
20 [root@ztg 第9章]#
```

图 9.14　dlfunc2 的执行结果

9.5.1　ELF 文件格式

ELF(Executable and Linking Format)是 Linux 中标准的二进制文件(目标文件)格式,用于定义不同类型的目标文件中存放了什么,以及以什么样的格式存放。主要有 4 种类型的 ELF 文件:①可执行文件(Executable File),可以被操作系统中的加载器从外存加载到内存中执行;②可重定位的目标文件(Relocatable File),如.o、.ko、.a 文件,可以被链接器用来产生一个可执行文件或共享库文件;③可被共享的目标文件(Shared Object File),如.so 共享库文件,在动态链接时由/lib/x86_64-linux-gnu/ld-linux-x86-64.so.2 读取;④核心转储文件(Core Dump File),当程序异常终止时,Linux 系统会将程序当时的内存信息、寄存器信息、内存管理信息等保存在一个文件中,这称为核心转储。默认情况在程序当前目录下生成文件名为 core 的核心转储文件。核心转储对于程序员调试程序非常有益。在终端窗口执行 ulimit -c 命令,如果结果为 0,说明当程序崩溃时系统不能生成 core 文件。

如图 9.15 所示,可以执行 file 命令查看文件是上面哪种类型的目标文件。

```
[root@ztg 第9章]# file add.o testsl testdl dlfunc libmath.a libmath.so.1
add.o:  ELF 64-bit LSB relocatable, x86-64, version 1 (SYSV), not stripped
testsl: ELF 64-bit LSB executable, x86-64, version 1 (GNU/Linux), statically linked, not stripped
testdl: ELF 64-bit LSB pie executable, x86-64, version 1 (SYSV), dynamically linked, interpreter /lib64/ld-linux-x86-64.so.2, not stripped
dlfunc: ELF 64-bit LSB pie executable, dynamically linked, interpreter /lib64/ld-linux-x86-64.so.2, not stripped
libmath.a:    current ar archive
libmath.so.1: ELF 64-bit LSB shared object, x86-64, version 1 (SYSV), dynamically linked, not stripped
```

图 9.15　查看文件类型

ELF 英文名称中的 Executable 和 Linking 表明 ELF 文件有两种重要的特性。Executable(可执行的)表明 ELF 文件会参与程序的执行过程,包括二进制程序的运行及共享库文件的加载。Linking(可链接的)表明 ELF 文件会参与编译、链接过程。ELF 文件的最前面有一个 ELF 头部,如图 9.16 所示,里面记录了目标文件类型等信息,file 命令的输出信息主要来源于此。ELF文件格式提供了两种视图,分别是链接视图和执行视图。链接视图就是在链接时用到的视图,以节(section)为单位;执行视图就是在执行时用到的视图,以段(segment)为单位。

图 9.16　ELF 文件头

ELF文件格式包含4部分:①ELF头部(ELF Header)描述整个ELF文件的组织。②程序头表(Program Header Table),描述文件中的各种段的属性信息,用来告诉系统如何创建进程映像;③节区(Sections)或段(Segments),节区是从链接角度描述ELF文件,在链接阶段可以忽略程序头表来处理此文件。段是从运行角度描述ELF文件,在运行阶段可以忽略节区头表来处理此文件(可以删除节区头表缩小文件大小)。从图9.16中可以看出,段与节区是包含关系,一个段包含若干个节区。节区和段是真正的程序体(代码和数据);④节区头表(Section Header Table)包含了描述文件中所有节区的属性信息,如大小、偏移等。Linux系统中可以使用readelf命令查看并分析ELF文件信息,如图9.17所示。

```
[root@ztg 第9章]# readelf -h dlfunc2     //选项 -h (elf header) 显示ELF文件开始的文件头信息
[root@ztg 第9章]# readelf -l dlfunc2     //选项 -l (program headers) 显示程序表头信息
[root@ztg 第9章]# readelf -S dlfunc2     //选项 -S (section headers) 显示节区头表信息
[root@ztg 第9章]# readelf -s dlfunc2     //选项 -s (symbols) 显示符号表段的信息
[root@ztg 第9章]# readelf -r dlfunc2     //选项 -r (relocs) 显示可重定位段的信息
[root@ztg 第9章]# readelf -d dlfunc2     //选项 -d (dynamic) 显示动态段的信息
[root@ztg 第9章]# readelf -x 1 dlfunc2   //选项 -x (hex) 以十六进制显示指定段的内容。数字指定段表中段的索引
[root@ztg 第9章]# readelf -a dlfunc2     //选项 -a (all) 显示全部信息
[root@ztg 第9章]# readelf -e dlfunc2     //选项 -e (headers) 显示所有的头信息,等价于-h -l -S
```

图 9.17　使用 readelf 命令查看 ELF 文件信息

在分析ELF文件的加载过程时还要了解3个段:①INTERP段描述了运行时使用的解释器(也称为动态链接器);②LOAD段描述了新建进程的虚拟地址空间的区段信息;③DYNAMIC段描述了解释器动态链接时需要的信息,包括依赖库、库搜索路径、符号表位置、字符串表位置和长度、重定位表信息等。

9.5.2　加载解释器

在Linux终端窗口的命令行输入./dlfunc2后按回车键,bash进程首先会调用fork系统调用创建一个新的进程,然后新的进程调用exec系统调用清空新建进程的代码段、数据

段、BSS 段等,最后装载可执行文件 dlfunc2。

首先将可执行文件 dlfunc2 中的程序头表(program header table)读到内存,然后检查文件 dlfunc2 的有效性(如魔数、文件类型、程序头表中段的数量等),判断 dlfunc2 文件头是否为 ELF Magic(魔数),文件类型是否为 EXEC(可执行文件)或 DYN(位置无关可执行文件、共享目标文件)。魔数是文件开头固定字节序列的名称,作用类似于 Windows 系统中的文件扩展名,用于标记文件格式或文件类型。然后读取程序头表中的 INTERP 类型段(即解释器段),该段保存的是可执行文件 dlfunc2 需要加载的解释器路径。解释器段只是一个字符串,即解释器的完整路径名/lib64/ld-linux-x86-64.so.2。只要 ELF 文件需要动态链接其他库,就需要 INTERP 类型段,否则就不需要 INTERP 类型段。接着遍历程序头表中的 LOAD 类型段(包括代码段、只读数据段、初始化数据段和未初始化数据段),并加载所有 LOAD 类型段,将它们映射(载入、加载)到进程用户空间的虚拟地址空间中。对于 EXEC 文件中的 LOAD 类型段,其加载地址是固定的;对于 DYN 文件中的 LOAD 类型段,其加载地址需要在固定值上再加一个按照一定算法计算出的偏移量。

可以执行如下所示的 readelf 命令得知解释器为/lib64/ld-linux-x86-64.so.2(由 glibc 提供)。解释器也是一个 ELF 格式的文件。

```
[root@ztg 第9章]# readelf -h dlfunc2 | grep Magic
  Magic:   7f 45 4c 46 02 01 01 00 00 00 00 00 00 00 00 00
[root@ztg 第9章]# readelf -l dlfunc2 | grep interpreter
      [Requesting program interpreter: /lib64/ld-linux-x86-64.so.2]
[root@ztg 第9章]# ll /lib64/ld-linux-x86-64.so.2
lrwxrwxrwx /lib64/ld-linux-x86-64.so.2 -> /lib/x86_64-linux-gnu/ld-linux-x86-64.so.2
[root@ztg 第9章]# file /lib/x86_64-linux-gnu/ld-linux-x86-64.so.2
/lib/x86_64-linux-gnu/ld-linux-x86-64.so.2: ELF 64-bit LSB shared object, dynamically linked
```

若程序头表中不存在 INTERP 类型段,则将可执行文件 dlfunc2 代码段入口地址作为新建进程的入口地址继续运行。若存在 INTERP 类型段,则检查并读取解释器的程序头表,然后将 ld-linux-x86-64.so.2 解释器映像加载到进程用户空间的虚拟地址空间中,并将解释器代码段的入口地址作为新建进程的入口地址继续运行。注意:在 Linux 中,启动和加载 ELF 文件在内核中完成,而解释器运行在用户空间。所以,跳转到解释器代码段的入口地址前,运行在内核空间,跳转到解释器代码段的入口地址后,运行在用户空间。

Linux 中的解释器实际上是一个共享库,操作系统在加载完可执行文件后,同样以映射的方式将解释器加载到进程的虚拟地址空间中,然后将 CPU 控制权交给解释器的入口地址。解释器得到控制权后,开始执行一系列自身的初始化操作,然后解释器检查可执行文件 dlfunc2 所依赖的共享库,并在需要时对其进行加载,并对程序的外部引用进行重定位。当所有动态链接工作完成后,解释器把 CPU 控制权交给可执行文件,也就是跳转到程序 dlfunc2 代码段的入口地址处,dlfunc2 程序开始正式执行。

9.5.3　运行解释器

解释器负责查找和加载共享库,下面介绍解释器的运行过程。

1. 查找可执行程序所依赖的共享库

对于动态链接的程序来说,在执行入口函数(main 函数)之前,必须把该程序所依赖的共享库加载到虚拟地址空间后才能开始执行。Linux 中可以用 ldd 命令或 readelf 命令查看可执行程序所依赖的共享库信息。

```
[root@ztg 第9章]# ldd dlfunc2
        linux-vdso.so.1 (0x00007ffd0d35a000)
        libmath.so => /src/第9章/libmath.so (0x00007fd964438000)
        libc.so.6 => /lib/x86_64-linux-gnu/libc.so.6 (0x00007fd9641ec000)
        /lib64/ld-linux-x86-64.so.2 (0x00007fd964444000)
[root@ztg 第9章]# readelf -d dlfunc2
        Dynamic section at offset 0x2d88 contains 28 entries:
        标记                类型              名称/值
        0x0000000000000001 (NEEDED)         共享库: [libmath.so]
        0x0000000000000001 (NEEDED)         共享库: [libc.so.6]
```

2. 进程的虚拟地址空间

解释器发现 dlfunc2 程序依赖 libc.so.6 共享库，于是它就在用户虚拟地址空间中找一块能放得下 libc.so.6 的空闲空间，然后把 libc.so.6 中需要加载到内存中的代码段、数据段都加载到虚拟地址空间。假设在加载 libc.so.6 时，发现它依赖 libxxx.so，则会在虚拟地址空间中找一块能放得下 libxxx.so 的空闲空间，把 libxxx.so 中的代码段、数据段等加载到虚拟地址空间。解释器 ld-linux-x86-64.so.2 本身也是一个共享库，它不依赖其他共享库。可以通过指令 cat /proc/pid/maps 查看共享库加载的地址等信息。

图 9.18 中，第 23～27 行是 ld-linux-x86-64.so.2 共享库(解释器)的加载信息。第 17～21 行是 libmath.so.1 共享库(自定义库)的加载信息。第 11～15 行是 libc.so.6 共享库(c库)的加载信息。可以看出，dlfunc2 可执行程序位于低地址空间，所有共享库都位于高地址空间。

动态链接有两种形式：①可执行程序加载时动态链接；②可执行程序运行时动态链接。libmath.so.1 共享库的加载属于第二种情况，是 dlfunc2 程序在运行过程中(main 函数内部语句)通过解释器的 API 函数(dlopen、dlsym、dlerror、dlclose)加载和使用的。而 libc.so.6 共享库的加载属于第一种情况，是执行 main 函数前被解释器加载的。

图 9.18 右上角为进程 dlfunc2 的运行结果。从结果可知，共享库 libmath.so 通过 math.h 头文件导出的全局变量/函数以及 dlopen 和 printf 函数的虚拟地址都可以由 dlsym 函数获得。然而，main 函数和共享库 libmath.so 中的静态局部变量 s_c、s_k 的虚拟地址不能由 dlsym 函数获得。这是因为不在动态符号表中的符号不能由 dlsym 函数获得其虚拟地址。

3. 符号表

符号就是可执行程序代码段中的变量名、函数名等。动态链接生成的 ELF 文件中有两个符号表：.dynsym(动态符号表)和.symtab(符号表)。.dynsym 只保存 ELF 文件中与动态链接相关的符号信息，对于内部符号(比如局部变量或静态函数)则不保存。.symtab 保存了 ELF 文件中的所有符号，包括.dynsym 中的符号。

Linux 中可以用 readelf 命令查看符号表中的信息，如图 9.19 所示，只给出动态符号表.dynsym 中的部分信息，如果 Ndx 列是数字(段索引)，表示对应符号(Name 列)位于当前文件的哪个节区中，libmath.so 中的 Ndx 列对应图 9.20 右下角的节号；如果 Ndx 列是 UND，表示这个符号没有找到，是一个外部符号，需要重定位。

Linux 中可以用 readelf 命令查看 dlfunc2 文件和 libmath.so 文件中的段号以及段中包

```
 1 [root@ztg 第9章]# ps aux|grep dlfunc2
 2 root      1191119   ./dlfunc2
 3 [root@ztg 第9章]# cat /proc/1191119/maps
 4 557d5ad7e000-557d5ad7f000 r--p 00000000 08:04 4869769   /src/第9章/dlfunc2
 5 557d5ad7f000-557d5ad80000 r-xp 00001000 08:04 4869769   /src/第9章/dlfunc2
 6 557d5ad80000-557d5ad81000 r--p 00002000 08:04 4869769   /src/第9章/dlfunc2
 7 557d5ad81000-557d5ad82000 r--p 00002000 08:04 4869769   /src/第9章/dlfunc2
 8 557d5ad82000-557d5ad83000 rw-p 00003000 08:04 4869769   /src/第9章/dlfunc2
 9 557d5caaa000-557d5cacb000 rw-p 00000000 00:00 0 [heap]
10 7fed794f9000-7fed794fc000 rw-p 00000000 00:00 0
11 7fed794fc000-7fed79524000 r--p 00000000 103:07 10099028 /.../libc.so.6
12 7fed79524000-7fed796b9000 r-xp 00028000 103:07 10099028 /.../libc.so.6
13 7fed796b9000-7fed79711000 r--p 001bd000 103:07 10099028 /.../libc.so.6
14 7fed79711000-7fed79715000 r--p 00214000 103:07 10099028 /.../libc.so.6
15 7fed79715000-7fed79717000 rw-p 00218000 103:07 10099028 /.../libc.so.6
16 7fed79717000-7fed79724000 rw-p 00000000 00:00 0
17 7fed79748000-7fed79749000 r--p 00000000 08:04 4867101   /src/第9章/libmath.so.1
18 7fed79749000-7fed7974a000 r-xp 00001000 08:04 4867101   /src/第9章/libmath.so.1
19 7fed7974a000-7fed7974b000 r--p 00002000 08:04 4867101   /src/第9章/libmath.so.1
20 7fed7974b000-7fed7974c000 r--p 00002000 08:04 4867101   /src/第9章/libmath.so.1
21 7fed7974c000-7fed7974d000 rw-p 00003000 08:04 4867101   /src/第9章/libmath.so.1
22 7fed7974d000-7fed7974f000 rw-p 00000000 00:00 0
23 7fed7974f000-7fed79751000 r--p 00000000 103:07 10098691 /.../ld-linux-x86-64.so.2
24 7fed79751000-7fed7977b000 r-xp 00002000 103:07 10098691 /usr/lib/x86_64-linux-gnu/ld-linux-x86-64.so.2
25 7fed7977b000-7fed79786000 r--p 0002c000 103:07 10098691 /usr/lib/x86_64-linux-gnu/ld-linux-x86-64.so.2
26 7fed79787000-7fed79789000 r--p 00037000 103:07 10098691 /usr/lib/x86_64-linux-gnu/ld-linux-x86-64.so.2
27 7fed79789000-7fed7978b000 rw-p 00039000 103:07 10098691 /usr/lib/x86_64-linux-gnu/ld-linux-x86-64.so.2
28 7ffe939a0000-7ffe939c1000 rw-p 00000000 00:00 0 [stack]
29 7ffe939cd000-7ffe939d1000 r--p 00000000 00:00 0 [vvar]
30 7ffe939d1000-7ffe939d3000 r-xp 00000000 00:00 0 [vdso]
31 ffffffffff600000-ffffffffff601000 --xp 00000000 00:00 0 [vsyscall]
```

```
 1 [root@ztg 第9章]# ./dlfunc2
 2 g_a addr = 0x7fed7974c038
 3 g_b addr = 0x7fed7974c028
 4 add addr = 0x7fed79749119
 5 printadd addr=0x7fed79749149
 6 g_p addr = 0x7fed7974c03c
 7 g_q addr = 0x7fed7974c030
 8 sub addr = 0x7fed79749188
 9 printsub addr=0x7fed797491b6
10 s_c addr = (nil)
11 s_k addr = (nil)
12 dlopen addr = 0x7fed7958c700
13 printf addr = 0x7fed7955c770
14 main addr = (nil)
15 main addr = 0x557d5ad7f209
16 sum = 21
17 g_a+g_b=15
18 g_p-g_q=1
19 ^C
20 [root@ztg 第9章]#
```

图 9.18 进程 dlfunc2 的虚拟地址空间、进程 dlfunc2 的运行结果

```
 1 [root@ztg 第9章]# readelf -s dlfunc2
 2 Symbol table '.dynsym' contains 14 entries:
 3   Num:    Value          Size Type    Bind   Vis      Ndx          Name
 4     1: 0000000000000000     0 FUNC    GLOBAL DEFAULT  UND printsub
 5     6: 0000000000000000     0 FUNC    GLOBAL DEFAULT  UND dlopen@GLIBC_2.34 (2)
 6     8: 0000000000000000     0 FUNC    GLOBAL DEFAULT  UND dlsym@GLIBC_2.34 (2)
 7    10: 0000000000000000     0 FUNC    GLOBAL DEFAULT  UND sleep@GLIBC_2.2.5 (3)
 8    13: 0000000000004010     4 OBJECT  GLOBAL DEFAULT   26 g_p
 9 [root@ztg 第9章]# readelf -s libmath.so
10 Symbol table '.dynsym' contains 14 entries:
11   Num:    Value          Size Type    Bind   Vis      Ndx          Name
12     6: 0000000000001149    63 FUNC    GLOBAL DEFAULT   14 printadd
13     7: 00000000000011b6    65 FUNC    GLOBAL DEFAULT   14 printsub
14     8: 0000000000001119    48 FUNC    GLOBAL DEFAULT   14 add
15     9: 000000000000403c     4 OBJECT  GLOBAL DEFAULT   25 g_p
16    10: 0000000000004038     4 OBJECT  GLOBAL DEFAULT   25 g_a
17    11: 0000000000004028     4 OBJECT  GLOBAL DEFAULT   24 g_b
18    12: 0000000000004030     4 OBJECT  GLOBAL DEFAULT   24 g_q
19    13: 0000000000001188    46 FUNC    GLOBAL DEFAULT   14 sub
20 [root@ztg 第9章]# readelf -s /usr/lib/x86_64-linux-gnu/libc.so.6
21 Symbol table '.dynsym' contains 3024 entries:
22   Num:    Value          Size Type    Bind   Vis      Ndx          Name
23  2922: 0000000000060770   204 FUNC    GLOBAL DEFAULT   15 printf@@GLIBC_2.2.5
```

图 9.19 符号表中的信息

含的节号,如图 9.20 所示。

　　解释器将可执行文件和解释器本身的符号表(.symtab)都合并到一个全局符号表 (Global Symbol Table,GST)中(GST 由解释器维护)。然后解释器开始寻找可执行文件所 依赖的共享库,并将这些共享库的名字放入一个加载集合中。解释器从集合里取一个所需 的共享库的名字,找到并打开相应的文件,读取相应的 ELF 文件头和.dynamic 段,然后将它 相应的代码段和数据段映射到进程虚拟地址空间中。如果这个共享库还依赖其他共享库,

```
1 [root@ztg 第9章]# readelf -l dlfunc2          1 [root@ztg 第9章]# readelf -l libmath.so
2 段号 节区名称                                 2 段号 节区名称
3 00                                           3 00 .note.gnu.property .note.gnu.build-id
4 01 .interp                                   4 .gnu.hash .dynsym .dynstr .gnu.version
5 .interp .note.gnu.property .note.gnu.build-id 5 .gnu.version_r .rela.dyn .rela.plt
6 .note.ABI-tag .gnu.hash .dynsym .dynstr      6 01 .init .plt .plt.got .plt.sec .text .fini
7 .gnu.version .gnu.version_r .rela.dyn .rela.plt 7 02 .rodata .eh_frame_hdr .eh_frame
8 03 .init .plt .plt.got .plt.sec .text .fini   8 03 .init_array .fini_array .dynamic
9 04 .rodata .eh_frame_hdr .eh_frame           9 .got .got.plt .data .bss
10 05 .init_array .fini_array .dynamic .got .data .bss  10 04 .dynamic
11 06 .dynamic       Type     Flags  Align     11 05 .note.gnu.property
12 07 .note.gnu.property  PHDR    R    0x8      12 06 .note.gnu.build-id   # readelf -S libmath.so
13 08 .note.gnu.build-id .note.ABI-t INTERP R 0x1  13 07 .note.gnu.property  [节号] 名称    类型
14 09 .note.gnu.property  LOAD   R    0x1000    14 08 .eh_frame_hdr        [14] .text PROGBITS
15 10 .eh_frame_hdr   LOAD   R E  0x1000        15 09                      [24] .data PROGBITS
16 11              LOAD    R    0x1000          16 10 .init_array .fini_array .dynamic .got  [25] .bss NOBITS
17 12 .init_array .fini_array .dynamic .got  LOAD RW 0x1000
```

图 9.20　查看 dlfunc2 文件和 libmath.so 文件中的段号以及段中包含的节号

那么将所依赖的共享库的名字放到加载集合中。如此循环,直到所有依赖的共享库都被加载进来为止,解释器可以有不同的加载顺序,如深度优先或者广度优先,这取决于解释器,比较常用的是广度优先。当一个新的共享库加载进来时,它的符号表(.symtab)会被合并到GST 中,所以,当所有共享库都被加载进来时,GST 将包含程序可执行文件本身、程序启动时加载的共享库、程序运行时通过 dlopen 函数加载的共享库中所有的动态链接所需的全局符号。

4. 动态链接过程中符号重定位原理

重定位是将符号引用与符号定义进行链接的过程,对符号的引用本质是对其在虚拟地址空间中具体虚拟地址的引用,所以符号重定位要解决的是如何访问外部符号这个问题。

静态链接时的重定位(也称静态重定位)是指在静态链接过程中,解释器第一遍扫描每个目标文件时会把文件中的符号取出放到 GST 中。在第二遍扫描每个目标文件时,会查看文件中需要重定位的符号,把该符号在 GST 中对应的虚拟地址填写到引用的地方。

动态链接时的重定位(也称动态重定位)与静态重定位差别很大,因为只有在运行时才能知道外部符号(变量/函数)的虚拟地址。解释器负责对程序的外部引用进行重定位,并告诉程序其引用的外部变量/函数的虚拟地址,此地址位于共享库被加载在虚拟地址空间中的一个区间内。例如,dlfunc2 引用了 libc.so.6 中的 printf 函数,而 libc.so.6 中的这个符号被映射到那个虚拟地址空间,直到 dlfunc2 程序准备执行时,才能被解释器加载到用户虚拟地址空间的某个随机地址。由于是解释器将共享库加载到进程虚拟地址空间中,因此解释器知道每个共享库中所有被外部引用符号的最终虚拟地址,解释器将每个共享库中导出的符号及其地址信息放入 GST 中。在 dlfunc2.c 示例代码中,通过 dlopen 和 dlsym 函数获得一些全局符号的虚拟地址,程序 dlfunc2 的输出内容如图 9.18 右上角所示。在 GST 中没找到 main、s_c、s_k 这 3 个符号,因为在生成共享库时没有将它们导出到符号表中。

动态链接生成的 dlfunc2 程序中有语句访问共享库 libmath.so.1 中的全局变量 g_b。由于 dlfunc2 可执行文件的二进制映像先于 libmath.so.1 的二进制映像加载到 dlfunc2 进程的虚拟地址空间中,所以 dlfunc2 的代码加载到地址空间时是不知道变量 g_b 的地址的,因为此时 GST 中还没有符号 g_b。当 libmath.so.1 的二进制映像加载到地址空间后,变量 g_b 的虚拟地址就确定了,并且符号 g_b 已被解释器放入 GST,但是 dlfunc2 的代码段是只读的,不能将变量 g_b 的虚拟地址填写到变量 g_b 的引用处(也就是访问变量 g_b 的指令中),

因此,如果是这种情况,dlfunc2 的代码是不能访问变量 g_b 的,如图 9.21 左侧所示。既然 dlfunc2 的代码段被加载到虚拟地址空间后不可修改,那么可以在 dlfunc2 的数据段中添加关于变量 g_b 的地址占位符,让 dlfunc2 的代码段先引用数据段中的 g_b 地址占位符,然后当 libmath.so.1 的二进制映像加载到虚拟地址空间后,把变量 g_b 的虚拟地址填写到 dlfunc2 数据段中 g_b 地址占位符对应的存储单元中,如图 9.21 右侧所示。这就是动态链接过程中重定位的基本原理。

图 9.21　符号重定位原理

5. PIC 和 GOT

　　共享库代码段在多个进程之间共享,而其数据段在每个进程中是私有的。由于代码段在多个进程之间共享,所以只有可读、可执行权限,没有写权限,因此解释器不能修正代码段中存在的符号引用。那么,如何在运行时重新定位共享库符号而不修改其代码段呢?答案是位置无关代码(Position-independent Code,PIC)。如图 9.21 右侧所示。PIC 通过间接寻址实现。在位置无关代码中使用的都是相对虚拟地址,当在程序中引用某个共享库中的符号时,编译、链接阶段并不知道该符号的具体位置,只有等到解释器将所需要的共享库加载到虚拟地址空间后(也就是在程序运行阶段),符号的最终虚拟地址才会确定。因此,需要数据段中的特定表保存所有全局符号的最终虚拟地址,该表称为全局偏移表(Global Offset Table,GOT)。程序代码中对全局符号的引用不是直接使用绝对虚拟地址,而是通过引用 GOT 的某个表项获得对应符号的绝对虚拟地址,GOT 其实起到间接跳转(间接寻址)的作用。GOT 中的每个表项可以看成全局符号最终虚拟地址的占位符。代码段中的指令引用全局符号时,不是引用全局符号的绝对虚拟地址,而是指令指向 GOT 中的相关表项。当加载共享库时,GOT 表项由解释器重新定位,填充全局符号的绝对虚拟地址。此后,程序就可以通过引用 GOT 表获得某个符号的虚拟地址。因此,PIC 使用 GOT 重新定位能够间接寻址的全局符号。PIC 的特点在于,将代码(含数据)加载到虚拟地址空间的任何位置,都可以正常运行。

6. 延迟绑定和 PLT

动态链接比静态链接灵活得多,但它是以牺牲一部分性能为代价的。我们知道动态链接比静态链接慢的主要原因是动态链接下对全局变量的访问都要进行复杂的 GOT 定位,然后间接寻址;对于程序模块间大量的函数调用,也要先定位 GOT,然后再进行间接跳转。另外一个原因是动态链接的链接工作在运行时完成,即程序开始执行时,解释器会进行符号查找和地址重定位等工作。

在一个程序运行过程中,可能很多函数在程序执行完时都不会被用到,比如错误处理函数或是一些很少用到的功能模块等,如果一开始就把所有函数都链接好,实际上是一种浪费。所以 ELF 采用一种叫延迟绑定的方法,就是当函数第一次被用到时才进行绑定(如符号查找、重定位等),如果没有用到,则不进行绑定。ELF 文件使用过程链接表(Procedure Linkage Table,PLT)的方法实现延迟绑定,这种方法使用了一些很精巧的指令序列。PLT 的作用就是将位置无关的函数调用转移到最终虚拟地址。在编译、链接时,外部函数的最终虚拟地址还不能确定,因此,解释器将控制转移到 PLT 中的某个表项。而 PLT 通过引用 GOT 中的函数绝对虚拟地址把控制转移到实际的函数。

7. GOT 和 PLT

GOT 和 PLT 共同实现了程序运行过程中外部符号的重定位。

GOT 保存了所有外部符号的地址信息。在一个共享库中存有 2 个 GOT 表,分别存在于.got 和.got.plt 2 个节区中。.got 用于存放全局变量的地址,.got.plt 用于存放外部函数的地址。共享库中还有.rela.dyn 和.rela.plt(称为重定位表)两个特殊的节区,解释器通过.rela.dyn和.rela.plt 中的符号信息判断.got 和.got.plt 中哪些符号需要进行重定位。

PLT 是实现延迟绑定的一层间接跳转,用于调用在链接时地址未知的外部函数,并在首次外部函数调用时进行地址解析,获取该函数最终的虚拟地址。在可执行文件或共享库文件中有 3 个 PLT 表分别存在于.plt、.plt.got 和.plt.sec 3 个节区中。

如图 9.22 所示,通过命令 readelf 可以查看 ELF 文件中这些节区的相关信息。

使用 PLT 与 GOT 实现符号重定位的过程如图 9.23 所示。可执行文件 dlfunc2 里保存的是 PLT 的地址,对应 PLT 地址指向的是 GOT 的地址,GOT 指向的是共享库中的地址。

GOT 的前三项保留,用于保存特殊的数据结构地址。GOT[0]是.dynamic 节区的装载地址,.dynamic 节区包含了解释器用来绑定过程中的符号地址信息;GOT[1]保存着指向已经加载共享库组成的链表的地址;GOT[2]保存的是_dl_runtime_resolve 函数的地址。解释器加载完可执行文件后,会将这 3 个地址写到 GOT 的前 3 个表项中。从 GOT[3]开始存放外部符号的最终虚拟地址。对于符号的动态解析过程,只需了解 GOT[1]和 GOT[2]。

当可执行文件 dlfunc2 正式执行后,需要对一个函数(如 printf)进行调用时,会通过汇编指令 call 调用.plt.sec 表中的代码(图 9.23 中第 16 行),然后.plt.sec(第 9 行)再通过.rela.plt(第 27 行)打算调用 printf 函数。但是此时是第一次调用 printf 函数,之前还没有对其进行重定位。第 27 行的偏移量 000000003fb0 指的是符号 printf@GLIBC_2.2.5 在 GOT 表(.got.plt)中的偏移量。为了简单描述 PLT 与 GOT 实现符号重定位的过程,在宏观上不影响理解的前提下,假设凡是还没有进行重定位的外部函数符号在.got.plt 中的值都是 GOT[2]的值,即保存的是_dl_runtime_resolve 函数的地址。因此,.plt.sec(第 9 行)第一次

```
1 [root@ztg 第9章]# readelf -S dlfunc2
2 [节号] 名称          类型      地址                偏移量      大小                全体大小            旗标 链接 信息 对齐
3 [10] .rela.dyn     RELA     0000000000000640 00000640 00000000000000d8 0000000000000018  A   6   0   8
4 [11] .rela.plt     RELA     0000000000000718 00000718 00000000000000a8 0000000000000018  AI  6  24   8
5 [13] .plt          PROGBITS 0000000000001020 00001020 0000000000000080 0000000000000010  AX  0   0  16
6 [14] .plt.got      PROGBITS 00000000000010a0 000010a0 0000000000000010 0000000000000010  AX  0   0  16
7 [15] .plt.sec      PROGBITS 00000000000010b0 000010b0 0000000000000070 0000000000000010  AX  0   0  16
8 [16] .text         PROGBITS 0000000000001120 00001120 0000000000000464 0000000000000000  AX  0   0  16
9 [18] .rodata       PROGBITS 0000000000002000 00002000 0000000000000137 0000000000000000  A   0   0   4
10 [24] .got         PROGBITS 0000000000003f88 00002f88 0000000000000078 0000000000000008  WA  0   0   8
11 [25] .data        PROGBITS 0000000000004000 00003000 0000000000000010 0000000000000000  WA  0   0   8
12 [root@ztg 第9章]# readelf -S libmath.so
13 [11] .plt          PROGBITS 0000000000001020 00001020 0000000000000020 0000000000000010  AX  0   0  16
14 [12] .plt.got      PROGBITS 0000000000001040 00001040 0000000000000010 0000000000000010  AX  0   0  16
15 [13] .plt.sec      PROGBITS 0000000000001050 00001050 0000000000000010 0000000000000010  AX  0   0  16
16 [22] .got          PROGBITS 0000000000003fc0 00002fc0 0000000000000040 0000000000000008  WA  0   0   8
17 [23] .got.plt      PROGBITS 0000000000004000 00003000 0000000000000020 0000000000000008  WA  0   0   8
18 [root@ztg 第9章]# readelf -S /usr/lib/x86_64-linux-gnu/libc.so.6
19 [12] .plt          PROGBITS 0000000000028000 00028000 0000000000000370 0000000000000010  AX  0   0  16
20 [13] .plt.got      PROGBITS 0000000000028370 00028370 0000000000000010 0000000000000010  AX  0   0  16
21 [14] .plt.sec      PROGBITS 0000000000028390 00028390 0000000000000360 0000000000000010  AX  0   0  16
22 [32] .got          PROGBITS 0000000000218d90 00217d90 0000000000000270 0000000000000008  WA  0   0   8
23 [33] .got.plt      PROGBITS 0000000000219000 00218000 00000000000001c8 0000000000000008  WA  0   0   8
24 Key to Flags:
25   W (write), A (alloc), X (execute), M (merge), S (strings), I (info), L (link order),
26   O (extra OS processing required), G (group), T (TLS), C (compressed), x (unknown),
27   o (OS specific), E (exclude), D (mbind), l (large), p (processor specific)
```

图 9.22　查看 ELF 文件中节区的相关信息

图 9.23　使用 PLT 与 GOT 实现符号重定位的过程

通过.rela.plt(第 27 行)调用 printf 函数时其实调用的是_dl_runtime_resolve 函数。而_dl_runtime_resolve 函数的主要任务是查找相关函数的最终虚拟地址,所以找到 printf 函数的最终虚拟地址(位于 libc.so.6 映射的虚拟地址区间内)后,_dl_runtime_resolve 函数会将该地址值写入.got.plt 中的偏移地址为 000000003fb0 的存储单元中,从而实现地址的重定位。.plt.sec(第 9 行)再次通过.rela.plt(第 27 行)调用 printf 函数时,就可以直接跳到 libc.so.6 共享库中的 printf 函数的二进制代码处执行了。

9.6 习题

1. 填空题

(1) 函数库是一些_____的集合。

(2) 函数库有两种:_____和_____。

(3) 应用程序从 C 语言源代码变成机器可执行的二进制代码要经过_____等步骤。

(4) 链接有两种:_____、_____。

(5) 在 Linux 中静态库由_____命令创建。

(6) Linux 系统中,按照共享库的命名约定,每个共享库可以有三个文件名称:_____、_____和_____。

(7) 在 Linux 中通过使用动态链接器提供的 4 个 API 函数实现显式链接共享库:_____、_____、_____、_____。

(8) 进程能够看到的所有虚拟地址的集合称为_____。

(9) 虚拟地址空间由_____和_____两部分组成。

(10) 进程地址空间中都有三个虚拟内存区域:_____、_____和 vsyscall。它们都为了加速访问内核数据,主要提供了用户进程可以直接与_____进行交互的接口。

(11) _____是 Linux 中标准的二进制文件(目标文件)格式。

(12) ELF 文件格式提供了两种视图,分别是_____和_____。链接视图就是在链接时用到的视图,以_____为单位;执行视图就是在执行时用到的视图,以_____为单位。

2. 简答题

(1) 使用函数库的目的是什么?

(2) 静态库的优缺点是什么?

(3) 共享库的优缺点是什么?

(4) 简述静态链接和动态链接。

(5) 进程用户空间可划分为哪些区间?

(6) 有哪 4 种类型的 ELF 文件?

3. 上机题

本章所有源代码文件在本书配套资源的"src/第 9 章"目录中,请读者运行每个示例,理解所有源代码。

第 10 章 Pthreads编程

本章学习目标

- 了解 Linux 线程模型。
- 了解 Pthreads 函数。
- 理解 Pthreads 编程示例。

10.1 Pthreads 概述

10.1.1 Linux 进程和线程

进程是一个具有一定独立功能的程序关于某个数据集合的一次运行活动。进程是操作系统进行资源分配的基本单位。程序运行时系统会创建一个进程,并为它分配资源,然后把该进程放入进程就绪队列,进程调度器选中它的时候就会为它分配 CPU 时间,程序开始真正运行。

线程是进程的一个执行流,是操作系统进行调度的最小单位。一个进程可以由很多个线程组成,线程间共享进程的所有资源(如虚拟地址空间、文件描述符、信号处理等),每个线程有自己的栈、局部变量、寄存器环境、errno 变量、信号屏蔽字和调度优先级。多个线程共享所属进程的代码区,不同线程可以执行同样的函数。线程由 CPU 独立调度执行,在多CPU 环境下就允许多个线程同时运行。

多线程是指进程中包含多个执行流,即在一个进程中可以同时运行多个不同的线程来执行不同的任务,也就是说,允许单个进程创建多个并行执行的线程来完成各自的任务。如果一个进程中没有其他线程,可以理解成这个进程中只有一个主线程,这个主线程独享进程中的所有资源。

每个进程都有它自己独立的地址空间,一般包括代码段、数据段、堆栈段,进程之间的切换会有较大开销。而线程是共享进程中的数据的,使用相同的地址空间,同一类线程共享代码和数据空间,每个线程都有自己独立的运行栈和程序计数器,线程之间切换的开销小,同时,创建一个线程的开销也比进程要小很多,另外,由于同一进程下的线程共享全局变量、静态变量等数据,因此线程之间的通信更方便。进程间是完全独立的,而线程间是彼此依存,并且共享资源。多进程环境中,任何一个进程的终止,不会影响到其他非子进程。而多线程环境中,父线程终止,全部子线程被迫终止。

Linux操作系统中每个进程都拥有自己独立的虚拟地址空间,好像整个系统都由自己独占一样。Linux进程在各自独立的地址空间中运行,进程之间共享数据需要用mmap(内存映射,将内核空间的一段内存区域映射到用户空间)或进程间通信机制。Linux线程可分为内核线程和用户线程。内核线程也被称为轻量级进程(Light Weight Process,LWP),内核线程只工作在内核态,没有用户空间;用户线程既可以运行在内核态(执行系统调用时),也可以运行在用户态。一个Linux进程内可以拥有多个并行运行的用户线程,这些线程共享同一进程的虚拟地址空间,所以启动或终止一个线程,比启动或终止一个进程要快。

10.1.2 Linux 线程模型

线程有3种模型: $N:1$ 用户线程模型、$1:1$ 核心线程模型和 $N:M$ 混合线程模型。

1. N:1 用户线程模型

在 $N:1$ 用户线程模型中,用户线程是在用户程序中实现的线程,不依赖于操作系统内核,仅存在于用户空间中,对内核而言,它只是在管理常规的进程,而感知不到进程中用户线程的存在。应用进程利用线程库提供的创建、同步、调度和管理线程的库函数控制用户线程。每个线程控制块都设置在用户空间中,所有对线程的操作也在用户空间中由线程库中的库函数完成,无须内核帮助;设置了用户级线程的系统,其调度仍是以进程为单位进行的。本质上是应用程序创建的多个用户线程被映射或绑定到一个内核线程或进程,这被称作多对一线程映射。该模型中,内核不干涉线程的任何生命活动,也不干涉同一进程中的线程环境切换。一个进程中的多个线程只能调度到一个CPU,这种约束限制了可用的并行总量。如果某个线程阻塞,那么进程中的所有线程都会阻塞。

2. 1:1 核心线程模型

在 $1:1$ 核心线程模型中,应用程序创建的每一个用户线程都被映射或绑定到一个内核线程,用户线程在其生命期内都会绑定到该内核线程。一旦用户线程终止,与其对应的内核线程也终止。这被称作一对一线程映射。操作系统调度器管理、调度并分派这些线程。因此,所有用户线程都工作在系统竞争范围,用户线程直接和系统范围内的其他线程/进程竞争。当运行多线程的进程捕获到信号阻塞时,只会阻塞主线程,其他子线程不受影响,会继续执行。

Linux上两个最有名的线程库是 Linux Threads 和 NPTL(Native POSIX Threading Library),它们都是采用 $1:1$ 内核线程模型实现的。现在 Linux 上默认使用的线程库是NPTL,也就是本章主要介绍的 Pthreads。

3. N:M 混合线程模型

$N:M$ 混合线程模型实现了多个用户线程和多个内核线程的交叉映射,使线程库和操作系统内核都可以管理线程。用户线程由线程库调度器管理，内核线程由操作系统内核调度器管理。该模型中，进程有自己的内核线程池。用户线程由线程库分派并标记准备执行的线程。操作系统内核选择用户线程并将它映射到内核线程池中的一个可用线程。多个用户线程可以映射到相同的内核线程，也可以映射到不同的内核线程。这被称作多对多线程映射。

10.1.3 Pthreads 简介

POSIX 线程（POSIX threads，Pthreads）标准定义了创建和操纵线程的一整套 API。Pthreads 定义了一套 C 语言的类型、函数与常量，用 pthread.h 头文件和一个线程库实现。Linux 中的线程库函数位于 libpthread 共享库中。编写 Linux 多线程应用程序需要包含头文件 pthread.h。

如何处理好同步与互斥是编写多线程程序的难点。如无专门说明，本章后面内容中的线程指的都是用户线程。

10.2   Pthreads 函数

Linux 多线程开发涉及 3 个基本概念：线程、互斥锁、条件。其中，线程操作又分线程的创建、退出、等待 3 种。互斥锁则包括 4 种操作，分别是创建、销毁、加锁和解锁。条件操作有 5 种操作：创建、销毁、触发、广播和等待。

10.2.1 创建线程

Pthreads 线程库中创建线程的函数是 pthread_create，其函数原型如下。

```
int pthread_create(pthread_t *thread, const pthread_attr_t *attr,
                   void *(*start_routine) (void *), void *arg);
```

pthread_create 函数的功能是创建线程，线程创建成功后，就开始运行相关的线程函数。新建线程从 start_routine 函数入口地址开始运行，该函数只有一个万能指针参数 arg，如果需要向线程函数传递多个参数，则需要把这些参数放到一个结构体中，然后把结构体变量地址作为 arg 参数传入。若 pthread_create 函数执行成功，则返回 0，若出错，则返回 errcode（非 0 错误代码）。之前介绍的系统调用都是执行成功返回 0，失败返回 −1，错误号保存在全局变量 errno 中，而 Pthreads 库函数都是通过返回值返回错误号，虽然每个线程也都有 errno，但这是为了兼容其他函数接口而提供的，Pthreads 库本身并不使用它，通过返回值返回错误码更加清晰。由于 pthread_create 的错误码不保存在 errno 中，因此不能直接用 perror 打印错误信息。

参数 thread 是新建线程的标识符 TID，为线程对象在用户空间中的逻辑地址值。

线程创建成功后，attr 参数用于指定各种不同的线程属性，如果为 NULL，则表示用默认属性。

参数 start_routine 为线程函数的地址，线程函数返回一个 void * 类型的返回值，该返回值可由 pthread_join 函数捕获。线程函数的声明形式为 void * (* start_routine) (void *)。

参数 arg 是传递给线程函数 start_routine 的参数,可以为 NULL。

10.2.2 终止线程

如果只终止某个线程而不终止整个进程,可以有三种方法:①在线程函数中执行 return 语句,该方法对主线程不适用,因为在 main 函数中执行 return 语句相当于调用 exit 函数。在线程函数中不能调用 exit 函数,否则整个进程的所有线程都终止。②一个线程可以调用 pthread_cancel 函数终止同一进程中的另一个线程。③线程可以调用 pthread_exit 函数终止自己。

1. 主动退出线程

Pthreads 线程库中主动退出线程的函数是 pthread_exit,其函数原型如下。

```
void pthread_exit(void *retval);
```

在线程内部调用该函数可退出当前线程。这个函数终止调用它的线程并返回 retval 指针。retval 所指向的内存单元必须是全局的或是用 malloc 分配的,不能在线程函数的栈上分配。该值可以通过 pthread_join 函数的第二个参数得到。线程结束时必须释放线程栈等资源,此时必须调用 pthread_exit 函数结束该线程,否则直到主线程退出时才释放。

2. 被动退出线程

有时希望异常终止一个线程,此时可通过 pthread_cancel 函数实现,其函数原型如下。

```
int pthread_cancel(pthread_t thread);
```

pthread_cancel 函数为线程取消函数,用来异常终止同一进程中的其他线程。不过,收到取消请求的目标线程可以决定是否允许被取消以及如何取消。参数 thread 是要取消的目标线程的线程 ID。若该函数执行成功,则返回 0;若失败,则返回错误码。

pthread_cancel 函数并不阻塞调用线程,它发出取消请求后就返回了。调用 pthread_cancel 函数时并非一定能取消该线程,因为这个函数需要线程进到内核时才会被杀掉,所以线程如果一直运行于用户空间,就没有契机进入内核,也就无法取消(例 while(1){}空循环)。

一个新建线程的默认取消状态(cancelability state)是可取消的,取消类型(cancelability type)是同步的,即在某个可取消点(cancellation point,即在执行某些函数的时候)才会取消线程。如果线程处于 PTHREAD_CANCEL_ENABLE 状态,它就接受取消请求;如果线程处于 PTHREAD_CANCEL_DISABLE 状态,取消请求就会被保持在挂起状态。默认情况下,线程处于 PTHREAD_CANCEL_ENABLE 状态。两个相关函数的函数原型如下。

```
int pthread_setcancelstate(int state, int *oldstate);
int pthread_setcanceltype(int type, int *oldtype);
```

pthread_setcancelstate 函数中,参数 state 表示要设置的新状态,参数 oldstate 为一个指向整型的指针,用于保存线程以前的状态。如果执行成功,则返回 0;如果执行失败,则返回一个非 0 的错误码。

pthread_setcanceltype 函数中,参数 type 指定线程的取消类型。当线程将退出作为对取消请求的响应时,取消类型允许线程控制它在什么地方退出。当它的取消类型为 PTHREAD_CANCEL_ASYNCHRONOUS 时,线程在任何时候都可以响应取消请求。当它的取消类型为 PTHREAD_CANCEL_DEFERRED 时,线程只能在特定的几个取消点上响应取消请求。默认情况下,线程的类型为 PTHREAD_CANCEL_DEFERRED。参数 oldtype 用来指定保存原来的取消类型的地址。如果执行成功,则返回 0;如果失败,则返回一个非 0 的错误码。

10.2.3 线程的结合和分离

在任何一个时间点上,线程是可结合的(joinable)或者是分离的(detached)。一个可结合的线程能够被其他线程收回其资源或杀死。在被其他线程回收之前,它的存储器资源(如栈)是不释放的。相反,一个分离的线程是不能被其他线程回收或杀死的,它的存储器资源在它终止时由系统自动释放。默认情况下,Linux 线程被创建成可结合的。为了避免内存泄漏,每个可结合线程都应该要么被显示地回收(即调用 pthread_join 函数),要么通过调用 pthread_detach 函数被分离。这两个函数的函数原型如下。

```
int pthread_join(pthread_t thread, void **retval);
int pthread_detach(pthread_t thread);
```

1. pthread_join 函数

调用 pthread_join 函数的线程(主线程)以阻塞的方式等待 thread 指定的线程(目标线程或子线程)结束。当函数返回时,回收被等待线程的资源。如果线程已经结束,那么该函数会立即返回,并且 thread 指定的线程必须是 joinable(结合)。若 pthread_join 执行成功,则返回 0;若出错,则返回 errcode(非 0 错误代码)。参数 thread 是目标线程的标识符。参数 retval 是目标线程的返回值,如果对 thread 线程的终止状态不感兴趣,可以将参数 retval 设为 NULL。如果 retval 不是 NULL,线程的返回值将存储在由 retval 指向的变量中。目标线程以不同的方法终止,通过 pthread_join 得到的终止状态也不同,有以下三种返回值。

(1) 如果 thread 线程通过 return 返回,则 retval 所指向的存储单元里存放的是 thread 线程函数的返回值。

(2) 如果 thread 线程被别的线程调用 pthread_cancel 异常终止,则 retval 所指向的存储单元里存放的是常数 PTHREAD_CANCELED,其定义如下。

```
#define PTHREAD_CANCELED ((void *) −1)
```

(3) 如果 thread 线程是自己调用 pthread_exit 终止的,则 retval 所指向的存储单元存放的是传给 pthread_exit 的参数值。

创建一个线程默认的状态是 joinable。如果一个线程结束运行后并没有被其他线程调用 pthread_join 函数回收,则它的状态类似于僵尸进程的状态,即还有一部分资源没有被回收,所以创建线程者应该调用 pthread_join 函数来等待该线程运行结束。但是调用 pthread_join 函数后,如果目标线程没有运行结束,调用者会被阻塞,在有些情况下并不希望如此。此时可以使用 pthread_detach 函数。pthread_detach 函数可以将目标线程的状态设置为 detached(分离状态),使得目标线程运行结束后会自动释放所有资源。

2. pthread_detach 函数

pthread_detach 函数使得主线程与子线程分离,子线程结束后由系统自动回收资源。这个函数既可以在主线程中调用,也可以在子线程中调用。例如,在子线程函数开头加上

pthread_detach(pthread_self());语句,在子线程函数尾部调用 pthread_exit 函数结束子线程时就会自动回收资源。

　　总之,pthread_detach 和 pthread_join 是控制子线程回收资源的两种不同的方式。同一进程中的多个线程具有共享和独享的资源,其中共享资源有堆、全局变量、静态变量、文件等公用资源;独享资源有栈和寄存器。这两种方式决定子线程结束时如何回收独享资源。pthread_detach 使得主线程与子线程分离,两者相互不干涉,子线程结束的同时子线程的资源自动回收。pthread_join 使得子线程合入主线程,主线程会一直阻塞等待,直到子线程执行结束,然后主线程回收子线程资源后继续执行。

　　本章所有源代码文件在本书配套资源的"src/第 10 章"目录中。

　　本小节的示例代码(源代码文件 p-join-detach.c)如下。

扫一扫

```c
1 #include<stdio.h>
2 #include<stdlib.h>
3 #include<unistd.h>
4 #include<pthread.h>
5 #include<sys/types.h>
6 #include<sys/syscall.h>
7 #define gettidv1() syscall(__NR_gettid)
8 #define gettidv2() syscall(SYS_gettid)
9 #define T_NUM 2
10 int retval1=1, retval2=2;
11 typedef struct student{
12     int id; char *name, *addr;
13 }student;
14 typedef void* (*pfun)(void *);
15 typedef long int lint;
16 void* thread1(void *arg){
17     student *stu=(student *)arg;
18     printf("utid1=%lu\n",pthread_self());
19     printf("ktid1=%ld\n",(lint)gettidv1());
20     printf("id=%d,name=%s,addr=%s\n",
21         stu->id, stu->name, stu->addr);
22     sleep(10); pthread_exit(&retval1);
23 }
24 void* thread2(void *arg){
25     student *stu=(student *)arg;
26     printf("utid2=%p\n",(int*)pthread_self());
27     printf("ktid2=%ld\n",(lint)gettidv2());
28     printf("id=%d,name=%s,addr=%s\n",
29         stu->id, stu->name, stu->addr);
30     sleep(10); pthread_exit(&retval2);
31 }

32 int main(){
33     int i, ret, *retv[2];
34     pthread_t pt[T_NUM];
35     const char *str[T_NUM];
36     pfun fun[T_NUM];
37     student stu[T_NUM];
38     char *n[2]={"student 1", "student 2"};
39     char *a[2]={"address 1", "address 2"};
40     for(i=0; i<T_NUM; i++){ stu[i].id=i+1;
41         stu[i].name=n[i]; stu[i].addr=a[i];
42     }
43     fun[0]=thread1; fun[1]=thread2;
44     printf("创建线程\n");
45     for(i=0; i < T_NUM; i++){
46         ret=pthread_create(&pt[i], NULL,
47                 fun[i], (void *)(stu+i));
48         if(ret!=0){printf("创建线程失败!\n");exit(1);}
49     }
50     printf("等待线程\n");
51     for(i=0; i < T_NUM; i++){
52 #ifdef JOIN
53         ret=pthread_join(pt[i],(void**)&retv[i]);
54         if(ret!=0){printf("join失败!\n");exit(1);}
55         else printf("返回值:%d\n",*retv[i]);
56 #endif
57 #ifdef DETACH
58         ret=pthread_detach(pt[i]);
59         if(ret!=0){printf("detach失败!\n");exit(1);}
60 #endif
61     } printf("主线程暂停.\n"); pause();
62 }
```

　　pthread_self 函数的功能是获得当前线程自身的标识符。

gcc -DJOIN p-join-detach.c -o p-join

　　执行如上命令编译上面源代码,然后执行 p-join 命令。刚执行 p-join 命令,很快就输出图 10.1 中 2~9 行的信息,此时可查看线程 p-join 的 PID 和 LWP,结果如图 10.2 中第 1 次执行 ps 命令的输出信息,有 3 个 p-join 线程,两个子线程的线程 ID(LWP)分别是 807331 和 807332,主线程的线程 ID(LWP)是 807330,而 807330 也是 p-join 进程的进程 ID(PID)。10s 时,两个子线程结束,输出信息为图 10.1 中 10~12 行信息,主线程调用 pause 暂停。此时查看线程 p-join 的 PID 和 LWP,结果如图 10.2 中第 2 次执行 ps 命令的输出信息,有 1 个 p-join 线程,即主线程。此时按 Ctrl+C 组合键结束主线程,第 3 次执行 ps 命令时没有输出信息。

　　图 10.1 中第 4、7 行为 pthread_self 函数返回的线程在用户空间的线程 ID。在 Linux 中,线程 ID 是一个逻辑地址值,140112122885696 是子线程 1 的线程 ID 的十进制表示,

0x7f6e64d02640 是子线程 2 的线程 ID 的十六进制表示。

图 10.1 中,第 5、8 行为 gettidv1、gettidv2 函数返回的线程在内核空间的线程 ID,和图 10.3 中的输出信息是一致的。

```
 1 # ./p-join
 2 创建线程
 3 等待线程
 4 utid1=140112122885696
 5 ktid1=807331
 6 id=1,name=student 1,addr=address 1
 7 utid2=0x7f6e64d02640
 8 ktid2=807332
 9 id=2,name=student 2,addr=address 2
10 返回值:1
11 返回值:2
12 主线程暂停.
13 ^C
```

图 10.1　p-join 命令的执行结果

```
[root@ztg ~]# ps -eLf | grep p-join | grep -v grep
UID       PID     PPID     LWP  C NLWP STIME TTY      TIME CMD
root    807330   461708  807330  0    3 22:31 pts/1  00:00:00 ./p-join
root    807330   461708  807331  0    3 22:31 pts/1  00:00:00 ./p-join
root    807330   461708  807332  0    3 22:31 pts/1  00:00:00 ./p-join
[root@ztg ~]# ps -eLf | grep p-join | grep -v grep
root    807330   461708  807330  0    1 22:31 pts/1  00:00:00 ./p-join
[root@ztg ~]# ps -eLf | grep p-join | grep -v grep
[root@ztg ~]#
```

图 10.2　查看线程 p-join 的 PID 和 LWP

```
 1 # ./p-detach
 2 创建线程
 3 utid1=139726434715200
 4 ktid1=807250
 5 id=1,name=student 1,addr=address 1
 6 等待线程
 7 主线程暂停.
 8 utid2=0x7f149801b640
 9 ktid2=807251
10 id=2,name=student 2,addr=address 2
11 ^C
```

图 10.3　p-detach 命令的执行结果

gcc -DDETACH p-join-detach.c -o p-detach

执行如上命令编译上面源代码,然后执行 p-detach 命令。刚执行 p-detach 命令,很快就输出图 10.3 中 2～10 行的信息,此时可查看线程 p-detach 的 PID 和 LWP,结果如图 10.4 中第 1 次执行 ps 命令的输出信息,有 3 个 p-detach 线程,两个子线程的线程 ID(LWP)分别是 807250 和 8072512,主线程的线程 ID(LWP)是 807249,而 807249 也是 p-detach 进程的进程 ID(PID)。10s 时,两个子线程结束,此时查看线程 p-detach 的 PID 和 LWP,结果如图 10.4 中第 2 次执行 ps 命令的输出信息,有 1 个 p-detach 线程,即主线程。此时按 Ctrl＋C 组合键结束主线程,第 3 次执行 ps 命令时没有输出信息。

请读者结合运行结果以及本节中各函数的介绍,分析上面源代码。

```
[root@ztg ~]# ps -eLf | grep p-detach | grep -v grep
UID          PID      PPID      LWP  C NLWP STIME TTY         TIME CMD
root      807249    461708   807249  0    3 22:27 pts/1    00:00:00 ./p-detach
root      807249    461708   807250  0    3 22:27 pts/1    00:00:00 ./p-detach
root      807249    461708   807251  0    3 22:27 pts/1    00:00:00 ./p-detach
[root@ztg ~]# ps -eLf | grep p-detach | grep -v grep
root      807249    461708   807249  0    1 22:27 pts/1    00:00:00 ./p-detach
[root@ztg ~]# ps -eLf | grep p-detach | grep -v grep
[root@ztg ~]#
```

图 10.4　查看线程 p-detach 的 PID 和 LWP

10.2.4　线程属性

pthread_create 中的第二个参数是 const pthread_attr_t * attr，即指向 pthread_attr_t 的指针。pthread_attr_t 结构体定义了一套完整的线程属性，如下所示。

```
 1 typedef struct {                          //线程属性结构
 2     int __detachstate;                    //线程的分离状态
 3     int __schedpolicy;                    //线程的调度策略
 4     struct sched_param __schedparam;      //线程的调度参数
 5     int __inheritsched;                   //线程的继承性
 6     int __scope;                          //线程的作用域
 7     size_t __guardsize;                   //线程栈末尾的警戒缓冲区大小
 8     int __stackaddr_set;                  //线程的栈设置
 9     void *__stackaddr;                    //线程栈的地址
10     unsigned long int __stacksize;        //线程栈的大小
11 } pthread_attr_t;
```

线程属性 pthread_attr_t 主要包括作用域、分离状态、栈地址、栈大小、优先级、调度策略和参数等属性信息。

POSIX 标准指定了三种调度策略：先入先出策略（SCHED_FIFO）、循环策略（SCHED_RR）和自定义策略（SCHED_OTHER）。SCHED_FIFO 是基于队列的调度程序，对于每个优先级会使用不同的队列。SCHED_RR 与 FIFO 相似，不同的是前者的每个线程都有一个执行时间配额。SCHED_OTHER 是默认的调度策略。线程一旦开始运行，直到被抢占或者直到线程阻塞或停止为止。

线程分为两类：非实时线程和实时线程。①非实时线程，只有一个静态优先级，默认为0。新线程的优先级为0。②实时线程，拥有 1~99 个静态优先级，数字越大，优先级越高，高优先级的实时线程会完全抢占低优先级实时线程的资源，需要有超级用户权限才能启动实时线程。

作用域属性描述特定线程将与哪些线程竞争资源。线程可以在两种竞争域内竞争资源：①进程域，与同一进程内的其他线程。②系统域，与系统中的所有线程。一个具有系统域的线程将与整个系统中所有具有系统域的线程按照优先级竞争处理器资源，进行调度。

在线程栈顶留出一段空间防止栈溢出。当栈指针进入这段保护区时，系统会发出错误信息，通常是发送信号给线程。该属性的默认值是 PAGESIZE 大小，该属性被设置时，系统会自动将该属性大小补齐为页大小的整数倍。当改变栈地址属性时，栈保护区大小通常清零。

当进程栈地址空间不够用时，指定新建线程使用由 malloc 分配的空间作为自己的栈空间。通过 pthread_attr_setstackaddr 和 pthread_attr_getstackaddr 两个函数分别设置和获取线程的栈地址。传给 pthread_attr_setstackaddr 函数的地址是缓冲区的低地址。

当系统中有很多线程时,可能需要减小每个线程栈的默认大小,防止进程的地址空间不够用。当线程调用的函数会分配很大的局部变量或函数调用层次很深时,可能需要增大线程栈的默认大小。通过 pthread_attr_getstacksize 和 pthread_attr_setstacksize 两个函数分别获取和设置线程栈的大小。

关于用户线程的绑定,牵涉到内核线程。系统对线程资源的分配、对线程的控制是通过内核线程实现的。一个内核线程可以控制一个或多个用户线程。①非绑定状态。默认状况下,启动多少内核线程、哪些内核线程控制哪些线程是由系统控制的,这种状况即称为非绑定的。②绑定状态。某个线程固定地关联到一个内核线程上。被绑定的线程具有较高的响应速度,这是因为 CPU 时间片的调度是面向内核线程的。绑定的线程可以保证在需要的时候它总有一个内核线程可用。

默认属性为非绑定、非分离、缺省 1MB 的栈、与父进程同样级别的优先级。属性值不能直接设置,须使用相关函数进行操作。Pthreads 线程库定义了一系列函数来操作 pthread_attr_t 类型的变量,以方便获取和设置线程属性。下面函数的形参 attr 指向一个线程属性的指针,函数执行成功时返回 0,失败时返回错误编号。

(1) int pthread_attr_init(pthread_attr_t * attr);

初始化一个线程属性对象,这个函数必须在 pthread_create 函数之前调用,之后须用 pthread_attr_destroy 函数释放资源。

(2) int pthread_attr_destroy(pthread_attr_t * attr);

将属性对象的值设为无效。被设为无效的属性对象可再次被初始化为一个新的属性对象。

(3) int pthread_getattr_np(pthread_t thread, pthread_attr_t * attr);

获取已创建线程的属性。当不再需要 pthread_getattr_np 函数返回的线程属性对象时,应使用 pthread_attr_destroy 函数销毁该对象。使用该函数的源文件中,在包含头文件之前,需要定义_GNU_SOURCE:♯define _GNU_SOURCE。

(4) int pthread_attr_setaffinity_np(pthread_attr_t * attr, size_t setsize, const cpu_set_t * cpuset);

通过指定 cpuset 设置线程的 CPU 亲和性。CPU 亲和性是一种调度属性,它可以将一个线程绑定到一个或一组 CPU 上。Linux 调度器会根据 CPU affinity 的设置让指定的线程运行在绑定的 CPU 上,而不会在别的 CPU 上运行。Linux 调度器同样支持自然 CPU 亲和性,会试图保持线程在相同的 CPU 上运行,这意味着线程通常不会在处理器之间频繁迁移,线程迁移的频率小,就意味着产生的负载小。参数 setsize 表示 CPU 组的缓冲区大小,参数 cpuset 指向 CPU 组的指针。

(5) int pthread_attr_getaffinity_np(pthread_attr_t * attr, size_t cpusetsize, cpu_set_t * cpuset);

获取线程的 CPU 亲和性。

(6) int pthread_attr_setdetachstate(pthread_attr_t * attr, int detachstate);

设置线程分离状态属性。参数 detachstate 可设置为 PTHREAD_CREATE_DETACHED(分离线程)和 PTHREAD_CREATE_JOINABLE(非分离线程)。注意,如果

设置一个线程为分离线程,而该线程运行又非常快,它很可能在 pthread_create 函数返回之前就终止了,它终止以后就可能将线程号和系统资源移交给其他线程使用,这样,调用 pthread_create 函数的线程会得到错误的线程号。要避免这种情况,可以采取一定的同步措施,在被创建的线程里调用 pthread_cond_timewait 函数让该线程等一会儿,留出足够时间让 pthread_create 函数返回。设置一段等待时间,是在多线程编程里常用的方法。

(7) int pthread_attr_getdetachstate(pthread_attr_t * attr, int * detachstate);

获取线程分离状态属性。参数 detachstate 保存返回的分离状态属性。

(8) int pthread_attr_setguardsize(pthread_attr_t * attr, size_t guardsize);

设置线程的栈保护区大小。栈保护区提供了对栈指针溢出的保护。参数 guardsize 表示要设置的线程栈保护区大小。如果 guardsize 设置为 0,则表示没有保护区;如果 guardsize 大于 0,则会为每个使用 attr 创建的线程提供大小至少为 guardsize 字节的溢出保护区。

(9) int pthread_attr_getguardsize(pthread_attr_t * attr, size_t * guardsize);

获取线程的栈保护区大小。参数 guardsize 返回获取的栈保护区大小。

(10) int pthread_attr_setscope(pthread_attr_t * attr, int scope);

设置线程的作用域。参数 scope 表示线程的作用域,值为 PTHREAD_SCOPE_SYSTEM(与系统中所有进程中的线程竞争)和 PTHREAD_SCOPE_PROCESS(与当前进程中的其他线程竞争),指定了作用域,也就指定了线程与谁竞争资源。

(11) int pthread_attr_getscope(pthread_attr_t * attr, int * scope);

获取线程的作用域。参数 scope 返回线程的作用域。

(12) int pthread_attr_setstack(pthread_attr_t * attr, void * stackaddr, size_t stacksize);

设置线程栈区。参数 stackaddr 表示线程的栈地址(页对齐),参数 stacksize 表示线程的栈大小(页大小的整数倍)。设置线程栈区将导致 pthread_attr_setguardsize 函数失效。

(13) int pthread_attr_getstack(pthread_attr_t * attr, void * * stackaddr, size_t * stacksize);

获取线程的堆栈信息(栈地址和栈大小)。参数 stackaddr 返回获取的栈地址,参数 stacksize 返回获取的栈大小。

(14) int pthread_attr_setstackaddr(pthread_attr_t * attr, void * stackaddr);

设置线程栈地址。该函数已过时,用 pthread_attr_setstack 代替。

(15) int pthread_attr_getstackaddr(pthread_attr_t * attr, void ** stackaddr);

获取线程栈地址。该函数已过时,用 pthread_attr_getstack 代替。

(16) int pthread_attr_setstacksize(pthread_attr_t * attr, size_t stacksize);

设置线程栈大小。安全的程序不要依赖于默认的栈大小,要使用该函数为每个线程显式地分配足够的栈空间。

(17) int pthread_attr_getstacksize(pthread_attr_t * attr, size_t * stacksize);

获取线程栈大小。参数 stacksize 返回线程的栈大小。

(18) int pthread_attr_setschedpolicy(pthread_attr_t * attr, int policy);

设置线程的调度策略。参数 policy 表示线程的调度策略,有 3 种:SCHED_FIFO(先入

先出策略)、SCHED_RR(轮转调度,类似于 FIFO,但加上了时间轮片算法)、SCHED_
OTHER(系统默认策略)。

(19) int pthread_attr_getschedpolicy(pthread_attr_t * attr, int * policy);

获取线程的调度策略。参数 policy 返回线程的调度策略。

(20) int pthread_attr_setschedparam(pthread_attr_t * attr, const struct sched_param *
param);

设置线程的调度参数。参数 param 表示要设置的调度参数。

(21) int pthread_attr_getschedparam(pthread_attr_t * attr, struct sched_param *
param);

获取线程的调度参数。参数 param 返回获取的调度参数,该结构有一个参数,定义
如下。

```
struct sched_param {int sched_priority; /* Scheduling priority */};
```

(22) int pthread_attr_setinheritsched(pthread_attr_t * attr, int * inheritsched);

设置线程是否继承父线程调度策略。参数 inheritsched 表示是否继承父线程的调度策
略,可以为 PTHREAD_EXPLICIT_SCHED(不继承,只有不继承父线程的调度策略才可以
设置线程的调度策略)和 PTHREAD_INHERIT_SCHED(继承父进程的调度策略)。

(23) int pthread_attr_getinheritsched(pthread_attr_t * attr, int * inheritsched);

获取线程是否继承调度属性。参数 inheritsched 返回继承调度属性的设置。

本小节的示例代码(源代码文件 p-attr.c)如下。

扫一扫

```
1 #define _GNU_SOURCE
2 #include <pthread.h>
3 #include <stdio.h>
4 #include <stdlib.h>
5 #include <unistd.h>
6 #include <errno.h>
7 #define handle_error_en(en, msg) \
8     do { errno = en; perror(msg); exit(EXIT_FAILURE); } while (0)
9 static void display_pthread_attr(pthread_attr_t *attr, char *prefix){
10   int s, i;  size_t v;  void *stkaddr;  struct sched_param sp;
11   s = pthread_attr_getdetachstate(attr, &i);
12   if (s != 0) handle_error_en(s, "pthread_attr_getdetachstate");
13   printf("%sDetach state        = %s\n", prefix,
14     (i == PTHREAD_CREATE_DETACHED) ? "PTHREAD_CREATE_DETACHED" :
15     (i == PTHREAD_CREATE_JOINABLE) ? "PTHREAD_CREATE_JOINABLE" : "???");
16   s = pthread_attr_getscope(attr, &i);
17   if (s != 0) handle_error_en(s, "pthread_attr_getscope");
18   printf("%sScope               = %s\n", prefix,
19     (i == PTHREAD_SCOPE_SYSTEM)  ? "PTHREAD_SCOPE_SYSTEM" :
20     (i == PTHREAD_SCOPE_PROCESS) ? "PTHREAD_SCOPE_PROCESS" : "???");
21   s = pthread_attr_getinheritsched(attr, &i);
22   if (s != 0) handle_error_en(s, "pthread_attr_getinheritsched");
23   printf("%sInherit scheduler   = %s\n", prefix,
24     (i == PTHREAD_INHERIT_SCHED)  ? "PTHREAD_INHERIT_SCHED" :
25     (i == PTHREAD_EXPLICIT_SCHED) ? "PTHREAD_EXPLICIT_SCHED" : "???");
26   s = pthread_attr_getschedpolicy(attr, &i);
27   if (s != 0) handle_error_en(s, "pthread_attr_getschedpolicy");
28   printf("%sScheduling policy   = %s\n", prefix,
29     (i == SCHED_OTHER) ? "SCHED_OTHER" :
30     (i == SCHED_FIFO)  ? "SCHED_FIFO" :
31     (i == SCHED_RR)    ? "SCHED_RR" : "???");
32   s = pthread_attr_getschedparam(attr, &sp);
33   if (s != 0) handle_error_en(s, "pthread_attr_getschedparam");
34   printf("%sScheduling priority = %d\n", prefix, sp.sched_priority);
```

```
35    s = pthread_attr_getguardsize(attr, &v);
36    if (s != 0) handle_error_en(s, "pthread_attr_getguardsize");
37    printf("%sGuard size          = %zu bytes\n", prefix, v);
38    s = pthread_attr_getstack(attr, &stkaddr, &v);
39    if (s != 0) handle_error_en(s, "pthread_attr_getstack");
40    printf("%sStack address       = %p\n", prefix, stkaddr);
41    printf("%sStack size          = %#zx bytes\n", prefix, v);
42 }
43 static void *thread_start(void *arg){
44    pthread_attr_t gattr; int s = pthread_getattr_np(pthread_self(), &gattr);
45    if (s != 0) handle_error_en(s, "pthread_getattr_np");
46    printf("Thread attributes:\n");
47    display_pthread_attr(&gattr, "\t");  exit(EXIT_SUCCESS);
48 }
49 int main(int argc, char *argv[]){
50    int s;  pthread_t thr;  pthread_attr_t attr, *attrp=NULL;
51    if (argc > 1) {
52      size_t stack_size;  void *sp;  attrp = &attr;
53      s = pthread_attr_init(&attr);
54      if (s != 0) handle_error_en(s, "pthread_attr_init");
55      s = pthread_attr_setdetachstate(&attr, PTHREAD_CREATE_DETACHED);
56      if (s != 0) handle_error_en(s, "pthread_attr_setdetachstate");
57      s = pthread_attr_setinheritsched(&attr, PTHREAD_EXPLICIT_SCHED);
58      if (s != 0) handle_error_en(s, "pthread_attr_setinheritsched");
59      stack_size = strtoul(argv[1], NULL, 0);
60      s = posix_memalign(&sp, sysconf(_SC_PAGESIZE), stack_size);
61      if (s != 0) handle_error_en(s, "posix_memalign");
62      printf("posix_memalign() allocated at %p\n", sp);
63      s = pthread_attr_setstack(&attr, sp, stack_size);
64      if (s != 0) handle_error_en(s, "pthread_attr_setstack");
65    }
66    s = pthread_create(&thr, attrp, &thread_start, NULL);
67    if (s != 0) handle_error_en(s, "pthread_create");
68    if (attrp != NULL) { s = pthread_attr_destroy(attrp);
69      if (s != 0) handle_error_en(s, "pthread_attr_destroy");
70    }  pause();
71 }
```

执行命令 gcc p-attr.c -o p-attr 编译上面源代码,然后执行 p-attr 命令,结果如图 10.5 左半部所示,接着执行带命令行参数的 p-attr 命令,结果如图 10.5 右半部所示。请读者结合运行结果以及本节中各函数的介绍,分析上面源代码。

```
# ./p-attr                                      # ./p-attr 0x1000000
Thread attributes:                              posix_memalign() allocated at 0x7fc6651f2000
  Detach state        = PTHREAD_CREATE_JOINABLE Thread attributes:
  Scope               = PTHREAD_SCOPE_SYSTEM      Detach state        = PTHREAD_CREATE_DETACHED
  Inherit scheduler   = PTHREAD_INHERIT_SCHED     Scope               = PTHREAD_SCOPE_SYSTEM
  Scheduling policy   = SCHED_OTHER               Inherit scheduler   = PTHREAD_EXPLICIT_SCHED
  Scheduling priority = 0                         Scheduling policy   = SCHED_OTHER
  Guard size          = 4096 bytes                Scheduling priority = 0
  Stack address       = 0x7f9befb60000           Guard size          = 0 bytes
  Stack size          = 0x800000 bytes           Stack address       = 0x7fc6651f2000
                                                  Stack size          = 0x1000000 bytes
```

图 10.5 p-attr 可执行程序的运行结果

下面示例代码(源代码文件 p-attr-detach.c)在主线程中通过设置线程属性将子线程设置为分离状态。

扫一扫

```
1 #include <stdio.h>
2 #include <stdlib.h>
3 #include <string.h>
4 #include <unistd.h>
5 #include <errno.h>
6 #include <pthread.h>
7 #define COND_CHECK(func, cond, retv, errv) \
8 if ( (cond) ) { \
9   fprintf(stderr, "\n[CHECK FAILED at %s:%d]\n| %s(...)=%d (%s)\n\n",\
10           __FILE__,__LINE__,func,retv,strerror(errv)); \
```

```
11   exit(EXIT_FAILURE); \
12 }
13 #define ErrnoCheck(func,cond,retv)  COND_CHECK(func, cond, retv, errno)
14 #define PthreadCheck(func,rc) COND_CHECK(func,(rc!=0), rc, rc)
15 void *thread(void* ignore){sleep(1); return NULL;}
16 void detach_state(pthread_t tid, const char *tname){
17   int rc = pthread_join(tid, NULL);
18   if ( rc==EINVAL ) printf("%s is detached\n", tname);
19   else if ( rc==0 )  printf("%s was joinable\n", tname);
20   else printf("%s: pthread_join() = %d (%s)\n", tname, rc, strerror(rc));
21 }
22 int main(){
23   int rc; pthread_t tid1, tid2, tid3; pthread_attr_t attr;
24   rc = pthread_create(&tid1, NULL, thread, NULL); //创建可结合线程
25   PthreadCheck("pthread_create", rc); detach_state(tid1, "thread1");
26   // 下面3行通过pthread_detach创建可分离线程
27   rc = pthread_create(&tid2, NULL, thread, NULL);
28   PthreadCheck("pthread_create", rc); rc = pthread_detach(tid2);
29   PthreadCheck("pthread_detach", rc); detach_state(tid2, "thread2");
30   // 下面5行通过pthread_attr_setdetachstate设置可分离线程
31   rc = pthread_attr_init(&attr); PthreadCheck("pthread_attr_init", rc);
32   rc = pthread_attr_setdetachstate(&attr, PTHREAD_CREATE_DETACHED);
33   PthreadCheck("pthread_attr_setdetachstate", rc);
34   rc = pthread_create(&tid3, &attr, thread, NULL);
35   PthreadCheck("pthread_create", rc); detach_state(tid3, "thread3");
36   return EXIT_SUCCESS;
37 }
```

执行命令 gcc p-attr-detach.c -o p-attr-detach 编译上面源代码,然后执行 p-attr-detach 命令,结果如图 10.6 所示。请读者结合运行结果以及本节中各函数的介绍,分析上面源代码。

```
# ./p-attr-detach
thread1 was joinable
thread2 is detached
thread3 is detached
```

图 10.6 执行 p-attr-detach 命令的运行结果

10.2.5 自动清理线程资源

线程可以安排它退出时需要调用的函数,这样的函数称为线程清理函数,用于程序退出时做一些善后工作。pthread_cleanup_push 和 pthread_cleanup_pop 这两个函数维护一个函数指针的栈,可以把函数指针(指向线程清理函数)和函数参数值压栈或出栈。从 pthread_cleanup_push 函数的调用点到 pthread_cleanup_pop 函数之间的程序段中的终止动作(包括调用 pthread_exit 函数和异常终止)都将执行 pthread_cleanup_push 函数所指定的清理函数。由于 pthread_cleanup_push 函数与 pthread_cleanup_pop 函数由宏的方式实现,因此这两个函数必须在同一个代码段中成对调用。

```
void pthread_cleanup_push(void (*routine)(void *), void *arg);   //注册清理函数
void pthread_cleanup_pop(int execute);                           //释放清理函数
```

参数 routine 是一个函数指针,指向线程清理处理函数。参数 arg 是传递给处理函数的形参。

在下面情况下,pthread_cleanup_push 所指定的线程清理函数会被调用的三种情况:①调用 pthread_exit;②响应 cancel 请求;③以非 0 参数调用 pthread_cleanup_pop 函数。如果以参数 0 调用 pthread_cleanup_pop 函数,那么线程清理函数不会被调用。

多次对 pthread_cleanup_push 函数的调用将在清理函数栈中形成一个函数链,在执行该函数链时按照压栈的相反顺序弹出。参数 execute 表示执行到 pthread_cleanup_pop 函数时是否在弹出清理函数的同时执行该函数,为 0 表示不执行,非 0 表示执行。参数 execute 并不影响异常终止时清理函数的执行。

下面示例代码(源代码文件 p-cleanup.c)自动清理线程资源。

```
 1 #include<stdio.h>
 2 #include<unistd.h>
 3 #include<pthread.h>
 4 void cleaning(void *arg){printf("线程资源清理成功\n");}
 5 void *working(void *dev){
 6   pthread_cleanup_push(cleaning,NULL);
 7   //pthread_exit(NULL);
 8   pthread_cleanup_pop(1);
 9 }
10 int main(int argc,char *argv[]){
11   pthread_t t_id;
12   if(pthread_create(&t_id,NULL,working,NULL)!=0)
13     { printf("线程创建失败!\n"); }
14   if(pthread_detach(t_id)!=0){printf("detach失败!\n");}
15   printf("主线程暂停.\n"); pause();
16 }
```

执行命令 gcc p-cleanup.c -o p-cleanup 编译上面源代码,然后执行 p-cleanup 命令,结果如图 10.7 所示(图中^C 表示按下 Ctrl+C 组合键结束进程)。请读者结合运行结果以及本节中各函数的介绍,分析上面源代码。

```
# ./p-cleanup
主线程暂停.
线程资源清理成功
^C
```

图 10.7　执行 p-cleanup 命令的运行结果

10.2.6　线程同步与互斥

操作系统中有大量可调度的进程/线程(任务)同时存在,其中的若干个任务可能都需要访问同一种资源,因此这些任务之间存在依赖关系,某个任务的运行依赖于另一个任务。依赖关系分为两种:同步与互斥。①互斥是指散布在不同任务中的若干程序片段,当某个任务运行其中一个程序片段时,其他任务就不能运行它们之中的任一程序片段,只能等到该任务运行完这个程序片段后才可以运行,最基本的场景就是对资源的同时写,为了保持资源的一致性,往往需要进行互斥访问。②同步是指散布在不同任务中的若干程序片段,它们必须严格按照规定的某种先后次序运行,这种先后次序依赖于要完成的特定的任务,最基本的场景就是任务之间的依赖,比如 A 任务的运行依赖于 B 任务产生的数据。

同步是一种更为复杂的互斥,互斥是一种特殊的同步。互斥是两个任务不能同时运行,它们会相互排斥,必须等待一个任务运行完毕,另一个任务才能运行。同步也是不能同时运行,但必须按照某种次序运行相应的任务。互斥具有唯一性和排他性,不限制任务的运行顺序,也就是互斥的任务是无序的,而同步的任务之间则有顺序关系。Linux 中实现线程同步有 6 种方法:互斥锁、自旋锁、信号量、条件变量、读写锁、屏障。

1. 互斥锁（同步）

多个线程同时访问共享数据时可能会冲突，解决的办法是引入互斥锁（Mutual Exclusive Lock，Mutex）。互斥锁本质上是一个特殊的全局变量，拥有加锁（lock）和解锁（unlock）两种状态。unlock 表示当前资源可以访问，第一个访问资源的线程负责将互斥锁设置为 lock，访问完成后再重置为 unlock；lock 表示有线程正在访问资源，当其他线程想访问 lock 状态的资源时，它们会被放入一个等待（阻塞）队列等待资源解锁，互斥锁的状态为 unlock 后才能被唤醒。通过对资源进行加锁和解锁，可以确保同一时刻最多有一个线程访问该资源，根本上避免了多线程抢夺资源的情况发生。注意，对资源进行加锁和解锁操作的必须是同一个线程。互斥锁实现多线程同步的核心思想是：有线程访问进程空间中的公共资源时，该线程执行加锁操作，阻止其他线程访问。访问完成后，该线程负责完成解锁操作，将资源让给其他线程。当有多个线程想访问资源时，谁最先完成加锁操作，谁就最先访问资源。

获得锁的线程可以完成"读-修改-写"的操作，然后释放锁给其他线程，没有获得锁的线程只能等待，而不能访问共享数据，这样"读-修改-写"三步操作组成一个原子操作，要么都执行，要么都不执行，不会执行到中间被打断，也不会在其他处理器上并行做这个操作。

POSIX 标准规定，用 pthread_mutex_t 类型的变量表示一个互斥锁，该类型以结构体的形式定义在<pthread.h>头文件中。

（1）互斥锁的初始化。

互斥锁的初始化分为静态初始化和动态初始化。动态初始化使用 pthread_mutex_init 函数，静态初始化示例如 pthread_mutex_t mutex＝PTHREAD_MUTEX_INITIALIZER；

这两种初始化方式是等价的，PTHREAD_MUTEX_INITIALIZE 宏和 pthread_mutex_init 函数都定义在 pthread.h 头文件中，它们的主要区别在于 pthread_mutex_init 函数可以自定义互斥锁的属性。pthread_mutex_init 函数原型如下。

```
int pthread_mutex_init(pthread_mutex_t *mutex, const pthread_mutexattr_t *attr);
```

互斥锁用 pthread_mutex_t 类型的变量表示，可以这样初始化和销毁。参数 mutex 表示要初始化的互斥锁；参数 attr 用于自定义新建互斥锁的属性，attr 的值为 NULL 时表示以默认属性创建互斥锁。初始化成功时返回 0，初始化失败时返回错误号。注意，不能对一个已经初始化过的互斥锁再进行初始化操作。如果互斥锁是静态分配的（全局变量或 static 变量），也可以用宏 PTHREAD_MUTEX_INITIALIZER 来初始化，相当于用 pthread_mutex_init 函数初始化且 attr 参数为 NULL。

（2）互斥锁属性。

pthread_mutexattr_t 结构体定义了一套完整的互斥锁属性。线程库提供了一系列函数来操作 pthread_mutexattr_t 类型的变量，以方便获取和设置互斥锁属性。互斥锁的两种常用属性为 pshared 和 type。pshared 指定是否允许跨进程共享互斥锁；type 指定互斥锁的类型。

用于初始化、销毁、获取、设置互斥锁属性的函数如下。

```
int pthread_mutexattr_init(pthread_mutexattr_t *attr);
int pthread_mutexattr_destroy(pthread_mutexattr_t *attr);
int pthread_mutexattr_getpshared(const pthread_mutexattr_t*restrict attr,int*restrict pshared);
int pthread_mutexattr_setpshared(pthread_mutexattr_t *attr, int pshared);
```

参数 attr 表示互斥锁的属性;参数 pshared 表示互斥锁的共享属性,有两种取值:一种是 PTHREAD_PROCESS_PRIVATE,表示锁只能用于一个进程内部的两个线程进行互斥(默认情况);另一种是 PTHREAD_PROCESS_SHARED,表示锁可用于两个不同进程中的线程进行互斥,使用时还需要在进程共享内存中分配互斥锁,然后为该互斥锁指定属性就可以了。

用于获取、设置互斥锁类型的函数如下。

```
int pthread_mutexattr_gettype(const pthread_mutexattr_t *restrict attr, int *restrict type);
int pthread_mutexattr_settype(pthread_mutexattr_t *attr, int type);
```

参数 attr 表示互斥锁的属性;参数 type 表示互斥锁的类型,共有四种类型:①普通锁(PTHREAD_MUTEX_NORMAL)为互斥锁默认类型。当一个线程对一个普通锁加锁以后,其余请求该锁的线程将形成一个等待队列,并在该锁解锁后按照优先级获得它,这种锁类型保证了资源分配的公平性。这种类型的互斥锁不会自动检测死锁。如果一个线程试图对一个互斥锁重复锁定,将会引起这个线程的死锁。如果试图解锁一个由别的线程锁定的互斥锁,会引发不可预料的结果。如果一个线程试图解锁已经被解锁的互斥锁,也会引发不可预料的结果,即第一次上锁成功,第二次上锁会失败并阻塞。②检错锁(PTHREAD_MUTEX_ERRORCHECK)会自动检测死锁。如果一个线程试图对一个互斥锁重复锁定,将会返回一个错误代码。如果试图解锁一个由别的线程锁定的互斥锁,将会返回一个错误代码。如果一个线程试图解锁已经被解锁的互斥锁,也将会返回一个错误代码,即第一次上锁会成功,第二次上锁出错,返回错误信息,不会阻塞。③ 递归锁(PTHREAD_MUTEX_RECURSIVE)允许一个线程在释放锁之前多次对它加锁而不发生死锁。一个线程对这类互斥锁的多次重复上锁必须由这个线程重复相同数量的解锁,这样才能解开这个互斥锁,别的线程才能得到这个互斥锁。如果试图解锁一个由别的线程锁定的互斥锁,将会返回一个错误代码,如果一个线程试图解锁已经被解锁的互斥锁,也将会返回一个错误代码。这种类型的互斥锁只能是进程私有的(作用域属性为 PTHREAD_PROCESS_PRIVATE),即第一次上锁成功,第二次上锁还是会成功,可以理解为内部有一个计数器,每加一次锁计数器加1,解锁则计数器减1。④ 默认锁(PTHREAD_MUTEX_DEFAULT)不会自动检测死锁。如果一个线程试图对一个互斥锁重复锁定,将会引起不可预料的结果。如果试图解锁一个由别的线程锁定的互斥锁,会引发不可预料的结果。如果一个线程试图解锁已经被解锁的互斥锁,也会引发不可预料的结果。POSIX 标准规定,对于某一具体的实现,这种锁实现的时候可能被映射成上述三种锁之一。

(3)互斥锁的加锁和解锁。

互斥锁的加锁和解锁函数如下。

```
int pthread_mutex_lock(pthread_mutex_t *mutex);          //加锁
int pthread_mutex_trylock(pthread_mutex_t *mutex);       //加锁
int pthread_mutex_unlock(pthread_mutex_t *mutex);        //解锁
```

参数 mutex 表示要操控的互斥锁。pthread_mutex_lock 和 pthread_mutex_trylock 函数都用于实现加锁操作,不同之处在于,当互斥锁已经处于加锁状态时,执行 pthread_mutex_lock 函数会使线程进入等待(阻塞)状态,直至互斥锁得到释放;执行 pthread_mutex_trylock 函数不会阻塞线程,直接返回错误号(表示加锁失败)。pthread_mutex_unlock 函数用于对指定互斥锁进行解锁操作。函数执行成功时返回 0,失败时返回错误号 EBUSY。

（4）互斥锁的销毁。

pthread_mutex_destory 函数用于销毁创建好的互斥锁,函数原型如下。

```
int pthread_mutex_destroy(pthread_mutex_t *mutex);
```

参数 mutex 表示要销毁的互斥锁。如果函数成功销毁指定的互斥锁,则返回数字 0,反之返回非零数。对于用 PTHREAD_MUTEX_INITIALIZER 或 pthread_mutex_init 函数直接初始化的互斥锁,无须调用 pthread_mutex_destory 函数手动销毁。对于使用如下语句创建的互斥锁,调用 free 函数释放 mutex 占用的内存之前,必须先调用 pthread_mutex_destory 函数销毁该对象。

```
pthread_mutex_t mutex = (pthread_mutex_t *)malloc(sizeof(pthread_mutex_t));
pthread_mutex_init(&mutex, NULL);
```

2. 自旋锁（同步）

自旋锁就是一个死循环,不停地轮询,当一个线程未获得自旋锁时,不会像互斥锁一样进入阻塞状态,而是不停地轮询获取锁,如果自旋锁能够很快被释放,那么性能就会很高,如果自旋锁长时间不能被释放,甚至里面还有大量的 I/O 阻塞,就会导致其他获取锁的线程一直空轮询,导致 CPU 使用率达到 100%,特别浪费 CPU 时间。

自旋锁与互斥量功能一样,唯一不同的是互斥量阻塞后让出 CPU,而自旋锁阻塞后不会让出 CPU,会一直忙等待,直到得到锁。自旋锁在用户态使用得比较少,在 Linux 内核中使用得比较多,自旋锁的使用场景一般为锁的持有时间比较短(小于 2 次上下文切换的时间)。

自旋锁在用户态的函数接口和互斥量一样,把 pthread_mutex_xxx()中的 mutex 换成 spin。

3. 信号量（同步与互斥）

信号量广泛用于进程/线程间的同步和互斥,本质上是一个非负的整数计数器,用于控制访问有限共享资源的线程数。编程时可根据操作信号量值的结果判断是否对公共资源具有访问的权限,当信号量值大于 0 时,则可以访问,否则将阻塞。PV 原语是对信号量的操作,一次 P 操作使信号量减 1,一次 V 操作使信号量加 1。

信号量和互斥锁的主要区别在于,互斥锁只允许一个线程进入临界区(临界区指的是一个访问共用资源的程序片段),而信号量允许多个线程进入临界区。

POSIX 信号量函数的名字都以 sem_开头。常用的信号量函数有以下几个。

（1）初始化信号量。

函数原型：int sem_init(sem_t * sem，int pshared，unsigned int value)；

参数 pshared 表示是否为多进程共享,而不仅仅是用于一个进程之间的多线程共享。如果 pshared 的值为 0,那么信号量在进程的线程之间共享,并且应位于所有线程可见的某个地址(如全局变量或在堆上动态分配的变量),如果 pshared 不为零,那么信号量在进程之间共享,信号量的值就位于共享内存区域。参数 value 是信号量的初值。

（2）销毁信号量。

函数原型：int sem_destroy(sem_t * sem)；

注销信号量时,必须保证被注销的信号量 scm 没有线程在等待该信号量,否则会返回 −1,且置 errno 为 EBUSY。正常情况返回 0。

(3) 信号量的 P 操作。

函数原型: int sem_wait(sem_t * sem);

sem_wait 函数用于阻塞等待信号量(获取信号量),主要用来阻塞当前线程,直到信号量 sem 的值大于 0,得到信号量之后,将信号量的值减 1。

函数原型: int sem_trywait(sem_t * sem);

sem_trywait 函数为 sem_wait 函数的非阻塞版本,当信号量为 0 时,返回 −1,并设置 errno 为 EAGAIN。

(4) 信号量的 V 操作。

函数原型: int sem_post(sem_t * sem);

sem_post 函数以原子操作的方式将信号量的值加 1。

(5) 获取信号量的值。

函数原型: int sem_getvalue(sem_t * sem, int * sval);

sem_getvalue 函数读取 sem 中的信号量计数,存于 sval 中。若该函数执行成功,则返回 0;若该函数执行失败,则返回 −1。

信号量用于同步(源代码文件 p-sem-syn.c)和互斥(源代码文件 p-sem-asyn.c)的示例源代码分别如下。

扫一扫

```c
//p-sem-syn.c 信号量用于同步
#include<stdio.h>
#include<stdlib.h>
#include<unistd.h>
#include<pthread.h>
#include<semaphore.h>
sem_t semw, semp; char ch='A';
void *w(void *arg){
  while(1){
    sem_wait(&semw);
    ch++; sleep(0.1);
    sem_post(&semp);
  }
}
void *p(void *arg){
  while(1){
    sem_wait(&semp);
    printf("%c",ch); fflush(stdout);
    if(ch=='Z'){printf("\n");exit(0);}
    sem_post(&semw);
  }
}
int main(){
  pthread_t tid1,tid2;
  sem_init(&semw, 0, 0);
  sem_init(&semp, 0, 1);
  pthread_create(&tid1,NULL,w,NULL);
  pthread_create(&tid2,NULL,p,NULL);
  pthread_join(tid1, NULL);
  pthread_join(tid2, NULL);
}
```

```c
//p-sem-asyn.c 信号量用于互斥
#include<stdio.h>
#include<pthread.h>
#include<unistd.h>
#include<semaphore.h>
sem_t sem;
void p(char *str){
  sem_wait(&sem);
  while(*str){
    putchar(*str);
    fflush(stdout);
    str++;
    sleep(0.5);
  }
  printf("\n");
  sem_post(&sem);
}
void *f1(void *arg){p("aaa");}
void *f2(void *arg){p("bbb");}
int main(){
  pthread_t tid1, tid2;
  sem_init(&sem, 0, 1);
  pthread_create(&tid1,NULL,f1,NULL);
  pthread_create(&tid2,NULL,f2,NULL);
  pthread_join(tid1, NULL);
  pthread_join(tid2, NULL);
  sem_destroy(&sem);
  return 0;
}
```

执行如下命令分别编译以上两个源文件,生成可执行程序 p-sem-syn 和 p-sem-asyn。

```
gcc p-sem-syn.c -o p-sem-syn
gcc p-sem-asyn.c -o p-sem-asyn
```

执行 p-sem-syn 命令,结果如图 10.8 所示。执行 p-sem-asyn 命令,结果如图 10.9 所示。请读者结合运行结果以及本节中各函数的介绍,分析上面的源代码。

```
# ./p-sem-asyn
aaa
bbb
# ./p-sem-asyn
bbb
aaa
```

```
# ./p-sem-syn
ABCDEFGHIJKLMNOPQRSTUVWXYZ
```

图 10.8　p-sem-syn 命令的执行结果　　　　图 10.9　p-sem-asyn 命令的执行结果

4. 条件变量(同步)

互斥锁用于同步线程对共享数据的访问,条件变量用于在线程之间同步共享数据的值。条件变量提供一种线程间的通知机制:当某个共享数据达到某个值的时候,唤醒等待这个共享数据的线程。条件变量必须与互斥锁搭配使用。

5. 读写锁(同步)

读写锁有三种状态:读模式下加锁状态、写模式下加锁状态、不加锁状态。一次只有一个线程可以占有写模式的读写锁,但是多个线程可以同时占有读模式的读写锁。读写锁也叫作共享-独占锁,当读写锁以读模式锁住时,它是以共享模式锁住的;当它以写模式锁住时,它是以独占模式锁住的,读读共享,读写互斥。与互斥量相比,读写锁允许更高的并行性。读写锁非常适合数据读的次数远大于写的情况。

读写锁的特点:如果有其他线程读数据,则允许其他线程执行读操作,但不允许写操作;如果有其他线程写数据,则其他线程都不允许读、写操作。

读写锁的规则:如果某线程申请了读锁,则其他线程可以再申请读锁,但不能申请写锁;如果某线程申请了写锁,则其他线程不能申请读锁,也不能申请写锁。

6. 屏障(同步)

屏障与互斥量、读写锁、自旋锁不同,它不用来保护临界区。屏障跟条件变量一样,是协调多个线程并行工作的同步机制。条件变量是多线程间传递状态的改变,以达到协同工作的效果。屏障是多线程各自做自己的工作,如果某一线程完成了工作,就等待在屏障那里,直到其他线程的工作都完成,再一起做别的事。屏障允许每个线程等待,直到所有的合作线程都到达某一点,然后所有线程都从该点继续执行。pthread_join 函数就是一种屏障,允许一个线程等待,直到另一个线程退出。但屏障对象的概念更广,允许任意数量的线程等待,直到所有线程完成处理工作,而线程不需要退出,当所有线程达到屏障后,可以接着工作。

(1)初始化与销毁。

函数原型如下。

```
int pthread_barrier_init(pthread_barrier_t *restrict barrier,
                         const pthread_barrierattr_t *restrict attr,
                         unisgned int count);
int pthread_barrier_destory(pthread_barrier_t *barrier);
```

参数 attr 为屏障属性,设置为 NULL 表示使用默认属性;参数 count 用于设置屏障等待的线程数目,即 count 个线程都到达屏障时,屏障才解除,线程才可以继续执行。

若这两个函数执行成功,则返回 0,否则返回错误号。

(2) wait 函数。

函数原型如下。

```
int pthread_barrier_wait(pthread_barrier_t *barrier);
```

调用 pthread_barrier_wait 函数的线程在屏障计数没有达到 count 时,会进入睡眠状态。如果该线程是最后一个调用 pthread_barrier_wait 的线程,就满足了屏障计数,所有线程都会被唤醒。如果一个线程的 pthread_barrier_wait 返回 PTHREAD_BARRIER_SERIAL_THREAD,则其他线程的返回值都是 0。这使得一个线程可以作为收尾线程,对其他所有线程已完成的工作结果进行统一处理。

扫一扫

屏障用于同步(源代码文件 p-barrier.c)的示例代码如下。

```
1 #include <stdio.h>
2 #include <stdlib.h>
3 #include <unistd.h>
4 #include <pthread.h>
5 #define NTHR 3
6 pthread_barrier_t bar;
7 void* task(void *arg){
8   int r, i=*(int*)arg, t=rand()%5+1;  sleep(t);
9   printf("任务%d执行%d秒后完成\n", i, t);
10  r=pthread_barrier_wait(&bar);
11  if(r==PTHREAD_BARRIER_SERIAL_THREAD) printf("任务%d第一个返回\n",i);
12  else if(r==0) printf("任务%d返回\n", i);
13  return NULL;
14 }
15 int main(){
16  int err, i, a[NTHR];  pthread_t tid;
17  pthread_barrier_init(&bar, NULL, NTHR + 1);
18  for(i=0; i<NTHR; i++){
19    a[i]=i; err=pthread_create(&tid,NULL,task,(void*)(a+i));
20    if(err!=0){printf("创建线程失败\n"); return -1;}
21  }
22  pthread_barrier_wait(&bar); printf("所有任务完成,main退出\n");
23  sleep(1); return 0;
24 }
```

执行如下命令编译上面的源代码,然后执行 p-barrier 命令三次,结果如图 10.10 所示。请读者结合运行结果以及本章中相关函数的介绍,分析上面的源代码。

```
gcc p-barrier.c -o p-barrier
```

```
# ./p-barrier                # ./p-barrier                # ./p-barrier
任务2执行2秒后完成            任务1执行2秒后完成            任务2执行2秒后完成
任务1执行3秒后完成            任务2执行3秒后完成            任务1执行3秒后完成
任务0执行4秒后完成            任务0执行4秒后完成            任务0执行4秒后完成
任务0第一个返回              任务0第一个返回              任务0第一个返回
任务2返回                   任务1返回                   所有任务完成,main退出
所有任务完成,main退出         所有任务完成,main退出         任务2返回
任务1返回                   任务2返回                   任务1返回
#                         #                         #
```

图 10.10　p-barrier 可执行程序的三次运行结果

10.3) Pthreads 编程示例

10.3.1 读者写者

读者写者问题是一个经典的多进程(线程)同步问题。在系统中,一个数据集(如文件或记录)被几个并发进程共享,这些进程(线程)分两类:一类只要求进行读操作,称为读者;另一类要求写或修改操作,称为写者。为了保证数据的完整性、正确性,允许多个读者同时访问,但是不允许一个写者同其他任何一个读者/写者同时访问,而这类问题就称为读者写者问题,包含读者优先和写者优先。

读者优先是一种最简单的解决办法:当没有写线程正在访问共享数据集时,读线程可以进入访问,否则必须等待。读者优先算法存在饿死写者线程的问题,只要有读者不断到来,写者就要持久地等待,直到所有的读者都读完且没有新的读者到来时,写者才能写数据集。而在很多情况下需要避免饿死写者,故采用写者优先。

写者优先算法要实现的目标是:让读者与写者之间,以及写者与写者之间互斥地访问数据集;在无写者到来时,各读者可同时访问数据集;在读者和写者都等待访问时,写者优先。在实现写者优先时,增加一个互斥量,用于写者优先。当有写者来时,就不再允许读者读取数据,等待正在读数据的读者完成以后开始写数据,以此实现写者优先。

读者优先(源代码文件 reader-writer.c)的示例代码如下。

扫一扫

```
 1 #include<stdio.h>                        29 void * reader(void *in){
 2 #include<stdlib.h>                       30   while(1){
 3 #include<unistd.h>                       31     pthread_mutex_lock(&rCLock);
 4 #include<pthread.h>                       32     readerCnt++;
 5 #define N_WRITER 3                         33     if(readerCnt==1)
 6 #define N_READER 5                         34       pthread_mutex_lock(&wLock);
 7 #define W_SLEEP 1                          35     pthread_mutex_unlock(&rCLock);
 8 #define R_SLEEP 1                          36     reading();
 9 int data=0, readerCnt=0;                   37     pthread_mutex_lock(&rCLock);
10 pthread_t wid[N_WRITER],rid[N_READER];     38     readerCnt--;
11 pthread_mutex_t wLock=                     39     if(readerCnt==0)
12            PTHREAD_MUTEX_INITIALIZER;      40       pthread_mutex_unlock(&wLock);
13 pthread_mutex_t rCLock=                    41     pthread_mutex_unlock(&rCLock);
14            PTHREAD_MUTEX_INITIALIZER;      42     sleep(R_SLEEP);
15 void reading(){printf("读出: %d\n",data);} 43   }
16 void writing(){                            44   pthread_exit((void *) 0);
17   int rd=rand()%1000;data=rd;              45 }
18   printf("写入: %d\n",rd);                  46 int main(){
19 }                                          47   int i=0;
20 void * writer(void *in){                   48   for(i=0; i < N_READER; i++)
21   while(1){                                49     pthread_create(&wid[i],
22     pthread_mutex_lock(&wLock);            50             NULL,reader,NULL);
23     writing();                             51   for(i=0; i < N_WRITER; i++)
24     pthread_mutex_unlock(&wLock);          52     pthread_create(&rid[i],
25     sleep(W_SLEEP);                        53             NULL,writer,NULL);
26   }                                        54   while(1) sleep(60);
27   pthread_exit((void *) 0);                55   return 0;
28 }                                          56 }
```

写者优先(源代码文件 writer-reader.c)的示例代码如下。

扫一扫

```
 1 #include<stdio.h>              7 int data=0, readerCnt=0, writerCnt=0;
 2 #include<stdlib.h>             8 pthread_t wid[N_WRITER],rid[N_READER];
 3 #include<unistd.h>             9 pthread_mutex_t rCLock=PTHREAD_MUTEX_INITIALIZER;
 4 #include<pthread.h>           10 pthread_mutex_t wCLock=PTHREAD_MUTEX_INITIALIZER;
 5 #define N_WRITER 3            11 pthread_mutex_t wLock=PTHREAD_MUTEX_INITIALIZER;
 6 #define N_READER 5            12 pthread_mutex_t rLock=PTHREAD_MUTEX_INITIALIZER;
```

```
13 pthread_mutex_t oLock=PTHREAD_MUTEX_INITIALIZER;      39    readerCnt++;
14 void reading(){printf("读出: %d\n",data);}           40    if(readerCnt==1)
15 void writing(){                                       41      pthread_mutex_lock(&wLock);
16   int r=rand()%1000;data=r;printf("写入: %d\n",r);    42    pthread_mutex_unlock(&rCLock);
17 }                                                      43    pthread_mutex_unlock(&rLock);
18 void * writer(void *in){                               44    pthread_mutex_unlock(&oLock);
19   while(1){                                            45    reading();
20     pthread_mutex_lock(&wCLock);                        46    pthread_mutex_lock(&rCLock);
21     if(++writerCnt==1)                                  47    readerCnt--;
22       pthread_mutex_lock(&rLock);                       48    if(readerCnt==0)
23     pthread_mutex_unlock(&wCLock);                      49      pthread_mutex_unlock(&wLock);
24     pthread_mutex_lock(&wLock);                         50    pthread_mutex_unlock(&rCLock);
25     writing();                                          51    sleep(1);
26     pthread_mutex_unlock(&wLock);                       52    }
27     pthread_mutex_lock(&wCLock);                        53    pthread_exit((void *) 0);
28     if(--writerCnt==0)                                  54 }
29       pthread_mutex_unlock(&rLock);                     55 int main(){
30     pthread_mutex_unlock(&wCLock);                      56   for(int i=0; i<N_READER; i++)
31     sleep(1);                                           57     pthread_create(&rid[i],
32   }                                                     58             NULL,reader,NULL);
33 }                                                       59   for(int i=0; i<N_WRITER; i++)
34 void * reader(void *in){                                60     pthread_create(&wid[i],
35   while(1){                                             61             NULL,writer,NULL);
36     pthread_mutex_lock(&oLock);                          62   while(1) sleep(60);
37     pthread_mutex_lock(&rLock);                          63   return 0;
38     pthread_mutex_lock(&rCLock);                         64 }
```

执行如下命令分别编译以上两个源代码文件,生成可执行程序 reader-writer 和 writer-reader。

```
gcc reader-writer.c -o reader-writer
gcc writer-reader.c -o writer-reader
```

执行 reader-writer 命令,结果如图 10.11 所示。执行 writer-reader 命令,结果如图 10.12 所示。请读者结合运行结果以及本章中相关函数的介绍,分析上面的源代码。

```
# ./reader-writer            # ./writer-reader
读出: 0                      读出: 0
读出: 0                      读出: 0
读出: 0                      读出: 0
读出: 0                      写入: 383
读出: 0                      写入: 886
写入: 383                    写入: 777
写入: 886                    读出: 777
写入: 777                    读出: 777
读出: 777                    读出: 777
读出: 777                    读出: 777
读出: 777                    读出: 777
读出: 777                    写入: 915
读出: 777                    写入: 793
写入: 915                    读出: 793
写入: 793                    写入: 335
```

图 10.11 执行 reader-writer 命令   图 10.12 执行 writer-reader 命令

10.3.2 生产者消费者

生产者消费者模型是一个多线程并发协作模型,也是一个经典的多线程同步问题。该模型由两类线程和一个固定大小的缓冲区组成。生产者线程生产数据,消费者线程消费数据。通过使用缓冲区解耦生产者和消费者的关系,生产者生产数据之后直接放入缓冲区中,并不需要关心消费者的行为;消费者只需从缓冲区中读取数据,并不需要关心生产者的行为。该问题的关键是要保证生产者不会在缓冲区满时放入数据,消费者也不会在缓冲区空时读取数据。让生产者在缓冲区满时睡眠,等到下次消费者读取缓冲区中的数据后,唤醒生产者往缓冲区放入数据。同样,也可以让消费者在缓冲区空时睡眠,等到生产者往缓冲区放入数据后,唤醒消费者读取缓冲区中的数据。

生产者消费者(源代码文件 producer_consumer.c)的示例代码如下。使用全局变量 buff 表示缓冲区。主函数中创建 PN 个生产者线程、CN 个消费者线程,生产者在生产,消费者在消费,若缓冲区满,则生产者停止生产;若缓冲区空,则消费者停止消费。

扫一扫

```
1 #include<stdio.h>                              36    int id = ++consumer_id;
2 #include<stdlib.h>                             37    while(1){
3 #include<unistd.h>                             38      sleep(1);   sem_wait(&full_sem);
4 #include<pthread.h>                            39      pthread_mutex_lock(&mutex);   out=out%M;
5 #include<semaphore.h>                          40      printf("消费者%d取产品的位置%d:\t",id,out);
6 #define PN 4                                   41      buff[out]=0;   print();   ++out;
7 #define CN 5                                   42      pthread_mutex_unlock(&mutex);
8 #define M 16                                   43      sem_post(&empty_sem);
9 int in=0, out=0;                               44    }
10 int buff[M]={0};                              45 }
11 sem_t empty_sem, full_sem;                    46 int main(){
12 pthread_mutex_t mutex;                        47    pthread_t id1[PN], id2[CN];
13 int product_id=0, consumer_id=0;              48    int i, ret1[PN], ret2[CN];
14 void print(){                                 49    int init1=sem_init(&empty_sem, 0, M);
15    for(int i=0; i<M; i++)                      50    int init2=sem_init(&full_sem, 0, 0);
16      printf("%d ", buff[i]);                   51    if(init1 && init2 != 0)
17    printf("\n");                               52      {printf("同步信号量初始化失败\n");exit(1);}
18 }                                              53    int init3=pthread_mutex_init(&mutex, NULL);
19 void *product(){                              54    if(init3 != 0)
20    int id = ++product_id;                      55      {printf("互斥信号量初始化失败\n");exit(1);}
21    while(1){                                   56    for(i=0; i<PN; i++){
22      sleep(1);                                 57      ret1[i]=pthread_create(&id1[i], NULL,
23      sem_wait(&empty_sem);                     58                    product, (void *)(&i));
24      pthread_mutex_lock(&mutex);               59      if(ret1[i] != 0)
25      in=in%M;                                  60        {printf("生产者%d创建失败\n",i);exit(1);}
26      printf("生产者%d放产品的位置%d:\t"          61    }
27          ,id,in);                              62    for(i=0; i<CN; i++){
28      buff[in]=1;                               63      ret2[i]=pthread_create(&id2[i], NULL,
29      print();                                  64                    consumer, NULL);
30      ++in;                                     65      if(ret2[i] != 0)
31      pthread_mutex_unlock(&mutex);             66        {printf("消费者%d创建失败\n",i);exit(1);}
32      sem_post(&full_sem);                      67    }
33    }                                           68    for(i=0;i<PN;i++) pthread_join(id1[i],NULL);
34 }                                              69    for(i=0;i<CN;i++) pthread_join(id2[i],NULL);
35 void *consumer(){                             70 }
```

执行如下命令编译源代码文件,生成可执行程序 producer_consumer。

执行 producer_consumer 命令,结果如图 10.13 所示。请读者结合运行结果以及本章中相关函数的介绍,分析上面的源代码。

10.3.3　哲学家就餐

哲学家就餐问题也是一个经典的多线程同步问题。假设有 5 位哲学家围坐在一张圆形餐桌旁,每位哲学家都交替地进行思考和进餐,进餐时停止思考,思考时停止进餐。餐桌中间有一大碗面,每两位哲学家之间有一根筷子,共 5 根筷子,只有同时拿起左、右 2 根筷子的哲学家才可以进餐。一般情况下哲学家可以正常进餐,但是存在特殊情况,比如 5 位哲学家同时饥饿而各自拿起左边的筷子时,都不能得到右边的筷子而无限期等待下去,此时就出现了 5 位哲学家都不能进餐的问题。

哲学家进餐问题有三种改进方法:①至多只允许四位哲学家同时去拿左边的筷子,最终保证至少有 1 位哲学家能够进餐,并在用完后释放两只筷子供其他哲学家使用。②规定

```
# gcc producer_consumer.c -o producer_consumer
# ./producer_consumer
生产者1放产品的位置0:     1 0 0 0 0 0 0 0 0 0 0 0 0 0 0 0
生产者2放产品的位置1:     1 1 0 0 0 0 0 0 0 0 0 0 0 0 0 0
生产者4放产品的位置2:     1 1 1 0 0 0 0 0 0 0 0 0 0 0 0 0
生产者3放产品的位置3:     1 1 1 1 0 0 0 0 0 0 0 0 0 0 0 0
消费者1取产品的位置0:     0 1 1 1 0 0 0 0 0 0 0 0 0 0 0 0
消费者2取产品的位置1:     0 0 1 1 0 0 0 0 0 0 0 0 0 0 0 0
消费者3取产品的位置2:     0 0 0 1 0 0 0 0 0 0 0 0 0 0 0 0
消费者4取产品的位置3:     0 0 0 0 0 0 0 0 0 0 0 0 0 0 0 0
生产者1放产品的位置4:     0 0 0 0 1 0 0 0 0 0 0 0 0 0 0 0
生产者2放产品的位置5:     0 0 0 0 1 1 0 0 0 0 0 0 0 0 0 0
生产者4放产品的位置6:     0 0 0 0 1 1 1 0 0 0 0 0 0 0 0 0
消费者1取产品的位置4:     0 0 0 0 0 1 1 0 0 0 0 0 0 0 0 0
生产者3放产品的位置7:     0 0 0 0 0 1 1 1 0 0 0 0 0 0 0 0
消费者3取产品的位置5:     0 0 0 0 0 0 1 1 0 0 0 0 0 0 0 0
消费者2取产品的位置6:     0 0 0 0 0 0 0 1 0 0 0 0 0 0 0 0
消费者5取产品的位置7:     0 0 0 0 0 0 0 0 0 0 0 0 0 0 0 0
生产者1放产品的位置8:     0 0 0 0 0 0 0 0 1 0 0 0 0 0 0 0
消费者4取产品的位置8:     0 0 0 0 0 0 0 0 0 0 0 0 0 0 0 0
^C
#
```

图 10.13　producer_consumer 可执行程序的运行结果

奇数号哲学家先拿左边的筷子再拿右边的筷子,而偶数号哲学家相反。③仅当哲学家的左、右筷子都拿起时才允许进餐。下面示例采用第三种方法。

生产者消费者(源代码文件 philosopher.c)的示例代码如下。

扫一扫

```
1 #include<stdio.h>
2 #include<unistd.h>
3 #include<pthread.h>
4 #include<semaphore.h>
5 #define N 5
6 #define EATING 0
7 #define HUNGRY 1
8 #define THINKING 2
9 #define LEFT (phnum+N-1)%N
10 #define RIGHT (phnum+1)%N
11 int state[N], phil[N]={0,1,2,3,4};
12 sem_t mutex;
13 void test(int phnum){
14   if(state[phnum]==HUNGRY&&state[LEFT]
15     !=EATING&&state[RIGHT]!=EATING){
16     state[phnum]=EATING;
17     printf("哲学家%d拿起筷子%d和%d\n",
18           phnum+1, LEFT+1, phnum+1);
19     printf("哲学家%d正在就餐\n",phnum+1);
20     sleep(2);
21   }
22 }
23 void take_chopstick(int phnum){
24   sem_wait(&mutex);
25   state[phnum] = HUNGRY;
26   printf("哲学家%d感到饥饿\n", phnum+1);
27   test(phnum);
28   sem_post(&mutex);
29 }
30 void put_chopstick(int phnum){
31   sem_wait(&mutex);
32   state[phnum] = THINKING;
33   printf("哲学家%d放下筷子%d和%d\n",
34         phnum+1, LEFT+1, phnum+1);
35   printf("哲学家%d正在思考\n", phnum+1);
36   test(LEFT);
37   test(RIGHT);
38   sem_post(&mutex);
39 }
40 void *philospher(void *num){
41   while(1){
42     int *i = num;
43     sleep(1);
44     take_chopstick(*i);
45     put_chopstick(*i);
46   }
47 }
48 int main(){
49   pthread_t thread_id[N];
50   sem_init(&mutex, 0, 1);
51   for(int i=0; i<N; i++){
52     pthread_create(&thread_id[i], NULL,
53             philospher, &phil[i]);
54     printf("哲学家%d正在思考\n", i+1);
55   }
56   for(int i=0; i<N; i++)
57     pthread_join(thread_id[i], NULL);
58 }
```

第 6～8 行定义了哲学家的三种状态:THINKING、HUNGRY 和 EATING。第 12 行定义了一个信号量 mutex。mutex 的使用保证不会同时有两个哲学家拿起筷子或放下筷子。

执行如下命令编译源代码文件,生成可执行程序 philosopher。

284

```
gcc philosopher.c -o philosopher
```

执行 philosopher 命令,结果如图 10.14 所示。请读者结合运行结果以及本章中相关函数的介绍,分析上面的源代码。

```
 1 # ./philosopher          17 哲学家4放下筷子3和4       33 哲学家3感到饥饿
 2 哲学家1正在思考            18 哲学家4正在思考          34 哲学家3拿起筷子2和3
 3 哲学家2正在思考            19 哲学家5感到饥饿          35 哲学家3正在就餐
 4 哲学家3正在思考            20 哲学家5拿起筷子4和5       36 哲学家3放下筷子2和3
 5 哲学家4正在思考            21 哲学家5正在就餐          37 哲学家3正在思考
 6 哲学家5正在思考            22 哲学家1感到饥饿          38 哲学家1感到饥饿
 7 哲学家1感到饥饿            23 哲学家1放下筷子5和1       39 哲学家1放下筷子5和1
 8 哲学家1放下筷子5和1        24 哲学家1正在思考          40 哲学家1正在思考
 9 哲学家1正在思考            25 哲学家2感到饥饿          41 哲学家4感到饥饿
10 哲学家2感到饥饿            26 哲学家2拿起筷子1和2       42 哲学家4放下筷子3和4
11 哲学家2放下筷子1和2        27 哲学家2正在就餐          43 哲学家4正在思考
12 哲学家2正在思考            28 哲学家2放下筷子1和2       44 哲学家2感到饥饿
13 哲学家3感到饥饿            29 哲学家2正在思考          45 哲学家2拿起筷子1和2
14 哲学家3放下筷子2和3        30 哲学家4感到饥饿          46 哲学家2正在就餐
15 哲学家3正在思考            31 哲学家4放下筷子3和4       47 ^C
16 哲学家4感到饥饿            32 哲学家4正在思考          48 #
```

图 10.14　philosopher 可执行程序的运行结果

sleep 函数的作用是让线程进入睡眠状态,让出 CPU 的执行时间给其他线程,该线程睡眠后进入就绪队列和其他线程一起竞争 CPU 的执行时间。

10.4　习题

1. 填空题

(1) 线程是进程的一个_____,是操作系统进行调度的_____。

(2) 线程有 3 种模型:_____用户线程模型、_____核心线程模型和_____混合线程模型。

(3) Linux 上的两个线程库是_____和_____,都采用 1 : 1 内核线程模型实现。

(4) 现在 Linux 上默认使用的线程库是_____,也就是本章主要介绍的_____。

(5) _____标准定义了创建和操纵线程的一整套 API。

(6) Linux 多线程开发涉及 3 个基本概念:_____、_____、条件。

(7) Pthreads 线程库中创建线程的函数是_____。

(8) 有时希望异常终止一个线程,可通过_____函数实现。

(9) 在任何一个时间点上,线程是_____或者是_____。

(10) 调用_____函数的线程(主线程)以阻塞的方式等待目标线程或子线程结束。

(11) _____函数使得主线程与子线程分离,子线程结束后由系统_____。

(12) _____主要包括作用域、分离状态、栈地址、栈大小、优先级等属性信息。

(13) 线程分为两类:_____和_____。

(14) 线程可以安排它退出时需要调用的函数,这样的函数称为_____。

(15) pthread_cleanup_push 和 pthread_cleanup_pop 这两个函数维护一个函数指针的栈,可以把函数指针(指向线程清理函数)和函数参数值_____和_____。

2. 简答题

(1) 简述多线程。

(2) 简述内核线程和用户线程。

(3) 终止线程有哪 3 种方法?

(4) 简述 pthread_detach 和 pthread_join 的作用。

(5) 什么是线程同步与互斥?

3. 上机题

本章所有源代码文件在本书配套资源的"src/第 10 章"目录中,请读者运行每个示例,理解所有源代码。

第 11 章 GTK图形界面编程

本章学习目标

- 了解 GTK 和 GLib 的作用。
- 理解信号和回调函数的工作原理。
- 了解 GTK 控件的作用。
- 掌握 GTK 图形界面编程方法。

11.1 GTK 概述

GTK(GIMP Toolkit)是一款免费开源的、面向多平台的、用于设计和创建图形用户界面(GUI)的工具箱,最初是 Peter Mattis 和 Spencer Kimball 为 GIMP(GNU Image Manipulation Program)编写,用来替代付费的 Motif。从其他资料上可以看到 GTK＋的写法,因为 GTK(原名 GTK＋)从 GIMP 独立出来之后,加入了一些 GLib 和 GTK 类型系统的支持,为了和 GIMP 代码树中的版本区分,所以带上加号,这一名称使用了多年。2019 年 2 月 6 日,GTK 官方决定把加号去掉,GTK＋改名为 GTK。GTK 基于 LGPL(GNU Lesser General Public License)协议(不同于 GPL),这可以保证私有软件使用 GTK 而不公开软件源码,对商业应用友好。在后续的发展中,GTK 已经成为通用的 GUI 库,用于越来越多的应用程序。

自 1998 年 GTK 1.0 发布以来,GTK 发行了多个版本。2002 年发布了 GTK 2.0。2011 年发布了 GTK 3.0,提供了许多新功能,比如由层叠样式表(CSS)支持的新的可定制设计、使用诸如 cairo 库绘制图形元素、使用 pango 库呈现字体。2020 年 12 月 16 日,GTK 4.0 正式发布,部分亮点包括数据传输、事件控制器、布局管理器、新的控件以及对现有元素的重新设计、集成媒体播放支持、可伸缩列表、对着色器的重大改动、改进的应用程序编程接口(API)、支持 OpenGL 和 Vulkan 硬件绘图、对 Windows 和 MacOS 的更好支持等。

GNOME 开发者在 GTK 会议上讨论了新的 GTK 发布方案,针对 GTK 3.x 系列中的问题,开发者提议加快大版本的发布速度,每两年发布一个大版本,如 GTK 4、GTK 5 和 GTK 6,每 6 个月发布一个与旧版本不兼容的小版本,如 GTK 4.2、GTK 4.4 和 GTK 4.6。这项计划意味着 GTK 4.0 不是 GTK 4 的最终稳定 API,即 GTK 4.0 和 GTK 4 含义不同。新的大版本能与旧的版本并行安装,如 GTK 4 和 GTK 3 能安装在一个系统中,但不兼容的小版本不能,因为它们使用了相同的 pkg-config 名字和头文件目录。每一个连续小版本的 API 将逐渐成熟稳定,也就是说,GTK 4.6 发布时 API 将最终稳定下来,GTK 4.6 可以称为 GTK 4 了。使用 GTK 的开发者最好选择稳定的大版本,而不是小版本。

GTK 使用 C 语言写,其原生 API 都是面向 C 语言的,另外,GTK 在 C 语言层面实现了面向对象的特性。如果用 C++ 语言作为开发语言调用 GTK 的 C 接口会稍显烦琐。为了避免不同语言调用 C 的烦琐,GTK 提供了多种语言的绑定,为不同语言提供同等抽象级别的语言调用,这样 C++ 程序就可以直接调用 C++ 的语言绑定,使用方式友好。

GTK 是用于创建图形用户界面的包含一套控件(Widget 小部件)的工具包。GTK 由面向对象的 C 语言框架 GObject 实现。GObject 模块为使用 C 语言进行面向对象编程提供了 API。使用 GTK 创建的每个用户界面都包含控件。控件按层次结构进行组织。Window 控件为主容器,然后通过添加按钮、菜单、输入框和其他控件构建用户界面。如果要创建复杂的用户界面,可以使用 GtkBuilder,它是 GTK 制定的用来替代手动组装控件的 XML(可扩展标记语言)。另外,还可以使用更为直观的图形用户界面设计工具 Cambalache。

11.2 GLib 概述

GLib 是一种底层库,为创建 GDK 和 GTK 应用程序提供了基础的数据结构和实用函数。它们包括基本类型及限制的定义、标准宏、类型转换、字节序、存储分配、警告和断言、消息记录、计时器、字符串工具、钩子函数、句法扫描器、动态加载模块和自动字符串补全等。GLib 也定义了许多数据结构及其相应的操作,包括存储块、双向链表、单向链表、哈希表、串、数组、平衡二叉树、N 叉树等。

GLib 为代码一致性和易读性规范了命名规则。函数名一般都小写,在每部分名字之间加下画线,并且所有函数名都以 g_ 开头,如 g_signal_connect()。类型名不包含下画线,并且 GLib 里面的所有类型组件都以大写字母 G 开头,如 GList。若某个函数主要是操作某个特定类型,则该函数的前缀就与相应类型相匹配,如 g_list_ * 函数就是操作 GList 类型。

下面介绍 GLib 库的部分类型和函数。有关 GLib 库的完整信息,请看 GLib 文档(链接见参考文献)。

1. GLib 基本类型

因为 GLib 对基本类型进行了抽象,所以使用 GLib 的基本类型可以提高程序的可移植性。GLib 的基本类型分为 4 组:①不属于标准 C 的新类型有 gboolean、gsize、gssize;②可以在任何平台使用的整数有 gint8、guint8、gint16、guint16、gint32、guint32、gint64、guint64;

③与标准 C 相似但更好用的类型有 gpointer、gconstpointer、guchar、guint、gushort、gulong；

④与标准 C 基本一致的类型有 gchar、gint、gshort、glong、gfloat、gdouble。使用 GLib 类型，要在源码中包含头文件 glib.h：♯include ＜glib.h＞。

GLib 类型的 typedef 定义形式及其说明如表 11.1 所示。

表 11.1 GLib 类型的 typedef 定义形式及其说明

GLib 类型的 typedef 定义形式	说　明
typedef char gchar；	标准 C 中 char 类型别名
typedef unsigned char guchar；	标准 C 中 unsigned char 类型别名
typedef int gint；	标准 C 中 int 类型别名。其值被设置 G_MININT 到 G_MAXINT 范围
typedef unsigned int guint；	标准 C 中 unsigned int 类型别名。其值被设置 0 到 G_MAXUINT 范围
typedef short gshort；	标准 C 中 short 类型别名。其值被设置 G_MINSHORT 到 G_MAXSHORT 范围
typedef unsigned short gushort；	标准 C 中 unsigned short 类型别名。其值被设置 0 到 G_MAXUSHORT 范围
typedef long glong；	标准 C 中 long 类型别名。其值被设置 G_MINLONG 到 G_MAXLONG 范围
typedef unsigned long gulong；	标准 C 中 unsigned long 类型别名。其值被设置 0 到 G_MAXULONG 范围
typedef signed char gint8；	在任何平台上都保证是一个有符号 8 位整数。其取值范围为 $-128\sim127$
typedef unsigned char guint8；	在任何平台上都保证是一个无符号 8 位整数。其取值范围为 $0\sim255$
typedef signed short gint16；	在任何平台上都保证是一个有符号 16 位整数。其取值为 $-32768\sim32767$
typedef unsigned short guint16；	在任何平台上都保证是一个无符号 16 位整数。其取值范围为 $0\sim65535$
typedef signed int gint32；	在任何平台上都保证是一个有符号 32 位整数。其取值范围为 $-2147483648\sim2147483647$
typedef unsigned int guint32；	在任何平台上都保证是一个无符号 32 位整数。其取值范围为 $0\sim4294967295$
typedef float gfloat；	标准 C 中 float 类型别名。其值可设置 G_MINFLOAT 到 G_MAXFLOAT 范围
typedef double gdouble；	标准 C 中 double 类型别名。其值可设置 G_MINDOUBLE 到 G_MAXDOUBLE 范围
typedef long double gldouble；	标准 C 中 long double 类型别名。其值范围为 $3.3621\mathrm{e}-4932\sim1.18973\mathrm{e}+4932$
typedef unsigned int gsize；	无符号整型，用来存储 sizeof 的结果，与 C99 的 size_t 类型类似
typedef signed int gssize；	有符号整型，与大多数平台的 ssize_t 类型类似
typedef gint64 goffset；	有符号整型，用来作为文件偏移，与 C99 的 off64_t 类型类似

GLib 类型的 typedef 定义形式	说　明
typedef gint gboolean;	标准的 boolean 类型。它只存储两个值：TRUE 和 FALSE ＃define　　FALSE　　（0） ＃define　　TRUE　　　（！FALSE）
typedef void * gpointer;	无类型指针
typedef const void ＊ gconstpointer;	常数无类型指针。指针所指向的数据不能被修改
typedef signed long long gint64;	在任何平台上都保证是一个有符号 64 位整数。其取值范围为 －9223372036854775808～9223372036854775807

GLib 类型中极值的宏定义及其作用如表 11.2 所示。

表 11.2　GLib 类型中极值的宏定义及其作用

GLib 类型中极值的宏定义	宏的作用及其具体值的定义
＃define G_MININT INT_MIN	gint 中可以保存的最小值。 ＃define INT_MIN（－INT_MAX－1）
＃define G_MAXINT INT_MAX	gint 中可以保存的最大值。 ＃define INT_MAX 2147483647
＃define G_MAXUINT UINT_MAX	guint 中可以保存的最大值。 ＃define UINT_MAX 4294967295U
＃define G_MINFLOAT FLT_MIN	gfloat 中可以保存的最小正值。 ＃define FLT_MIN 1.17549435082228750797e－38F
＃define G_MAXFLOAT FLT_MAX	gfloat 中可以保存的最大值。 ＃define FLT_MAX 3.40282346638528859812e＋38F
＃define G_MINDOUBLE DBL_MIN	gdouble 中可以保存的最小正值。 ＃define DBL_MIN 2.22507385850720138309e－308
＃define G_MAXDOUBLE DBL_MAX	gdouble 中可以保存的最大值。 ＃define DBL_MAX 1.79769313486231570815e＋308
＃define G_MINSHORT SHRT_MIN	gshort 中可以保存的最小值。＃define SHRT_MIN（－32768）
＃define G_MAXSHORT SHRT_MAX	gshort 中可以保存的最大值。＃define SHRT_MAX 32767
＃ define G_MAXUSHORT USHRT_MAX	gushort 中可以保存的最大值。＃define USHRT_MAX 65535
＃define G_MINSSIZE G_MININT	gsize 中可以保存的最小值
＃define G_MAXSSIZE G_MAXINT	gsize 中可以保存的最大值
＃define G_MINLONG LONG_MIN	glong 中可以保存的最小值 ＃define LONG_MIN（－LONG_MAX－1L）
＃define G_MAXLONG LONG_MAX	glong 中可以保存的最大值。 ＃define LONG_MAX 9223372036854775807L　　//字长 64 位 ＃define LONG_MAX 2147483647L　　　　　　//字长 32 位
＃ define G_MAXULONG ULONG_MAX	gulong 中可以保存的最大值。 ＃define ULONG_MAX 18446744073709551615UL 　　　　　　　　　　　　　　　　　　//字长 64 位 ＃define ULONG_MAX 4294967295UL　　　　//字长 32 位

2. 双向链表

双向链表中每个元素都包含一块数据和指向前后元素的指针。这使得链表的双向移动变得容易。以下函数用于创建、管理和销毁标准双向链表。

(1) GList * g_list_append(GList * list, gpointer data);

该函数用于将一个新结点加入链表尾。

(2) GList * g_list_prepend(GList * list, gpointer data);

该函数用于将一个新结点加入链表头。

(3) GList * g_list_insert(GList * list, gpointer data, gint position);

该函数用于插入新结点到链表指定位置。

(4) GList * g_list_free(GList * list);

该函数用于释放链表使用的所有存储区。

(5) GList * g_list_remove(GList * list, gconstpointer data);

该函数用于从链表中移除一个 data 结点,如果有多个相同的结点,则仅删除第一个,如果结点不存在,则链表不变。

(6) GList * g_list_remove_all(GList * list, gconstpointer data);

该函数用于删除链表中的结点,如果有多个相同的结点,则所有结点都会被删除。

(7) GList * g_list_remove_link(GList * list, GList * link);

该函数用于从链表中移出一个结点,但不释放该结点,返回一个有一个结点的独立的链表,该链表结点的 prev 和 next 指针域均为空。调用完本函数后,用户需要自己释放该结点,否则会造成内存泄漏。

(8) GList * g_list_delete_link(GList * list, GList * link);

该函数用于从链表中删除一个结点,并且结点会被释放。

(9) GList * g_list_nth(GList * list, gint n);

该函数用于获取链表中指定位置的结点。

(10) GList * g_list_find(GList * list, gpointer data);

该函数用于在链表中查找一个含有指定值的结点,若没有,则返回 NULL。

(11) GList * g_list_last(GList * list);

该函数用于获取链表中的最后一个结点。

(12) GList * g_list_first(GList * list);

该函数用于获取链表中的第一个结点。

(13) gint g_list_length(GList * list);

该函数用于返回链表中结点的个数。

(14) gint g_list_index(GList * list, gconstpointer data);

该函数用于返回指定结点在链表中的位置,结点位置从 0 开始计算,若没找到匹配的结点,则返回 −1。

(15) GList * g_list_reverse(GList * list);

该函数用于将链表中所有结点的顺序逆序。

(16) void g_list_foreach(GList * list, GFunc func, gpointer data);

该函数用于遍历链表。

3. 单向链表

以下函数用于创建、管理和销毁标准单向链表。

（1）GSList ＊g_slist_append(GSList ＊list，gpointer data);

该函数用于将一个新结点加入链表尾。

（2）GSList ＊g_slist_prepend(GSList ＊list，gpointer data);

该函数用于将一个新结点加入链表头。

（3）GSList ＊g_slist_insert(GSList ＊list，gpointer data，gint pos);

该函数用于插入新结点到链表指定位置。

（4）GSList ＊g_slist_delete_link(GSList ＊list，GSList ＊link);

该函数用于从链表中删除一个结点，并且结点会被释放。

（5）GSList ＊g_slist_remove(GSList ＊list，gpointer data);

该函数用于从链表中移除一个 data 结点，如果有多个相同的结点，则仅删除第一个；如果结点不存在，则链表不变。

（6）GSList ＊g_slist_remove_all(GSList ＊list，gconstpointer data);

该函数用于删除链表中的结点，如果有多个相同的结点，则所有结点都会被删除。

（7）GSList ＊G_slist_remove_link(GSList ＊list，GSList ＊link);

该函数用于从链表中移除一个结点，但不释放该结点。返回一个有一个结点的独立的链表，该链表结点的 next 指针域均为空。调用完本函数后，用户需要自己释放该结点，否则会造成内存泄漏。

（8）GSList ＊g_slist_reverse(GSList ＊list);

该函数用于将链表中所有结点的顺序逆序。

（9）GSList ＊g_slist_nth(GSList ＊list，gint n);

该函数用于获取链表中指定位置的结点。

（10）GSList ＊g_slist_find(GSList ＊list，gpointer data);

该函数用于在链表中查找一个含有指定值的结点，若没有，则返回 NULL。

（11）GSList ＊g_slist_last(GSList ＊list);

该函数用于获取链表中的最后一个结点。

（12）gint g_slist_length(GSList ＊list);

该函数用于返回链表结点个数。

（13）void g_slist_foreach(GSList ＊list，GFunc func，gpointer data);

该函数用于遍历链表。

4. 存储管理

以下函数用于分配和回收存储空间。

（1）gpointer g_malloc(gulong size);

该函数是 malloc 的替代函数，不需要检查返回值。如果存储分配因任何原因失败，则应用程序终止。

（2）gpointer g_malloc0(gulong size);

该函数和 g_malloc 具有相同的功能，但在返回指向分配存储块的指针前，将该存储块清零。

（3）gpointer g_realloc(gpointer mem，gulong size)；

该函数用于重新分配由指针 mem 开始,大小为 size 字节的存储块。

（4）void g_free(gpointer mem)；

该函数用于释放分配的存储块。如果 mem 为 NULL,则直接返回。

5. 计时器

计时器函数用于对操作计时(即查看操作所耗费的时间),也可以记录程序的间断运行时间。

（1）GTimer * g_timer_new(void)；

该函数用于创建一个新计时器。

（2）void g_timer_destroy(GTimer * timer)；

该函数用于注销计时器。

（3）void g_timer_start(GTimer * timer)；

该函数用于计时器开始。

（4）void g_timer_stop(GTimer * timer)；

该函数用于停止计时。

（5）void g_timer_reset(GTimer * timer)；

该函数用于重置计时器。

（6）void g_timer_continue(GTimer * timer)；

该函数用于继续计时。

（7）gdobule g_timer_elapsed(GTimer * timer，gulong * microseconds)；

该函数用于决定所耗时间。

6. 字符串处理

编程中经常需要对字符串进行拼接、截取、大小写转换,在标准 C 中这些操作是很烦琐的。GLib 中定义了一个叫作 GString 的新类型,并且提供了一系列操作函数。GString 类型可以自动增长,可以防止程序中的缓冲区溢出错误。

```
struct GString{
    gchar *str;        //指向当前以\0结尾的字符串
    gint len;          //当前字符长度
}
```

（1）GString * g_string_new(gchar * init)；

该函数用于构造一个 GString 型字符串,把 init 指向的字符串值复制到 GString 型字符串中,返回一个指向它的指针。

（2）GString * g_string_truncate(GString * string, gint len)；

该函数用于截取指定长度的字符串。

（3）GString * g_string_append(GString * string, gchar * val)；

该函数用于在末尾追加字符串。

（4）GString * g_string_append_c(GString * string, gchar c)；

该函数用于在末尾追加单个字符。

（5）GString ＊ g_string_prepend(GString ＊ string, gchar ＊ val)；

该函数用于在开头插入字符串。

（6）GString ＊ g_string_prepend_c(GString ＊ string, gchar c)；

该函数用于在开头插入单个字符。

（7）void g_string_sprintf(GString ＊ string, gchar ＊ fmt, …)；

该函数用于在格式化字符串。

（8）gchar ＊ g_strdup(const gchar ＊ str)；

该函数用于复制字符串,返回一个新分配的字符串。

（9）gchar ＊ g_strndup(const gchar ＊ str, gsize n)；

该函数用于复制指定个数的字符串,返回新分配的字符串。

（10）GString ＊ g_string_assign(GString ＊ string, const gchar ＊ rval)；

该函数将 rval 字符串复制到 string 中,覆盖 string 中以前的内容。若 rval 字符串的长度大于 string,则 string 会变长,这不同于函数 strcpy()。

（11）gchar ＊ g_string_free(GString ＊ string, gboolean free_segment)；

该函数释放为 string 分配的存储空间。如果参数 free_segment 为 TRUE,则也会释放字符数据。如果为 FALSE,调用方将获得缓冲区的所有权,并且必须在使用后通过 g_free()释放该存储空间。

（12）gchar ＊ g_strrstr(const gchar ＊ haystack, const gchar ＊ needle)；

该函数用于在字符串 haystack 中搜索字符串 needle 最后一次出现的位置。

（13）gchar ＊ g_strstr_len(const gchar ＊ haystack, gssize haystack_len, const gchar ＊ needle)；

该函数用于在字符串 haystack 中搜索字符串 needle 第一次出现的位置,将搜索长度限制为 haystack_len。

（14）gchar ＊ g_strrstr_len(const gchar ＊ haystack, gssize haystack_len, const gchar ＊ needle)；

该函数用于在字符串 haystack 中搜索字符串 needle 最后一次出现的位置,将搜索长度限制为 haystack_len。

（15）gboolean g_str_has_prefix(const gchar ＊ str, const gchar ＊ prefix)；

该函数用于返回字符串 str 是否以前缀 prefix 开头。

（16）int g_strcmp0(const char ＊ str1, const char ＊ str2)；

该函数用于对比两个字符串。

（17）gchar ＊ ＊ g_strsplit(const gchar ＊ string, const gchar ＊ delimiter, gint max_tokens)；

该函数用于分隔字符串,多个子串保存为数组。

（18）gchar ＊ g_strconcat(const gchar ＊ string1, …)；

该函数用于字符串拼接。

（19）gchar ＊ g_strjoin(const gchar ＊ separator, …)；

该函数使用 separator 字符串将多个字符串连接在一起,形成一个长字符串。返回的字符串通过 g_free 释放。

7. 其他函数

（1）gchar ＊g_strerror(gint errnum)；

该函数用于推荐使用此函数处理所有错误信息,它比 perror 和其他类似函数更好,更具可移植性。

（2）void g_print(const gchar ＊format, …)；

该函数用于替代 printf 函数。

（3）gint g_printf(const gchar ＊format, …)；

该函数用于替代 printf 函数,需要包含头文件 glib/gprintf.h。

（4）const gchar ＊g_strsignal(gint signum)；

该函数用于返回描述给定信号的字符串。

11.3　信号和回调函数

GTK 是一个基于事件驱动的框架,GTK 程序会一直循环在 GTK 程序对象中,当一个事件发生时,会调用对应的事件处理函数,执行完毕后再次回到 GTK 程序对象的循环中。GTK 采用信号与回调函数(消息处理函数)处理窗口外部传来的事件、消息或信号。利用 GTK 可以为信号绑定专门的回调函数,当信号发生时,程序自动调用提前为信号绑定的回调函数。

信号系统的基本概念是信号发射。信号是按类型引入的,并通过字符串进行标识。为父类型引入的信号也可用于派生类型。信号发射主要涉及以精确定义的方式调用特定的回调函数集。回调函数有两大类,即每个控件对象的回调函数(默认回调函数)和用户提供的回调函数(用户回调函数)。默认回调函数在信号创建时提供,而用户回调函数经常与某些对象实例上的某个信号连接和断开。除非程序停止,否则信号发射包括五个阶段：①为 G_SIGNAL_RUN_FIRST 信号调用默认回调函数；②调用用户回调函数(未设置 after 标志)；③为 G_SIGNAL_RUN_LAST 信号调用默认回调函数；④调用用户回调函数(设置了 after 标志)；⑤为 G_SIGNAL_RUN_CLEANUP 信号调用默认回调函数。如果对同一控件对象的同一信号连接了多个用户回调函数,则按照它们连接的顺序调用。

从 GTK 2.0 版开始,信号系统已从 GTK 移到 GLib,因此在函数名中使用前缀 g_,而不是 gtk_。GTK 中采用回调机制处理信号。GTK 中为信号绑定回调函数的方式都通过同一个函数 g_signal_connect_data 完成,其原型定义如下。

```
gulong g_signal_connect_data (
  GObject* instance,            //发送信号的对象
  const gchar* detailed_signal, //信号名称
  GCallback c_handler,          //回调函数
  gpointer data,                //传递给回调函数的参数
  GClosureNotify destroy_data,  //销毁数据的函数
  GConnectFlags connect_flags   //信号连接的选项
);
```

但是,更常用的是对 g_signal_connect_data 函数进行封装的三个宏函数,定义如下。

```
#define g_signal_connect(instance, detailed_signal, c_handler, data) \
 g_signal_connect_data((instance),(detailed_signal),(c_handler),(data),NULL,(GConnectFlags)0)
#define g_signal_connect_after(instance, detailed_signal, c_handler, data) \
 g_signal_connect_data((instance),(detailed_signal),(c_handler),(data),NULL,G_CONNECT_AFTER)
#define g_signal_connect_swapped(instance, detailed_signal, c_handler, data) \
 g_signal_connect_data((instance),(detailed_signal),(c_handler),(data),NULL,G_CONNECT_SWAPPED)
```

为了便于描述,本书将 g_signal_connect、g_signal_connect_after、g_signal_connect_swapped 这 3 个宏函数根据上面的宏定义写成等价的函数定义形式,函数原型如下。

```
gulong g_signal_connect(gpointer *object, const gchar *name,
                        GCallback func, gpointer func_data);
gulong g_signal_connect_after(gpointer *object, const gchar *name,
                        GCallback func, gpointer func_data);
gulong g_signal_connect_swapped(gpointer *object, const gchar *name,
                        GCallback func, gpointer *slot_object);
```

1. 函数 g_signal_connect

信号的作用是为控件添加用户交互功能。函数 g_signal_connect 可以把一个信号处理函数(回调函数)添加到一个控件上,在控件和消息处理函数间建立关联。

第一个参数 object 是一个控件指针,指向要发出信号的控件。

第二个参数 name 表示消息或事件的类型,使用事件的不同名称区分不同的事件,比如按钮事件类型有 activate(激活的时候发生)、clicked(单击以后发生)、enter(鼠标指针进入这个按钮以后发生)、leave(鼠标指针离开这个按钮以后发生)、pressed(鼠标按下以后发生)、released(鼠标释放以后发生)。

第三个参数 func 表示信号产生后将要执行的回调函数,一般为下面的形式:

```
void callback_func(GtkWidget *widget, gpointer callback_data);
```

参数 widget 是指向发出信号的控件的指针,参数 callback_data 是一个指向数据的指针,指向消息产生时传递给该函数的数据,就是上面 g_signal_connect 函数的第四个参数传进来的数据。

第四个参数 func_data 是传递给回调函数的数据。

2. 函数 g_signal_connect_after

函数 g_signal_connect_after 和函数 g_singal_connect 类似,但是该函数为信号绑定的回调函数,将在该信号默认回调函数之后执行。而 g_signal_connect 函数为信号绑定的回调函数,将在该信号默认回调函数之前执行。

3. 函数 g_signal_connect_swapped

函数 g_signal_connect_swapped 也可以把一个信号处理函数添加到一个控件上,在控件和消息处理函数间建立关联。

函数 g_signal_connect_swapped 和函数 g_signal_connect 相同,区别是回调函数只有一个参数,一个指向 GTK 对象的指针(通过 slot_object 传递)。所以,当使用该函数连接信号时,函数 g_signal_connect_swapped 的回调函数形式如下。

```
void callback_func(GtkObject *object);
```

该回调函数只有一个参数,是一个指向 GTK 对象的指针,这个对象通常是一个控件。

提供 g_signal_connect_swapped 和 g_signal_connect 两个函数来绑定信号的目的是因

为回调函数有不同数目的参数。GTK 库中许多函数仅接受一个单独的控件指针作为其参数,所以对于这些函数要用 g_signal_connect_swapped 函数,然而,对于自定义函数,可能需要更多的数据提供给回调函数,此时可以使用 g_signal_connect 函数。

4. 回调函数的多参数传递

如果要给 g_signal_connect() 的回调函数传递多个用户参数,可以定义包含多个参数的结构体变量,然后将指向这个结构体变量的指针进行传递。注意,该结构体变量的生存周期一定要覆盖回调函数的生存周期,否则当回调函数被调用时,该结构体变量已经失效了。所以,传递给回调函数的参数可以是全局变量、静态局部变量或 main 函数中的局部变量。

11.4 GTK 控件

控件是对数据和方法的封装,每个控件都有自己的属性和方法。属性是指控件的特征,方法是指控件的一些相关功能。比如按钮就是一个控件,长和宽是按钮的外观属性,按钮被按下时所触发的功能是按钮的方法。GTK 中控件主要分为容器控件和非容器控件两类。

11.4.1 非容器控件

非容器控件不可以容纳别的控件,如标签、单行输入、图像等图形界面编程中的最基本的元素。下面为简单的示例代码。

```
GtkWidget *label = gtk_label_new("test label");
                                        //创建文字标签控件
GtkWidget *image = gtk_image_new_from_file("image.png");
                                        //创建图像控件,指定要显示的图像名
GtkWidget *entry = gtk_entry_new();     //创建单行输入控件
```

11.4.2 容器控件

容器控件可以容纳别的控件。容器控件分为两类:一类只能容纳一个控件的容器,如窗口、按钮;另一类能容纳多个控件的容器,如布局控件。

在 GTK 中,除非容器控件外,其他多数控件均属于容器控件,容器控件可以容纳别的控件,所有容器都基于 GtkContainer 对象。

只能容纳一个控件的容器是基于 GtkBin 对象的,其中包括:①窗口类控件(GtkWindow,GtkDialog,GtkMessageDialog,主要是窗口和各种对话框);②各种按钮(GtkButton、GtkToggleButton);③滚动窗口(GtkScrolledWindow);④框架类控件(GtkFrame、GtkAspectFrame);⑤视口(GtkViewport);⑥浮动窗口(GtkHandleBox);⑦事件盒(GtkEventBox)等。这些控件的特色是只能容纳一个子控件,要想容纳多个子控件,必须向其中添加一个能容纳多个控件的容器,然后再向此容器中添加控件。

能容纳多个控件的容器从功能上又可分为两种:一种是只能设定子控件的排放次序,不能设定子控件几何位置的容器;另一种是可以设定子控件几何位置的容器。

只能设定子控件的排放次序、不能设定子控件几何位置的容器,是 GTK+中最常用的容器控件,它包括:①盒状容器(GtkBox),只能容纳一行或一列子控件的容器,它又分成两种横向盒状容器(GtkHBox)和纵向盒状容器(GtkVBox);②按钮盒(GtkButtonBox),盒状容器的子类,也分为横向按钮盒(GtkHButtonBox)和纵向按钮盒(GtkVButtonBox);③格状容器(GtkTable),能容纳多行多列子控件的容器;④分隔面板(GtkPaned),能控制子控件的尺寸的容器,它也分成横向分隔面板(GtkHPaned)和纵向分隔面板(GtkVPaned);⑤多页显示控件(GtkNotebook),能分页显示多个子控件的容器。此外,还包括菜单条、工具条、列表控件等,它们实际上是上述容器控件的灵活运用。

可以设定子控件几何位置的容器主要有两种:①自由布局控件(GtkFixed),可以按固定坐标放置子控件的容器;②布局控件(GtkLayout),是一个无穷大的滚动区域,可以包含子控件,也可以定制绘图。

11.5　GTK 图形界面编程

本章所有源代码文件在本书配套资源的"src/第 11 章"目录中。

扫一扫

11.5.1　Hello World

创建源代码文件,文件名为 gtk4-1.c,内容如下。

```
1 #include <gtk/gtk.h>
2 static void print_hello (GtkWidget *widget, gpointer data){
3   g_print ("Hello World 1\n"); sleep(3);
4 }
5 static void activate (GtkApplication *app, gpointer user_data){
6   GtkWidget *window = gtk_application_window_new (app);
7   gtk_window_set_title (GTK_WINDOW (window), "org.gtk4.ex1");
8   gtk_window_set_default_size (GTK_WINDOW (window), 200, 80);
9
10  GtkWidget *box = gtk_box_new (GTK_ORIENTATION_VERTICAL, 0);
11  gtk_widget_set_halign (box, GTK_ALIGN_CENTER);
12  gtk_widget_set_valign (box, GTK_ALIGN_CENTER);
13  gtk_window_set_child (GTK_WINDOW (window), box);
14  GtkWidget *button = gtk_button_new_with_label ("Hello World");
15  g_signal_connect (button, "clicked", G_CALLBACK (print_hello), NULL);
16  g_signal_connect_swapped(button,"clicked",G_CALLBACK(gtk_window_destroy),window);
17  gtk_box_append (GTK_BOX (box), button);
18  gtk_widget_show (window);
19 }
20 int main(int argc, char **argv){
21  GtkApplication *app=gtk_application_new("org.gtk4.ex1",G_APPLICATION_FLAGS_NONE);
22  g_signal_connect (app, "activate", G_CALLBACK (activate), NULL);
23  int status = g_application_run (G_APPLICATION (app), argc, argv);
24  g_print ("Hello World 2\n"); sleep(3);
25  g_object_unref (app);  g_print ("status = %d\n", status);  return status;
26 }
```

所有 GTK 应用程序都要包含 gtk.h 头文件。在 main 函数中,通过 gtk_application_new 函数创建一个 GtkApplication,它的两个参数分别是 GTK 应用程序的名字和标识。main 函数中调用 g_signal_connect 函数将 activate 信号连接到 activate 函数。g_application_run 函数的执行表示 GTK 应用程序正式启动,此时 activate 信号将被发送,随后 activate 函数被调用执行。

在 activate 函数中,调用 gtk_application_window_new 函数创建 GTK 窗口,用来在程序启动时显示。GTK 窗口的指针赋值给指针变量 window。gtk_window_set_title 函数为

GTK 窗口设置标题,该函数的两个参数分别为 GtkWindow * 和 char * 类型,而 window 是 GtkWidget * 类型,所以要用 GTK_WINDOW 宏进行类型转换。调用 gtk_window_set_ default_size 函数设置 GTK 窗口的尺寸。调用 gtk_box_new 函数创建 GtkBox 控件,由 box 指针变量指向。GtkBox 控件是 GTK 控制按钮大小和布局(水平或垂直布局)的方式。 gtk_widget_set_halign 和 gtk_widget_set_valign 函数设置按钮在 GtkBox 控件中的对齐方式。调用 gtk_window_set_child 函数将 GtkBox 控件添加到 GTK 窗口。调用 gtk_button_ new_with_label 函数在 GTK 窗口中添加一个带有标签为"Hello World"的按钮,由 button 指针变量指向。

在 activate 函数中,调用 g_signal_connect 函数连接 clicked 信号和 print_hello 回调函数。该函数的第一个参数是那个发出信号的对象,也就是按钮控件 button,因为本例中并没有向回调函数传递任何参数,所以第四个参数为 NULL。

在 activate 函数中,调用 g_signal_connect_swapped 函数连接 clicked 信号和 gtk_ window_destroy 回调函数。该函数的第一个参数是发出信号的控件,也就是按钮 button。 第四个参数为被传递给 gtk_window_destroy 回调函数的 GTK 窗口指针 window。

在 activate 函数中,调用 gtk_box_append 函数将按钮 button 添加到 GtkBox 控件 box 中。调用 gtk_widget_show 函数显示 GTK 窗口以及窗口内的所有控件。

当 GTK 应用程序正在运行时,GTK 也一直在等待接收信号。输入事件一般由用户交互产生,也有一些由窗口管理器或其他应用产生。GTK 处理这些事件时会将信号发送到相关控件,进而调用信号关联的回调函数对用户输入做出响应。①本例中的 g_signal_connect 和 g_signal_connect_swapped 函数都为 button 按钮的 clicked 信号连接了回调函数,分别关联到 print_hello 和 gtk_window_destroy 回调函数,所以在程序正在运行时,单击按钮后,先执行 print_hello 函数,向终端输出"Hello World 1"字符串,然后睡眠 3s。再执行 gtk_ window_destroy 函数销毁 GTK 窗口,此时 g_application_run 函数执行结束,将返回值赋值给 status 变量。接着执行 g_print 函数向终端输出"Hello World 2"字符串,然后睡眠 3s。 执行 g_object_unref 函数释放 GtkApplication 对象 app 占用的存储空间。调用 g_print 函数向终端输出"status = 0"字符串。运行结果如图 11.1 左侧所示。②当 GTK 应用程序正在运行时,不是单击 button 按钮,而是单击窗口右上角的关闭按钮或者按 Alt+F4 组合键, 此时会发出 destroy 信号,窗口管理器会销毁 GTK 窗口,此时 g_application_run 函数执行结束,接着执行 g_print 函数向终端输出"Hello World 2"字符串,睡眠 3s,然后释放 GtkApplication 对象 App 占用的存储空间,向终端输出"status = 0"字符串。运行结果如图 11.1 右侧所示。

执行如下命令安装 GTK4 开发包,编译源代码,生成可执行程序 gtk4-1,运行结果如图 11.1 所示。

```
apt install libgtk-4-dev
gcc `pkg-config --cflags gtk4` -o gtk4-1 gtk4-1.c `pkg-config --libs gtk4`
```

11.5.2　GtkGrid

当创建一个 GTK 应用程序时,GTK 窗口内通常会放多个控件,此时控制每个控件的

图 11.1　gtk4-1 运行结果

位置和大小就变得很重要。GTK 提供了多种布局容器,用来控制添加到其中的控件的布局。本例使用 GtkGrid 容器控制三个按钮控件的布局。

创建源代码文件,文件名为 gtk4-2.c,内容如下。

扫一扫

```
1 #include <gtk/gtk.h>
2 static void print_hello (GtkWidget *widget, gpointer data){
3   g_print ("Hello World\n");
4 }
5 static void activate (GtkApplication *app, gpointer user_data){
6   GtkWidget *window = gtk_application_window_new (app);
7   gtk_window_set_title (GTK_WINDOW (window), "gtk4.ex2");
8   GtkWidget *grid = gtk_grid_new ();
9   gtk_window_set_child (GTK_WINDOW (window), grid);
10  GtkWidget *button = gtk_button_new_with_label ("Button 1");
11  g_signal_connect (button, "clicked", G_CALLBACK (print_hello), NULL);
12  gtk_grid_attach (GTK_GRID (grid), button, 0, 0, 1, 1);
13  button = gtk_button_new_with_label ("Button 2");
14  g_signal_connect (button, "clicked", G_CALLBACK (print_hello), NULL);
15  gtk_grid_attach (GTK_GRID (grid), button, 1, 0, 1, 1);
16  button = gtk_button_new_with_label ("Quit");
17  g_signal_connect_swapped (button, "clicked",
18                            G_CALLBACK (gtk_window_destroy), window);
19  gtk_grid_attach (GTK_GRID (grid), button, 0, 1, 2, 1);
20  gtk_widget_show (window);
21 }
22 int main(int argc, char **argv){
23  GtkApplication*app=gtk_application_new("gtk4.ex2",G_APPLICATION_FLAGS_NONE);
24  g_signal_connect (app, "activate", G_CALLBACK (activate), NULL);
25  int status = g_application_run (G_APPLICATION (app), argc, argv);
26  g_object_unref (app); return status;
27 }
```

所有 GTK 应用程序都要包含 gtk.h 头文件。在 main 函数中,通过 gtk_application_new 函数创建一个 GtkApplication,它的两个参数分别是 GTK 应用程序的名字和标识。main 函数中调用 g_signal_connect 函数将 activate 信号连接到 activate 函数。g_application_run 函数的执行表示 GTK 应用程序正式启动,此时 activate 信号将被发送,随后 activate 函数被调用执行。

在 activate 函数中,调用 gtk_application_window_new 函数创建 GTK 窗口,用来在程序启动时显示。GTK 窗口的指针赋值给指针变量 window。gtk_window_set_title 函数为 GTK 窗口设置标题,该函数的两个参数分别为 GtkWindow * 和 char * 类型,而 window 是 GtkWidget * 类型,所以要用 GTK_WINDOW 宏进行类型转换。调用 gtk_grid_new 函数创建 GtkGrid 控件,由 grid 指针变量指向。GtkGrid 控件是 GTK 控制按钮大小和布局的方式。调用 gtk_window_set_child 函数将 GtkGrid 控件添加到 GTK 窗口。调用 gtk_button_new_with_label 函数在 GTK 窗口中添加"Button 1"按钮,调用 g_signal_connect 函数为"Button 1"按钮连接 clicked 信号和 print_hello 回调函数。该函数的第一个参数是那个发出信号的对象,也就是"Button 1"按钮控件,因为本例中并没有向回调函数传递任何参数,所以第四个参数为 NULL。调用 gtk_grid_attach 函数将"Button 1"按钮放在网格中 0

行 0 列的单元格(0,0)中,并使其在水平和垂直方向的跨度均为 1 个单元格。再次调用 gtk_button_new_with_label 函数在 GTK 窗口中添加"Button 2"按钮,调用 g_signal_connect 函数为"Button 2"按钮连接 clicked 信号和 print_hello 回调函数。调用 gtk_grid_attach 函数将"Button 2"按钮放在网格中 0 行 1 列的单元格(1,0)中,并使其在水平和垂直方向的跨度均为 1 个单元格。再次调用 gtk_button_new_with_label 函数在 GTK 窗口中添加"Quit"按钮,调用 g_signal_connect_swapped 函数为"Quit"按钮连接 clicked 信号和 gtk_window_destroy 回调函数。该函数的第一个参数是发出信号的控件,也就是按钮 button。第四个参数为被传递给 gtk_window_destroy 回调函数的 GTK 窗口指针 window。调用 gtk_grid_attach 函数将"Quit"按钮放在网格中 1 行 0 列的单元格(0,1)中,并使其在水平方向的跨度为 2 个单元格,在垂直方向的跨度为 1 个单元格。调用 gtk_widget_show 函数显示 GTK 窗口以及窗口内的所有控件。

当 GTK 应用程序正在运行时,GTK 也一直在等待接收信号。输入事件一般是由用户交互产生的,也有一些是由窗口管理器或其他应用产生的。GTK 处理这些事件时会将信号发送到相关控件,进而调用信号关联的回调函数对用户输入做出响应。单击"Button 1"按钮后,会执行 print_hello 回调函数,向终端输出"Hello World"字符串。单击"Button 2"按钮后,也会执行 print_hello 回调函数,向终端输出"Hello World"字符串。单击 Quit 按钮后,执行 gtk_window_destroy 回调函数销毁 GTK 窗口,此时 g_application_run 函数执行结束,将返回值赋值给 status 变量。执行 g_object_unref 函数释放 GtkApplication 对象 app 占用的存储空间。

当 GTK 应用程序正在运行时,不是单击 button 按钮,而是单击窗口右上角的关闭按钮或者按 Alt+F4 组合键,此时会发出 destroy 信号,窗口管理器会销毁 GTK 窗口,此时 g_application_run 函数执行结束,终端没有字符串输出。

图 11.2　gtk4-2 运行结果

执行如下命令编译源代码,生成可执行程序 gtk4-2,运行结果如图 11.2 所示。

```
gcc `pkg-config --cflags gtk4` -o gtk4-2 gtk4-2.c `pkg-config --libs gtk4`
```

11.5.3　Custom Drawing

cairo 是一个免费的矢量绘图软件库,它可以绘制多种输出格式。cairo 是用 C 语言编写的,但是为多数常用的编程语言提供了绑定。选用 C 语言有助于创建新的绑定,同时在进行 C 语言调用时可以提供高性能。cairo 正在成为 Linux 图形领域的重要软件。本例设计了一个用于简单绘图的程序,通过 GTK 使用 cairo 在窗口或控件上绘图。

创建源代码文件,文件名为 gtk4-3.c,内容如下。

扫一扫

```
1 #include <gtk/gtk.h>
2 static double start_x, start_y;
3 static cairo_surface_t *surface = NULL;
4 static void clear_surface(void){
5   cairo_t *cr = cairo_create (surface);
6   cairo_set_source_rgb(cr, 1, 1, 1); cairo_paint(cr); cairo_destroy(cr);
7 }
8 static void resize_cb(GtkWidget *widget,int width,int height,gpointer data){
```

```
 9    if(surface){cairo_surface_destroy (surface); surface = NULL;}
10    if(gtk_native_get_surface(gtk_widget_get_native(widget))){
11        surface = gdk_surface_create_similar_surface(
12                        gtk_native_get_surface(gtk_widget_get_native(widget)),
13                        CAIRO_CONTENT_COLOR, gtk_widget_get_width(widget),
14                        gtk_widget_get_height(widget));
15        clear_surface();
16    }
17 }
18 static void draw_cb(GtkDrawingArea *drawing_area, cairo_t *cr,
19                        int width, int height, gpointer data){
20    cairo_set_source_surface(cr,surface,0,0); cairo_paint (cr);
21 }
22 static void draw_brush(GtkWidget *widget, double x, double y){
23    cairo_t *cr = cairo_create(surface);
24    cairo_rectangle(cr, x-3, y-3, 6, 6); cairo_fill(cr);
25    cairo_destroy(cr); gtk_widget_queue_draw(widget);
26 }
27 static void drag_begin(GtkGestureDrag*gesture,double x,double y,GtkWidget*area){
28    start_x = x; start_y = y; draw_brush(area, x, y);
29 }
30 static void drag_update(GtkGestureDrag*gesture,double x,double y,GtkWidget*area){
31    draw_brush(area, start_x+x, start_y+y);
32 }
33 static void drag_end(GtkGestureDrag *gesture,double x,double y,GtkWidget *area){
34    draw_brush (area, start_x + x, start_y + y);
35 }
36 static void pressed(GtkGestureClick *gesture, int n_press,
37                        double x, double y, GtkWidget *area){
38    clear_surface (); gtk_widget_queue_draw (area);
39 }
40 static void close_window(void){if(surface) cairo_surface_destroy (surface);}
41 static void activate (GtkApplication *app, gpointer user_data){
42    GtkWidget *window = gtk_application_window_new(app);
43    gtk_window_set_title (GTK_WINDOW (window), "gtk4.ex3");
44    g_signal_connect (window, "destroy", G_CALLBACK (close_window), NULL);
45    GtkWidget *frame = gtk_frame_new (NULL);
46    gtk_window_set_child (GTK_WINDOW (window), frame);
47    GtkWidget *drawing_area = gtk_drawing_area_new ();
48    gtk_widget_set_size_request (drawing_area, 100, 100);
49    gtk_frame_set_child (GTK_FRAME (frame), drawing_area);
50    gtk_drawing_area_set_draw_func(GTK_DRAWING_AREA(drawing_area),draw_cb,NULL,NULL);
51    g_signal_connect_after (drawing_area, "resize", G_CALLBACK (resize_cb), NULL);
52    GtkGesture *drag = gtk_gesture_drag_new ();
53    gtk_gesture_single_set_button (GTK_GESTURE_SINGLE (drag), GDK_BUTTON_PRIMARY);
54    gtk_widget_add_controller (drawing_area, GTK_EVENT_CONTROLLER (drag));
55    g_signal_connect (drag, "drag-begin", G_CALLBACK (drag_begin), drawing_area);
56    g_signal_connect (drag, "drag-update", G_CALLBACK (drag_update), drawing_area);
57    g_signal_connect (drag, "drag-end", G_CALLBACK (drag_end), drawing_area);
58    GtkGesture *press = gtk_gesture_click_new ();
59    gtk_gesture_single_set_button (GTK_GESTURE_SINGLE (press), GDK_BUTTON_SECONDARY);
60    gtk_widget_add_controller (drawing_area, GTK_EVENT_CONTROLLER (press));
61    g_signal_connect (press, "pressed", G_CALLBACK (pressed), drawing_area);
62    gtk_widget_show (window);
63 }
64 int main(int argc, char **argv){
65    GtkApplication *app=gtk_application_new("gtk4.ex3",G_APPLICATION_FLAGS_NONE);
66    g_signal_connect (app, "activate", G_CALLBACK (activate), NULL);
67    int status = g_application_run (G_APPLICATION (app), argc, argv);
68    g_object_unref (app); return status;
69 }
```

所有 GTK 应用程序都要包含 gtk.h 头文件。在 main 函数中,通过 gtk_application_new 函数创建一个 GtkApplication,它的两个参数分别是 GTK 应用程序的名字和标识。main 函数中调用 g_signal_connect 函数将 activate 信号连接到 activate 函数。g_application_run 函数的执行表示 GTK 应用程序正式启动,此时 activate 信号将被发送,随后 activate 函数被调用执行。

在 activate 函数中,调用 gtk_application_window_new 函数创建 GTK 窗口,用来在程

序启动时显示。GTK 窗口的指针赋值给指针变量 window。gtk_window_set_title 函数为 GTK 窗口设置标题,该函数的两个参数分别为 GtkWindow * 和 char * 类型,而 window 是 GtkWidget * 类型,所以要用 GTK_WINDOW 宏进行类型转换。调用 g_signal_connect 函数为 GTK 窗口 window 连接 destroy 信号和 close_window 回调函数。当 GTK 应用程序正在运行时,单击窗口右上角的关闭按钮或者按 Alt＋F4 组合键,此时会发出 destroy 信号,进而执行 close_window 回调函数,其中调用 cairo_surface_destroy 函数销毁画布 surface;之后,窗口管理器也会收到 destroy 信号,随后销毁 GTK 窗口,此时 g_application_run 函数执行结束,将返回值赋值给 status 变量。执行 g_object_unref 函数释放 GtkApplication 对象 app 占用的存储空间。调用 gtk_frame_new 函数创建 GtkFrame 框架控件,由 frame 指针变量指向。框架可以用于封装一个或多个控件。调用 gtk_window_set_child 函数将 GtkFrame 控件 frame 添加到 GTK 窗口。调用 gtk_drawing_area_new 函数创建一个新的绘图区域(画布),由 drawing_area 指针变量指向。调用 gtk_widget_set_size_request 函数设置画布宽、高的最小值。调用 gtk_frame_set_child 函数将 GtkDrawingArea 画布控件 drawing_area 添加到 GtkFrame 框架控件 frame 中。

设置绘图函数是使用画布时要做的主要事情,调用 gtk_drawing_area_set_draw_func 函数设置画布 drawing_area 的绘图函数 draw_cb。只要 GTK 需要将画布内容绘制到屏幕上,就会调用 draw_cb 函数。调用 g_signal_connect_after 函数为画布控件 drawing_area 连接 resize 信号和 resize_cb 回调函数。resize_cb 函数创建一个合适大小的新画布来存储用户的笔迹。调用 gtk_gesture_drag_new 函数创建用来识别鼠标拖曳事件的 GtkGesture 控件,由 drag 指针变量指向。调用 gtk_gesture_single_set_button 函数为 GtkGesture 控件 drag 设置其监听的按键为鼠标左键。调用 gtk_widget_add_controller 函数将 GtkGesture 控件 drag 作为画布控件 drawing_area 的控制器使其能够接收鼠标信号。

接下来连续三次调用 g_signal_connect 函数为 GtkGesture 控件 drag 连接 drag-begin、drag-update、drag-end 信号和对应的回调函数,这三个回调函数都对画布 drawing_area 进行操作,即在 GTK 应用程序运行时,可以按住鼠标左键进行作画。调用 gtk_gesture_click_new 函数创建用来识别鼠标单击或双击事件的 GtkGesture 控件,由 press 指针变量指向。调用 gtk_gesture_single_set_button 函数为 GtkGesture 控件 press 设置其监听的按键为鼠标右键。调用 gtk_widget_add_controller 函数将 GtkGesture 控件 press 作为画布控件 drawing_area 的控制器使其能够接收鼠标信号。调用 g_signal_connect 函数为 GtkGesture 控件 press 连接 pressed 信号和 pressed 回调函数。pressed 函数中调用了 clear_surface 函数和 gtk_widget_queue_draw 函数。clear_surface 函数将画布初始化为白色,gtk_widget_queue_draw 函数再次调用画布 drawing_area 为后续作画做准备。调用 gtk_widget_show 函数显示 GTK 窗口以及窗口内的所有控件。

当 GTK 应用程序正在运行时,单击窗口右上角的关闭按钮或者按 Alt＋F4 组合键,此时会发出 destroy 信号,窗口管理器会销毁 GTK 窗口,此时 g_application_run 函数执行结束,将返回值赋值给 status 变量。执行 g_object_unref 函数释放 GtkApplication 对象 app 占用的存储空间。

执行如下命令编译源代码,生成可执行程序 gtk4-3,运行结果如图 11.3 所示。

```
gcc `pkg-config --cflags gtk4` -o gtk4-3 gtk4-3.c `pkg-config --libs gtk4`
```

图 11.3　gtk4-3 运行结果

11.5.4　GtkBuilder 创建界面

当一个 GTK 应用程序的用户界面包含几十或几百个控件时，在 C 代码中纯粹利用 GTK 函数完成所有控件的设置工作是很麻烦的，并且后续如果需要进行用户界面的调整，工作量也是很大的。此时 GTK 通过使用 XML 格式的 UI 描述支持将用户界面布局与业务逻辑分离，XML 格式的 UI 描述可以由 GtkBuilder 类进行解析。

扫一扫

本例中首先创建一个描述用户界面布局的 XML 文件，然后编写 GTK 代码文件，其中使用 GtkBuilder 读取 XML 文件，并按照 XML 文件中的 UI 描述创建用户界面。

为 UI 布局创建 XML 源代码文件，文件名为 gtk4-4.ui，内容如下。

```
1 <?xml version="1.0" encoding="UTF-8"?>
2 <interface>
3  <object id="window" class="GtkWindow">
4   <property name="title">gtk4.ex4</property>
5   <child>
6    <object id="grid" class="GtkGrid">
7     <child>
8      <object id="TextBox" class="GtkEntry">
9       <property name="visible">True</property>
10      <layout>
11       <property name="column">0</property>
12       <property name="row">0</property>
13       <property name="column-span">2</property>
14      </layout>
15     </object>
16    </child>
17    <child>
18     <object id="Button_hell" class="GtkButton">
19      <property name="label">Hello</property>
20      <layout>
21       <property name="column">0</property>
22       <property name="row">1</property>
23      </layout>
24     </object>
25    </child>
26    <child>
27     <object id="Button_msg" class="GtkButton">
28      <property name="label">Message</property>
29      <layout>
30       <property name="column">1</property>
31       <property name="row">1</property>
32      </layout>
33     </object>
34    </child>
35    <child>
36     <object id="Button_quit" class="GtkButton">
37      <property name="label">Quit</property>
38      <layout>
39       <property name="column">0</property>
40       <property name="row">2</property>
41       <property name="column-span">2</property>
42      </layout>
43     </object>
44    </child>
45   </object>
46  </child>
47 </object>
48 </interface>
```

创建 GTK 源代码文件，文件名为 gtk4-4.c，内容如下。

```
1 #include <gtk/gtk.h>
2 GtkEntryBuffer *buffer_textbox;
3 static void hello(GtkWidget* w, gpointer d){g_print("Hello World\n");}
4 static void message(GtkWidget *button, gpointer user_data){
5   const gchar *buf=gtk_entry_buffer_get_text(buffer_textbox);
6   if(buf[0]) printf("%s\n",buf);
7 }
8 static void quit_cb(GtkWindow *window){ gtk_window_close (window); }
9 static void activate(GtkApplication *app, gpointer user_data){
10  GtkBuilder *builder = gtk_builder_new ();
11  gtk_builder_add_from_file (builder, "gtk4-4.ui", NULL);
12  GObject *window = gtk_builder_get_object (builder, "window");
13  gtk_window_set_application (GTK_WINDOW (window), app);
```

```
14    GObject *button = gtk_builder_get_object (builder, "Button_hell");
15    g_signal_connect (button, "clicked", G_CALLBACK (hello), NULL);
16    GObject *textbox = gtk_builder_get_object (builder, "TextBox");
17    buffer_textbox = gtk_entry_get_buffer(GTK_ENTRY(textbox));
18    button = gtk_builder_get_object (builder, "Button_msg");
19    g_signal_connect (button, "clicked", G_CALLBACK (message), NULL);
20    button = gtk_builder_get_object (builder, "Button_quit");
21    g_signal_connect_swapped (button, "clicked", G_CALLBACK (quit_cb), window);
22    gtk_widget_show (GTK_WIDGET (window));
23    g_object_unref (builder);
24  }
25  int main(int argc, char **argv){
26    GtkApplication*app=gtk_application_new("gtk4.ex4",G_APPLICATION_FLAGS_NONE);
27    g_signal_connect (app, "activate", G_CALLBACK (activate), NULL);
28    int status = g_application_run (G_APPLICATION (app), argc, argv);
29    g_object_unref (app); return status;
30  }
```

所有 GTK 应用程序都要包含 gtk.h 头文件。在 main 函数中,通过 gtk_application_new 函数创建一个 GtkApplication,它的两个参数分别是 GTK 应用程序的名字和标识。main 函数中调用 g_signal_connect 函数将 activate 信号连接到 activate 函数。g_application_run 函数的执行表示 GTK 应用程序正式启动,此时 activate 信号将被发送,随后 activate 函数被调用执行。

在 activate 函数中,调用 gtk_builder_new 函数创建一个 GtkBuilder 实例(类对象),由 builder 指针变量指向。调用 gtk_builder_add_from_file 函数为 GtkBuilder 实例 builder 在 GTK 应用程序运行时指定要读取的 UI 文件,该文件是一个描述用户界面布局的 XML 文件。调用 gtk_builder_get_object 函数根据 gtk4-4.ui 文件中设置的"object id"获取 GtkBuilder 实例创建的 window 对象,由 GObject * 类型的指针变量 window 指向。注意,GtkBuilder 用于构造类对象,而不是控件对象,因此 gtk_builder_get_object 函数返回 GObject * 类型,而不是 GtkWidget * 类型。调用 gtk_window_set_application 函数设置与 window 对象关联的 GtkApplication。调用 gtk_builder_get_object 函数根据 gtk4-4.ui 文件中设置的"object id"获取 GtkBuilder 实例创建的"Button_hell"按钮,然后调用 g_signal_connect 函数为"Button_hell"按钮连接 clicked 信号和 hello 回调函数。调用 gtk_builder_get_object 函数根据 gtk4-4.ui 文件中设置的"object id"获取 GtkBuilder 实例创建的 TextBox 输入框对象,然后调用 gtk_entry_get_buffer 函数获取 TextBox 输入框中的文本缓冲区对象,由 GtkEntryBuffer * 类型的全局指针变量 buffer_textbox 指向。调用 gtk_builder_get_object 函数根据 gtk4-4.ui 文件中设置的"object id"获取 GtkBuilder 实例创建的"Button_msg"按钮,然后调用 g_signal_connect 函数为"Button_msg"按钮连接 clicked 信号和 message 回调函数。调用 gtk_builder_get_object 函数根据 gtk4-4.ui 文件中设置的"object id"获取 GtkBuilder 实例创建的"Button_quit"按钮,然后调用 g_signal_connect_swapped 函数为"Button_quit"按钮连接 clicked 信号和 quit_cb 回调函数,并且向该回调函数传递 window 对象,quit_cb 函数中调用 gtk_window_close 函数关闭窗口。调用 gtk_widget_show 函数显示 GTK 窗口以及窗口内的所有控件。g_object_unref 函数释放 builder 对象占用的存储空间。

当 GTK 应用程序正在运行时,单击窗口右上角的关闭按钮或者按 Alt+F4 组合键,此时会发出 destroy 信号,窗口管理器会销毁 GTK 窗口,此时 g_application_run 函数执行结束,将返回值赋值给 status 变量。执行 g_object_unref 函数释放 GtkApplication 对象 app

占用的存储空间。

执行如下命令编译源代码，生成可执行程序 gtk4-4，运行结果如图 11.4 所示。

```
gcc `pkg-config --cflags gtk4` -o gtk4-4 gtk4-4.c `pkg-config --libs gtk4`
```

图 11.4　gtk4-4 运行结果

11.5.5　Cambalache

Cambalache 是一款免费开源的软件，可用来为 GTK 3 和 GTK 4 应用程序创建图形用户界面。Cambalache 不依赖于 Gobject 和 GTKBuilder，但是提供了与 Gobject 类型系统相匹配的数据模型，该模型支持 GTKBuilder 对象、属性和信号。执行如下两条命令，在 Ubuntu 22.04 中安装 flatpak、flathub 和 Cambalache。

```
apt installflatpak
flatpak install flathub ar.xjuan.Cambalache
```

卸载 Cambalache 的命令：flatpak uninstall ar.xjuan.Cambalache

运行 Cambalache 的执行命令：flatpak run ar.xjuan.Cambalache

Cambalache 的窗口如图 11.5 所示，单击左上角的"＋"按钮，开始新建项目，目标对象选择"Gtk4"，含义是最后生成的 ui 文件可以被 Gtk4 程序读取。

图 11.5　Cambalache 中新建项目

如图 11.6 所示，依次选择 Toplevel→GtkWindow 菜单项，添加主窗口。依次选择 Layout→GtkGrid 菜单项，添加网格。依次选择 Control→GtkButton 菜单项，添加按钮。依次选择 Control→GtkEntry 菜单项，添加单行输入框。依次选择 Display→GtkLabel 菜单项，添加标签。依次选择 Display→GtkTextView 菜单项，添加多行文本框。初步设计的图形界面如图 11.7 所示，选择图形界面中的一个界面元素，比如按钮控件，可以在 Properties

选项卡中设置它的修改属性值,在 Layout 选项卡中设置它的布局属性,在 Signals 选项卡中设置它的信号处理方式,为其指定信号处理函数名。

图 11.6　Cambalache 中的 GTK 控件菜单

如图 11.7 所示,如果单击右上角的 Save 按钮,只会保存 test1.cmb 文件,不会生成 test1.ui 文件。而 ui 文件是 GTK 程序在执行时所需要的。选择 Export all 菜单项,会导出 test1.cmb 和 test1.ui 两个文件。test1.ui 文件的内容如下,请读者结合图 11.7 中设计的图形界面分析 test1.ui 文件中的 xml 代码。

图 11.7　初步设计的图形界面

```
1 <?xml version='1.0' encoding='UTF-8'?>
2 <!-- Created with Cambalache 0.10.3 -->
3 <interface>
4   <!-- interface-name test1.ui -->
5   <requires lib="gtk" version="4.6"/>
6   <object class="GtkWindow">
7     <child>
8       <object class="GtkGrid">
9         <property name="height-request">8</property>
10        <property name="opacity">0.7</property>
11        <child>
12          <object class="GtkLabel">
13            <property name="label">标签</property>
14            <property name="width-chars">2</property>
15            <property name="wrap-mode">char</property>
16            <layout>
17              <property name="column">0</property>
18              <property name="column-span">1</property>
19              <property name="row">0</property>
20              <property name="row-span">1</property>
21            </layout>
22          </object>
```

```
23      </child>
24      <child>
25       <object class="GtkEntry">
26        <property name="text">单行输入</property>
27        <layout>
28         <property name="column">1</property>
29         <property name="column-span">1</property>
30         <property name="row">0</property>
31         <property name="row-span">1</property>
32        </layout>
33       </object>
34      </child>
35      <child>
36       <object class="GtkTextView">
37        <layout>
38         <property name="column">1</property>
39         <property name="row">1</property>
40        </layout>
41       </object>
42      </child>
43      <child>
44       <object class="GtkButton">
45        <property name="label">退出按钮</property>
```

```
46      <layout>
47       <property name="column">1</property>
48       <property name="column-span">2</property>
49       <property name="row">2</property>
50       <property name="row-span">1</property>
51      </layout>
52     </object>
53    </child>
54    <child>
55     <object class="GtkButton">
56      <property name="label">打印按钮</property>
57      <layout>
58       <property name="column">2</property>
59       <property name="column-span">1</property>
60       <property name="row">1</property>
61       <property name="row-span">1</property>
62      </layout>
63     </object>
64    </child>
65   </object>
66  </child>
67 </object>
68</interface>
```

11.6 GTK 图形界面聊天室

扫一扫

聊天室分为服务器端和客户端两部分,采用 GTK 编程,通过使用信号和回调函数机制实现用户登录和聊天信息的发送、接收等功能。

11.6.1 聊天室服务器端

聊天室服务器端主要记录所有进入聊天室用户的昵称、IP 地址和端口号,并接收所有用户的信息,将用户发来的信息转发给相关用户,同时显示当前聊天室中用户的登录信息。

创建聊天室服务器端源代码文件,文件名为 server.c,内容如下。

```c
1 #include<stdio.h>
2 #include<stdlib.h>
3 #include<unistd.h>
4 #include<string.h>
5 #include<signal.h>
6 #include<sys/sem.h>
7 #include<arpa/inet.h>
8 #include<pthread.h>
9 #define MAX 200
10 #define PORT 9999
11 #define BS 1024
12 #define SENDSIZE 1380
13 int sem_id;
14 struct sockaddr_in c_addr,s_addr;
15 struct users{
16   char name[48];
17   pthread_t thread;
18   char buf[BS];
19   int cfd;
20   char addr[20];
21   int login;
22 }u[MAX];
23 union semun{
24   int val;  unsigned short *array;
25   struct semid_ds *buf;
26   struct seminfo *__buf;
27 };
28 int sem_init(int sem_id, int val){
29   union semun sem_u;  sem_u.val=val;
30   if(semctl(sem_id,0,SETVAL,sem_u)==-1)
31    {perror("初始化信号量失败");return -1;}
32   return 0;
33 }
```

```c
34 int sem_p(int sem_id){
35   struct sembuf sem_b;  sem_b.sem_num=0;
36   sem_b.sem_op=-1;sem_b.sem_flg=SEM_UNDO;
37   if(semop(sem_id, &sem_b, 1)==-1)
38    {perror("P操作失败");return -1;}
39   return 0;
40 }
41 int sem_v(int sem_id){
42   struct sembuf sem_b;  sem_b.sem_num=0;
43   sem_b.sem_op=1;sem_b.sem_flg=SEM_UNDO;
44   if(semop(sem_id, &sem_b, 1) == -1)
45    {perror("V操作失败");return -1;}
46   return 0;
47 }
48 void broadcast(char *c){
49   for(int i=0;i<MAX;i++)
50    if(u[i].login==1)
51     send(u[i].cfd,c,strlen(c),0);
52 }
53 void unicast(char n[50],char c[BS]){
54   for(int i=0;i<MAX;i++)
55    if((u[i].login==1)&&
56        (strcmp(u[i].name,n)==0))
57     send(u[i].cfd,c,strlen(c),0);
58 }
59 void currenttime(char *ct){
60   time_t t;
61   time(&t);
62   struct tm *tp=NULL;
63   tp=localtime(&t);
64   sprintf(ct,"%d:%d:%d",
65       tp->tm_hour, tp->tm_min,
66       tp->tm_sec);
67 }
```

第 9～13 行中,MAX 表示聊天室能够容纳的最大用户数,PORT 表示服务器监听端口号,BS 表示缓冲区大小,SENDSIZE 表示能够发送的最大长度,sem_id 表示信号量描述符。第 14 行中定义两个结构体变量,分别表示客户端地址信息和服务器端地址信息。第 15～22 行在定义结构体 users 类型的同时定义了结构体数组 u[MAX],用来保存所有登录到服务器的用户的相关信息。其中 name 表示用户昵称,thread 表示对应于一个客户端的服务器进程中的一个线程 ID,buf 表示消息缓冲区,cfd 表示和客户端连接的 socket 文件描述符,addr 保存客户端点分十进制 IP 地址,login 表示用户登录标志。第 28 行的函数 sem_init 用来初始化信号量。第 34 行的函数 sem_p 作为 P 操作函数。第 41 行的函数 sem_v 作为 V 操作函数。第 48 行的函数 broadcast 用来协助实现客户端的“群发”功能,遍历用户结构体数组 u[],将 c 表示的消息通过和客户端连接的 socket 文件描述符 cfd 发送给所有用户。第 53 行的函数 unicast 用来协助实现客户端的“发送给用户”功能,遍历用户结构体数组 u[],将 c 表示的消息通过和客户端连接的 socket 文件描述符 cfd 发送给登录标志位 login 为 1 的、名称为 n 的用户。第 59 行的函数 currenttime 用来获得当前时间并存储在 ct 内。

```
68  void processing(char s[],char guest[]);
69  void *guests(void *arg){
70    long i=(long)arg;   int n;
71    char str[INET_ADDRSTRLEN], ct[10];
72    while(1){
73      memset(u[i].buf,0,sizeof(u[i].buf));
74      if((recv(u[i].cfd,u[i].buf,BS,0))<=0){
75        char end[256]; memset(end, 0, 256);
76        currenttime(ct);
77        sprintf(end,"%s%s\n%s%s\n\n",
78          "Inform:",ct,u[i].name,"退出聊天室");
79        broadcast(end);
80        u[i].login=0;
81        sem_v(sem_id);
82        close(u[i].cfd);
83        int n=0;
84        for(int j=0;j<MAX;j++)
85          if(u[j].login==0) n++;
86        printf("用户%s(%s:%d)%s%d%s,%d%s\n",
87          u[i].name, inet_ntop(AF_INET,
88          &c_addr.sin_addr,str,sizeof(str)),
89          ntohs(c_addr.sin_port),
90          "退出聊天室,目前有",
91          MAX-n,"个用户",n,"个空位");
92        pthread_exit(0);
93      }
94      processing(u[i].buf,u[i].name);
95    }
96  }
97  void processing(char s[],char guest[]){
98    char sign[8],name[56],buf[BS],ct[10];
99    char sbuf[SENDSIZE], sbuf2[SENDSIZE];
100   memset(sign, 0, strlen(sign));
101   memset(name, 0, strlen(name));
102   memset(buf, 0, strlen(buf));
103   memset(sbuf, 0, strlen(sbuf));
104   memset(sbuf2, 0, strlen(sbuf2));
105   int len, j=0, n=0;
106   for(int i=0;i<=strlen(s);i++){
107     if(n>2){buf[j]=s[i]; j++;}
108     else if(n==2){
109       if(len==0){
110         n++; name[j]='\0'; j=0; i--;
111         continue;
112       }
113       name[j]=s[i]; j++; len--;
114     }else if(n==1){
115       if(s[i]==':'){
116         n++; name[j]='\0';
117         len=atoi(name); j=0;
118         continue;
119       }
120       name[j]=s[i]; j++;
121     }else{
122       if(s[i]==':'){
123         n++; sign[j]='\0';
124         j=0; continue;
125       }
126       sign[j]=s[i]; j++;
127     }
128   }
129   if(strcmp(sign,"All")==0){
130     currenttime(ct);
131     sprintf(sbuf,"%s%s\n%s群发消息=>%s\n",
132       "User:", ct, guest, buf);
133     broadcast(sbuf);
134   }else{
135     currenttime(ct);
136     sprintf(sbuf,"%s%s\n%s发来消息<=%s\n",
137       "User:", ct, guest, buf);
138     unicast(name,sbuf);
139     sprintf(sbuf2,"%s%s\n发给%s=>%s\n",
140       "User:", ct, name, buf);
141     unicast(guest,sbuf2);
142   }
143 }
```

第 69～96 行的函数 guests 是线程函数,通过 while(1)循环处理所有用户发来的消息。第 74～93 行处理用户退出聊天室的情况。第 74 行接收用户发来的字节数小于或等于 0,说明该用户退出聊天室,第 79 行通知所有用户 u[i].name 退出聊天室。第 86～91 行在服务器终端窗口输出用户的退出信息。第 92 行结束该用户对应的线程。第 129～134 行比较字符串 sign 与 ALL,若相同,说明是用户群发的消息,则调用 broadcast 函数进行群发。第 135 行将当前时间保存在 ct 内。第 136～137 行对用户消息进行组装放入 sbuf,第 138 行将

sbuf 通过 unicast 函数发送给指定用户。第 139~140 行对用户消息进行组装放入 sbuf2，第 141 行将 sbuf2 通过 unicast 函数发送给消息的发送者。

```
144 int socketbind(unsigned short int port){
145   int s, i=1;
146   if((s=socket(AF_INET,SOCK_STREAM,0))==-1)
147     perror("创建套接字失败");
148   bzero(&s_addr, sizeof(s_addr));
149   s_addr.sin_family=AF_INET;
150   s_addr.sin_port=htons(port);
151   s_addr.sin_addr.s_addr=INADDR_ANY;
152   memset(&(s_addr.sin_zero),0,8);
153   setsockopt(s, SOL_SOCKET, SO_REUSEADDR,
154             &i, sizeof(i));
155   if(bind(s, (struct sockaddr*)&s_addr,
156           sizeof(struct sockaddr))==-1)
157     perror("绑定套接字失败");
158   return s;
159 }
160 void quit(int sign_no){
161   char c[SENDSIZE];
162   sprintf(c,"%s%s","Inform:","over");
163   broadcast(c);
164   printf("\n退出服务器\n");
165   fflush(stdout);
166   exit(0);
167 }
168 int main(int argc, char *argv[]){
169   char str[INET_ADDRSTRLEN],c[SENDSIZE];
170   char ct[10];
171   long i=0; int ss,repeat,j,n,sockfd;
172   sockfd=socketbind(PORT);
173   for(i=0;i<MAX;i++) u[i].login=0;
174   if(listen(sockfd, MAX) == -1)
175     perror("监听套接字失败");
176   sem_id=semget(ftok("/", 1),
177             1, 0666|IPC_CREAT);
178   sem_init(sem_id, MAX);
179   signal(SIGINT,quit);
180   signal(SIGQUIT,quit);
181   signal(SIGTSTP,quit); i=0;
182   while(1){
183     sem_p(sem_id);
184     while(i<MAX){
185       if(u[i].login==0)break;
186       i++; if(i==MAX) i=0;
187     }
188     j=0; n=0;
189     for(j;j<MAX;j++)
190       if(u[j].login==1) n++;
191     if(u[i].login==0){
192       if((u[i].cfd=accept(sockfd,
193       (struct sockaddr*)&c_addr,&ss))==-1)
194         perror("建立连接失败");
195       inet_ntop(AF_INET, &c_addr.sin_addr,
196           u[i].addr, sizeof(u[i].addr));
197       if((recv(u[i].cfd,u[i].name,BS,0))<=0)
198       {sem_v(sem_id); continue;}
199       j=0; repeat=0;
200       for(j=0;j<MAX;j++)
201         if(u[j].login==1 &&
202             strcmp(u[i].name,u[j].name)==0)
203           repeat=1;
204       if(repeat==1){
205         send(u[i].cfd,"g",strlen("g"),0);
206         sem_v(sem_id); continue;
207       }else{
208         u[i].login=1;
209         send(u[i].cfd, "Welcome",
210             strlen("Welcome"), 0);
211       }
212       memset(c, 0, SENDSIZE);
213       currenttime(ct);
214       printf("用户%s(%s:%d)%s%d%s,%d%s\n",
215           u[i].name, inet_ntop(AF_INET,
216           &c_addr.sin_addr,str,sizeof(str)),
217           ntohs(c_addr.sin_port),
218           "加入聊天室,目前有",
219           n+1,"个用户",MAX-n-1,"个空位");
220       sprintf(c,"%s%s\n%s%s\n\n","Inform:",
221               ct,u[i].name,"进入聊天室");
222       broadcast(c);
223       int t=pthread_create(&u[i].thread,
224               NULL, guests, (void*)i);
225       if(t!=0){
226         perror("创建线程失败");
227         u[i].login=0; sem_v(sem_id);
228       }
229     }
230   }
231   close(sockfd); return 0;
232 }
```

第 144~159 行，socketbind 函数调用 socket 函数创建 socket 套接字，套接字文件描述符保存在变量 s 中，s_addr 结构体变量中保存服务器的 IP 地址和端口等信息，然后调用 bind 函数将 s_addr 绑定到套接字 s 上，最后将 s 作为函数 socketbind 的返回值。

第 160~167 行为服务器进程退出信号的处理函数，向所有用户群发一个字符串信息。

第 168~232 行为主函数。数组 c 用来存放发送的内容，ct 用来存放当前时间。第 173 行将用户结构体数组 u[] 中的登录标志设置为 0，表示目前没有客户端登录。第 174 行调用 listen 函数设置监听套接字，等待客户端的连接请求。第 176~178 行创建一个信号量集标识符 sem_id，并且设置信号量初值为 MAX。第 179~181 行设置退出信号的处理函数。第 182~230 行是服务器程序的主循环。第 189~190 行遍历用户结构体数组 u[]，如果用户 u[j] 已登录（登录标志位 login 为 1），则变量 n 赠 1。第 191~229 行处理客户端的连接请求。第 192 行调用 accept 函数等待并接受客户端的连接请求，为第一个未处理的连接请求创建一个新的套接字，套接字描述符保存在 cfd 中。第 197 行将客户端登录时发来的昵称保存在 name 中。第 214~219 行在服务器终端窗口输出用户的登录信息。第 220~222 行向所有用户群发客户端登录信息。第 223 和 224 行为新登录的客户端创建线程，线程函数为 guests 函数，该线程处理所有与该用户有关的聊天消息。main 函数为主线程，此时专门负责处理客户端的连接请求。

11.6.2　聊天室客户端

聊天室客户端可以发送聊天信息给服务器，同时可以接收服务器发来的信息，并显示到聊天窗口中。

创建聊天室客户端源代码文件，文件名为 client.c，内容如下。

```c
1 #include<gtk/gtk.h>
2 #include<fcntl.h>
3 #include<uuid.h>
4 #include<sys/sem.h>
5 #include<arpa/inet.h>
6 int cfd, fd, sem_id;
7 struct sockaddr_in caddr;
8 char uname[48], tname[20];
9 char fname[]="/var/tmp/";
10 GtkWidget *login_window;
11 GtkTextBuffer *buffer_ltnr;
12 GtkTextBuffer*buffer_xtxx,*buffer_lsjl;
13 GtkEntryBuffer *buffer_fsnr;
14 GtkEntryBuffer *buffer_toname;
15 GtkEntryBuffer *buffer_nicheng;
16 GtkEntryBuffer *buffer_IP,*buffer_PORT;
17 union semun{
18   int val;unsigned short*array;
19   struct semid_ds *buf;
20   struct seminfo *__buf;
21 };
22 int sem_init(int sem_id, int val){
23   union semun sem_u;  sem_u.val=val;
24   if(semctl(sem_id,0,SETVAL,sem_u)==-1)
25     {perror("初始化信号量失败");return -1;}
26   return 0;
27 }
28 int sem_p(int sem_id){
29   struct sembuf sem_b;  sem_b.sem_num=0;
30   sem_b.sem_op=-1;sem_b.sem_flg=SEM_UNDO;
31   if(semop(sem_id, &sem_b, 1)==-1)
32     {perror("P操作失败");return -1;}
33   return 0;
34 }
35 int sem_v(int sem_id){
36   struct sembuf sem_b;  sem_b.sem_num=0;
37   sem_b.sem_op=1;sem_b.sem_flg=SEM_UNDO;
38   if(semop(sem_id, &sem_b, 1)==-1)
39     {perror("V操作失败");return -1;}
40   return 0;
41 }
42 void logging(GtkWidget *button, gpointer user_data){
43   char *buff=(char *)malloc(9), wel[]="Welcome";
44   const gchar *name=gtk_entry_buffer_get_text(buffer_nicheng);
45   const gchar *serip=gtk_entry_buffer_get_text(buffer_IP);
46   const gchar *port=gtk_entry_buffer_get_text(buffer_PORT);
47   sprintf(tname,"%s",name);
48   if(strlen(name)==0) printf("请输入昵称\n");
49   else{
50     if((cfd=socket(AF_INET, SOCK_STREAM, 0))==-1){perror("创建套接字失败");exit(1);
51     bzero(&caddr, sizeof(caddr)); caddr.sin_family=AF_INET;
52     caddr.sin_port=htons(atoi(port)); caddr.sin_addr.s_addr=inet_addr(serip);
53     if(connect(cfd, (struct sockaddr *)&caddr, sizeof(struct sockaddr))==-1)
54       {perror("连接服务器失败"); exit(1);}
55     if((send(cfd, name, strlen(name), 0))==-1){perror("发送数据失败");exit(1);}
56     if(recv(cfd, buff, 7, 0)==-1){perror("接收数据失败");exit(1);}
57     if(strcmp(buff,wel)==0){strcpy(uname,name); printf("%s 已经连接服务器\n", name)
58       gtk_window_destroy(GTK_WINDOW(login_window));
59     }else{
60       GtkWidget *dialog=gtk_message_dialog_new((gpointer)login_window,
61           GTK_DIALOG_DESTROY_WITH_PARENT, GTK_MESSAGE_ERROR, GTK_BUTTONS_OK,
62           "该用户已登录,请勿重复登录,拒绝登录! ");
63       gtk_window_set_title(GTK_WINDOW(dialog), "拒绝");
64       gtk_dialog_new();
65       gtk_window_destroy(GTK_WINDOW(dialog));
66       close(cfd);
67     }
68   }
69 }
70 void login(GtkApplication* app, gpointer user_data){
71   login_window=gtk_application_window_new(app);
72   GtkWidget *grid=gtk_grid_new();
73   gtk_grid_set_column_spacing(GTK_GRID(grid), 16);
74   gtk_grid_set_row_spacing(GTK_GRID(grid), 16);
75   gtk_window_set_title(GTK_WINDOW(login_window), "登录");
76   gtk_widget_set_size_request(login_window, 220, 120);
77   gtk_window_set_resizable(GTK_WINDOW(login_window), FALSE);
```

```
 78  gtk_window_set_child(GTK_WINDOW(login_window), grid);
 79  GtkWidget *label_name=gtk_label_new("请输入昵称");
 80  gtk_grid_attach(GTK_GRID(grid), label_name, 0, 0, 1, 1);
 81  GtkWidget *loginname=gtk_entry_new();
 82  gtk_entry_set_max_length(GTK_ENTRY(loginname),50);
 83  gtk_editable_set_editable(GTK_EDITABLE(loginname), TRUE);
 84  gtk_grid_attach(GTK_GRID(grid), loginname, 1, 0, 1, 1);
 85  buffer_nicheng=gtk_entry_get_buffer(GTK_ENTRY(loginname));
 86  GtkWidget *label_IP=gtk_label_new("请输入服务器IP");
 87  gtk_grid_attach(GTK_GRID(grid), label_IP, 0, 1, 1, 1);
 88  GtkWidget *loginIP=gtk_entry_new();
 89  gtk_entry_set_max_length(GTK_ENTRY(loginIP),50);
 90  gtk_editable_set_editable(GTK_EDITABLE(loginIP), TRUE);
 91  gtk_grid_attach(GTK_GRID(grid), loginIP, 1, 1, 1, 1);
 92  buffer_IP=gtk_entry_get_buffer(GTK_ENTRY(loginIP));
 93  gtk_entry_buffer_set_text(buffer_IP, "192.168.1.111", -1);
 94  GtkWidget *label_PORT=gtk_label_new("请输入服务器PORT");
 95  gtk_grid_attach(GTK_GRID(grid), label_PORT, 0, 2, 1, 1);
 96  GtkWidget *loginPORT=gtk_entry_new();
 97  gtk_entry_set_max_length(GTK_ENTRY(loginPORT),50);
 98  gtk_editable_set_editable(GTK_EDITABLE(loginPORT), TRUE);
 99  gtk_grid_attach(GTK_GRID(grid), loginPORT, 1, 2, 1, 1);
100  buffer_PORT=gtk_entry_get_buffer(GTK_ENTRY(loginPORT));
101  gtk_entry_buffer_set_text(buffer_PORT, "9999", -1);
102  GtkWidget *button_dl=gtk_button_new_with_label("登录");
103  g_signal_connect(button_dl, "clicked", G_CALLBACK(logging), NULL);
104  gtk_grid_attach(GTK_GRID(grid), button_dl, 0, 3, 2, 1);
105  //-------------------------------下面一段(7行)设置【登录】按钮颜色
106  GtkStyleContext *c;
107  GtkCssProvider *p=gtk_css_provider_new();
108  c=gtk_widget_get_style_context(button_dl);
109  gtk_css_provider_load_from_data(p,".someClass{background:#99ccff}",-1);
110  gtk_style_context_add_provider(c, GTK_STYLE_PROVIDER(p),
111                              GTK_STYLE_PROVIDER_PRIORITY_APPLICATION);
112  gtk_style_context_add_class(c, "someClass");
113  gtk_widget_show(login_window);
114 }
115 void sending(GtkButton *button, gpointer user_data){
116   char *buf=(char *)malloc(1024); memset(buf,0,1024);
117   const gchar *text=gtk_entry_buffer_get_text(buffer_fsnr);
118   const char *butt=gtk_button_get_label(button);
119   if(strlen(text)==0){printf("请输入要发送的内容\n"); return;}
120   else{
121     if(strcmp(butt,"发送给用户")==0){
122       const gchar *name=gtk_entry_buffer_get_text(buffer_toname);
123       if(strlen(name)==0){printf("请输入接收消息的用户名\n");return;}
124       sprintf(buf,"User:%ld:%s%s\n",strlen(name),name,text);
125       if((send(cfd, buf, strlen(buf), 0))==-1) perror("发送失败");
126     }else{  sprintf(buf,"%s%s\n","All::",text);
127       if((send(cfd, buf, strlen(buf), 0))==-1) perror("发送失败");
128     }
129   }
130 }
131 void savemsg(GtkButton *button, gpointer user_data){
132   int n;  unsigned char buff[1024]; char filename[60];
133   struct flock lock1, lock2;
134   lock1.l_whence=SEEK_SET; lock1.l_start=0; lock1.l_len=0;
135   lock1.l_type=F_WRLCK; lock1.l_pid=-1;
136   lock2.l_whence=SEEK_SET; lock2.l_start=0; lock2.l_len=0;
137   lock2.l_type=F_RDLCK; lock2.l_pid=-1;
138   sprintf(filename,"%s%s","./msgsave_",uname);
139   int src=open(fname, O_RDONLY);
140   int dest=open(filename,O_WRONLY|O_CREAT,S_IRUSR|S_IWUSR|S_IRGRP|S_IROTH)
141   if(src< 0 || dest< 0) return;
142   fcntl(dest, F_SETLKW, &lock1); fcntl(src, F_SETLKW, &lock2);
143   while((n=read(src,buff,sizeof(buff)))>0) write(dest,buff,n);
144   fcntl(dest, F_UNLCK, &lock1); fcntl(src, F_UNLCK, &lock2);
145   close(dest); close(src);
146 }

147 void history(GtkButton *button, gpointer user_data){
148   char filename[60]; sprintf(filename,"%s%s","./msgsave_",uname);
149   char str[1024]; FILE *dest; GtkTextIter start, end;
150   if((dest=fopen(filename,"r"))==NULL) return;
151   while(!feof(dest)){  memset(str,0,1024); fgets(str,1024,dest);
```

```
152      gtk_text_buffer_get_bounds(GTK_TEXT_BUFFER(buffer_lsjl),&start,&end);
153      gtk_text_buffer_insert(GTK_TEXT_BUFFER(buffer_lsjl),&end,str,strlen(str));
154  }  fclose(dest);
155 }

156 void *processing(void *arg){
157   int i,j,n; char sign[10],buf[1024],s[1024]; struct flock lock;
158   lock.l_whence=SEEK_SET; lock.l_start=0; lock.l_len=0;
159   lock.l_type=F_WRLCK; lock.l_pid=-2;
160   while(1){
161     memset(s,0,strlen(s));memset(sign,0,strlen(sign));memset(buf,0,strlen(buf));
162     if(recv(cfd,s,1024,0)<=0){perror("接收失败");close(cfd);close(cfd);exit(1);}
163     i=j=n=0;
164     for(i;i<strlen(s);i++)
165       if(n==1){buf[j]=s[i]; j++;}
166       else{  if(s[i]==':'){n++; sign[j]='\0'; j=0; continue;}
167         sign[j]=s[i]; j++; }
168     GtkTextIter start,end;
169     if(strcmp(sign,"User")==0){
170       fd=open(fname,O_WRONLY|O_CREAT|O_APPEND,S_IRUSR|S_IWUSR|S_IRGRP|S_IROTH);
171       fcntl(fd, F_SETLKW, &lock); write(fd, buf, strlen(buf));
172       fcntl(fd, F_UNLCK, &lock); close(fd);
173       sem_p(sem_id);
174       gtk_text_buffer_get_bounds(GTK_TEXT_BUFFER(buffer_ltnr),&start,&end);
175       gtk_text_buffer_insert(GTK_TEXT_BUFFER(buffer_ltnr),&start,buf,strlen(buf));
176       sem_v(sem_id);
177     }else{
178       gtk_text_buffer_get_bounds(GTK_TEXT_BUFFER(buffer_xtxx),&start,&end);
179       if(strcmp(buf,"over")==0){ strcpy(buf,"服务器停止，客户端退出\n");
180         sem_p(sem_id);
181         gtk_text_buffer_insert(GTK_TEXT_BUFFER(buffer_xtxx),&start,buf,strlen(buf));
182         sem_v(sem_id);  close(cfd); unlink(fname); exit(0);
183       }else{  sem_p(sem_id);
184         gtk_text_buffer_insert(GTK_TEXT_BUFFER(buffer_xtxx),&start,buf,strlen(buf));
185         sem_v(sem_id);
186       }
187     }
188   }
189 }

190 void chat_room(GtkApplication* app, gpointer user_data){
191   char*buf=(char*)malloc(128);memset(buf,0,128);sprintf(buf,"聊天客户端(%s)",tname);
192   GtkWidget *chatroom=gtk_application_window_new(app);
193   gtk_window_set_title(GTK_WINDOW(chatroom), buf);
194   gtk_widget_set_size_request(chatroom, 600, 400);
195   gtk_window_set_resizable(GTK_WINDOW(chatroom), FALSE);
196   GtkWidget *grid=gtk_grid_new();
197   gtk_window_set_child(GTK_WINDOW(chatroom), grid);
198   gtk_grid_set_column_homogeneous((GtkGrid*)grid, FALSE);
199   //------------------------------下面一段为聊天窗口的 第 0 行
200   GtkWidget *button_bc=gtk_button_new_with_label("保存");
201   gtk_grid_attach(GTK_GRID(grid), button_bc, 0, 0, 1, 1);
202   GtkWidget *label_ltnr=gtk_label_new("当前聊天内容");
203   gtk_grid_attach(GTK_GRID(grid), label_ltnr, 1, 0, 1, 1);
204   GtkWidget *label_xtxx=gtk_label_new("系统消息");
205   gtk_grid_attach(GTK_GRID(grid), label_xtxx, 3, 0, 1, 1);
206   GtkWidget *button_jz=gtk_button_new_with_label("加载");
207   gtk_grid_attach(GTK_GRID(grid), button_jz, 5, 0, 1, 1);
208   GtkWidget *label_lsjl=gtk_label_new("历史聊天记录");
209   gtk_grid_attach(GTK_GRID(grid), label_lsjl, 6, 0, 1, 1);
210   //------------------------------下面一段为聊天窗口的 第 2 行
211   //下面一段为 "当前聊天内容" 文本框
212   GtkWidget *scrolled_ltnr=gtk_scrolled_window_new();
213   gtk_widget_set_hexpand (scrolled_ltnr, TRUE);
214   gtk_widget_set_vexpand (scrolled_ltnr, TRUE);
215   GtkWidget *view_ltnr= gtk_text_view_new();
216   gtk_text_view_set_editable (GTK_TEXT_VIEW (view_ltnr), false);
217   gtk_text_view_set_cursor_visible (GTK_TEXT_VIEW (view_ltnr), TRUE);
218   gtk_scrolled_window_set_child(GTK_SCROLLED_WINDOW(scrolled_ltnr), view_ltnr);
219   gtk_grid_attach(GTK_GRID(grid), scrolled_ltnr, 0, 2, 2, 1);
220   buffer_ltnr=gtk_text_view_get_buffer(GTK_TEXT_VIEW (view_ltnr));
221   //下面一段为 "系统消息" 文本框
222   GtkWidget *scrolled_xtxx=gtk_scrolled_window_new();
223   gtk_widget_set_hexpand (scrolled_xtxx, TRUE);
224   gtk_widget_set_vexpand (scrolled_xtxx, TRUE);
225   GtkWidget *view_xtxx= gtk_text_view_new();
```

```
226  gtk_text_view_set_editable (GTK_TEXT_VIEW (view_xtxx), false);
227  gtk_text_view_set_cursor_visible (GTK_TEXT_VIEW (view_xtxx), TRUE);
228  gtk_scrolled_window_set_child(GTK_SCROLLED_WINDOW(scrolled_xtxx), view_xtxx);
229  gtk_grid_attach(GTK_GRID(grid), scrolled_xtxx, 3, 2, 1, 1);
230  buffer_xtxx=gtk_text_view_get_buffer(GTK_TEXT_VIEW (view_xtxx));
231  //下面一段为 "历史聊天记录" 文本框
232  GtkWidget *scrolled_lsjl=gtk_scrolled_window_new();
233  gtk_widget_set_hexpand (scrolled_lsjl, TRUE);
234  gtk_widget_set_vexpand (scrolled_lsjl, TRUE);
235  GtkWidget *view_lsjl= gtk_text_view_new();
236  gtk_text_view_set_editable (GTK_TEXT_VIEW (view_lsjl), false);
237  gtk_text_view_set_cursor_visible (GTK_TEXT_VIEW (view_lsjl), TRUE);
238  gtk_scrolled_window_set_child(GTK_SCROLLED_WINDOW(scrolled_lsjl), view_lsjl);
239  gtk_grid_attach(GTK_GRID(grid), scrolled_lsjl, 5, 2, 2, 1);
240  buffer_lsjl=gtk_text_view_get_buffer(GTK_TEXT_VIEW (view_lsjl));
241  //------------------------------下面一段为聊天窗口的 第 1 行 和 第 3 行
242  GtkStyleContext *context; GtkCssProvider *provider=gtk_css_provider_new();
243  gchar *text=
244    "<b><span font='2' background='#009966' foreground='#009966'>a</span></b>";
245  GtkWidget *label_0_1=gtk_label_new("");  //下面 9 行设置 第 1 行 为绿色
246  gtk_grid_attach(GTK_GRID(grid), label_0_1, 0, 1, 7, 1);
247  context=gtk_widget_get_style_context(label_0_1);
248  gtk_css_provider_load_from_data(provider,".someClass{background:#009966}",-1);
249  gtk_style_context_add_provider(context, GTK_STYLE_PROVIDER(provider),
250                                 GTK_STYLE_PROVIDER_PRIORITY_APPLICATION);
251  gtk_style_context_add_class(context, "someClass");
252  gtk_label_set_text(GTK_LABEL(label_0_1), text);
253  gtk_label_set_use_markup(GTK_LABEL(label_0_1), TRUE);
254  GtkWidget *label_0_3=gtk_label_new("");  //下面 9 行设置 第 3 行 为绿色
255  gtk_grid_attach(GTK_GRID(grid), label_0_3, 0, 3, 7, 1);
256  context=gtk_widget_get_style_context(label_0_3);
257  gtk_css_provider_load_from_data(provider,".someClass{background:#009966}",-1);
258  gtk_style_context_add_provider(context, GTK_STYLE_PROVIDER(provider),
259                                 GTK_STYLE_PROVIDER_PRIORITY_APPLICATION);
260  gtk_style_context_add_class(context, "someClass");
261  gtk_label_set_text(GTK_LABEL(label_0_3), text);
262  gtk_label_set_use_markup(GTK_LABEL(label_0_3), TRUE);
263  //------------------------------下面一段为聊天窗口的 第 2 列 和 第 4 列
264  GtkWidget *label_2_0=gtk_label_new(" ");  //下面 7 行设置 第 0 行 第 2 列 为绿色
265  gtk_grid_attach(GTK_GRID(grid), label_2_0, 2, 0, 1, 1);
266  context=gtk_widget_get_style_context(label_2_0);
267  gtk_css_provider_load_from_data(provider,".someClass{background:#009966}",-1);
268  gtk_style_context_add_provider(context, GTK_STYLE_PROVIDER(provider),
269                                 GTK_STYLE_PROVIDER_PRIORITY_APPLICATION);
270  gtk_style_context_add_class(context, "someClass");
271  GtkWidget *label_4_0=gtk_label_new(" ");  //下面 7 行设置 第 0 行 第 4 列 为绿色
272  gtk_grid_attach(GTK_GRID(grid), label_4_0, 4, 0, 1, 1);
273  context=gtk_widget_get_style_context(label_4_0);
274  gtk_css_provider_load_from_data(provider,".someClass{background:#009966}",-1);
275  gtk_style_context_add_provider(context, GTK_STYLE_PROVIDER(provider),
276                                 GTK_STYLE_PROVIDER_PRIORITY_APPLICATION);
277  gtk_style_context_add_class(context, "someClass");
278  GtkWidget *label_2_2=gtk_label_new("");  //下面 7 行设置 第 2 行 第 2 列 为绿色
279  gtk_grid_attach(GTK_GRID(grid), label_2_2, 2, 2, 1, 1);
280  context=gtk_widget_get_style_context(label_2_2);
281  gtk_css_provider_load_from_data(provider,".someClass{background:#009966}",-1);
282  gtk_style_context_add_provider(context, GTK_STYLE_PROVIDER(provider),
283                                 GTK_STYLE_PROVIDER_PRIORITY_APPLICATION);
284  gtk_style_context_add_class(context, "someClass");
285  GtkWidget *label_4_2=gtk_label_new("");  //下面 7 行设置 第 2 行 第 4 列 为绿色
286  gtk_grid_attach(GTK_GRID(grid), label_4_2, 4, 2, 1, 1);
287  context=gtk_widget_get_style_context(label_4_2);
288  gtk_css_provider_load_from_data(provider,".someClass{background:#009966}",-1);
289  gtk_style_context_add_provider(context, GTK_STYLE_PROVIDER(provider),
290                                 GTK_STYLE_PROVIDER_PRIORITY_APPLICATION);
291  gtk_style_context_add_class(context, "someClass");
292  //------------------------------下面一段为聊天窗口的 第 4 行
293  GtkWidget *label_fsnr=gtk_label_new("发送内容");
294  gtk_grid_attach(GTK_GRID(grid), label_fsnr, 0, 4, 1, 1);
295  GtkWidget *entry_fsnr=gtk_entry_new();
296  gtk_entry_set_max_length(GTK_ENTRY(entry_fsnr),50);
297  gtk_editable_set_editable(GTK_EDITABLE(entry_fsnr), TRUE);
298  gtk_grid_attach(GTK_GRID(grid), entry_fsnr, 1, 4, 6, 1);
299  buffer_fsnr=gtk_entry_get_buffer(GTK_ENTRY(entry_fsnr));
```

```
300  //----------------------------下面一段为聊天窗口的 第 5 行
301  GtkWidget *button_qf=gtk_button_new_with_label("群发");
302  gtk_grid_attach(GTK_GRID(grid), button_qf, 0, 5, 1, 1);
303  GtkWidget *button_fsg=gtk_button_new_with_label("发送给用户");
304  gtk_grid_attach(GTK_GRID(grid), button_fsg, 3, 5, 2, 1);
305  GtkWidget *toname=gtk_entry_new();
306  gtk_entry_set_max_length(GTK_ENTRY(toname),50);
307  gtk_editable_set_editable(GTK_EDITABLE(toname), TRUE);
308  gtk_grid_attach(GTK_GRID(grid), toname, 5, 5, 1, 1);
309  buffer_toname=gtk_entry_get_buffer(GTK_ENTRY(toname));
310  //----------------------------下面一段设置聊天窗口中按钮的颜色为蓝色
311  GtkStyleContext *c;  GtkCssProvider *p=gtk_css_provider_new();
312  c=gtk_widget_get_style_context(button_bc);  //下面 5 行设置 保存 按钮
313  gtk_css_provider_load_from_data(p,".someClass{background:#99ccff}",-1);
314  gtk_style_context_add_provider(c, GTK_STYLE_PROVIDER(p),
315                          GTK_STYLE_PROVIDER_PRIORITY_APPLICATION);
316  gtk_style_context_add_class(c, "someClass");
317  c=gtk_widget_get_style_context(button_jz);  //下面 5 行设置 加载 按钮
318  gtk_css_provider_load_from_data(p,".someClass{background:#99ccff}",-1);
319  gtk_style_context_add_provider(c, GTK_STYLE_PROVIDER(p),
320                          GTK_STYLE_PROVIDER_PRIORITY_APPLICATION);
321  gtk_style_context_add_class(c, "someClass");
322  c=gtk_widget_get_style_context(button_qf);  //下面 5 行设置 群发 按钮
323  gtk_css_provider_load_from_data(p,".someClass{background:#99ccff}",-1);
324  gtk_style_context_add_provider(c, GTK_STYLE_PROVIDER(p),
325                          GTK_STYLE_PROVIDER_PRIORITY_APPLICATION);
326  gtk_style_context_add_class(c, "someClass");
327  c=gtk_widget_get_style_context(button_fsg);  //下面 5 行设置 发送给用户 按钮
328  gtk_css_provider_load_from_data(p,".someClass{background:#99ccff}",-1);
329  gtk_style_context_add_provider(c, GTK_STYLE_PROVIDER(p),
330                          GTK_STYLE_PROVIDER_PRIORITY_APPLICATION);
331  gtk_style_context_add_class(c, "someClass");
332  //----------------------------下面 4 行 绑定回调函数
333  g_signal_connect(button_bc, "clicked", G_CALLBACK(savemsg), NULL);
334  g_signal_connect(button_jz, "clicked", G_CALLBACK(history), NULL);
335  g_signal_connect(button_qf, "clicked", G_CALLBACK(sending), NULL);
336  g_signal_connect(button_fsg, "clicked", G_CALLBACK(sending), NULL);
337  //----------------------------
338  gtk_widget_show(chatroom);
339  pthread_t thread; int res=pthread_create(&thread,NULL,processing,NULL);
340  if(res != 0) exit(res);
341 }
342 int main(int argc, char **argv){
343   int status; char str[36]; uuid_t uuid;
344   uuid_generate(uuid);  uuid_unparse(uuid, str);  strcat(fname,str);
345   sem_id=semget(ftok("/",'a'),1,0666|IPC_CREAT);  sem_init(sem_id, 1);
346   //----------------------------下面 4 行 创建登录窗口
347   GtkApplication *loginapp=gtk_application_new(NULL, G_APPLICATION_FLAGS_NONE);
348   g_signal_connect(loginapp, "activate", G_CALLBACK(login), NULL);
349   status=g_application_run(G_APPLICATION(loginapp), argc, argv);
350   g_object_unref(loginapp);
351   //----------------------------下面 4 行 创建聊天窗口
352   GtkApplication*chatroomapp=gtk_application_new(NULL,G_APPLICATION_FLAGS_NONE);
353   g_signal_connect(chatroomapp, "activate", G_CALLBACK(chat_room), NULL);
354   status=g_application_run(G_APPLICATION(chatroomapp), argc, argv);
355   g_object_unref(chatroomapp);
356   unlink(fname);
357 }
```

主函数中,第 348 行调用 g_signal_connect 函数为 GtkApplication 对象 loginapp 连接 activate 信号和 login 回调函数。第 349 行 g_application_run 函数的执行表示 GTK 应用程序对象 loginapp 正式启动,此时 activate 信号将被发送,随后 login 函数被调用执行。第 70～114 行的 login 函数用于创建、显示登录界面,用户成功登录后,主函数接着往下执行代码。

login 函数中,第 103 行调用 g_signal_connect 函数为登录按钮 button_dl 连接 clicked 信号和 logging 回调函数。第 42～69 行的 logging 函数用于处理具体的登录过程。

主函数中,第 353 行调用 g_signal_connect 函数为 GtkApplication 对象 chatroomapp 连接 activate 信号和 chat_room 回调函数。第 354 行 g_application_run 函数的执行表示 GTK 应用程序对象 chatroomapp 正式启动,此时 activate 信号将被发送,随后 chat_room 函数被调用执行。第 190～341 行的 chat_room 函数用于创建、显示聊天窗口,随后用户在 该窗口和其他用户进行聊天。

chat_room 函数中,第 333 行调用 g_signal_connect 函数为"保存"按钮 button_bc 连接 clicked 信号和 savemsg 回调函数。第 131～146 行的 savemsg 函数用于保存消息记录。第 334 行调用 g_signal_connect 函数为"加载"按钮 button_jz 连接 clicked 信号和 history 回调 函数。第 147～155 行的 history 函数用于读取消息记录。第 335 行调用 g_signal_connect 函数为"群发"按钮 button_qf 连接 clicked 信号和 sending 回调函数。第 336 行调用 g_ signal_connect 函数为"发送给用户"按钮 button_fsg 连接 clicked 信号和 sending 回调函 数。第 115～130 行的 sending 函数根据按钮标签值判断是群发还是发送给指定用户。第 339 行为客户端创建线程,线程函数为 processing 函数(第 156～189 行),该函数专门处理 接收到的消息。

11.6.3　测试

执行如下命令编译服务器端源代码,生成可执行程序 server,然后运行 server 等待客户 端连接。服务器的主要任务是转发客户端聊天信息,同时显示当前聊天室中客户端的登录 信息。

```
[root@ztg chatroom-gtk4]# gcc server.c -o server
[root@ztg chatroom-gtk4]# ./server
用户 aa(192.168.1.111:54458)加入聊天室,目前有1个用户,199个空位
用户 bb(192.168.1.111:54462)加入聊天室,目前有2个用户,198个空位
用户 cc(192.168.1.111:54464)加入聊天室,目前有3个用户,197个空位
用户 bb(192.168.1.111:54464)退出聊天室,目前有2个用户,198个空位
```

执行如下命令编译客户端源代码,生成可执行程序 client,然后在三个终端窗口运行 client,通过图 11.8 所示的客户端登录窗口连接聊天服务器,成功加入聊天室后会弹出聊天 窗口。三个用户(aa、bb、cc)的聊天窗口如图 11.9 和图 11.10 所示。

```
[root@ztg chatroom-gtk4]# gcc `pkg-config --cflags gtk4` -o client client.c `pkg-config --libs gtk4` -luuid
[root@ztg chatroom-gtk4]# ./client
```

图 11.8　客户端登录窗口

图 11.9 用户 aa 的聊天窗口

图 11.10 用户 bb 的聊天窗口和用户 cc 的聊天窗口

11.7 习题

1. 填空题

（1）_____是一款免费开源的、面向多平台的、用于设计和创建图形用户界面的工具箱。

（2）GTK 是用于创建_____的包含一套控件（Widget 小部件）的_____。

（3）GTK 由面向对象的_____ GObject 实现。

（4）使用 GTK 创建的每个用户界面都包含_____。控件按_____进行组织。

（5）_____是一种底层库，为创建 GDK 和 GTK 应用程序提供基础数据结构和函数。

（6）_____可以容纳别的控件，分为两类：一类只能容纳一个控件的容器，如窗口、按钮；另一类能容纳多个控件的容器，如_____。

（7）Cambalache 是免费开源的，可为_____和_____应用程序创建图形用户界面。

2. 简答题

（1）简述信号和回调函数的关系。

（2）简述 GtkBuilder 创建界面的优点。

3. 上机题

本章所有源代码文件在本书配套资源的"src/第 11 章"目录中，请读者运行每个示例，理解所有源代码。

第12章 Linux内核编程

本章学习目标

- 掌握 LKM 签名验证的方法。
- 掌握模块参数和模块导出符号的使用方法。
- 掌握字符设备驱动程序的设计方法。
- 掌握虚拟网卡驱动程序的设计方法。

12.1 Linux 内核编程概念

Linux 编程就是编写运行于用户空间的应用程序。Linux 内核编程就是编写运行于内核空间的程序。Linux 内核程序运行在内核态,应用程序运行在用户态,应用程序通常会调用系统调用,此时要切换到内核态运行,执行完后再返回用户态继续运行。

Linux 内核最初由 Linus Torvalds 开发,后来在 Linus Torvalds 的带领下,世界上众多开发者共同参与开发和维护 Linux 内核,不断推出新版本的 Linux 内核。Linux 内核主要包括进程管理、进程间通信、内存管理、虚拟文件系统、网络接口等功能模块。

有两种方法可以将需要的功能添加到内核中:①将所需的功能编译进 Linux 内核。该方法不会有版本不兼容的问题,但是需要配置、编译整个内核,并且生成的内核会很大;②将需要的功能编译成内核模块,在需要的时候可以被动态加载到内核,加载到内核的模块和内核中的其他部分完全一样。内核模块是具有独立功能的程序,可以被单独编译,但是不能独立运行。内核模块允许 Linux 内核在运行过程中动态地向其中插入代码块或从中移除代码块。该方法生成的内核模块不用编译进内核,不会增加内核的大小,但是可能出现内核与模块版本不兼容的问题,若编译的模块不是很完善,将导致内核崩溃。

Linux 内核在启动过程中会自动检验和加载各种相关驱动程序,这些驱动程序通常都是用内核模块的形式实现的。但是,内核模块并不是驱动程序的必要形式,比如本章介绍的模块编程的例子;驱动程序也不一定必须是内核模块,有些驱动是直接编译进内核的。

Linux 内核编程通常指的是 LKM(Loadable Kernel Module,可加载内核模块)的开发。内核模块是可以在系统运行过程中被动态加载到内核且可从内核卸载的代码,这个过程无须重启系统,就实现了对内核功能的动态扩展。本章主要介绍内核模块的基本编程方法。

12.2　LKM 编程:Hello World

12.2.1　LKM 签名验证

Linux 内核自 3.7 版本之后有了内核模块签名验证机制。内核开启签名验证功能后,Linux 内核在加载内核模块时会对内核模块的签名进行检查,如果内核模块没有经过签名,或签名值与预期值不符,都会签名验证失败。根据策略不同,模块签名验证失败后可能被拒绝加载,也可能被加载但内核会显示一条警告信息。内核模块签名验证的目的是防止恶意软件(或 root 用户)加载恶意内核模块。当 root 用户加载一个内核模块时,Linux 内核根据可信的 X.509 证书和与之对应的私钥判断 root 用户是系统管理员还是攻击者。只要私钥不泄露,攻击者就无法伪造 X.509 证书,因此也就不能提供含有正确签名的内核模块。系统管理员可以用合法的 X.509 证书对应的私钥对内核模块进行签名。

现在的 Linux 系统通常是由 UEFI 引导的(若存在/sys/firmware/efi 目录,则 Linux 系统通过 UEFI 引导,而不是 BIOS 引导)。UEFI 里通常使能了安全性启动机制(secure boot),因此 Linux 内核映像和内核模块都必须签名验证后才可以加载运行,安全性启动机制的设计目的也是防止不受信任的模块被恶意加载。从 UEFI 到操作系统,再从操作系统到内核模块,这是一条信任链,只有被已经在 UEFI 里注册过的密钥签名的内核映像和内核模块才是可信的。除了 UEFI 出厂时由厂商设置的密钥,用户也可在后续使用过程中自行添加密钥,这称为登记(enroll)。为什么用户自行添加的密钥也被信任呢?因为用户都能够操作 UEFI 了,那么该用户是可以物理接触该计算机的,因此该用户添加的密钥是可被信任的。然而,网络用户(黑客)只能通过网络远程感知该计算机的存在,是不能操作 UEFI 的,因此提高了计算机系统的安全性。即使 UEFI 里没有使能安全性启动机制,若内核是按照 CONFIG_ MODULE_SIG_FORCE=y 配置、编译的,则只有签名验证的内核模块才能被加载;若内核只是设置了 CONFIG_MODULE_SIG=y,则未签名的内核模块虽然可以被加载,但会被标记为 taint(污染内核),而不会被正常执行。若内核设置了 CONFIG_ MODULE_SIG_ALL=y,则内核自带的模块会被自动签名验证,而用户自己提供的模块需要手动签名验证。

```
[root@ztg ~]# grep CONFIG_MODULE_SIG /boot/config-$(uname -r)
CONFIG_MODULE_SIG_FORMAT=y
CONFIG_MODULE_SIG=y
# CONFIG_MODULE_SIG_FORCE is not set
CONFIG_MODULE_SIG_ALL=y
# CONFIG_MODULE_SIG_SHA1 is not set
# CONFIG_MODULE_SIG_SHA224 is not set
# CONFIG_MODULE_SIG_SHA256 is not set
# CONFIG_MODULE_SIG_SHA384 is not set
CONFIG_MODULE_SIG_SHA512=y
```

```
CONFIG_MODULE_SIG_HASH="sha512"
CONFIG_MODULE_SIG_KEY="certs/signing_key.pem"
CONFIG_MODULE_SIG_KEY_TYPE_RSA=y
# CONFIG_MODULE_SIG_KEY_TYPE_ECDSA is not set
```

使用上面的 grep 命令查看/boot 目录中的内核配置文件中的配置项,得知 CONFIG_ MODULE_SIG＝y、CONFIG_MODULE_SIG_ALL＝y、CONFIG_MODULE_SIG_ FORCE＝n,因此本章生成的内核模块都需要签名验证。

假设 LKM 为 XXX.ko,按照如下步骤对其进行签名。

1. 生成密钥

签名需要一个密钥对,通常使用 openssl 命令生成密钥对。执行如下命令生成私钥(sign.key)和公钥(sign.der),使用 X.509 标准,DER 是 RSA 公钥的一种二进制格式,有效期是 36500 天,证书名是 lkm sign。

```
openssl req -new -x509 -newkey rsa:2048 -keyout signkey\
        -outform DER -out sign.der -nodes -days 36500- subj "/CN=Ikm sign"
```

在 Ubuntu 系统中安装 shim-signed 软件包后,也可以直接使用如下命令生成密钥对:私钥(MOK.priv)和公钥(MOK.der)。密钥对位/var/lib/shim-signed/mok 目录中。

```
update-secureboot-policy --new-key
```

/usr/sbin/update-secureboot-policy 是一个 shell 脚本文件,它其实依然是调用 openssl 命令,只是通过封装让生成密钥对变得更简便。

2. 对 LKM 签名

执行如下命令安装所需的基本开发工具和内核头文件,内核头文件中有一个名为 sign-file 的签名工具。

```
apt install build-essential linux-headers-$(uname-r)
```

执行如下命令对内核模块 XXX.ko 签名。

```
/usr/src/linux-headers-$(uname- r)/scripts/sign-file sha256 sign.key sign.der XXX.ko
```

在 Ubuntu 系统中安装 sbsigntool 软件包后,也可以直接使用 kmodsign 作为签名工具,比如执行如下命令对内核模块 XXX.ko 签名。

```
kmodsign sha256 sign.key sign.der XXX.ko
```

签名后可以使用 modinfo XXX.ko 命令查看签名信息以及模块的其他信息。

3. 导入公钥、重启计算机

执行下面的第 1 条命令将公钥导入 MOK(Machine Owner Keys)证书列表,根据提示设置 MOK 密码。可以执行第 2 条命令查看证书是否导入成功。

```
mokutil --import ./sign.der
mokutil --list-enrolled
```

重启计算机,出现蓝色屏幕的 MOK 管理界面,如果选择 continue reboot,则不会完成公钥的注册,所以要选择 Enroll MOK,进入 Enroll MOK 界面后选择 continue,进入 Enroll the Key 界面后选择 yes,接着输入 mokutil 导入公钥时设置的 MOK 密码,再次回到蓝色屏幕的 MOK 管理界面,选择 reboot,这样公钥就被成功注册了。

12.2.2 Hello World 模块的编写和运行

扫一扫

LKM 程序和普通的应用程序不同。LKM 程序中包含的头文件都在内核源码文件夹/usr/src/linux-headers-$(uname -r)/include 中。而应用程序中包含的头文件通常位于/usr/include 中。应用程序可以直接使用 gcc 命令编译、链接生成可执行文件,而 LKM 程序需要编写一个 Makefile 文件,然后使用 make 命令生成模块文件。开发 LKM 程序时不能使用标准 C 库函数,因为模块运行在内核空间,而不是用户空间,标准 C 函数库仅存在于用户空间。另外,LKM 编程时避免使用浮点数,否则会降低内核的运行效率。

本章所有源代码文件在本书配套资源的"src/第 12 章"目录中。

Hello World 模块的源代码文件为 lkm_hello.c,内容如下。

```
 1 #include <linux/init.h> //lkm_hello.c
 2 #include <linux/module.h>
 3 static int __init hello_init(void){
 4   printk(KERN_INFO "hello kernel world\n");
 5   return 0;
 6 }
 7 static void __exit hello_exit(void){
 8   printk(KERN_INFO "bye kernel world\n");
 9 }
10 module_init(hello_init);
11 module_exit(hello_exit);
12 MODULE_LICENSE("GPL");
13 MODULE_AUTHOR("ztg");
14 MODULE_DESCRIPTION("Hello World");
15 MODULE_ALIAS("hello world");
16 MODULE_VERSION("v0.1");
```

不同模块具有不同的功能,因此所需的头文件也不一样,但是 init.h 和 module.h 这两个头文件是所有模块都必需的。init.h 中定义了__init、__exit、module_init 和 module_exit 宏。module.h 包含了模块的结构定义以及模块的版本控制。

应用程序都有一个程序入口函数 main,而 LKM 程序没有 main 函数,模块入口函数的函数名的形式是 XXX_init,比如上面代码中的 hello_init 函数,称为模块加载函数或模块初始化函数,是模块加载时需要执行的函数,它的返回值为整数,如果初始化成功,则应返回 0;模块出口函数的函数名形式是 XXX_exit,比如上面代码中的 hello_exit 函数,称为模块卸载函数,是模块卸载时需要执行的函数,它不返回任何值。加载函数和卸载函数是模块必需的。hello_init 函数和 hello_exit 函数的功能只是打印一条信息。模块卸载函数和模块加载函数实现相反的功能,若模块加载函数注册了 XXX 函数,则模块卸载函数要注销 XXX 函数;若模块加载函数动态分配了内存,则模块卸载函数要释放这些内存;若模块加载函数申请或开启了硬件资源,则模块卸载函数要释放或关闭这些硬件资源。

模块加载函数一般都声明为静态函数,__init 宏表示加载函数仅在模块初始化期间使用,一旦初始化完毕,将释放加载函数所占用的内存,类似的宏还有__initdata。初始化数据可以定义为__initdata,对于只在初始化阶段需要的数据,内核在初始化完成之后会释放它们占用的内存。一定要使用宏函数 module_init 指定加载模块时要执行的模块加载函数,如果没有指定加载函数,那么内核将无法执行初始化代码。__exit 宏表示此函数是模块卸载函数,可以使用宏函数 module_exit 指定卸载模块时要执行的模块卸载函数。如果有些模块加载之后不需要卸载,则可以不使用 module_exit 指定模块卸载函数。

LKM 只能使用于内核空间定义的资源受限的函数,比如内核打印函数 printk 不支持浮点数的输出,且输出信息量有限,该函数把信息输出到系统日志中,可以用 dmesg 命令查看。上面源代码的第 14 行和第 8 行中,字符串 KERN_INFO 表示信息的日志级别,printk 函数对于不同级别的信息进行不同的处理。共有宏定义表示的 8 个级别:①宏 KERN_EMERG 的值为 0,是系统崩溃之前提供的紧急事件信息,表示系统不可用;②宏 KERN_ALERT 的值为 1,表示必须立即采取措施;③宏 KERN_CRIT 的值为 2,表示临界状态,通常会导致严重的硬件或软件操作失败;④宏 KERN_ERR 的值为 3,用于报告错误情况,驱动程序常用 KERN_ERR 报告硬件的错误;⑤宏 KERN_WARNING 的值为 4,是警告信息,对可能出现问题的情况进行警告,通常这种情况不会给系统带来严重的问题;⑥宏 KERN_NOTICE 的值为 5,是正常但又重要的信息,用于大多数安全相关情况的提醒;⑦宏 KERN_INFO 的值为 6,是内核提示信息,如驱动程序启动时打印找到的硬件信息;⑧宏 KERN_DEBUG 的值为 7,是调试信息。

可以通过/proc/sys/kernel/printk 文件获知或控制日志级别,如下所示。该文件有四个数字值,数值越小,优先级越高,含义分别为:①控制台日志级别,优先级高于该值的消息将被输出到控制台;②默认消息日志级别,未指定日志级别的 printk 函数采用该级别,默认值为 4;③最高控制台日志级别;④最低控制台日志级别。

```
1 # cat /proc/sys/kernel/printk              //查看当前的控制台日志级别
2 4       4       1       7
3 # echo 8 > /proc/sys/kernel/printk         //打印所有消息到控制台
4 # cat /proc/sys/kernel/printk              //查看当前的控制台日志级别
5 8       4       1       7
6 # echo 4 > /proc/sys/kernel/printk         //还原控制台日志级别
7 # echo 1 4 1 7 > /proc/sys/kernel/printk   //屏蔽掉所有消息
8 # cat /proc/sys/kernel/printk              //查看当前的控制台日志级别
9 1       4       1       7
10 # echo 0 4 1 7 > /proc/sys/kernel/printk  //屏蔽掉所有消息
11 # echo 4 > /proc/sys/kernel/printk        //还原控制台日志级别
```

Linux 内核遵守 GPL 协议,要求加载进内核的模块最好也遵循相关协议。所以第 12 行的模块许可证(LICENSE)声明 MODULE_LICENSE 是必须有的。MODULE_LICENSE 描述 LKM 的许可权限,如果不声明许可权限,编译模块时会出错。目前内核可接收的 LICENSE 包括 GPL、GPL v2、GPL and additional rights、Dual BSD/GPL、Dual MPL/GPL 和 Proprietary。第 14~17 行是可选的模块声明,可用 MODULE_AUTHOR、MODULE_ALIAS、MODULE_VERSION、MODULE_DESCRIPTION 和 MODULE_DEVICE_TABLE 等宏分别声明模块的作者、别名、版本、描述和设备表。

编译 LKM 时需要使用 Makefile 文件。Makefile 文件内容如下。

```
1 #Makefile
2 obj-m := lkm_hello.o
3 PWD := $(shell pwd)
4 KERNELDIR:=/lib/modules/$(shell uname -r)/build
5 EXTRA_CFLAGS = -O0
6 all:
7         make -C $(KERNELDIR) M=$(PWD) modules
8 clean:
9         make -C $(KERNELDIR) M=$(PWD) clean
```

obj-m 语句说明要使用目标文件 lkm_hello.o 建立一个 LKM,最后生成的 LKM 名为 lkm_hello.ko。-C 选项表示切换到内核工作路径下。M 选项的作用是到其所指定的目录中查找 LKM 源代码文件进行编译。M＝＄(PWD)表示在当前目录下生成 LKM 的执行文件。

编译、加载、卸载 LKM 的过程如图 12.1 所示。第 3 行执行 make 命令编译生成 lkm_hello.ko 内核模块。第 9 行执行 insmod 命令加载 LKM,给出错误信息,因为 lkm_hello.ko 还没有签名验证。第 11 行对模块进行签名。第 12 行执行 hexdump 命令查看是否有 Module signature appended,若有,则表示签名成功。第 15 行再次执行 insmod 命令加载 LKM。通过 insmod 命令加载模块时,模块加载函数会自动被内核执行。第 16 行执行 dmesg 命令查看 LKM 加载时的输出信息,可知 lkm_hello.ko 已经加载到内核中了。第 18 行执行 lsmod 命令查看 lkm_hello.ko 在内核中运行的模块信息,包括模块名(Module)、模块大小(Size)、模块被使用的次数和使用它们的模块(Used by)。lsmod 命令用来显示当前系统中正在使用的模块信息,该命令其实是读取并分析/proc/modules 中的信息。内核中已加载模块的信息也存在于/sys/module 目录下,比如在/sys/module/lkm_hello/目录中包含 lkm_hello.ko 模块的信息。第 21 行执行 rmmod 命令卸载 LKM。通过 rmmod 命令卸载模块时,模块卸载函数会自动被内核执行。第 22 行执行 dmesg 命令查看 LKM 卸载时的输出信息,可知 lkm_hello.ko 已经从内核中卸载。

```
1# ls
2 lkm_hello.c  Makefile  sign.der  sign.key
3 # make
4 make -C /lib/modules/5.15.0-52-generic/build M=./lkm_hello modules
5   CC [M]  ./lkm_hello/lkm_hello.o
6   CC [M]  ./lkm_hello/lkm_hello.mod.o
7   LD [M]  ./lkm_hello/lkm_hello.ko
8   BTF [M] ./lkm_hello/lkm_hello.ko
9 # insmod lkm_hello.ko
10 insmod: ERROR: could not insert module lkm_hello.ko: Operation not permitted
11 # /usr/src/linux-headers-$(uname -r)/scripts/sign-file sha256 sign.key sign.der lkm_hello.ko
12 # hexdump -C lkm_hello.ko | tail -3
13 0000f5d0  00 01 97 7e 4d 6f 64 75  6c 65 20 73 69 67 6e 61  |...~Module signa|
14 0000f5e0  74 75 72 65 20 61 70 70  65 6e 64 65 64 7e 0a     |ture appended~.|
15 # insmod lkm_hello.ko
16 # dmesg | grep world
17 [71167.920029] hello kernel world
18 # lsmod | grep lkm_hello
19 Module          Size    Used by
20 lkm_hello       16384   0
21 # rmmod lkm_hello.ko
22 # dmesg | grep world
23 [71167.920029] hello kernel world
24 [71233.150365] bye kernel world
```

图 12.1　编译、加载、卸载 LKM 的过程

12.2.3　模块参数和模块导出符号

扫一扫

LKM 主要由加载函数、卸载函数和功能函数等组成。可以向 LKM 传入参数,也可以导出一个 LKM 中的符号供其他 LKM 使用。

1. 模块参数

模块参数是模块被加载时可以传递给它的参数,其一定对应 LKM 内的全局变量,不能是 LKM 中函数内部定义的局部变量。在 LKM 代码里可以用 module_param 宏函数传递

变量参数,用 module_param_array 宏函数传递数组参数。这两个宏函数的原型如下。

```
module_param(name, type, perm);
module_param_array(name, type, nump, perm);
```

name 是在模块中定义的全局变量名。

type 是变量的类型,module_param 支持的参数类型有 bool(布尔型)、invbool(反转布尔型,真为 false,假为 true)、charp(字符指针型)、int(整型)、short(短整型)、long(长整型)、uint(无符号整型)、ushort(无符号短整型)、ulong(无符号长整型)。编译模块时会比较 module_param 中声明的类型与变量定义的类型是否一致。

nump 用于存放传入的数组包含数组元素的个数,是整型指针。

perm 是权限掩码,取值有 S_IRUSR(用户读权限)、S_IWUSR(用户写权限)、S_IRGRP(组用户读权限)、S_IWGRP(组用户写权限)、S_IROTH(其他用户读权限)、S_IWOTH(其他用户写权限)、S_IRUGO(所有用户读权限)、S_IWUGO(所有用户写权限)。可以使用这些权限的组合,比如 S_IRUGO|S_IWUSR(按位或)是常用的权限组合,表示所有用户可读且 root 用户可写。

加载 LKM 后会自动在/sys/module/目录下创建以此模块名(比如 lkm_par_sym)命名的目录。若某个参数读写权限(perm)为 0,则此参数不在/sys/module/lkm_par_sym/parameters/下有以参数名命名的文件。若所有参数读写权限均为 0,则不存在/sys/module/lkm_par_sym/parameters 目录。若存在参数读写权限(perm)非 0,则这些参数在/sys/module/lkm_par_sym/parameters 下都有对应的文件,文件权限由参数 perm 决定,文件内容为传入的参数值,若修改了一个具有写权限的文件中的内容,则 LKM 内对应的全局变量的值同样被修改,但是 LKM 不会输出任何信息,所以要谨慎使用写权限。使用 insmod 命令加载 LKM 的语法如下。

```
insmod 模块名 [参数 1=值 1 参数 2=值 2 参数 3=值 3…]
```

使用 insmod 命令加载 LKM 时,如果不传递参数,则参数将使用模块内定义的默认值,否则参数使用命令行传入的值。如果参数是数组,则使用逗号分隔输入的数组元素值。

如果模块是 Linux 内核自带的内置模块(需要配置、编译内核生成的模块),则不能使用 insmod 命令传递参数,但是可以在操作系统引导加载程序(比如 GRUB)的配置文件中设置内核参数向内置模块传递参数,形式为:模块名.参数名=值。

2. 模块导出符号

若要让本模块中的函数或变量被其他模块使用,可以使用宏 EXPORT_SYMBOL_GPL 和 EXPORT_SYMBOL 将本模块内的函数或变量的符号导出到内核符号表中。在要使用外部符号的模块中需要先使用 extern 声明外部函数或变量。若模块 A 调用了模块 B 中的函数,如果模块 B 没有导出该函数,则编译时会出错。这两个函数的区别在于,EXPORT_SYMBOL_GPL 仅将符号导出到遵循 GPL 协议的模块,EXPORT_SYMBOL 会将符号导出到所有可加载的模块。这两个宏函数的原型如下。

```
EXPORT_SYMBOL(变量名);
EXPORT_SYMBOL(函数名);
EXPORT_SYMBOL_GPL(变量名);
EXPORT_SYMBOL_GPL(函数名);
```

/proc/kallsyms 文件记录了 Linux 内核符号表,其中记录了系统中所有符号以及符号对应的逻辑地址。使用 insmod 命令加载的模块中的所有符号都在/proc/kallsyms 文件中。

使用模块参数和模块导出符号的 LKM 源代码文件为 lkm_par_sym.c,内容如下。

```c
1 #include <linux/init.h> //lkm_par_sym.c
2 #include <linux/module.h>
3 extern int sym_add(int a, int b);
4 static int va=1, vb=1, cnt=1; static char *name="ztg";
5 static int n_sarray=3, n_iarray=3, iarray[3]={1,2,3};
6 static char *sarray[3]={"aaa","bbb","ccc"};
7 module_param(va, int, S_IRUGO); module_param(vb, int, S_IRUGO);
8 module_param(cnt, int, S_IRUGO);
9 module_param(name, charp, S_IRUGO);
10 module_param_array(iarray, int, &n_iarray, S_IRUGO);
11 module_param_array(sarray, charp, &n_sarray, S_IRUGO);
12 void lkm_param(void){ int i;
13   for(i=0;i<cnt;i++) printk(KERN_INFO"hello %s\n",name);
14   for(i=0;i<n_iarray;i++) printk(KERN_INFO "iarray[%d]: %d\n", i, iarray[i]);
15   for(i=0;i<n_sarray;i++) printk(KERN_INFO "sarray[%d]: %s\n", i, sarray[i]);
16 }
17 static int __init hello_init(void){
18   printk(KERN_INFO "hello param, %d\n", sym_add(va, vb));
19   lkm_param(); return 0;
20 }
21 static void __exit hello_exit(void){ printk(KERN_INFO "bye param\n"); }
22 module_init(hello_init);
23 module_exit(hello_exit);
24 MODULE_LICENSE("GPL");
25 MODULE_AUTHOR("ztg");
26 MODULE_DESCRIPTION("Hello Param");
27 MODULE_ALIAS("hello param");
28 MODULE_VERSION("v0.1");
```

导出模块符号的 LKM 源代码文件为 lkm_sym.c,内容如下。

```c
1 #include <linux/init.h> //lkm_sym.c
2 #include <linux/module.h>
3 int sym_add(int a, int b){ return a+b; }
4 static int __init sym_init(void){printk(KERN_INFO"hello symbol\n");return 0;}
5 static void __exit sym_exit(void){ printk(KERN_INFO "bye symbol\n"); }
6 EXPORT_SYMBOL_GPL(sym_add);
7 module_init(sym_init);
8 module_exit(sym_exit);
9 MODULE_LICENSE("GPL");
10 MODULE_AUTHOR("ztg");
11 MODULE_DESCRIPTION("Hello Symbol");
12 MODULE_ALIAS("hello symbol");
13 MODULE_VERSION("v0.1");
```

编译这两个 LKM 的 Makefile 文件内容如下。

```makefile
1 #Makefile
2 obj-m := lkm_par_sym.o lkm_sym.o
3 ccflags-y := -std=gnu99
4 PWD := $(shell pwd)
5 KERNELDIR:=/lib/modules/$(shell uname -r)/build
6 EXTRA_CFLAGS = -O0
7 all:
8         make -C $(KERNELDIR) M=$(PWD) modules
9 clean:
10         make -C $(KERNELDIR) M=$(PWD) clean
```

编译、加载、卸载 LKM,查看内核信息如图 12.2 所示。第 3 行执行 make 命令编译生成内核模块 lkm_par_sym.ko 和 lkm_sym.ko。第 4、5 行对 LKM 进行签名。由于 lkm_par_sym.ko 模块依赖于 lkm_sym.ko 模块,因此执行第 6 行的 insmod 命令加载 lkm_sym.ko 模块。第 7 行执行 insmod 命令加载 lkm_par_sym.ko 模块,并且传入模块参数。对于数组参数 iarray 和 sarray,如果传入的值少于三个元素值,则模块会使用部分默认值;如果传入的值多于三个元素值,则模块加载失败。第 8 行执行 rmmod 命令先卸载 lkm_par_sym 模块再卸载 lkm_sym 模块。第 9 行执行 dmesg 命令查看这两个模块加载、卸载时的输出信息。

```
1 # ls
2 lkm_par_sym.c  lkm_sym.c  Makefile  sign.der  sign.key
3 # make
4 # /usr/src/linux-headers-$(uname -r)/scripts/sign-file sha256 sign.key sign.der lkm_par_sym.ko
5 # /usr/src/linux-headers-$(uname -r)/scripts/sign-file sha256 sign.key sign.der lkm_sym.ko
6 # insmod lkm_sym.ko
7 # insmod lkm_par_sym.ko va="5" vb="6" name="abc" cnt="2" iarray=11,22,33 sarray="xxx","yyy","zzz"
8 # rmmod lkm_par_sym lkm_sym
9 # dmesg
10 [99799.162762] hello symbol
11 [99799.165445] hello param, 11
12 [99799.165448] hello abc
13 [99799.165449] hello abc
14 [99799.165450] iarray[0]: 11
15 [99799.165451] iarray[1]: 22
16 [99799.165451] iarray[2]: 33
17 [99799.165452] sarray[0]: xxx
18 [99799.165453] sarray[1]: yyy
19 [99799.165454] sarray[2]: zzz
20 [99873.458722] bye param
21 [99873.487392] bye symbol
```

图 12.2　编译、加载、卸载 LKM,查看内核信息

12.3　Linux 驱动程序设计

12.3.1　Linux 驱动程序简介

驱动程序是用来操控硬件设备(或虚拟设备)的代码。Linux 将设备分为 3 类:字符设备(Char Device)、块设备(Block Device)和网络设备(Net Device)。因此,Linux 有 3 类驱动,分别是:字符设备驱动、块设备驱动和网络设备驱动。驱动程序起到承上(应用程序)启下(设备)的作用。应用程序位于用户空间,驱动程序位于内核空间。应用程序不能直接调用内核空间的函数,必须经过系统调用才可以调用驱动程序函数。系统调用是 Linux 内核和应用程序之间的接口,驱动程序是 Linux 内核和设备之间的接口。驱动程序为应用程序屏蔽了硬件细节,应用程序像读写普通文件一样通过读写设备文件对设备进行操作。整个 Linux 内核源代码中有 85% 左右是各种驱动程序的代码。

1. 字符设备驱动程序

字符设备是指只能按照先后顺序以字节为单位逐字节读写的设备。常见的字符设备有键盘、鼠标、串口、触摸屏和字符终端等。字符设备驱动程序通常至少要实现 open、read、write 和 close 系统调用。在驱动程序中使用缓冲区暂存数据可以提高读写效率。应用程序可以通过设备文件(比如字符终端的设备文件是/dev/tty0 或/dev/pts/0)调用驱动程序访问字符设备。

2. 块设备驱动程序

块设备是指可以从任意位置随机存取一定长度数据的设备。块设备上的数据以块(固

定长度数据)为最小单位存取。块设备通常指各种存储类设备,比如硬盘、光盘、U 盘和 SD 卡等。块设备驱动程序通常至少要实现 open、read、write 和 close 系统调用。块设备驱动程序先将应用程序发来的数据组织成块后再写入设备,或从设备中读出若干块数据后再从中将应用程序所需的数据回送。应用程序可以通过设备文件(比如固态盘某个分区的设备文件是/dev/nvme1n1p1)调用驱动程序来访问块设备。

3. 网络设备驱动程序

网络设备可以是一个硬件设备(如有线网卡、无线网卡),也可以是一个虚拟设备。网络设备驱动程序是专门针对网络设备设计的驱动。访问网络接口的方法是给它们分配一个唯一的名字(如 enp0s31f6、wlp82s0),但这个名字在文件系统(/dev 目录)中不存在对应的设备文件。Linux 内核和网络设备驱动程序间的通信不同于和字符设备及块设备驱动程序之间的通信,不是使用 read、write 等函数,而是使用一套和数据包传输相关的函数。

设备驱动程序的功能通常包含:驱动程序的注册和注销、设备的打开和释放、设备的读写操作、设备的控制操作、设备的中断和轮询处理。驱动程序与操作系统内核的接口通过结构体 file_operations 实现。驱动程序的核心是 file_operations 结构体。编写驱动程序其实主要就是实现 file_operations 结构体中的 open、read、write 等函数。

扫一扫

12.3.2　字符设备驱动程序

本小节介绍字符设备驱动程序的设计。为了便于读者了解驱动程序的框架,针对的是虚拟字符设备,因此该驱动不涉及任何硬件操作,但是包括了字符设备驱动的整个框架,为读者今后开发真正的硬件字符设备驱动程序打下了坚实的基础。加载驱动时会运行模块加载函数,卸载驱动时会运行模块卸载函数。模块加载函数的作用是加载驱动时做一些初始化工作,比如注册设备、申请设备号、生成设备节点等。模块卸载函数的作用是卸载驱动时做一些善后操作,比如注销设备、注销设备号、销毁类等。

在 Linux 设备驱动程序设计中,有 3 个重要的内核数据结构:struct file、struct inode、struct file_operations。

struct file 代表一个打开的文件。系统中每个打开的文件在内核都有一个关联的 struct file。一个文件可以对应多个 file 结构。它由内核执行 open 函数时创建,并传递给在该文件上操作的所有函数,在文件关闭后内核才释放这个数据结构。struct file 中的指针成员 f_op 指向 struct file_operations 结构体对象。

struct inode 用来表示物理硬件上的某个文件。一个文件仅有一个 inode 结构与之对应。其指针成员 i_cdev 指向 struct cdev 结构体对象,成员 i_rdev 表示设备号。Linux 使用设备号表示设备,主设备号用来区分设备类别并且标识与设备文件相连的驱动程序,次设备号被驱动程序用来标识具体的设备。设备号是一个 32 位的数,高 12 位表示主设备号,低 20 位表示次设备号,可以使用宏 MAJOR 和 MINOR 根据设备号获取主设备号和次设备号,可以使用宏 MKDEV 将主设备号和次设备号合成一个设备号,次设备号通常从编号 0 开始。struct cdev 结构体用来描述一个字符设备,其指针成员 ops 指向 struct file_operations 结构体对象,成员 dev 记录设备号。添加一个字符设备时就是将 struct cdev 结构体对象注册到内核中。在使用设备时通常会打开设备节点,通过设备节点的 struct inode、struct file 最终找到 struct file_operations,从而得到操作设备的具体方法。Linux 中的设备节点称为设备文件。Linux 中对设备的访问都是按照访问文件的方式进行的。设备文件都存在于/dev 目录下,是连接内核与应用程序的枢纽。

struct file_operations 是把系统调用和驱动程序关联起来的关键数据结构,是一个驱动程序提供的对设备进行各种操作的函数指针集合,每个成员对应一个系统调用。具体的驱动程序中可以初始化部分函数指针,不支持的操作置为 NULL。file_operations 结构体中的成员函数指针是字符设备驱动程序设计的主体内容。当用户空间的应用程序进行 open、read、write、release 等系统调用时,内核会调用到这些函数。用户空间的应用程序以访问文件的形式访问字符设备,通常会进行 open、read、write、release 等函数的调用,而这些函数最终会调用 file_operations 结构体中的成员函数。open 是驱动第一个被执行的函数,一般用于硬件初始化。若 open 函数被置为 NULL,则表示这个设备的打开操作永远成功。关闭设备文件时会调用 release 函数。read 函数用于读取设备中的数据,并返回成功读取的字节数。该函数指针被设置为 NULL 时,会导致系统调用 read 函数报错。write 函数用于向设备写入数据,并返回成功写入的字节数。read 和 write 函数的参数 char __user * buf 是指向用户空间数据缓冲区的指针,__user 表明该参数指向的存储空间位于用户空间,它不能被内核代码直接引用,需要使用 copy_to_user 和 copy_from_user 函数进行读写操作,读写成功时返回 0,失败时返回未被读写的字节数。如果应用程序和驱动程序之间传递的数据量较小,可以使用 copy_to_user 和 copy_from_user 函数。如果需要传递大量数据,建议使用内存映射方式。

字符设备是 3 类设备中较简单的一类设备,其模块加载函数完成的主要工作是申请设备号、初始化并且注册 cdev、创建设备节点。模块卸载函数需要释放内核中的 cdev、归还设备号、删除设备节点。file_oprations 结构体是驱动程序的核心,因此编写字符设备驱动程序最重要的就是要实现 file_operations 中的函数,然后调用 cdev_init 函数将 file_operations 与字符设备结构体对象 cdev 相关联。

cdev_add 函数向系统添加一个新的字符设备 cdev,完成字符设备的注册。在调用 cdev_add 函数向内核注册字符设备之前,应先向内核申请设备号。有两种方法申请设备号:①调用 register_chrdev_region 函数静态申请设备号,静态申请需要知道起始设备号,可以执行 cat /proc/devices 命令查看尚未使用的主设备号,由于该方法不灵活,可能导致设备号冲突,因此不建议使用静态申请;②调用 alloc_chrdev_region 函数动态申请设备号,动态申请是由内核自动分配一个尚未使用的主设备号,只将该函数的第 2 个参数 major 设置为 0 即可。对于字符设备驱动程序来说,通过调用 cdev_init 函数初始化 cdev 的成员,并建立 cdev 和 file_operations 之间的连接。将 file_operations 结构体注册后,只是实现了该驱动在内核中的功能,还要向用户空间提供操作接口,此时需要调用 device_create 函数在/dev 目录下创建字符设备节点。删除字符设备时,可以调用 unregister_chrdev_region 函数把分配的设备号归还给内核。

设备类 struct class 是一个设备的高级视图,抽象出了设备的低级实现细节。可以调用 class_create 函数动态创建设备的逻辑类,并完成部分字段的初始化,然后将其添加到内核中,这个类位于/sys/class/目录中。一旦创建好这个类,就可以调用 device_create 函数创建相应的设备节点并将其注册到文件系统。加载模块时,用户空间中的 udev(udev 是 Linux 的设备管理器,以守护进程的形式运行,管理/dev 目录下的设备文件)会自动响应 device_ create 函数，在/sys/class/目录中寻找对应的类，从而创建设备节点。可以调用 class_unrcgister 函数注销设备的逻辑类。device_destroy 函数用于删除使用 device_create 函数创建的设备。除了可以使用编写代码的方式创建设备节点，还可以使用 mknod 命令创建设备节点。使用模块参数和模块导出符号的 LKM 源代码文件为 drv_char.c，内容如下。

```c
1 #include <linux/init.h>          //drv_char.c
2 #include <linux/module.h>
3 #include <linux/cdev.h>
4 #include <linux/fs.h>
5 #define MAX_DEV 2
6 #define MAX_DATA 80
7 struct chardev_data{ struct cdev cdev; };
8 static int dev_major=0;
9 static struct class *char_class=NULL;
10 static struct chardev_data char_data[MAX_DEV];
11 static int char_open(struct inode *inode, struct file *file){
12   int maj=MAJOR(file->f_path.dentry->d_inode->i_rdev),
13       min=MINOR(file->f_path.dentry->d_inode->i_rdev);
14   printk("Char Device(%d:%d) Open\n",maj,min); return 0;
15 }
16 static int char_close(struct inode *inode, struct file *file){
17   int maj=MAJOR(file->f_path.dentry->d_inode->i_rdev),
18       min=MINOR(file->f_path.dentry->d_inode->i_rdev);
19   printk("Char Device(%d:%d) Close\n",maj,min); return 0;
20 }
21 static ssize_t char_read(struct file *file, char __user *buf, size_t c, loff_t *o){
22   uint8_t db[MAX_DATA]={0};
23   int maj=MAJOR(file->f_path.dentry->d_inode->i_rdev),
24       min=MINOR(file->f_path.dentry->d_inode->i_rdev);
25   sprintf(db, "data from kernel space, dev: %d:%d\n",maj,min);
26   size_t datalen=strlen(db);
27   printk("Reading Char Device: %d:%d\n",maj,min);
28   if(c > datalen) c=datalen;
29   if(copy_to_user(buf, db, c)) return -EFAULT;  return c;
30 }
31 static ssize_t char_write(struct file *f,const char __user *buf,size_t c,loff_t *o){
32   size_t maxlen=MAX_DATA, n;  uint8_t databuf[maxlen];
33   printk("Writing Char Device: %d:%d\n", MAJOR(f->f_path.dentry->d_inode->i_rdev),
34                                          MINOR(f->f_path.dentry->d_inode->i_rdev));
35   if(c<maxlen) maxlen=c;  n=copy_from_user(databuf, buf, maxlen);
36   if(n==0) printk("Copied %zd bytes from user space\n", maxlen);
37   else printk("Could't copy %zd bytes from user space\n", n);
38   databuf[maxlen-1]=0; printk("%s\n", databuf); return c;
39 }
40 static const struct file_operations char_fops={
41   .owner      = THIS_MODULE,
42   .open       = char_open,
43   .read       = char_read,
44   .write      = char_write,
45   .release    = char_close
46 };
47 static int char_uevent(struct device *dev, struct kobj_uevent_env *env){
48   add_uevent_var(env, "DEVMODE=%#o", 0666); return 0;
49 }
50 static int __init char_init(void){
51   dev_t dev;  int err=alloc_chrdev_region(&dev, 0, MAX_DEV, "drvchar");
52   if(err){printk(KERN_ERR "alloc_chrdev_region=%d\n", err); return -1;}
53   dev_major=MAJOR(dev);  char_class=class_create(THIS_MODULE, "drvchar");
54   char_class->dev_uevent=char_uevent;
55   for(int i=0; i < MAX_DEV; i++){
56     cdev_init(&char_data[i].cdev, &char_fops); char_data[i].cdev.owner=THIS_MODULE;
57     cdev_add(&char_data[i].cdev, MKDEV(dev_major, i), 1);
58     device_create(char_class, NULL, MKDEV(dev_major, i), NULL, "drvchar-%d", i);
59   } return 0;
60 }
61 static void __exit char_exit(void){
62   for(int i=0; i < MAX_DEV; i++) device_destroy(char_class, MKDEV(dev_major, i));
63   class_unregister(char_class);  class_destroy(char_class);
64   unregister_chrdev_region(MKDEV(dev_major, 0), MINORMASK);
```

```
65 }
66 module_init(char_init);
67 module_exit(char_exit);
68 MODULE_LICENSE("GPL");
69 MODULE_VERSION("v0.1");
```

编译这个 LKM 的 Makefile 文件内容如下。

```
1 #Makefile
2 obj-m       := drv_char.o
3 ccflags-y   := -std=gnu99 -Wall
4 KERNELDIR   := /lib/modules/$(shell uname -r)/build
5 PWD         := $(shell pwd)
6 all:
7         make -C $(KERNELDIR) M=$(PWD) modules
8 clean:
9         make -C $(KERNELDIR) M=$(PWD) clean
```

测试字符设备的源代码文件（test.c）内容如下，利用设备文件名直接打开设备、读写设备。

```
1 #include <stdio.h>        //test.c
2 #include <unistd.h>
3 #include <fcntl.h>
4 #include <string.h>
5 #define MAX_DATA 80
6 int main(int argc, char const *argv[]){  int fd;
7    char buf0[MAX_DATA]={"data from user space, drvchar-0"};
8    if((fd=open("/dev/drvchar-0", O_RDWR)) < 0) return -1;
9    if(write(fd,buf0,strlen(buf0)+1) < 0) return -1;
10   if(read(fd,buf0,MAX_DATA)<0) return -1; printf("%s",buf0);
11   close(fd);
12   char buf1[MAX_DATA]={"data from user space, drvchar-1"};
13   if((fd=open("/dev/drvchar-1", O_RDWR)) < 0) return -1;
14   if(write(fd,buf1,strlen(buf1)+1) < 0) return -1;
15   if(read(fd,buf1,MAX_DATA)<0) return -1;
16   close(fd);
17 }
```

如图 12.3 所示，编译、签名、加载 LKM，编译、执行测试代码，查看内核输出信息。

```
1 # make
2 # /usr/src/linux-headers-$(uname -r)/scripts/sign-file sha256 sign.key sign.der drv_char.ko
3 # insmod drv_char.ko
4 # ll /dev/drvchar-*
5 crw-rw-rw- 1 root root 499, 0 11月 25 21:18 /dev/drvchar-0
6 crw-rw-rw- 1 root root 499, 1 11月 25 21:18 /dev/drvchar-1
7 # gcc -o test test.c
8 # ./test
9 data from kernel space, dev: 499:0
10 # dmesg
11 [218489.710119] Char Device(499:0) Open
12 [218489.710123] Writing Char Device: 499:0
13 [218489.710123] Copied 32 bytes from user space
14 [218489.710124] data from user space, drvchar-0
15 [218489.710126] Reading Char Device: 499:0
16 [218489.710153] Char Device(499:0) Close
17 [218489.710157] Char Device(499:1) Open
18 [218489.710158] Writing Char Device: 499:1
19 [218489.710159] Copied 32 bytes from user space
20 [218489.710178] data from user space, drvchar-1
21 [218489.710179] Reading Char Device: 499:1
22 [218489.710180] Char Device(499:1) Close
23 # echo "Hello from the user" > /dev/drvchar-0
24 # dmesg
```

图 12.3　编译、签名、加载 LKM，编译、执行测试代码，查看内核输出信息

12.3.3 虚拟网卡驱动程序

Linux 中不使用文件作为应用程序访问网络设备的接口，在/sys/dev 和/dev 文件夹中没有相应的网络设备文件，应用程序通过使用套接字访问网络设备。Linux 内核中的网络子系统基于设备无关及协议无关的思想进行设计。Linux 网络设备协议栈从上至下包括网络协议接口层、网络设备接口层、设备驱动功能层、网络设备与媒介层。

1. 网络协议接口层

网络协议接口层给上层网络层协议提供统一的数据包发送和接收接口。比如上层 ARP（地址解析协议）或 IP（网际协议）发送数据包时会调用该层的 dev_queue_xmit 函数，接收数据包时会调用 netif_rx 函数。dev_queue_xmit 函数是网络协议接口层向下发送数据的接口，netif_rx 函数是网络设备接口层向上提交数据的接口，内核已经实现了这两个函数，因此不需要网络设备驱动实现。这一层的存在使得上层协议独立于具体的设备。接收或发送网络数据包时需要用到 struct sk_buff 结构体。sk_buff 结构体的含义是套接字缓冲区，是数据在网络模型各层之间传输的载体，发送时进行层层封装打包，接收时进行层层解包解封。可以通过 alloc_skb 或 dev_alloc_skb 函数分配一个 sk_buff 套接字缓冲区（skb）。可以通过 kfree_skb 或 dev_kfree_skb 函数释放一个 sk_buff 套接字缓冲区。网络设备驱动程序中最好使用 dev_alloc_skb 和 dev_kfree_skb 函数。skb_put 函数用于向 skb 有效数据区末尾添加数据。skb_push 函数用于向 skb 有效数据区前端添加数据，也就是数据包的首部。

2. 网络设备接口层

网络设备接口层向网络协议接口层提供统一的用于描述具体网络设备属性和操作的 struct net_device 结构体。Linux 内核中使用 net_device 结构体表示一个网络设备。net_device 结构体是网络设备接口层的核心，其中的成员 netdev_ops 是指向 struct net_device_ops 结构体的指针。net_device_ops 结构体是网络设备的操作方法集，向上提供调用接口，向下操作硬件。网络设备驱动程序通过填充 net_device 结构体中的具体成员，并且注册 net_device 结构体对象到 Linux 内核中，实现网络硬件设备操作函数与内核系统调用的关联。

3. 设备驱动功能层

设备驱动功能层主要实现 struct net_device_ops 结构体中驱使网络设备硬件完成相应动作的功能函数。由于网络数据包的接收可以由中断产生，所以设备驱动功能层中需要提供中断处理函数，负责读取硬件上接收的数据包并提交给上层协议。

net_device_ops 结构体（网络设备操作集）中是一些以 ndo 开头的函数，这些函数需要网卡驱动编写人员去实现。①ndo_open 函数用于打开网络设备、申请资源、激活设备的发送队列（调用 netif_start_queue 函数）等，在网络设备被激活时被调用（即设备状态由 down 变成 up），比如执行 ifconfig xxx up 命令时会执行此函数。②ndo_stop 函数用于关闭设备、释放资源、关闭设备的发送队列（调用 netif_stop_queue 函数），当执行 ifconfig xxx down 命令时会执行此函数。③ndo_start_xmit 函数在需要发送数据时被调用。

net_device_ops 结构体中没有接收数据包的成员函数，这是因为接收数据包是由设备的中断处理程序负责的。中断处理函数是网络设备与媒介层收到数据后向设备驱动功能层提交数据的接口函数,需要网络驱动程序实现。网卡收到数据后通过中断方式通知内核,所以是中断处理函数第一时间对收到的数据进行处理。中断处理函数最终调用 netif_rx 函数向网络层协议提交数据。

4. 网络设备与媒介层

网络设备与媒介层是发送和接收数据包的物理实体,包括网络适配器和具体的传输媒介。网络适配器被设备驱动功能层中的功能函数驱动。Linux 中的网络设备和媒介都可以是虚拟的。

可以在模块加载函数(驱动入口函数)中调用 alloc_netdev 函数生成一个 net_device 结构体对象,并对其成员赋值,执行成功后返回该结构体对象的地址,若执行失败,则返回 NULL。alloc_netdev 函数的第 1 个参数是设备私有数据大小(单位为字节数),第 2 个参数是物理接口名,第 3 个参数值是 NET_NAME_UNKNOWN,第 4 个参数是指向初始化函数 ether_setup 的指针,ether_setup 函数对 net_device 结构体对象进行初始化。调用 random_ether_addr 函数设置 MAC 地址。然后调用 register_netdev 函数注册 net_device 结构体对象。在模块加载函数(驱动出口函数)中调用 unregister_netdev 函数注销网络设备,调用 free_netdev 函数释放 net_device 结构体对象。

测试虚拟网卡的源代码文件(drv_net.c)内容如下。

扫一扫

```
1 #include <linux/init.h>
2 #include <linux/module.h>
3 #include <linux/kernel.h>
4 #include <linux/ip.h>
5 #include <linux/etherdevice.h>
6 typedef struct net_device NDevice;
7 typedef struct sk_buff SKBuff;
8 typedef struct ethhdr Ethhdr;
9 typedef struct iphdr IPhdr;
10 typedef unsigned char uchar;
11 static struct net_device *vnet_dev;
12 static void vnet_rx(SKBuff*skb, NDevice*dev){
13   unsigned char *type;    IPhdr *ih;    __be32 tmp;
14   unsigned char tmp_dev_addr[ETH_ALEN];
15   Ethhdr *ehdr;    SKBuff *rx_skb;
16   ehdr=(Ethhdr *)skb->data;
17   memcpy(tmp_dev_addr, ehdr->h_dest, ETH_ALEN);
18   memcpy(ehdr->h_dest,ehdr->h_source,ETH_ALEN);
19   memcpy(ehdr->h_source,tmp_dev_addr,ETH_ALEN);
20   ih=(IPhdr *)(skb->data + sizeof(Ethhdr));
21   tmp=ih->saddr; ih->saddr=ih->daddr;
22   ih->daddr=tmp;
23   type=skb->data+sizeof(Ethhdr)+sizeof(IPhdr);
24   *type=0;
25   ih->check=ip_fast_csum((uchar*)ih,ih->ihl);
26   rx_skb=dev_alloc_skb(skb->len + 2);
27   skb_reserve(rx_skb, 2);
28   memcpy(skb_put(rx_skb, skb->len),
29               skb->data, skb->len);
30   rx_skb->dev=dev;
31   rx_skb->protocol=eth_type_trans(rx_skb,dev);
32   rx_skb->ip_summed=CHECKSUM_UNNECESSARY;
33   dev->stats.rx_packets++;
34   dev->stats.rx_bytes += rx_skb->len;
35   printk("receive: %pM(%pI4)->%pM(%pI4), \
36 receive packets:%ld,bytes:%ld,len=%d\n",
37           ehdr->h_source, &ih->saddr,
38           ehdr->h_dest, &ih->daddr,
39           dev->stats.rx_packets,
40           dev->stats.rx_bytes, rx_skb->len);
41   netif_rx(rx_skb);
42 }
43 static netdev_tx_t vnet_tx(SKBuff *skb,
44                                 NDevice *dev){
45   dev->stats.tx_packets++;
46   dev->stats.tx_bytes += skb->len;
47   Ethhdr *ethhdr=(Ethhdr *)skb->data;
48   printk("send: %pM(%pI4)->%pM(%pI4), send \
49 packets:%ld,bytes:%ld,len=%d\n",
50       ethhdr->h_source, &ip_hdr(skb)->saddr,
51       ethhdr->h_dest, &ip_hdr(skb)->daddr,
52       dev->stats.tx_packets,
53       dev->stats.tx_bytes, skb->len);
54   netif_stop_queue(dev);
55   vnet_rx(skb, dev);
56   dev_kfree_skb (skb);
57   netif_wake_queue(dev);
58   return NETDEV_TX_OK;
59 }
60 int vnet_open(NDevice *dev){
61   netif_start_queue(dev);
62   printk("vnet_open\n"); return 0;
63 }
64 int vnet_stop(NDevice *dev){
65   netif_stop_queue(dev);
66   printk("vnet_stop\n"); return 0;
67 }
68 static const struct net_device_ops ops={
69   .ndo_open        = vnet_open,
70   .ndo_stop        = vnet_stop,
71   .ndo_start_xmit = vnet_tx,
72 };
73 static int __init vnet_device_init(void){
74   printk("vnet_device_init\n");
75   vnet_dev=alloc_netdev(0, "virt%d",
76           NET_NAME_UNKNOWN, ether_setup);
77   vnet_dev->netdev_ops=&ops;
78   random_ether_addr(vnet_dev->dev_addr);
79   vnet_dev->flags      |= IFF_NOARP;
80   vnet_dev->features |= NETIF_F_CSUM_MASK;
81   vnet_dev->stats.tx_packets=0;
82   vnet_dev->stats.tx_bytes=0;
83   vnet_dev->stats.rx_packets=0;
84   vnet_dev->stats.rx_bytes=0;
85   register_netdev(vnet_dev);
86   return 0;
87 }
88 static void __exit vnet_device_exit(void){
```

```
89  printk("vnet_device_exit\n");
90  unregister_netdev(vnet_dev);
91  free_netdev(vnet_dev);
92 }
```

```
93 module_init(vnet_device_init);
94 module_exit(vnet_device_exit);
95 MODULE_AUTHOR("ztg");
96 MODULE_LICENSE("GPL");
```

由于本节设计的是虚拟网卡驱动程序,因此没有实际的中断处理函数。为了模拟接收数据包,上面源代码中设计了 vnet_rx 函数,其中构造一个虚拟的数据包 rx_skb,最后调用 netif_rx 函数将其提交给网络层协议。vnet_tx 函数是虚拟网卡驱动程序中的发送数据包函数。

编译这个 LKM 的 Makefile 文件内容如下。

```
1 #Makefile
2 obj-m       := drv_net.o
3 ccflags-y   := -std=gnu99 -Wall
4 KERNELDIR   := /lib/modules/$(shell uname -r)/build
5 PWD         := $(shell pwd)
6 all:
7         make -C $(KERNELDIR) M=$(PWD) modules
8 clean:
9         make -C $(KERNELDIR) M=$(PWD) clean
```

如图 12.4 所示,第 1 行编译虚拟网卡驱动程序,生成 drv_net.ko。第 2 行对 LKM 签名。第 3 行加载 LKM,创建网络接口 virt0。第 4 行为网络接口 virt0 设置 IP 地址并将其激活。第 5 行查看内核输出的信息。第 21 行卸载 LKM。第 22 行查看内核输出的信息。

```
1 # make
2 # /usr/src/linux-headers-$(uname -r)/scripts/sign-file sha256 sign.key sign.der drv_net.ko
3 # insmod drv_net.ko
4 # ifconfig virt0 192.168.1.22 up
5 # cat /dev/kmsg
6 4,4527,-;vnet_device_init
7 4,4528,-;virt0: mixed HW and IP checksum settings.
8 4,4529,-;vnet_open
9 4,4530,-;send: 3a:91:28:8d:91:33(0.0.0.0)->33:33:00:00:00:02(56.145.40.255), send packets:1,bytes:70,len=70
10 4,4531,-;receive: 33:33:00:00:00:02(56.145.40.255)->3a:91:28:8d:91:33(0.0.0.0), receive packets:1,bytes:56,len=56
11 4,4532,-;send: 3a:91:28:8d:91:33(192.168.1.22)->01:00:5e:00:00:16(224.0.0.22), send packets:2,bytes:124,len=54
12 4,4533,-;receive: 01:00:5e:00:00:16(224.0.0.22)->3a:91:28:8d:91:33(192.168.1.22), receive packets:2,bytes:96,len=40
13 6,4586,-;device virt0 entered promiscuous mode
14 //省略多行
15 4,4591,-;send: 3a:91:28:8d:91:33(192.168.1.22)->3a:91:28:8d:91:33(192.168.1.111), send packets:31,bytes:5256,len=98
16 4,4592,-;receive: 3a:91:28:8d:91:33(192.168.1.111)->3a:91:28:8d:91:33(192.168.1.22), receive packets:31,bytes:4822,len=84
17 4,4593,-;send: 3a:91:28:8d:91:33(192.168.1.22)->3a:91:28:8d:91:33(192.168.1.111), send packets:32,bytes:5354,len=98
18 4,4594,-;receive: 3a:91:28:8d:91:33(192.168.1.111)->3a:91:28:8d:91:33(192.168.1.22), receive packets:32,bytes:4906,len=84
19 //省略多行
20 ^C
21 # rmmod drv_net.ko
22 # dmesg
23 [46878.240791] vnet_device_exit
24 [46878.240877] vnet_stop
```

图 12.4　编译、加载、卸载 LKM,查看内核输出信息

如图 12.5 所示,执行 tcpdump 命令抓取流经网络接口 virt0 的数据包,第 2～11 行的输出信息对应图 12.6 中第 1 行的 ping 命令的执行过程。图 12.4 中第 15～18 行对应图 12.5 中第 2～5 行。图 12.6 中第 1 行的 ping 命令是从 virt0 网络接口(192.168.1.22)ping 另一个网络接口(192.168.1.111),向其发送 ICMP 请求包,因此有图 12.5 中的输出。图 12.6 中第 6 行的 ping 命令是 ping 网络接口 virt0,而虚拟网卡驱动程序没有实际的中断处理函数,因此 tcpdump 命令不能捕获 ICMP 请求包。但是,看到图 12.6 中第 8～11 行的输出,说明虚拟网卡及其驱动程序工作正常。

```
 1 [root@ztg ~]# tcpdump -i virt0
 2 IP ztg > ztg: ICMP echo request, id 19, seq 1, length 64
 3 IP ztg > ztg: ICMP echo reply, id 19, seq 1, length 64
 4 IP ztg > ztg: ICMP echo request, id 19, seq 2, length 64
 5 IP ztg > ztg: ICMP echo reply, id 19, seq 2, length 64
 6 IP ztg > ztg: ICMP echo request, id 19, seq 3, length 64
 7 IP ztg > ztg: ICMP echo reply, id 19, seq 3, length 64
 8 IP ztg > ztg: ICMP echo request, id 19, seq 4, length 64
 9 IP ztg > ztg: ICMP echo reply, id 19, seq 4, length 64
10 IP ztg > ztg: ICMP echo request, id 19, seq 5, length 64
11 IP ztg > ztg: ICMP echo reply, id 19, seq 5, length 64
```

图 12.5　执行 tcpdump 命令抓包

```
 1 [root@ztg ~]# ping -I virt0 192.168.1.111
 2 ping 192.168.1.111 (192.168.1.111) from 192.168.1.22 virt0
 3 ^C
 4 --- 192.168.1.111 ping statistics ---
 5 5 packets transmitted, 0 received, 100% packet loss
 6 [root@ztg ~]# ping 192.168.1.22
 7 ping 192.168.1.22 (192.168.1.22) 56(84) bytes of data.
 8 64 bytes from 192.168.1.22: icmp_seq=1 ttl=64 time=0.098 ms
 9 64 bytes from 192.168.1.22: icmp_seq=2 ttl=64 time=0.079 ms
10 64 bytes from 192.168.1.22: icmp_seq=3 ttl=64 time=0.074 ms
11 64 bytes from 192.168.1.22: icmp_seq=4 ttl=64 time=0.080 ms
```

图 12.6　执行 ping 命令

12.4　习题

1. 填空题

（1）Linux 内核编程就是编写运行于_____。

（2）Linux 内核自 3.7 版本之后有了内核模块_____。

（3）LKM 主要由_____、_____和功能函数等组成。

（4）_____是模块被加载时可以传递给它的参数，其一定对应 LKM 内的_____，不能是 LKM 中函数内部定义的局部变量。

（5）使用_____命令加载 LKM 时，如果不传递参数，则参数将使用模块内定义的默认值，否则参数使用_____。

（6）若要让本模块中的函数或变量被其他模块使用，可以使用宏_____和_____将本模块内的函数或变量的符号导出到_____中。

（7）_____仅将符号导出到遵循 GPL 协议的模块，EXPORT_SYMBOL 会将符号导出到所有_____。

（8）Linux 将设备分为 3 类：_____、_____和网络设备。

（9）应用程序位于_____空间，驱动程序位于_____空间。

（10）字符设备是指只能按照先后顺序_____逐个字节读写的设备。

（11）_____是指可以从任意位置随机存取一定长度数据的设备。

（12）设备驱动程序的功能通常包含：驱动程序的_____和_____、设备的打开和释放、设备的_____、设备的控制操作、设备的中断和轮询处理。

（13）驱动程序与操作系统内核的接口通过结构体_____实现。

2. 简答题

（1）将需要的功能添加到内核中的方法有哪些？它们各自的优缺点是什么？

（2）为什么要对 LKM 签名验证？

（3）假设 LKM 为 XXX.ko，简述对其进行签名的步骤。

3. 上机题

本章所有源代码文件在本书配套资源的"src/第 12 章"目录中，请读者运行每个示例，理解所有源代码。

附录 A ASCII 码表

高四位 →		0000 (0)				0001 (1)					0010 (2)		0011 (3)		0100 (4)		0101 (5)		0110 (6)		0111 (7)	
		ASCII 非打印控制字符									ASCII 打印字符											
低四位 ↓	十进制	字符	代码	Ctrl	字符解释	十进制	字符	代码	Ctrl	字符解释	十进制	字符	十进制	字符	十进制	字符	十进制	字符	十进制	字符	十进制	字符	Ctrl
0000	0	BLANK NULL	NUL	^@	空	16	▲	DLE	^P	数据链路转意	32	SP 空格	48	0	64	@	80	P	96	`	112	p	
0001	1	☺	SOH	^A	头标开始	17	▼	DC1	^Q	设备控制 1	33	!	49	1	65	A	81	Q	97	a	113	q	
0010	2	☻	STX	^B	正文开始	18	↕	DC2	^R	设备控制 2	34	"	50	2	66	B	82	R	98	b	114	r	
0011	3	♥	ETX	^C	正文结束	19	‼	DC3	^S	设备控制 3	35	#	51	3	67	C	83	S	99	c	115	s	
0100	4	♦	EOT	^D	传输结束	20	¶	DC4	^T	设备控制 4	36	$	52	4	68	D	84	T	100	d	116	t	
0101	5	♣	ENQ	^E	查询	21	§	NAK	^U	反确认	37	%	53	5	69	E	85	U	101	e	117	u	
0110	6	♠	ACK	^F	确认	22	▬	SYN	^V	同步空闲	38	&	54	6	70	F	86	V	102	f	118	v	
0111	7	●	BEL	^G	震铃	23	↨	ETB	^W	传输块结束	39	'	55	7	71	G	87	W	103	g	119	w	
1000	8	◘	BS	^H	退格	24	↑	CAN	^X	取消	40	(	56	8	72	H	88	X	104	h	120	x	
1001	9	○	HT	^I	水平制表符	25	↓	EM	^Y	媒体结束	41	)	57	9	73	I	89	Y	105	i	121	y	
1010	A	◙	LF	^J	换行/新行	26	→	SUB	^Z	替换	42	*	58	:	74	J	90	Z	106	j	122	z	
1011	B	♂	VT	^K	竖直制表符	27	←	ESC	^[	转意	43	+	59	;	75	K	91	[	107	k	123	{	
1100	C	♀	FF	^L	换页/新页	28	∟	FS	^\	文件分隔符	44	,	60	<	76	L	92	\	108	l	124	|	
1101	D	♪	CR	^M	回车	29	↔	GS	^]	组分隔符	45	-	61	=	77	M	93	]	109	m	125	}	
1110	E	♫	SO	^N	移出	30	▲	RS	^6	记录分隔符	46	.	62	>	78	N	94	^	110	n	126	~	
1111	F	☼	SI	^O	移入	31	▶	US	^-	单元分隔符	47	/	63	?	79	O	95	_	111	o	127	DEL	^back space

ASCII(American Standard Code for Information Interchange,美国信息交换标准码)。

①前 32 个字符为控制字符;②编码值为 32 的字符是空格字符 SP;③编码值为 127 的字符是删除控制码 DEL;

④其余 94 个字符称为可打印字符,如果把空格计入可打印字符,则有 95 个可打印字符

附录 B　资源及学习网站

1. https://en.cppreference.com/w/c　　C 语言参考
2. https://elixir.bootlin.com/linux/latest/source　Linux 内核源代码
3. https://docs.gtk.org/glib/　　Glib API 参考
4. https://docs.gtk.org/gobject/　　GObject API 参考
5. https://docs.gtk.org/gtk4/　　GTK API 参考

参 考 文 献

[1] 张同光. Ubuntu Linux 操作系统[M]. 北京：清华大学出版社,2022.

[2] 于延,范雪琴,李红宇,等. C 语言程序设计与实践[M]. 北京：清华大学出版社,2018.

[3] 谭浩强. C 程序设计[M]. 5 版. 北京：清华大学出版社,2017.

[4] 宋劲杉. Linux C 编程一站式学习[M]. 北京：电子工业出版社,2009.

[5] 李春葆,尹为民,蒋晶珏,等. 数据结构教程(微课视频·题库版)[M]. 6 版. 北京：清华大学出版社,2022.

[6] 宋宝华. Linux 设备驱动开发详解：基于最新的 Linux 4.0 内核[M]. 北京：电子工业出版社,2015.